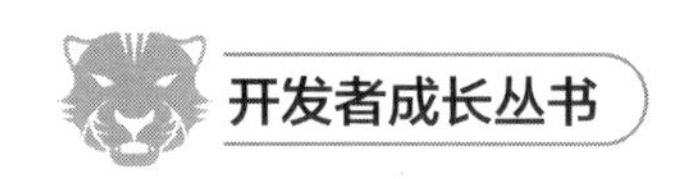

剑指大前端全栈工程师

下册

贾志杰　史广　赵东彦◎编著

清華大學出版社
北京

内 容 简 介

本书对大前端技术栈进行了全面讲解，以实战驱动教学，内容涉及 HTML5+CSS3 模块、JavaScript 模块、jQuery 模块、Bootstrap 模块、Node.js 模块、Ajax 模块、ES6 新标准、Vue 框架、UI 组件和模块化编程等。本书厚度有限，但学习的空间无限。

全书共分为 5 个阶段，共 18 章。第一阶段走进前端之 HTML5+CSS3（第 1～6 章），第二阶段探索 JavaScript 的奥秘（第 7、8 章），第三阶段 PC 端整栈开发（第 9～11 章），第四阶段 ES6+Node.js+工程化（第 12～14 章）和第五阶段 Vue 技术栈（第 15～18 章）。书中引入了丰富的实战案例，实际性和系统性较强，能够很好地帮助读者提升就业竞争力。书中还引入了 3 个企业级实战项目，为企业打造刚需人才。

本书适合初、中级前端开发者，渴望了解前端知识整体脉络的程序员，以及希望突破瓶颈进一步提升的工程师阅读。

图书在版编目(CIP)数据

剑指大前端全栈工程师/贾志杰，史广，赵东彦编著.—北京：清华大学出版社，2023.1
(开发者成长丛书)
ISBN 978-7-302-61759-4

Ⅰ.①剑… Ⅱ.①贾… ②史… ③赵… Ⅲ.①程序设计 Ⅳ.①TP311.1

中国版本图书馆 CIP 数据核字(2022)第 161827 号

责任编辑：赵佳霓
封面设计：刘 键
责任校对：韩天竹
责任印制：丛怀宇

出版发行：清华大学出版社
网 址：http://www.tup.com.cn，http://www.wqbook.com
地 址：北京清华大学学研大厦 A 座 **邮 编**：100084
社 总 机：010-83470000 **邮 购**：010-62786544
投稿与读者服务：010-62776969，c-service@tup.tsinghua.edu.cn
质量反馈：010-62772015，zhiliang@tup.tsinghua.edu.cn
课件下载：http://www.tup.com.cn，010-83470236
印 装 者：北京同文印刷有限责任公司
经 销：全国新华书店
开 本：186mm×240mm **印 张**：59 **字 数**：1324 千字
版 次：2023 年 3 月第 1 版 **印 次**：2023 年 3 月第1 次印刷
印 数：1～2000
定 价：219.00 元(上下册)

产品编号：094604-01

前言

PREFACE

互联网时代，前端无处不在。本书主要针对想进入前端开发行业及已在前端圈工作想进一步提高技能而系统地学习前端知识体系的读者设置，扎实的理论基础＋丰富的实战案例＋大厂规范＋全局架构思维＋复杂企业项目，系统培养大厂 P7 技术专家和中小厂前端领导者。

前端工程师的成长之路离不开扎实的技能、实践项目的经验积累、不断总结与全新的架构思想。前端技术的研究已是一种趋势，它已经成形，这也就是这本书真正的意义。项目实战贯穿全书，帮助前端工程师提升企业级实践技能。

全书共分为 5 个阶段，共 18 章。每个阶段的连贯性不强，读者可根据自己的需求有选择地阅读。

第一阶段　走进前端之 HTML5＋CSS3（第 1～6 章）：内容涉及大前端概述、HTML、CSS、H5、CSS3 新特性和小米官网项目。

第二阶段　探索 JavaScript 的奥秘（第 7、8 章）：内容涉及 JavaScript 从入门到高级的全面讲解。

第三阶段　PC 端整栈开发（第 9～11 章）：内容涉及 jQuery 框架、Bootstrap 框架及蓝莓派音乐社区项目。

第四阶段　ES6＋Node. js＋工程化（第 12～14 章）：内容涉及 ES6 语法、Node. js 开发、工程化工具 Webpack 的使用。

第五阶段　Vue 技术栈（第 15～18 章）：内容涉及 Vue 核心基础、Vue 企业化实战项目。

互联网上不缺学习资料，但是大部分资料不全面、不系统，往往对初学者不友好，而本书刚好就可以解决这些问题，相信读者能从书中收获良多。本书的概貌如下页图所示。

针对大前端学习的温馨提示：

（1）前端学习以培养兴趣为主，不要过于追求深层理解。

（2）前端学习不能靠死记硬背，要多编写代码、多做项目。

（3）不要急于求成，踏实积累才是硬道理。

本书的讲解理念如下图所示。

读者定位

初、中级前端开发者，渴望了解前端知识整体脉络的程序员及希望突破瓶颈进一步提升的工程师。

配套教学资源

（1）开发参考手册、面试题。

（2）一套完整的教学精简版PPT。

（3）资料（素材、思维导图）及源程序。

（4）3个企业级实战项目的视频讲解。

本书特色

采用工程化和体系化的设计思想，以循序渐进和深入浅出的方式系统地讲解前端知识。在重构基础知识方面，本书将标准规范和实践代码相结合。在培养进阶技能方面，本书深度剖析了技术背后的原理。书中设计了很多经典综合实战案例，不仅能帮助初级开发者夯实基础，还能为中、高级开发者突破瓶颈提供帮助和启发。3个企业级项目带领读者入门，助力读者职场晋升；帮助读者快速提升技能，勇闯江湖！

（1）思维导图引导学习。

（2）扎实的理论基础＋丰富的实战案例＋大厂规范＋全局架构思维＋复杂企业项目。

（3）书中包含了作者大量的实践经验，将知识系统化，浓缩为精华，用通俗易懂的语言直指前端开发者的痛点。

本书勘误

由于编者水平有限，书中难免存在疏漏，诚恳地希望读者批评指正，同时也十分欢迎广大读者给予宝贵建议。

致谢

感谢清华大学出版社赵佳霓编辑一直以来给予的帮助和支持，并提出很多中肯的建议。同时，还要感谢清华大学出版社的所有编审人员为本书的出版所付出的辛勤劳动。本书的成功出版是大家共同努力的结果，谢谢大家。

编　者

2023年1月

目录

CONTENTS

本书源代码

资料包(教学课件、习题及面试题等)

第三阶段　PC端整栈开发

第四阶段　ES6＋Node＋工程化

第五阶段　Vue 技术栈

第三阶段

STAGE 3

PC端整栈开发

第 9 章

jQuery 模块

随着 Web 2.0 的兴起，JavaScript 越来越受到重视，一系列 JavaScript 库也随之发展起来。从早期的 Prototype、Dojo 到 jQuery，互联网掀起了一场 JavaScript 风暴。jQuery 以其独特优雅的姿态，始终处于这场风暴的核心，受到很多人的追捧。

本章思维导图如图 9-1 所示。

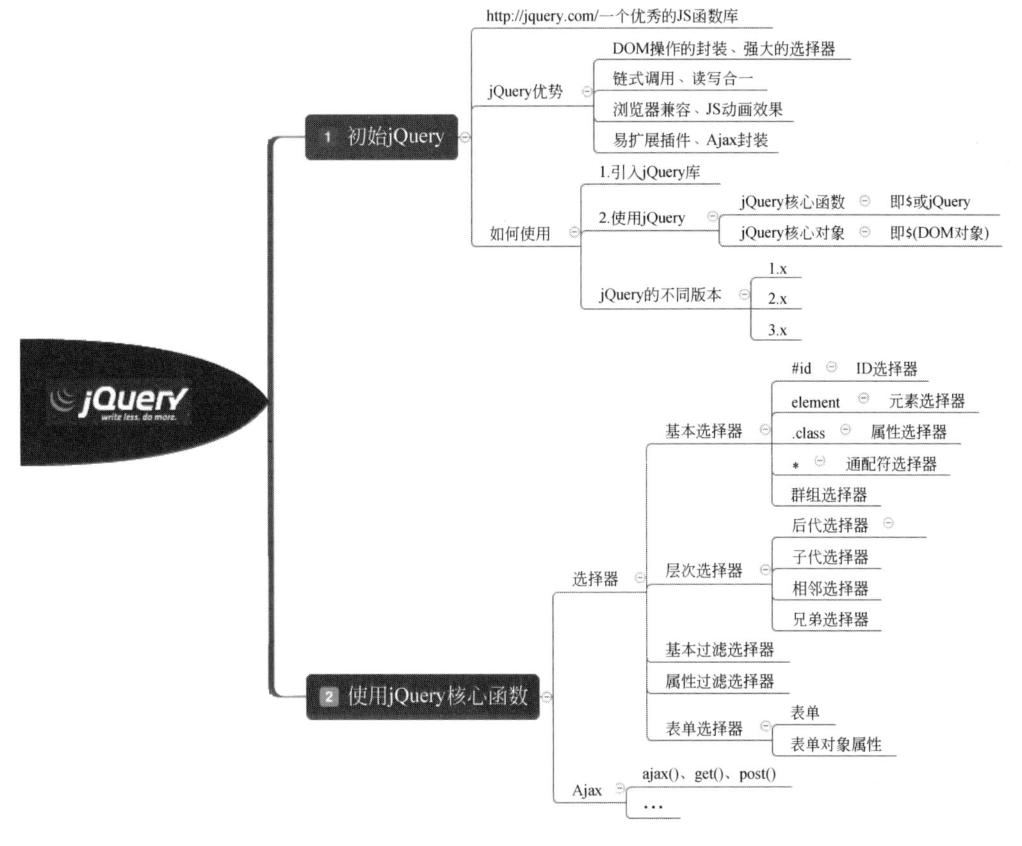

图 9-1　思维导图

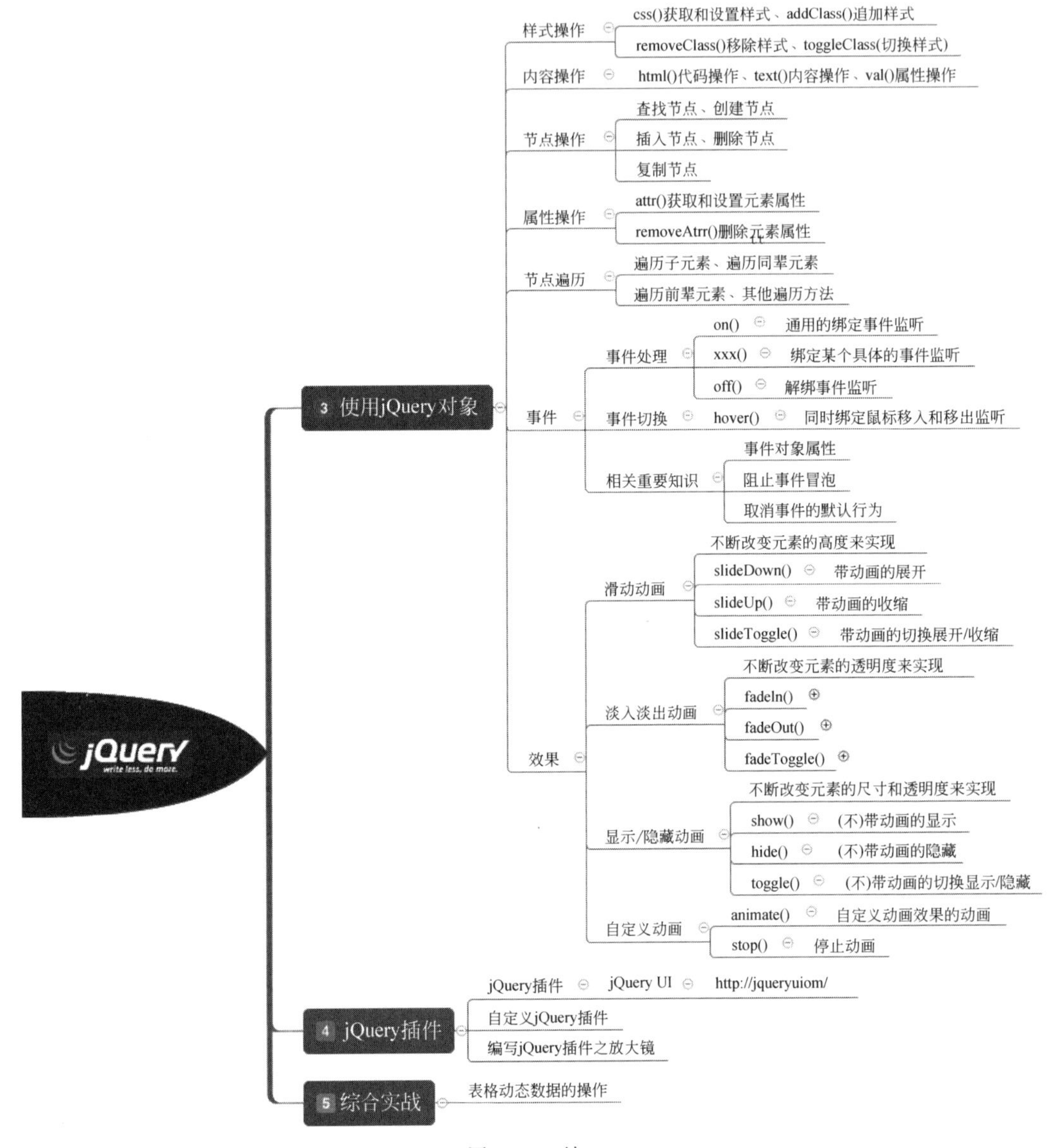

图 9-1 （续）

9.1 初识 jQuery

1. jQuery 简介

jQuery 是继 Prototype 之后又一个优秀的 JavaScript 库，是一个由 John Resig 创建于 2006 年 1 月的开源项目。

jQuery 是一个优秀的 JavaScript 库，是一个凭借简洁的语法和跨平台的兼容性，极大地简化了 JavaScript 开发人员遍历 HTML 文档，操作 DOM，执行动画和开发 Ajax 的操作。jQuery 封装了很多预定义的对象和函数。简单地说，jQuery 就是 JavaScript 的封装，内部实现仍然是调用 JavaScript，所以并不是代替 JavaScript。

其独特而优雅的代码风格改变了 JavaScript 程序员的设计思路和编写程序的方式。总之，无论是网页设计师、Web 前端开发者，还是项目管理者，也无论是 JavaScript 初学者还是 JavaScript 高手，都有足够的理由去学习 jQuery，如图 9-2 所示。

图 9-2 jQuery 理念

2. 常见的 JavaScript 库

(1) Prototype：最早成型的 JavaScript 库之一，对于 JS 的内置对象做了大量的扩展。

(2) Dojo：提供了很多 JS 库没有提供的奇特功能。例如，离线存储的 API、生成图标的组件等。

(3) YUI：由 Yahoo 公司开发的一套完备的扩展性良好的富交互网页程序工作集。

(4) Ext JS：原本是对 YUI 的一个扩展，主要用于创建前用户端界面。

(5) MooTools：一套轻量、简洁、模块化和面向对象的 JS 框架。

(6) jQuery：同样是一个轻量级的库，拥有强大的选择器等更多优点，吸引了很多开发者去学习使用它。

3. jQuery 的优势

jQuery 强调的理念是写得少，做得多(write less，do more)。其模块化的使用方式使开发者可以很轻松地开发出功能强大的静态或动态网页，jQuery 有以下优势：

(1) 轻量级、体积小，使用灵巧(只需引入一个 jQuery 文件)。

(2) 强大的选择器。

(3) 出色的 DOM 操作的封装。

(4) 完善的 Ajax。

(5) 动态更改页面样式/页面内容(操作 DOM，动态添加、移除样式)。

(6) 控制响应事件(动态添加响应事件)。

(7) 提供基本网页特效(提供已封装的网页特效方法)。

(8) 易扩展、插件丰富。

4. jQuery 有三条产品线

(1) 1.x：兼容 IE 6、IE 7、IE 8，使用最为广泛，官方只做 Bug 维护，功能不再新增，因此对一般项目来讲，使用 1.x 版本就可以了，最终版本为 1.12.4 (2016 年 5 月 20 日)。

(2) 2.x：不兼容 IE 6、IE 7、IE 8，很少有人使用，官方只做 Bug 维护，功能不再新增。

如果不考虑兼容低版本的浏览器，则可以使用 2.x 版本，最终版本为 2.2.4（2016 年 5 月 20 日）。

（3）3.x：不兼容 IE 6、IE 7、IE 8，只支持最新的浏览器。除非有特殊要求，一般不会使用 3.x 版本，很多老的 jQuery 插件不支持这个版本。目前该版本是官方主要更新维护的版本。

5. 获得 jQuery 库

jQuery 不需要安装，把 jQuery 库下载到本地，当要在某个页面上使用 jQuery 时，只需要在相关的 HTML 文档中引入该库文件。获得 jQuery 相关资源的网站地址如下。

（1）jQuery 官网：http://jquery.com。

（2）jQuery 在线 API：http://api.jquery.com。

（3）中文帮助：http://www.jquery123.com/。

（4）jQuery UI：http://jqueryui.com/。

6. 整体感知 jQuery

编写第 1 个 jQuery 程序，首先需将下载好的 jQuery 库引入 HTML 文件中，然后就可以使用 jQuery 库来编写程序了，如例 9-1 所示。

【例 9-1】 第 1 个 jQuery 程序

```
<!DOCTYPE html>
<html lang="en">
<head>
    <meta charset="UTF-8">
     <title>第 1 个 jQuery 程序</title>
     <!-- 根据实际目录,引入 jQuery 库 -->
     <script src="js/jquery-1.12.3.min.js"></script>
</head>
<body>
    <script>
        $(function(){
            alert("jQuery 你好!");
        });
     </script>
</body>
</html>
```

代码解释：

第 11 行中 $是 jQuery 的别名。如 $()等价于 jQuery()，相当于页面初始化函数，当页面加载完毕后会执行 $()。类似于 window.onload = function(){};或 $(document).ready(function(){});。

9.2　jQuery 对象和 DOM 对象

1. DOM 对象

使用 JavaScript 中的 DOM API 操作获得的元素对象叫作 DOM 对象。文档对象模型是 W3C 组织推荐的处理可扩展标志语言的标准编程接口。在网页上，组织页面(或文档)的对象被组织在树形结构中，用来表示文档中对象的标准模型就称为 DOM，如图 9-3 所示。

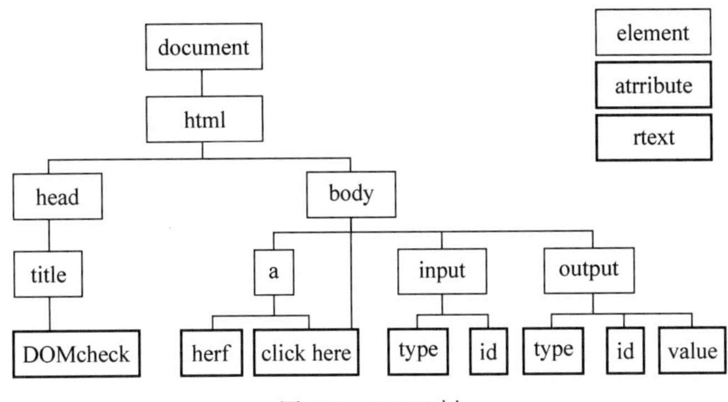

图 9-3　DOM 树

在这棵 DOM 树中有元素节点、文本节点和属性节点，可以通过 getElementById 和 getElementsByTagName 等方法获取元素节点。像这样获取的 DOM 元素就是 DOM 对象，示例代码如下：

```
var span = document.getElementById("span"); //获得 DOM 对象
span.innerHTML = "用户名不能为空";
```

2. jQuery 对象

jQuery 对象是 jQuery 函数的一个实例，是一个类数组对象，数组中存放的是 DOM 对象，而 DOM 对象是 Node 的实例。对 jQuery 对象的操作实际上是对 jQuery 数组中的 DOM 对象的批量操作。

jQuery 对象的获取通常使用选择器获取。例如，获取所有 class 为 one 的元素：$(".one");。

jQuery 对象的操作过程如下：

(1) jQuery 操作页面元素一定是从 $()函数开始的。

(2) $()函数里面有引号，引号里面写 CSS 选择器。

(3) 调用 jQuery 自己的方法(不能使用 JS 原生的方法)。

如果一个对象是 jQuery 对象，就可以调用 jQuery 的方法，示例代码如下：

```
var span = document.getElementById("span"); //获得 DOM 对象
span.innerHTML = "用户名不能为空";
```

等同于：

```
var $span = $("#span"); //获得 jQuery 对象
 $span.html("用户名不能为空");
```

注意：只要是 jQuery 的对象都应在变量上加一个 $ 符号，方便识别，如 var $div = $("#div")；。

3. DOM 对象转换成 jQuery 对象

对于一个 DOM 对象，只需用 $() 把 DOM 对象包装起来，就转换成了 jQuery 对象，即 $(DOM 对象)，示例代码如下：

```
var span = document.getElementById("span");          //DOM 对象
var $span = $(span);                                  //jQuery 对象
```

转换后，可以使用 jQuery 的方法。

4. 将 jQuery 对象转换成 DOM 对象

jQuery 对象仅能调用 jQuery 中设定的属性和方法，对于原生 JS 的属性和方法都无法调用。

jQuery 对象可以在必要时转换为 DOM 对象。将 jQuery 对象转换成 DOM 对象有两种方法。

(1) jQuery 对象可以通过[index]方式转换成 DOM 对象，代码如下：

```
var $span = $("#span");                    //jQuery 对象
var span = $span[0];                       //DOM 对象
```

(2) jQuery 对象可以通过 get(index)方式转换成 DOM 对象，代码如下：

```
var $span = $("#span");                    //jQuery 对象
var span = $span.get(0);                   //DOM 对象
```

下面举个简单的例子——网页开关灯，以此来加深对 jQuery 对象和 DOM 对象的理解。

【例 9-2】 网页开关灯

```
<!DOCTYPE html>
<html lang="en">
<head>
    <meta charset="UTF-8">
    <title>网页开关灯</title>
    <script src="js/jquery-1.12.3.min.js"></script>
    <script>
```

```
        //用两种方式实现开关灯的效果
        //1.jQuery 对象实现
        //$(function () {
        //$("#btn").click(function () {
        //if($(this).val() == "开灯"){
        //$("body").css("backgroundColor","black");
        //$(this).val("关灯");
        //}else{
        //$("body").css("backgroundColor","");
        //$(this).val("开灯");
        //}
        //});
        //});
        //2.DOM 对象实现
          $(function () {
           $("#btn").click(function () {
                if(this.value == "开灯"){
                    $("body")[0].style.backgroundColor = "black";
                    this.value = "关灯";
                }else{
                  $("body")[0].style.backgroundColor = "";
                this.value = "开灯";
                }
           });
        });
    </script>
</head>
<body>
    <input type="button" value="开关灯" id="btn"/>
</body>
</html>
```

运行结果：单击按钮实现网页开关灯效果。

上面的例子演示了 DOM 对象和 jQuery 对象的不同，但最终效果是一样的。

9.3 jQuery 选择器

通过 jQuery 中的选择器实际上取得的是 HTML 中的 DOM 元素。在 jQuery 中使用 CSS 匹配进行元素指定，比其他 JavaScript 库都简单，这也正是 jQuery 在网页设计中大受欢迎的原因。

9.3.1 基本选择器

基本选择器是 jQuery 最常用的选择器，也是最简单的选择器，它可以是 ID 选择器、类选择器、标签选择器等 CSS2.1 中提到的任意选择器，如表 9-1 所示。

表 9-1 基本 CSS 选择器

选择器	描述	结果	示例
ID 选择器	根据给定的 id 匹配一个元素	单个元素	$("#test")选取 id 为 test 的元素
类选择器	根据给定的类名匹配元素	集合元素	$(".test")选取所有 class 为 test 的元素
标签选择器	根据给定的元素名称匹配元素	集合元素	$("p")选取所有的<p>元素
群组选择器	将每个选择器匹配到的元素合并后一起返回	集合元素	$("div,span,p.cls")选取所有的<div><span>和拥有 class 为 cls 的<p>标签的一组元素
通配选择器	匹配所有元素	集合元素	$("*")选取所有的元素

可以利用这些基本选择器来完成绝大部分的工作。如例 9-3 所示，获取 HTML 代码中的元素并进行操作。

【例 9-3】 基本选择器的应用

```
<!DOCTYPE html>
<html lang="en">
<head>
    <meta charset="UTF-8">
    <title>基本选择器的应用</title>
    <script src="js/jquery-1.12.3.min.js"></script>
</head>
<body>
    <div id="div1">div1</div>
    <p>p</p>
    <p>p</p>
    <div id="div2" class="box">div2</div>
    <b id="div3">b</b>
    <span class="box">span</span>
  <br>
  <ul>
    <li>乔峰</li>
    <li>慕容复</li>
    <li class="box">虚竹</li>
    <li>卡卡西</li>
  </ul>
<script>
  //1. 选择 id 为 div1 的元素
  $('#div1').css('background', 'red')
  //2. 选择所有的 p 元素
  $('p').css('background', 'blue')
  //3. 选择所有 class 属性为 box 的元素
  $('.box').css('background', 'orange')
```

```
    //4. 选择所有的 b 和 span 元素
    $('b,span').css('background', 'green')
    //5. 选择所有元素
    // $('*').css('background', 'red')
</script>
</body>
</html>
```

在浏览器中的显示效果如图 9-4 所示。

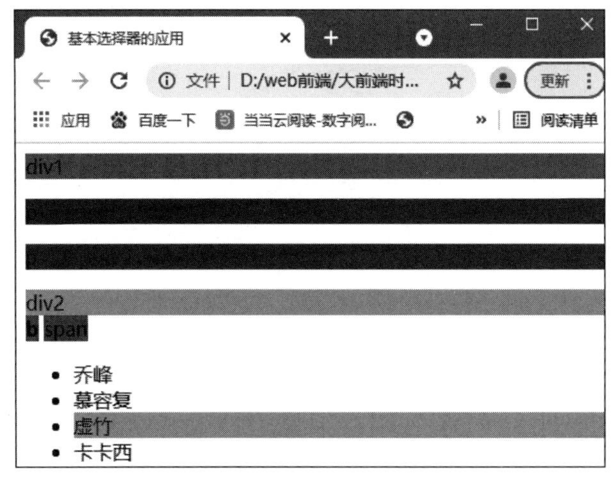

图 9-4 基本选择器的应用效果图

9.3.2 层次选择器

通过 DOM 元素之间的结构(层次关系)获取特定元素,例如后代元素、子元素、相邻元素、兄弟元素等,如表 9-2 所示。

表 9-2 层次选择器

选择器	描 述	结果	示 例
后代选择器	使用空格,代表后代选择器,获取 ul 下的所有 li 元素,包括孙元素等	集合元素	$("ul li")
子代选择器	使用>号,获取子层级的元素,注意,并不会获取孙层级的元素	集合元素	$("ul > li")
相邻选择器	选择所有紧接着 prev 在元素后面的 next 元素	集合元素	$("label+input")
兄弟选择器	选择任何一个有效选择器后面的所有兄弟元素,它们具有相同的父元素	集合元素	$("#prev~div")

使用层次选择器对网页中的元素进行获取并操作，以及修改样式，如例 9-4 所示。

【例 9-4】 层次选择器应用

```
<!DOCTYPE html>
<html lang="en">
<head>
    <meta charset="UTF-8">
    <title>层次选择器应用</title>
    <script src="js/jquery-1.12.3.min.js"></script>
</head>
<body>
    <div id="dv">
        <p>这是 div 中的第 1 个 p 标签</p>
        <ul>
            <li>这是第 1 个 li 标签</li>
            <li><p>这是第 2 个 li 中的一个 p 标签</p></li>
            <li>这是第 3 个 li 标签</li>
        </ul>
        <p>这是 div 中的第 2 个 p 标签</p>
    </div>
    <p>这是 div 后面的第 1 个 p 标签</p>
    <p>这是 div 后面的第 2 个 p 标签</p>
    <p>这是 div 后面的第 3 个 p 标签</p>

    <script>
        $(function () {                                           //页面加载事件
            //1.后代选择器：获取的是 div 中所有的 p 标签元素
            $("#dv p").css("backgroundColor","red");
            //2.子代选择器：获取的是 div 中直接的子元素
            //$("#dv>p").css("backgroundColor","red");            //第 26 行
            //3.相邻选择器：获取的是 div 后面的第 1 个 p 标签元素
            //$("#dv+p").css("backgroundColor","red");            //第 28 行
            //4.兄弟选择器：获取的是 div 后面所有直接的兄弟元素 p 标签元素
            //$("#dv~p").css("backgroundColor","red");            //第 30 行
        });
    </script>
</body>
</html>
```

运行结果：

依次轮流释放第 26 行、28 行和 30 行的注释，观察其在页面中的效果，以便更好地理解层次选择器。

9.3.3 基本过滤选择器

过滤选择器主要通过特定的过滤规则来筛选出所需的 DOM 元素，该选择器都以“:”开头，基本过滤选择器如表 9-3 所示。

表 9-3 基本过滤选择器

选择器	描 述	结果	示 例
:first	匹配找到的第 1 个元素	单个元素	$("div:first")选择第 1 个 div 元素
:last	匹配找到的最后一个元素	单个元素	$("div:last")选择最后一个 div 元素
:eq(index)	匹配一个给定索引值的元素	单个元素	$("div:eq(3)")选择索引值等于 3 的元素
:even	匹配所有索引值为偶数的元素	集合元素	$("div:even")选择索引值为偶数的 div 元素
:odd	匹配所有索引值为奇数的元素	集合元素	$("div:odd")选择索引值为奇数的 div 元素
:gt(index)	匹配所有大于给定索引值的元素	集合元素	$("div:gt(3)")选择索引值大于 3 的元素
:lt(index)	匹配所有小于给定索引值的元素	集合元素	$("div:lt(3)")选择索引值小于 3 的元素
:not	去除所有与给定选择器匹配的元素	集合元素	$("div:not('.one')")选择 class 不为 one 的所有 div 元素
:animated	选取当前正在执行动画的所有元素	集合元素	$(":animated")选择当前正在执行动画的所有元素
:header	获取所有已选择的元素中的标题元素(h1～h6)	集合元素	$(":header")选择所有的标题元素

接着，使用这些基本过滤选择器获取网页中的元素并操作，如例 9-5 所示。

【例 9-5】 基本过滤选择器的应用

```
<!DOCTYPE html>
<html lang="en">
<head>
    <meta charset="UTF-8">
    <title>基本过滤选择器的应用</title>
    <script src="js/jquery-1.12.3.min.js"></script>
</head>
<body>
    <h3>基本过滤选择器</h3>
    <div>第 1 个 div</div>
    <div>第 2 个 div</div>
    <div class="one">第 3 个 div</div>
    <div>第 4 个 div</div>
    <div>第 5 个 div</div>
    <script type="text/JavaScript">
        $(function(){
            //1.选择第 1 个 div 元素
            $("div:first").css("background-color","red");
            //2.选择最后一个 div 元素
```

```
            //$("div:last").css("background-color","red");            //第 20 行
             //3.选择 class 不为 one 的所有 div 元素
            //$("div:not('.one')").css("background-color","red");     //第 22 行
            //4.选择索引值为偶数的 div 元素
            //$("div:even").css("background-color","red");            //第 24 行
            //5. 选择索引值为奇数的 div 元素
            //$("div:odd").css("background-color","red");             //第 26 行
             //6.选择索引值等于 3 的元素
            //$("div:eq(3)").css("background-color","red");           //第 28 行
            //7.选择索引值大于 3 的元素
            //$("div:gt(3)").css("background-color","red");           //第 30 行
            //8.选择索引值小于 3 的元素
            //$("div:lt(3)").css("background-color","red");           //第 32 行
            //9.选择所有的标题元素
            //$(":header").css("background-color","red");             //第 34 行
        });
    </script>
</body>
</html>
```

运行结果：

依次轮流释放第 20 行、22 行、24 行、26 行、28 行、30 行、32 行和 34 行的注释，观察其在页面中的效果，以便更好地理解基本过滤选择器。

基本过滤选择器中:animated 选择器用于选取当前正在执行动画的所有元素，如例 9-6 所示。

【例 9-6】 :animated 选择器

```
<!DOCTYPE html>
<html lang="en">
<head>
    <meta charset="UTF-8">
    <title>:animated 选择器</title>
    <script src="js/jquery-1.12.3.min.js"></script>
</head>
<body>
    <button class="btn1">修改动画元素的颜色</button>
    <div style="background:blue;"> Div 1 </div>
    <div style="background:green;"> Div 2 </div>
    <div style="background:yellow;"> Div 3 </div>
   <script>
     $(function(){
         function aniDiv(){
           $("div:eq(0)").animate({width:"50%"},"slow");
                                                   //函数自己调用自己
           $("div:eq(0)").animate({width:"100%"},"slow",aniDiv);
```

```
            }
            aniDiv();
            $(".btn1").click(function(){//单击事件
                //选取当前正在执行动画的所有元素
                $(":animated").css("background-color","red");
            });
        });
    </script>
</body>
</html>
```

运行结果：当单击“修改动画元素的颜色”按钮时，正在执行动画的元素背景颜色变为红色。

9.3.4 属性过滤选择器

属性过滤选择器的过滤规则是通过元素的属性获取相应的元素，属性过滤选择器如表 9-4 所示。

表 9-4 属性过滤选择器

选择器	描述	结果	示例
[属性名称]	带有括号里的属性名称的元素集合	集合元素	$("div[id] ")选取属性为 id 的 div 元素
[属性名称=属性值]	属性名称=属性值的元素集合	集合元素	$("div[class = test] ")选取属性 class="test"的 div 元素
[属性名称!=属性值]	属性名称不等于属性值的元素集合	集合元素	$("div[class!= test]")选取属性 class!="test"的 div 元素
[属性名称^=属性值]	以该属性值开头的元素集合	集合元素	$("div[class^ = test]")选取属性 class 以"test"开头的 div 元素
[属性名称 $=属性值]	以该属性值结尾的元素集合	集合元素	$("div[class $ = test]")选取属性 class 以"test"结尾的 div 元素
[属性名称 * =属性值]	包含该属性值字符串的元素集合	集合元素	$("div[class * = test]")选取属性 class 含有"test"的 div 元素
[属性名称][属性名称]	同时满足多个属性过滤选择器条件的元素集合	集合元素	$("div[id][class $= test]")选取拥有属性 id，并且属性 class 以"test"结尾的 div 元素

接着，使用属性过滤选择器获取 HTML 元素并进行操作，如例 9-7 所示。

【例 9-7】 属性过滤选择器

```
<!DOCTYPE html>
<html lang="en">
```

```
<head>
    <meta charset="UTF-8">
    <title>属性过滤选择器</title>
    <script src="js/jquery-1.12.3.min.js"></script>
    <style type="text/css">
     .highlight{
         background-color: gray;color: white;
     }
    </style>
</head>
<body>
  <div id="test"> ID 为 test 的 DIV </div>
  <input type="checkbox" id="s1" name="football" value="足球" />足球
  <input type="checkbox" name="volleyball" value="排球" />排球
  <input type="checkbox" id="s3" name="basketball" value="篮球"/>篮球
  <input type="checkbox" id="s4" name="other" value="其他" />其他
<script>
    //1.查找所有含有 ID 属性的 div 元素
    $("div[id]").addClass("highlight");                          //第 21 行
    //2.name 属性值为 basketball 的 input 元素被选中
    $("input[name='basketball']").attr("checked",true);          //第 23 行
    //3.name 属性值不为 basketball 的 input 元素被选中
    //$("input[name!='basketball']").attr("checked",true);       //第 25 行
    //4.查找所有 name 以 'foot' 开始的 input 元素
    //$("input[name^='foot']").attr("checked",true);             //第 27 行
    //5.查找所有 name 以 'ball' 结尾的 input 元素
    //$("input[name$='ball']").attr("checked",true);             //第 29 行
    //6.查找所有 name 包含 'sket' 的 input 元素
    //$("input[name*='sket']").attr("checked",true);             //第 31 行
    //7.找到所有含有 id 属性,并且它的 name 属性以 ball 结尾
    //$("input[id][name$='ball']").attr("checked",true);         //第 33 行
</script>
</body>
</html>
```

在浏览器中的显示效果如图 9-5 所示。

图 9-5 属性过滤选择器应用效果

依次轮流释放25行、27行、29行、31行和33行注释，观察其在页面中的效果，以便更好地理解属性过滤选择器。

部分代码解释如下。

(1) 第21行的addClass()：该方法用于向被选元素添加一个或多个类属性。

(2) 第23行的attr()：该方法用于设置或返回被选元素的属性和值。

9.3.5 表单选择器

表单作为HTML中一种特殊的元素，操作方法较为多样性和特殊性，开发者不但可以使用之前的常规选择器或过滤器，也可以使用jQuery为表单专门提供的选择器或过滤器来准确地定位表单元素，更能满足开发者灵活多变的需求。

示例代码如下：

```
<form>
    <input type = "text" name = "user" value = "admin" />
    <input type = "password" name = "pass" value = "123" />
    <input type = "radio" name = "sex" value = "男" checked = "checked" />男
    <input type = "radio" name = "sex" value = "女" />女
    <textarea></textarea>
    <select name = "city" multiple>
        <option>北京市</option>
        <option>太原市</option>
        <option>晋中市</option>
    </select>
    <button>按钮</button>
</form>
```

1. 表单选择器

(1) :input用于选取所有input、textarea、select和button元素，返回集合元素。

查看所有表单元素里name=city的有几个，代码如下：

```
$(function () {
    alert( $(':input[name = city]').size()); //输出: 1
});
```

(2) :text用于选择所有单行文本框，即type=text，返回集合元素。

获取单行文本框元素，代码如下：

```
$(function () {
    alert( $(':text').size()); //输出: 1
});
```

(3) :password 用于选择所有密码框,即 type=password,返回集合元素。

获取密码栏元素,代码如下:

```
$(function () {
    alert( $(':password[name = pass]').size()); //输出: 1
});
```

(4) :radio 用于选择所有单选框,即 type=radio,返回集合元素。

获取单选框元素有几个,代码如下:

```
$(function () {
    alert( $(':radio').size()); //输出: 2
});
```

(5) :checkbox 用于选择所有复选框,即 type=checkbox,返回集合元素。

获取复选框元素有几个,代码如下:

```
$(function () {
    alert( $(':checkbox').size()); //输出: 0
});
```

(6) :submit 用于选取所有提交按钮,即 type=submit,返回集合元素。

获取提交按钮元素,代码如下:

```
$(function () {
    alert( $(':submit').size()); //输出: 1
});
```

(7) :reset 用于选取所有重置按钮,即 type=reset,返回集合元素。

获取重置按钮元素,代码如下:

```
$(function () {
    alert( $(':reset').size()); //输出: 0
});
```

(8) :image 用于选取所有图像按钮,即 type=image,返回集合元素。

获取图像按钮元素,代码如下:

```
$(function () {
    alert( $(':image').size()); //输出: 0
});
```

（9）:button 用于选择所有普通按钮，即 button 元素，返回集合元素。

获取文件按钮元素，代码如下：

```
$(function () {
    alert( $(':file').size()); //输出: 0
});
```

（10）:file 用于选择所有文件按钮，即 type=file，返回集合元素。

获取普通按钮元素，代码如下：

```
$(function () {
    alert( $(':button').size()); //输出: 1
});
```

（11）:hidden 用于选择所有不可见字段，即 type=hidden，返回集合元素。

获取 form 元素下隐藏字段元素，代码如下：

```
$(function () {
    alert( $('form :hidden').size()); //输出: 0
});
```

2. 表单过滤器

jQuery 提供了 4 种表单过滤器，分别用在是否可以用、是否选定进行表单字段的筛选过滤。

（1）:enabled 用于选取所有可用元素，返回集合元素。

获取可用元素，代码如下：

```
$(function () {
    alert( $('form :enabled').size()); //输出: 10
});
```

（2）:disabled 用于选取所有不可用元素，返回集合元素。

选取所有不可用元素，代码如下：

```
$(function () {
    alert( $('form :disabled').size()); //输出: 0
});
```

（3）:checked 用于选取所有被选中的元素，返回集合元素，如单选和复选字段。

获取单选、复选框中被选中的元素，代码如下：

```
$(function () {
    alert( $('form :checked').size());              //输出: 1
});
```

(4) :selected 用于选取所有被选中的元素,返回集合元素,如下拉列表。

获取下拉列表中被选中的元素,代码如下:

```
$(function () {
    alert( $('form :selected').get(0));            //输出: undefined
    alert( $('form :selected').size());            //输出: 0
});
```

9.4 jQuery 中的 DOM 操作

如前所述,DOM 是 Document Object Model 的缩写,意思是文档对象模型。DOM 是一种与浏览器、平台、语言无关的接口,使用该接口可以轻松访问页面中所有的标准组件。

每个网页都可以用 DOM 表示出来,每个 DOM 都可以看作一棵 DOM 树。jQuery 中的 DOM 操作主要包括样式操作、内容操作、节点操作、属性操作和节点遍历等,如图 9-6 所示。

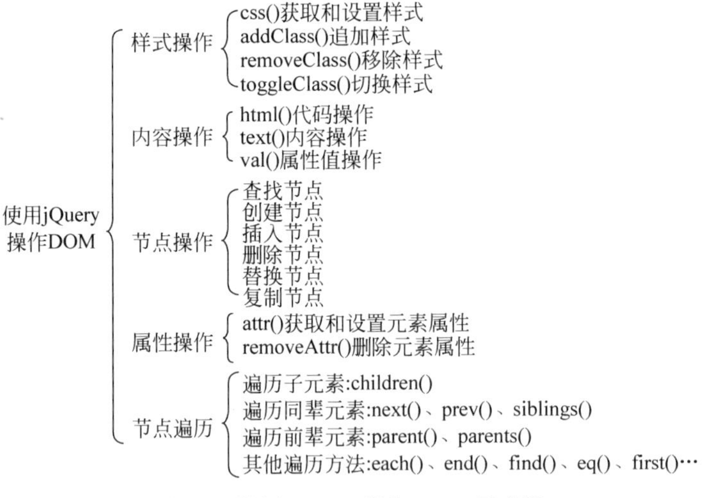

图 9-6 使用 jQuery 操作 DOM 示意图

接下来将围绕下面的 HTML 页面结构来学习 jQuery 中的 DOM 操作。

示例代码如下:

```
1    <body>
2      <p title="你最喜欢的包" style="color: red;">你最喜欢的包的牌子是?</p>
3      <ul>
4          <li title="阿玛尼">阿玛尼</li>
5          <li title="爱马仕">爱马仕</li>
6          <li title="迪奥">迪奥</li>
7          <li title="香奈儿">香奈儿</li>
8        </ul>
9    </body>
```

构建出的 DOM 树如图 9-7 所示。

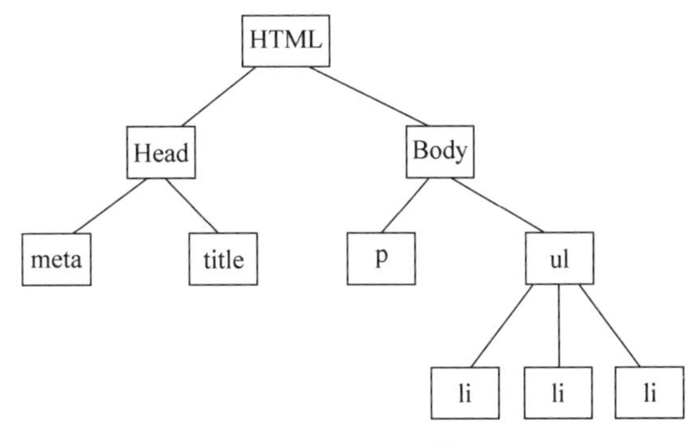

图 9-7 DOM 树

9.4.1 样式操作

jQuery 中常用的样式操作有 4 种：css()、addClass()、removeClass()和 toggleClass()。

1. css()方法

在 jQuery 1.9+中新增了 css()方法，用于返回第 1 个匹配元素的 CSS 样式，或设置所有匹配元素的样式。

css()方法的使用格式如下：

```
css(attrName)
css(key, value)
css({properties})
```

各参数的解释如下。

(1) attrName：表示要访问的属性名称。

(2) key、value：用于设置元素的某一样式，key 表示属性名，value 表示属性值。属性必须加引号，如果值是数字，则可以不用跟单位和引号。

(3) properties：使用 JSON 格式设置元素的某些样式。

下面演示 css()方法的 3 种使用形式，示例代码如下：

```
<p title="你最喜欢的包" style="color: red;">你最喜欢的包的牌子是?</p>
```

① 如果参数只写属性名，则返回属性值，代码如下：

```
var $pColor =  $("p").css("color");
console.log( $pColor);  //输出: rgb(255, 0, 0)
```

② 如果参数是属性名和属性值，则用于设置元素的某一样式，代码如下：

```
$("p").css("background-color","skyblue");
```

③ 参数可以是 JSON 格式，方便设置多组样式。属性名和属性值用冒号隔开，属性可以不用加引号，代码如下：

```
$("p").css({ "color":"orange","font-size":"25px"});
```

注意：css() 多用于样式少时操作，多了则不太方便。

2. addClass()方法

addClass()方法用于对一个或多个匹配元素追加样式。

语法格式如下：

```
addClass(className)
addClass(className1 className2 ... classNameN)
```

各参数的解释如下。

(1) className：表示需要追加的样式名。

(2) className1、className2，…，classNameN：表示可以同时追加多个样式，样式名之间使用空格隔开。

示例代码如下：

```
<p title="你最喜欢的包" style="color: red;">你最喜欢的包的牌子是?</p>
```

① 给<p>标签追加 box 类样式，代码如下：

```
$("p").addClass("box");
```

那么 p 标签将变为

```
<p title="你最喜欢的包" style="color: red;" class="box">你最喜欢的包的牌子是?</p>
```

② 给<p>标签追加 box、fontColor 等类样式，代码如下：

```
$("p").addClass("box fontColor");
```

那么<p>标签将变为

```
<p title="你最喜欢的包" style="color: red;" class="box fontColor">你最喜欢的包的牌子
是?</p>
```

注意：addClass 用于追加类，而不是改变类，不影响原有的类名。

3. removeClass()方法

removeClass()方法用于移除匹配元素的一个或多个样式，也可以一次性移除元素的所有样式。

语法格式如下：

```
removeClass()
removeClass(className)
removeClass(className className2 ... classNameN)
```

各参数的解释如下：

(1) 无参方法用于移除匹配元素的所有样式。

(2) className：表示需要删除的样式名。

(3) className1、className2，…，classNameN：表示可以同时移除多个样式，样式名之间使用空格隔开。

示例代码如下：

```
<p title="你最喜欢的包" style="color: red;" class="box fontColor">你最喜欢的包的牌子
是?</p>

$("p").removeClass("box");
```

表示移除<p>标签的 box 类，则<p>标签将变为

```
<p title="你最喜欢的包" style="color: red;" class="fontColor">你最喜欢的包的牌子是?</p>
```

注意：removeClass 表示移除类，不影响不移除的类名。

4. toggleClass()方法

toggleClass()方法用于元素样式之间的切换，当元素指定的样式存在时，将该样式移除，否则添加该样式。

语法格式如下：

```
toggleClass(className)//切换类
```

示例代码如下：

```
<p title = "你最喜欢的包" style = "color: red;" class = "fontColor">你最喜欢的包的牌子是?</p>

 //如果存在 focusClass 样式,则移除,否则添加该样式
 $("p").toggleClass("focusClass");
```

综合使用样式的追加、移除等操作完成产品菜单栏的切换案例，如例 9-8 所示。

【例 9-8】 产品菜单栏切换

```
<!DOCTYPE html>
<html lang = "en">
<head>
    <meta charset = "UTF - 8">
    <title>产品菜单栏切换</title>
    <script src = "js/jquery - 1.12.3.min.js"></script>
    <style type = "text/css">
        * {
            margin: 0;
            padding: 0;
        }
        ul {list - style: none;}                /* 去除 ul、li 样式 */
        .wrapper {
            width: 1000px;
            height: 475px;
            margin: 0 auto;
            margin - top: 50px;
        }
        .tab {                                  /* 菜单栏样式 */
            border: 1px solid #ddd;
            border - bottom: 0;
            height: 36px;
            width: 320px;
        }
        .tab li {
            position: relative;
            float: left;
```

```
            width: 80px;
            height: 34px;
            line-height: 34px;
            text-align: center;
            cursor: pointer;
            border-top: 4px solid #fff;
        }
        .tab span {
            position: absolute;
            right: 0;
            top: 10px;
            background: #ddd;
            width: 1px;
            height: 14px;
            overflow: hidden;
        }
        .products {
            width: 1002px;
            border: 1px solid #ddd;
            height: 476px;
        }
        .products .main {
            float: left;
            display: none;
        }
        .products .main.selected {
            display: block;
        }
        .tab li.active {
            border-color: red;
            border-bottom: 0;
        }
    </style>
    <script>
        $(function () {
            //获取 ul 中的所有的 li,调用鼠标进入事件
            $(".tab > li").mouseover(function () {
                //移除当前的 li 的所有兄弟元素 li 的类样式
                $(this).siblings("li").removeClass("active");
                //让当前 li 添加类样式
                $(this).addClass("active");

                //获取当前的 li 的索引
                var index = $(this).index();
                /* 获取 div 中对应索引的这个 div,让这个 div 的所有的兄弟元素 div
    全部移除 selected 类样式,让当前对应的 div(索引对应)应用 selected 类样式 */
                $(".products > div:eq(" + index + ")").siblings("div")
                                            .removeClass("selected");
                //为当前对应的 div 添加类样式
                $(".products > div:eq(" + index + ")").addClass("selected");
```

```
            });
        });
    </script>
</head>
<body>
<div class = "wrapper">
    <ul class = "tab"><!-- 菜单栏 -->
        <li class = "tab - item active">国际大牌<span>◆</span></li>
        <li class = "tab - item">国妆名牌<span>◆</span></li>
        <li class = "tab - item">清洁用品<span>◆</span></li>
        <li class = "tab - item">男士精品</li>
    </ul>
    <div class = "products"><!-- 产品 -->
        <div class = "main selected">
            <a href = "###"><img src = "imgs/guojidapai.jpg" alt = ""/></a>
        </div>
        <div class = "main">
            <a href = "###"><img src = "imgs/guozhuangmingpai.jpg" /></a>
        </div>
        <div class = "main">
            <a href = "###"><img src = "imgs/qingjieyongpin.jpg" /></a>
        </div>
        <div class = "main">
            <a href = "###"><img src = "imgs/nanshijingpin.jpg" /></a>
        </div>
    </div>
</div>
</body>
</html>
```

在浏览器中的显示效果如图 9-8 所示。

图 9-8 产品菜单栏切换效果

9.4.2　内容操作

在 jQuery 中设置和获取 HTML、文本和值的方法分别为 html()、text()、val()。

1. html()方法

此方法类似 JavaScript 中的 innerHTML 属性，可以用来读取和设置某个元素中的 HTML 内容。

示例代码如下：

```
<p title="你最喜欢的包">你最喜欢的包的牌子是?</p>
```

(1) 获取 HTML 内容，代码如下：

```
console.log( $("p").html()); //输出：你最喜欢的包的牌子是?
```

(2) 设置 HTML 内容，代码如下：

```
$("p").html("<strong>香奈儿</strong>");
```

页面的显示效果如图 9-9 所示。

香奈儿

图 9-9　html()方法应用效果

2. text()方法

此方法类似于 JavaScript 中的 innerText 属性，可以用来读取或者设置某个元素中的文本内容。

示例代码如下：

```
<p title="你最喜欢的包">你最喜欢的包的牌子是?</p>
```

(1) 获取文本内容，代码如下：

```
console.log( $("p").text()); //输出：你最喜欢的包的牌子是?
```

(2) 设置文本内容，代码如下：

```
$("p").text("<strong>香奈儿</strong>");
```

页面的显示效果如图 9-10 所示。

<strong>香奈儿</strong>

图 9-10　text()方法应用效果

3. val()方法

此方法类似于 JavaScript 中的 value 属性，可以用来设置或获取元素的值。无论元素是文本框，下拉列表还是单选框，它都可以返回元素的值，在表单操作中会经常用到。

如果元素为多选,则返回一个包含所有选择值的数组。

示例代码如下:

```
<input type="button" value="显示效果" id="btn"/>

<script>
    $("#btn").click(function () {                  //单击事件
        console.log( $(this).val());               //显示按钮的 value 属性值
    });
    $("#btn").dblclick(function () {               //双击事件
        $(this).val("这是一个按钮");               //设置表单元素的 value 属性值
    });
</script>
```

9.4.3 节点操作

JQuery 中的 DOM 操作主要包括查找节点、创建节点、插入节点、删除节点、替换节点、复制节点。

1. 查找节点

查找节点非常容易,使用选择器就能轻松完成各种查找工作(9.3 节已经讲过)。

2. 创建节点

1) 创建元素节点

创建<li>元素节点并把节点添加到<ul>节点中。先创建元素节点,创建元素节点使用 jQuery 的工厂函数 $()来完成,jQuery 代码如下:

```
$li1 = $("<li></li>"); //创建<li>元素
```

代码返回 $li 就是一个由 DOM 对象包装成的 jQuery 对象。把新建节点添加到<ul>节点中,jQuery 代码如下:

```
$("ul").append( $li1); //添加到<ul>节点中
```

添加后页面中只能看到<li>元素默认的"·"样式,由于没有为节点添加文本,所以只显示默认符号。

注意:当创建单个元素时要注意闭合标签和使用标准的 XHTML 格式。例如,创建一个<p>元素,可以用 $("<p/>")或者 $("<p></p>"),但不要使用 $("<p>")或者大写的 $("<P>")。

2) 创建文本节点

使用 jQuery 的工厂函数 $()同样能够创建文本节点,创建文本节点的 jQuery 代码如下:

```
$li2 = $("<li>普拉达</li>"); //创建<li>元素,包含元素节点和文本节点
```

代码返回 $li2 就是一个由 DOM 对象包装成的 jQuery 对象,把新建的文本节点添加到<ul>节点中,jQuery 代码如下:

```
$("ul").append($li2); //添加到<ul>节点中
```

添加后页面中能看到"·普拉达"。

3) 创建属性节点

创建属性节点同元素节点、文本节点一样,可使用 jQuery 的工厂函数完成,创建属性节点的 jQuery 代码如下:

```
//创建<li>元素,包含元素节点、文本节点和属性节点
$li3 = $("<li title = 'Fendi'> Fendi </li>");
```

代码返回的 $li3 也是一个由 DOM 对象包装成的 jQuery 对象,把新建的属性节点添加到<ul>节点中,jQuery 代码如下:

```
$("ul").append($li3); //添加到<ul>节点中
```

添加后页面中能看到"·普拉达",右击查看页面源码会发现新加的属性节点有 title='Fendi'属性。

3. 插入节点

由于动态新建元素不添加到文档中没有实际意义,所以需要将新建的节点插入文档中。在前面我们使用了一个插入节点的方法 append(),它会在元素内部追加新创建的内容。将新建的节点插入文档的方法并不只有一种,在 jQuery 中提供了很多种插入节点的方法。按节点插入文档的位置可分为元素内部插入子节点,如表 9-5 所示。元素外部插入同辈节点,如表 9-6 所示。

表 9-5 元素内部插入子节点

方法	描述	示例
append()	向每个匹配元素内部追加内容	HTML 代码: <p>水果:</p> jQuery 代码: $('p').append('<b>香蕉</b>'); 结果: <p>水果:<b>香蕉</b></p>

续表

方　法	描　述	示　例
appendTo()	颠倒 append()的操作	HTML 代码： <p>水果：</p> jQuery 代码： $('<b>香蕉</b>').appendTo('p'); 结果： <p>水果：<b>香蕉</b></p>
prepend()	向每个匹配元素内部前置内容	HTML 代码： <p>水果：</p> jQuery 代码： $('p').prepend('<b>香蕉</b>'); 结果： <p><b>香蕉</b>水果：</p>
prependTo()	颠倒 prepend()的操作	HTML 代码： <p>水果：</p> jQuery 代码： $('<b>香蕉</b>').prependTo('p'); 结果： <p><b>香蕉</b>水果：</p>

表 9-6　元素外部插入同辈节点

方　法	描　述	示　例
after()	向每个匹配元素后插入内容	HTML 代码： <p>水果：</p> jQuery 代码： $('p').after('<b>香蕉</b>'); 结果： <p>水果：</p><b>香蕉</b>
insertAfter()	颠倒 after()的操作	HTML 代码： <p>水果：</p> jQuery 代码： $('<b>香蕉</b>').insertAfter('p'); 结果： <p>水果：</p><b>香蕉</b>

续表

方　法	描　述	示　例
before()	在每个匹配元素前插入内容	HTML 代码： < p >水果：</p > jQuery 代码： $('p'). before('< b >香蕉</b >'); 结果： < b >香蕉</b >< p >水果：</p >
insertBefore()	颠倒 before()的操作	HTML 代码： < p >水果：</p > jQuery 代码： $('< b >香蕉</b >'). insertBefore('p'); 结果： < b >香蕉</b >< p >水果：</p >

这些插入节点的方法能将新建的节点插入文档的不同位置，如例 9-9 所示。

【例 9-9】 节点插入操作

```
<!DOCTYPE html >
< html lang = "en">
< head >
    < meta charset = "UTF - 8">
    < title >节点插入操作</title >
    < script src = "js/jquery - 1.12.3.min.js"></script >
</head >
< body >
   < p title = "你最喜欢的包">你最喜欢的包的牌子是?</p >
   < ul >
      < li title = "阿玛尼">阿玛尼</li >
      < li title = "爱马仕">爱马仕</li >
      < li title = "迪奥">迪奥</li >
      < li title = "香奈儿">香奈儿</li >
    </ul >
< script >
   $(function () {
    //1. 向 ul 元素内部追加内容(最后)
     $('ul').append('< li > append()添加的 li </li >');
     $('< li > appendTo()添加的 li </li >').appendTo('ul');
    //2. 将元素前置插入 ul 中(最前)
     $('ul').prepend('< li > prepend()添加的 li </li >');
     $('< li > prependTo()添加的 li </li >').prependTo('ul');
    //3. 将元素插入 ul 节点前作为同辈节点
     $('ul').before('< span > before()添加的 span </span >');
     $("< a href = '#'>锚</a >").insertBefore("ul");
```

```
    //4. 将元素插入 ul 节点后作为同辈节点
      $('ul').after('<span>after()添加的 span</span>');
      $("<span>insertAfter 操作</span>").insertAfter("ul");
  })
</script>
</body>
</html>
```

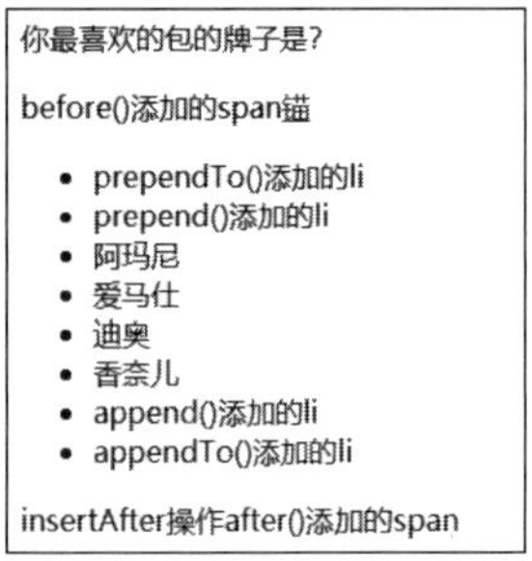

你最喜欢的包的牌子是?

before()添加的span锚

- prependTo()添加的li
- prepend()添加的li
- 阿玛尼
- 爱马仕
- 迪奥
- 香奈儿
- append()添加的li
- appendTo()添加的li

insertAfter操作after()添加的span

图 9-11　节点插入操作效果图

在浏览器中的显示效果如图 9-11 所示。

可以在浏览器页面中,按 F12 键进入调试模式,查看插入的元素在文档中的位置。

4. 删除节点

要删除文档中的某个元素,jQuery 提供了两种删除节点的方法:remove()和 empty()。

1) remove()方法

从 DOM 中删除所有匹配的元素,返回值是一个指向已经被删除的节点的引用,后期可以再使用这些元素,代码如下:

```
var $li =  $("ul li:eq(2)").remove();      //将第 3 个元素删除
$li.appendTo("ul");                        //把刚才删除的节点重新添加到<ul>元素中
```

remove()方法还可以通过传递参数来选择性地删除元素,代码如下:

```
$("ul li").remove("li[title='爱马仕']"); //删除<li>中[title='爱马仕']的元素
```

2) empty()方法

empty()方法严格来讲并不是执行删除元素操作,该方法只是清空节点,它能清空元素中的所有子节点,代码如下:

```
$("ul li:eq(0)").empty();
```

该示例使用 empty()方法清空 ul 中第 1 个 li 的文本值,只留下 li 标签的默认符号"•"。

5. 复制节点

复制节点用 clone()方法实现,示例代码如下:

```
$("ul li").click(function () {
    $(this).clone().appendTo("ul"); /* 复制当前节点并添加到 ul 中 */
})
```

在页面中单击<li>元素节点时，会在列表最下方复制出该节点。

可以根据参数决定是否复制节点元素的行为，代码如下：

```
$("ul li:eq(0)").clone(true);
```

复制 ul 的第 1 个 li 元素，true 参数决定复制元素时也复制元素行为(如事件)，当不复制元素行为时没有参数。

6. 替换节点

替换元素时在 jQuery 中使用 replaceWith()和 replaceAll()。

replaceWith()将所有匹配元素都替换成指定的 HTML 或者 DOM 元素，代码如下：

```
$("p").replaceWith("<strong>你最喜欢的包的牌子是?</strong>");
```

replaceAll()与 replaceWith()作用相同，只是位置需要改变，代码如下：

```
$("<strong>你最喜欢的包的牌子是?</strong>").repalceAll("p");
```

9.4.4 属性操作

在 jQuery 中，可使用 attr()方法获取或设置元素属性，removeAttr()方法用于删除元素的属性。

1. 获取与设置元素属性

attr()方法能够获取元素属性，也能够设置元素属性。

获得 p 元素的 title 属性值，示例代码如下：

```
$("p").attr("title"); //获取 title 属性值
```

将 p 元素的 title 属性值设置为“你最喜欢的香水”，示例代码如下：

```
$("p").attr("title","你最喜欢的香水"); //设置单个属性值
```

如果一次设置多个属性值，则可以使用键-值对形式，示例代码如下：

```
$("p").attr({"title":"你最喜欢的香水","name":"香水"}); //一次设置两个属性值
```

2. 删除元素属性

removeAttr()方法用于删除指定的属性，示例代码如下：

```
$("p").removeAttr("title"); //删除 p 元素的 title 属性
```

9.4.5 节点遍历

jQuery 中 DOM 节点的遍历方法有很多，可分为子元素遍历、同辈元素遍历、前辈元素遍历及其他遍历方法。此处仍使用本节开头所画的那棵 DOM 树的结构，以此来操作文档节点，如图 9-12 所示。

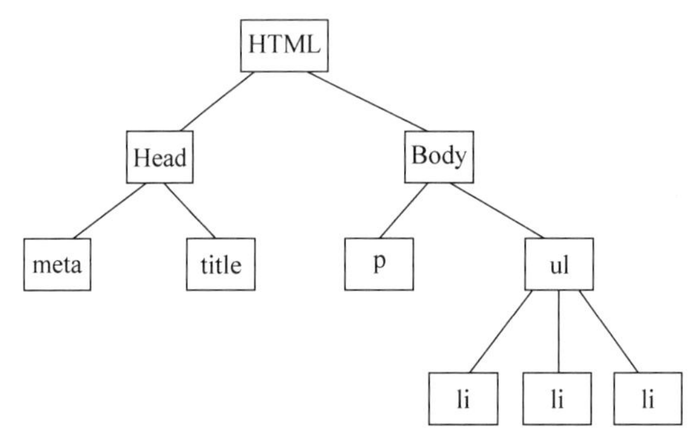

图 9-12 DOM 树

1. 子元素遍历

children()方法用于取得匹配元素所有的直接子元素，只匹配子元素而不考虑任何后代元素。

示例代码如下：

```
var $p = $("p").children();
var $ul = $("ul").children();
alert( $p.length);              //<p>元素下有 0 个子元素
alert( $ul.length);             //<ul>元素下有 4 个子元素
for(var i = 0;len = $ul.length;i++){
alert( $ul[i].innerHTML);       //循环输出<li>元素的 HTML 内容
}
```

注意：children() 方法用于返回匹配元素集合中每个元素的所有子元素(仅子辈)。

2. 同辈元素遍历

jQuery 可以获取紧邻其后、紧邻其前和位于该元素前与后的所有同辈元素。

1) next()方法

该方法用于获取匹配元素后面紧邻的同辈元素。

从 DOM 树的结构中可以知道<p>元素的下一个同辈节点是<ul>，因此可以通过 next()方法获取<ul>元素，示例代码如下：

```
var $p1 = $("p").next(); //获取紧邻<p>元素后的同辈元素
console.log( $p1);
```

得到的结果将如下：

```
<ul>
  <li title="阿玛尼">阿玛尼</li>
  <li title="爱马仕">爱马仕</li>
  <li title="迪奥">迪奥</li>
  <li title="香奈儿">香奈儿</li>
</ul>
```

2) prev()方法

该方法用于获取匹配元素前面紧邻的同辈元素。

从 DOM 树的结构中可以知道<ul>元素的上一个同辈节点是<p>，因此可以通过 prev()方法获取<p>元素，示例代码如下：

```
var $ul = $("ul").prev(); //取得紧邻<ul>元素前的同辈元素
 console.log( $ul);
```

得到的结果将如下：

```
<p title="你最喜欢的包">你最喜欢的包的牌子是?</p>
```

3) siblings()方法

该方法用于获取匹配元素前后所有的同辈元素。

从 DOM 树的结构中可以知道，<ul>元素下的 4 个<li>元素互为同辈元素。如果要获取 <li title="爱马仕">爱马仕</li>元素的同辈元素，则示例代码如下：

```
var $li = $("li[title='爱马仕']").siblings();
console.log( $li);
```

得到的结果将如下：

```
<li title="阿玛尼">阿玛尼</li>
<li title="迪奥">迪奥</li>
<li title="香奈儿">香奈儿</li>
```

3. 前辈元素遍历

1）parent()方法

parent() 方法用于返回被选元素的直接父元素。

从 DOM 树的结构中可以知道，<p>元素的直接父元素为<body>。如果要获取<p>元素的直接父元素，则示例代码如下：

```
var $p= $("p").parent(); //获取<p>元素的直接父元素
console.log( $p)
```

2）parents()方法

parents() 方法用于返回被选元素的所有祖先元素，它一路向上直到文档的根元素。

从 DOM 树的结构中可以知道，<p>元素的所有祖先元素有两个，分别为<body>和<html>。如果要获取<p>元素的所有祖先元素，则示例代码如下：

```
var $p= $("p").parents(); //获取<p>元素的所有祖先元素
console.log( $p)
```

4. 其他遍历方法

1）each()方法

在 jQuery 中，遍历对象和数组时经常会用到 each()方法。$.each()方法一般用于遍历数组、JSON 对象和 jQuery 对象。

遍历数组，示例代码如下：

```
var arr = ["11", "22", "33", "44"];
$.each(arr, function (index, value) {
    console.log("index: " + index);
    console.log("value: " + value);
    //这里的 this 指向每次遍历中的当前 value 值,this == value
    console.log(value == this);
});
```

遍历 JSON 对象，示例代码如下：

```
var obj = {city: "重庆", name: "ande", age: 18};
$.each(obj, function (index, value) {
    console.log("index: " + index);
    console.log("value: " + value);
    //这里的 this 指向每次遍历中的当前 value 值,this == value
    console.log(value == this);
});
```

遍历 jQuery 对象，示例代码如下：

```
$.each( $("li"), function (index, element) {
    console.log("index: " + index);
    //注意:获取的 element 是一个 DOM 对象
    console.log("element: " + $(this).text());
    console.log("element: " + element.innerHTML);
    //这里的 this 指向每次遍历中的当前元素,this == element
    console.log(element == this);
});
```

在 jQuery 的 each()方法中不能使用 break 和 continue，但是可以使用 return false 代替 break，使用 return ture 代替 continue。

跳出本次循环，示例代码如下：

```
var arr = ["11", "22", "33", "44", "55"];
$.each(arr, function (index, value) {
    if (index == 2) {
        return true;                //其作用相当于 continue
    }
    console.log(value);             //输出: "11", "22", "44", "55"
});
```

跳出当前循环，示例代码如下：

```
var arr = ["11", "22", "33", "44", "55"];
$.each(arr, function (index, value) {
    if (index == 2) {
        return false;               //其作用相当于 break
    }
    console.log(value);             //输出: "11", "22"
});
```

2）find()方法

find()方法用于返回被选元素的后代元素，一路向下直到最后一个后代。

如果要获取< ul >元素的后代元素，则示例代码如下：

```
var $ul = $("ul").find("li");     //查找 ul 元素内的子元素并且是 li 元素
console.log( $ul)
```

获取所有的后代元素，示例代码如下：

```
$("body").find(" * ");
```

3）first()方法

first()方法用于返回被选元素的首个元素。

获取第1个li元素，示例代码如下：

```
$('li').first();
```

4）last()方法

last()方法用于返回被选元素的最后一个元素。

获取最后一个li元素，示例代码如下：

```
$('li').last();
```

5）eq()方法

eq()方法用于返回被选元素中带有指定索引号的元素（索引从0开始）。

查找第2个li元素（索引下标从0开始），示例代码如下：

```
$('li').eq(1)
```

6）not()方法

not()方法用于返回不匹配标准的所有元素。

查找不包含span元素的div元素，示例代码如下：

```
$('div').not('span');
```

接下来将以表格隔列变色案例来理解和巩固jQuery中的节点操作，如例9-10所示。

【例9-10】 表格隔列变色案例

```
<!DOCTYPE html>
<html>
<head lang="en">
<meta charset="UTF-8">
<title>表格隔列变色案例</title>
<script src="js/jquery-1.12.3.min.js"></script>
<style>
        table{margin-top: 100px;}
</style>
</head>
<body>
<table border="1" cellspacing="0" width="600" align="center">
    <tr><td>111</td><td>111</td><td>111</td><td>111</td><td>111</td>
    </tr>
```

```
<tr><td>111</td><td>111</td><td>111</td><td>111</td><td>111</td>
    </tr>
<tr><td>111</td><td>111</td><td>111</td><td>111</td><td>111</td>
    </tr>
<tr><td>111</td><td>111</td><td>111</td><td>111</td><td>111</td>
    </tr>
<tr><td>111</td><td>111</td><td>111</td><td>111</td><td>111</td>
    </tr>
<tr><td>111</td><td>111</td><td>111</td><td>111</td><td>111</td>
    </tr>
<tr><td>111</td><td>111</td><td>111</td><td>111</td><td>111</td>
    </tr>
<tr><td>111</td><td>111</td><td>111</td><td>111</td><td>111</td>
    </tr>
</table>
<script>
        var $trs = $('tr');
        var $tds = $('td');
        $tds.mouseenter(function(){                              //鼠标进入事件
            //获取当前 td 的序号
            var index = $(this).index();
            $trs.each(function(){
                $(this).children().eq(index).css('background-color','blue');
            })
        }).mouseleave(function(){                                //鼠标离开事件(链式编程)
            var index = $(this).index();
            $trs.each(function(){
                //transparent 是透明的
                $(this).children().eq(index)
                        .css('background-color','transparent');
            })
        })
</script>
</body>
</html>
```

在浏览器中的显示效果如图 9-13 所示。

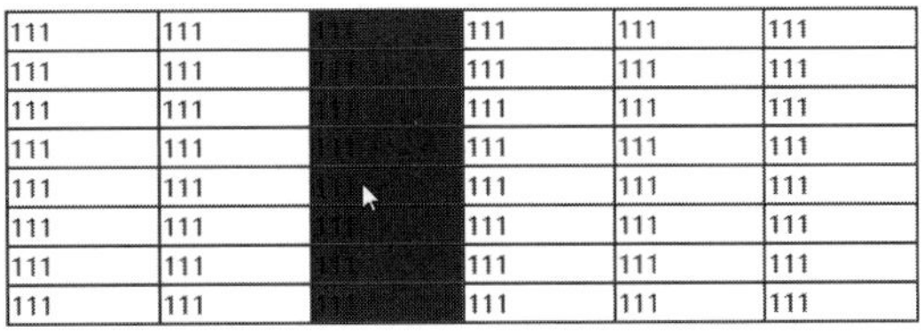

111	111	111	111	111	111
111	111	111	111	111	111
111	111	111	111	111	111
111	111	111	111	111	111
111	111	111	111	111	111
111	111	111	111	111	111
111	111	111	111	111	111
111	111	111	111	111	111

图 9-13　表格隔列变色案例效果

9.5 链式编程与隐式迭代

1. 链式编程

链式编程是为了节省代码量，看起来更优雅，不必重复获取 jQuery 对象，且链式声明时除最后一个绑定函数末尾加分号表示绑定结束外，其余函数后均不必写任何内容。

示例代码如下：

```
$(this).css("color","red").sibling().css("color","");
```

通常情况下，只有设置操作才能把链式编程延续下去。因为获取操作时，会返回获取的相应的值，无法返回 this，如例 9-11 所示。

【例 9-11】 链式编程应用

```
<!DOCTYPE html>
<html lang="en">
<head>
    <meta charset="UTF-8">
    <title>链式编程应用</title>
    <script src="js/jquery-1.12.3.min.js"></script>
</head>
<body>
    <ul id="uu">
        <li>第 1 个</li>
        <li>第 2 个</li>
        <li>第 3 个</li>
        <li>第 4 个</li>
    </ul>
    <script>
        $(function () {
            $("#uu>li").click(function () {
                //链式编程,获取列表中每个 li,当鼠标单击后,当前的 li 高亮显示
                $(this).css("fontSize","50px").css("color","green")
                                              .css("fontFamily","仿宋");
            });
        });
    </script>
</body>
</html>
```

当单击第 2 个<li>元素时，在浏览器中的显示效果如图 9-14 所示。

2. 隐式迭代

遍历内部 DOM 元素（以伪数组形式存储）的过程叫作隐式迭代。

简单理解：给匹配到的所有元素进行默认循环遍历，执行对应的方法，而不用我们再进行手动循环遍历，简化操作，方便调用。如果获取的是多元素的值，则大部分情况下返回的是第1个元素的值，如例9-12所示。

- 第1个
- 第2个
- 第3个
- 第4个

图 9-14 链式编程应用效果

【例 9-12】 隐式迭代应用

```
<!DOCTYPE html>
<html lang="en">
<head>
    <meta charset="UTF-8">
    <title>隐式迭代应用</title>
    <script src="js/jquery-1.12.3.min.js"></script>
</head>
<body>
    <ul>
       <li>惊不惊喜,意不意外</li>
<li>惊不惊喜,意不意外</li>
<li>惊不惊喜,意不意外</li>
<li>惊不惊喜,意不意外</li>
<li>惊不惊喜,意不意外</li>
    </ul>
    <script>
        $(function () {
        //隐式迭代就是把匹配的所有元素内部进行遍历循环,给每个元素添加样式
            $("ul li").css({"color":"blue","font-size":"20px"});
        })
    </script>
</body>
</html>
```

在浏览器中的显示效果如图9-15所示。

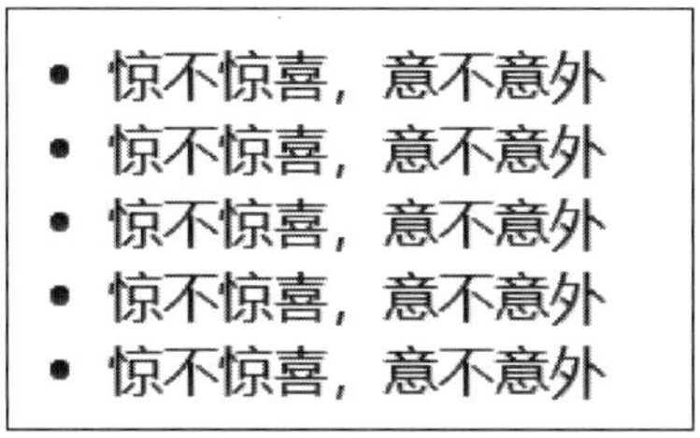

- 惊不惊喜，意不意外
- 惊不惊喜，意不意外
- 惊不惊喜，意不意外
- 惊不惊喜，意不意外
- 惊不惊喜，意不意外

图 9-15 隐式迭代应用效果

虽然有隐式迭代，但是需要对每个元素做不同的处理，这时就要用到each()方法，如例9-13所示。

【例 9-13】 收藏案例

```
<!DOCTYPE html>
<html lang="en">
<head>
    <meta charset="UTF-8">
    <title>收藏案例</title>
    <script src="js/jquery-1.12.3.min.js"></script>
    <style>
        span {
            font-size: 50px;
            cursor: pointer;
        }
    </style>
</head>
<body>
<div>
    <span>☆</span>
    <span>☆</span>
    <span>☆</span>
    <span>☆</span>
    <span>☆</span>
</div>
<script>
    $(function () {
        //点到谁,谁就会变成实心的
        $("span").mouseenter(function () {
            $(this).text("★").prevAll().text("★").end().nextAll()
                                                .text("☆");
        });
        $("div").mouseleave(function () {
            $("span").each(function (index, ele) {
                if ( $(ele).attr("lighted") == 1) {
                    $(ele).text("★");
                } else {
                    $(ele).text("☆");
                }
            });
        });
        $("span").click(function () {
            $(this).attr("lighted", 1);
            $(this).prevAll().attr("lighted", 1);
            $(this).nextAll().attr("lighted", 0);
        });
    });
</script>
</body>
</html>
```

在浏览器中的显示效果如图 9-16 所示。

图 9-16 收藏案例效果

9.6 事件和动画

JS 和 HTML 之间的交互是通过用户和浏览器操作页面时触发的事件来处理的。JS 虽然提供了事件操作机制,但由于浏览器处理事件的差异,在编写 JS 程序时需要充分考虑浏览器的兼容性,如果编写的代码过于复杂和臃肿,则不利于程序的维护,从而降低了编程效率,而 jQuery 增加并扩展了基本的事件处理机制,jQuery 不仅提供了更加优雅的事件处理语法,还极大地增强了事件处理能力。

9.6.1 页面载入

在页面加载完毕后,浏览器会通过 JavaScript 为 DOM 元素添加事件。在常规的 JavaScript 代码中,通常使用 window.onload() 方法,而在 jQuery 中使用 $(document).ready() 方法。二者之间有细微的区别,如表 9-7 所示。

表 9-7 页面载入事件区别

方法	window.onload()	$(document).ready()
执行时机	必须等待网页中的所有内容加载完毕后(包括图片)才能执行	网页中的所有 DOM 结构绘制完毕后就执行,可能 DOM 元素关联的东西并没有加载完
编写个数	不能同时编写多个	能同时编写多个
简化写法	无	$(function(){ })

jQuery 中通过 ready()方法实现页面载入事件,写法如下:

```
$(document).ready(function(){
      alert('jQuery 页面载入事件');
});
```

在实际开发中,jQuery 页面载入事件还有另外一种简写,代码如下:

```
$(function(){
  alert('简化的 jQuery 页面载入事件');
});
```

后者是前者的简写方法。

9.6.2 常用事件

jQuery 库封装了 JS 常用事件，以方便开发者很便捷地绑定这些事件。

1. 鼠标事件

鼠标事件是用户在文档上移动或者单击时引发的操作，如表 9-8 所示。

表 9-8 鼠标事件

方法	描述
click()	鼠标在元素区域内单击时触发该事件
dblclick()	鼠标在元素区域内双击时触发该事件
mouseover()	鼠标进入元素区域时触发该事件
mouseout()	鼠标离开元素区域时触发该事件
mousedown()	鼠标在元素区域内按下鼠标时触发该事件
mouseup()	鼠标在元素区域内松开鼠标时触发该事件
mouseenter()	鼠标移入元素区域时触发该事件
mouseleave()	鼠标离开元素区域时触发该事件
mousemove()	鼠标在元素区域内移动鼠标时触发该事件

鼠标事件实现光棒效果，示例代码如下：

```
<p title="你最喜欢的包">你最喜欢的包的牌子是?</p>
  <ul>
    <li title="阿玛尼">阿玛尼</li>
    <li title="爱马仕">爱马仕</li>
    <li title="迪奥">迪奥</li>
      <li title="香奈儿">香奈儿</li>
   </ul>

  <script>
      $(function () {
          $('p').click(function(){console.log("点我干嘛!")});
          $('li').mouseover(function () {                //鼠标进入区域时触发
              $(this).css('background','blue');
          }).mouseout(function () {                      //鼠标离开区域时触发
              $(this).css('background','');
          });
      });
  </script>
```

2. 键盘事件

键盘事件是用户在敲击键盘时引发的操作，如表 9-9 所示。

表 9-9 键盘事件

方　法	描　述
keypress()	在敲击按键时触发，每输入一个字符都触发一次
keyup()	键盘弹起时触发该事件
keydown()	键盘按下时触发该事件

获得键盘上对应的 ASCII 码，示例代码如下：

```
//键码获取
$(document).keydown(function (event) {
    alert(event.keyCode);
});
```

在上面示例中，event.keyCode 可以帮助我们获取键盘按键的 ASCII 码，例如上、下、左、右方向键分别是 38、40、37、39。

经常使用的场景，如小说网站中常见的按左右键实现上一篇文章和下一篇文章，或按 Ctrl+Enter 快捷键实现表单提交(以此提高用户体验)，示例代码如下：

```
//键盘操作
$(document).keydown(function (event) {
    if (event.CtrlKey && event.keyCode == 13) {
        alert('Ctrl + Enter');
    };
    switch (event.keyCode) {
    case 37:
        alert('方向键 - 左');
        break;
    case 39:
        alert('方向键 - 右');
        break;
    };
    return false;
});
```

3. 表单事件

表单事件是所有事件中类型最稳定，并且支持最稳定的事件之一，如表 9-10 所示。

表 9-10 表单事件

方　法	描　述
focus()	当元素获得焦点时触发该事件
blur()	当元素失去焦点时触发该事件
select()	当元素的文本内容被选定时触发该事件

续表

方　法	描　述
change()	当元素的值发生改变时触发该事件
submit()	当表单提交时触发该事件

用 5 个常见的表单事件来处理表单元素的动作，如例 9-14 所示。

【例 9-14】 表单事件应用

```
<html>
<head>
    <meta charset = "UTF - 8">
    <title>表单事件应用</title>
    <script src = "js/jquery - 1.12.3.min.js"></script>
    <style>
        div{
            padding:8px;
        }
        .focus, .blur, .change, .select{
            color:white;
            border:1px solid red;
            background - color:blue;
            padding:4px;
            margin:4px;
        }
    </style>
</head>
<body>
<form name = "form" action = "#">
    <div>
    姓名 : <input type = "textbox" size = "20"></input>
    </div>
    <div>
        <label style = "float:left">介绍: </label>
        <textarea cols = "30" rows = "5"></textarea>
    </div>
    <div>
        性别 : <input name = "sex" type = "radio" value = "男" checked>男
            <input name = "sex" type = "radio" value = "女">女
    </div>
    <div>
    爱好 : <input type = "checkbox" name = "checkme">篮球</input>
    </div>
    <div>
    城市 : <select id = "country">
            <option value = "北京">北京</option>
```

```
            <option value = "上海">上海</option>
            </select>
        </div>
        <div>
            <input type = "submit"></input><input type = "reset"></input>
        </div>
    </form>
    <script>
        $("input,select,textarea").focus(function () {
            //after() 方法在被选元素后插入指定的内容
            $(this).after("<span class = 'focus'> 聚焦! </span>");
        //filter 过滤选择器,选择 class = .focus 的 span 元素。fadeOut(4000)表示 4s 淡出
            $("span").filter('.focus').fadeOut(4000);
        });
        $("input,select,textarea").blur(function () {
            $(this).after("<span class = 'blur'> 失去焦点! </span>");
            $("span").filter('.blur').fadeOut(4000); //淡出
        });
        $("input,select,textarea").change(function () {
            $(this).after("<span class = 'change'>值改变! </span>");
            $("span").filter('.change').fadeOut(4000);
        });
        $("input,textarea").select(function () {
            $(this).after("<span class = 'select'> 选项内容改变! </span>");
            $("span").filter('.select').fadeOut(4000);
        });
        $("form").submit(function () {
            alert('表单提交!');
        });
    </script>
    </body>
    </html>
```

在表单中进行不同操作时,浏览器中的显示效果如图 9-17 所示。

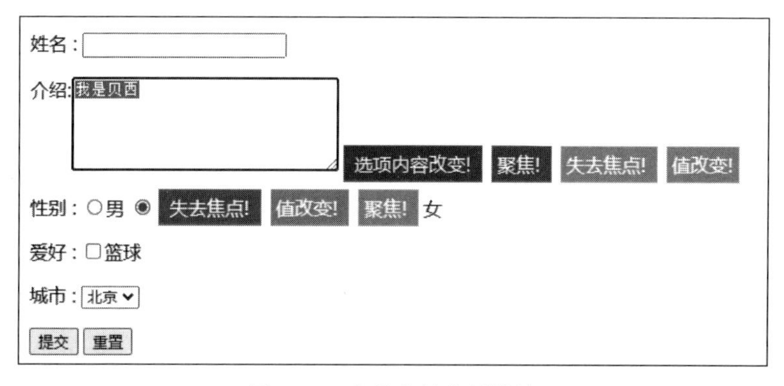

图 9-17　表单事件应用效果

4. 绑定事件与移除事件

在 jQuery 中绑定一个或者多个事件可以使用 bind() 或 on()，两者等价，建议使用 on()。移除事件可以使用 unbind() 或 off()。

1) bind()和 unbind()方法

bind() 方法为被选元素添加一个或多个事件处理程序，并规定事件发生时运行的函数。

语法格式如下：

```
$(selector).bind(event,data,function)
```

bind()方法的参数说明如表 9-11 所示。

表 9-11 bind()方法的参数

参　数	描　述
event	必选，规定添加到元素的一个或多个事件。 由空格分隔多个事件。必须是有效的事件，如 click、blur 等
data	可选，规定传递到函数的额外数据
function	必选，规定当事件发生时运行的函数

给 bind()添加一个监听事件，示例代码如下：

```
<div style="width: 100px;border:1px solid;">单击此处</div>

<script>
      $("div").bind("click",function(){
      $(this).css("background-color","pink");
  });
</script>
```

给 bind()添加多个监听事件，示例代码如下：

```
<div style="width: 100px;border:1px solid;"><h1>num</h1></div>

<script>
    var num = 10;
    $("div").bind("mouseenter mouseleave",function(){
        num++;
        //在 h1 里面显示这个 num 数字
        $("h1").html(num);
    });
</script>
```

bind()还可以采用JSON形式的参数来给jQuery对象添加事件监听，示例代码如下：

```
<div style="width: 100px;border:1px solid;"><h1>num</h1></div>

<script type="text/JavaScript">
    var num = 10;
     $('div').bind({
        mouseenter:function () {
            num++;
            $("h1").html(num);
        },mouseleave:function () {
            num++;
            $("h1").html(num);
    }
});
</script>
```

unbind() 方法移除被选元素的事件处理程序。

语法格式如下：

```
$(selector).unbind(event,function)
```

unbind()方法的参数说明如表 9-12 所示。

表 9-12 unbind()方法的参数

参数	描述
event	可选，规定删除元素的一个或多个事件，由空格分隔多个事件值。 如果只规定了该参数，则会删除绑定到指定事件的所有函数
function	可选，规定从元素的指定事件取消绑定的函数名

如果没有规定参数，则 unbind() 方法会删除指定元素的所有事件处理程序，示例代码如下：

```
<div style="width: 100px;border:1px solid;"><h1>num</h1></div>

<script type="text/JavaScript">
     var num = 10;
    $("div").bind("mouseenter mouseleave",function(){
        num++;
        //在 h1 里面显示这个 num 数字
        $("h1").html(num);
     });
    $("div").click(function(){//当单击 div 时移除其全部事件
        $("div").unbind();
```

```
    });
</script>
```

2) on()和 off()方法

on() 方法在被选元素及子元素上添加一个或多个事件处理程序。

自 jQuery 版本 1.7 起,on() 方法是 bind()、live() 和 delegate() 方法的新的替代品。该方法给 API 带来很多便利,推荐使用该方法,它简化了 jQuery 代码库。

语法格式如下:

```
$(selector).on(event,childSelector,data,function)
```

on()方法的参数说明如表 9-13 所示。

表 9-13　on()方法的参数

参　数	描　述
event	必选,规定要从被选元素添加的一个或多个事件或命名空间。 由空格分隔多个事件值,也可以是数组。必须是有效的事件
childSelector	可选,规定只能添加到指定的子元素上的事件处理程序(且不是选择器本身,例如已废弃的 delegate() 方法)
data	可选,规定传递到函数的额外数据
function	可选,规定当事件发生时运行的函数

如需移除事件处理程序,则可使用 off() 方法,off() 方法与 unbind()方法同理,所以不再赘述,示例代码如下:

```
<ul>
    <li>1</li>
    <li>2</li>
    <li>3</li>
</ul>

<script>
    $(function () {                                              //荧光棒效果
        $('li').on('mouseenter',function () {
            $(this).css('background', 'pink');
        }).on('mouseout',function () {
            $(this).css('background', "");
        })
        //$("li").off("mouseout");                               //去掉注释将失去荧光棒效果
    })
</script>
```

5. one()方法

通过 one()方法来给 jQuery 对象添加事件监听，但是需要注意通过 one()方法添加的事件监听是"一次性的"，只能执行一次。

示例代码如下：

```
$("div").one("click",function(){
alert("哈哈");
});
```

6. 复合事件

在 jQuery 中复合事件方法为 hover()和 toggle()。

hover()方法用于模拟鼠标悬停事件，当鼠标移动到元素上时会触发第 1 个函数，当鼠标移出这个元素时会触发第 2 个函数，相当于 mouseover 和 mouseout 的组合。

示例代码如下：

```
//当鼠标放在表格的某行上时将 Class 置为 over,离开时置为 out
$("tr").hover(function(){
$(this).addClass("over");
},function(){
   $(this).addClass("out");
});
```

toggle()方法：每次单击时切换要调用的函数。如果单击了一个匹配的元素，则触发指定的第 1 个函数，当再次单击同一元素时，则触发指定的第 2 个函数。随后的每次单击都重复对这两个函数的轮番调用。在 jQuery 1.7 后此方法被删除了，所以不建议使用。

示例代码如下：

```
//每次单击时轮换添加和删除名为 selected 的 class
$("p").toggle(function(){
        $(this).addClass("selected");
  },function(){
        $(this).removeClass("selected");
   });
```

注意：jQuery 中事件的名字一律没有 on。

9.6.3 事件对象的属性与方法

jQuery 在遵循 W3C 规范的情况下，对事件对象的常用属性及方法进行了封装，使事件处理在各大浏览器下都可以正常运行而不需要进行浏览器类型判断。

当一个事件被触发时，绑定的事件处理函数有时需要获取该事件的一些信息，以便对事件做进一步处理。如绑定 click 事件的处理函数，可能需要获取鼠标的位置信息，这时就需要使用事件对象 event（简写 e）了。

示例代码如下：

```
    <p><span id="text_count"></span></p>
    <div style="width: 100px;height:100px;border:1px solid"
id="point"/>获取鼠标位置</div>

    <script>
        $(function() {
            //参数 e 为 click 事件的事件对象
            $("#point").bind("click",function(e){
                //pageX 是鼠标相对于页面原点的水平坐标
                x = e.pageX
                //pageX 是鼠标相对于页面原点的垂直坐标
                y = e.pageY
                $("#text_count").html("x:" + x + "," + "y:" + y)
            })
        });
    </script>
```

上述示例中，事件对象在事件处理函数中作为参数传入，jQuery 会自动传入对象的事件对象。事件处理函数执行完毕后，事件对象就被销毁了。

事件对象的常用属性与方法如表 9-14 所示。

表 9-14 事件对象的属性与方法

属性与方法	描　　述
type	事件类型，该值一般为事件的名称
data	事件调用时传入额外参数
target	触发该事件的 DOM 元素
which	对于键盘事件，返回触发事件的键的 ASCII 码（等同于 keyCode，但 which 的兼容性更高）。对于鼠标事件，返回鼠标的按键号（1：左键；2：中键；3：右键）
pageX/Y	返回鼠标相对于页面原点的水平/垂直坐标
preventDefault()	阻止事件的默认动作
stopPropagation()	取消事件冒泡

1. event.type

该属性的作用是获取事件的类型，示例代码如下：

```
<script>
 $(function(){
```

```
    $("a").click(function(event) {
      alert(event.type);              //获取事件类型
      return false;                   //阻止链接跳转
    });
})
</script>

<body>
<a href = 'http://www.baidu.com'>单击此处</a>
</body>
```

以上示例代码运行后输出 click。

2. event.data

该属性包含当前执行的处理程序被绑定时传递到事件方法的可选数据,示例代码如下:

```
<script>
      $(document).ready(function () {
          $("p").each(function(i){
            $(this).on("click", {x:i}, function(event){
               alert("这个是 index 索引" + $(this).index() + ".段落的 data 数
据是 " + event.data.x);
              });
           });
        });
</script>

<body>
     //单击每个 p 元素返回数据,通过 on()方法实现
     <p>段落 11111 </p>
     <p>段落 22222 </p>
     <p>段落 33333 </p>
</body>
```

当单击第 1 个<p>元素时,示例代码运行后输出:"这个是 index 索引 0。段落的 data 数据是 0"。

3. event.target

该属性的作用是获取触发事件的元素。jQuery 对其封装后,避免了各种浏览器不同标准的差异,示例代码如下:

```
<script>
$(function(){
    $("a[href = 'http://google.com']").click(function(event) {
      var tg = event.target;                   //获取事件对象
      alert(tg.href) ;
```

```
        return false;              //阻止链接跳转
    });
})
</script>
<body>
<a href='http://www.baidu.com'>单击此处</a>
</body>
```

以上示例代码运行后输出 http://www.baidu.com。

4. event.which

该属性的作用是在鼠标单击事件中获取鼠标的左、中、右键；在键盘事件中获取键盘的按键。如获取鼠标的左、中、右键，示例代码如下：

```
<script>
        $(function(){
            $("a").mousedown(function(e){
                alert(e.which)         //1 = 鼠标左键 ; 2 = 鼠标中键; 3 = 鼠标右键
                return false;          //阻止链接跳转
            })
        })
</script>

<body>
    <a href='http://www.baidu.com'>单击此处</a>
</body>
```

以上示例代码加载到页面后，用鼠标单击页面时，单击左、中、右键分别返回 1、2、3。

例如，获取键盘的按键，示例代码如下：

```
<script>
    $(function(){
        $("input").keyup(function(e){
            alert(e.which);
        })
    })
</script>

<body>
    <input type="text">
</body>
```

5. event.pageX 和 event.pageY

pageX 和 pageY 属性的作用是获取光标相对于页面左上角为原点的 x 坐标和 y 坐标，如果有滚动条，则还要加上滚动条的宽度和高度，示例代码如下：

```
<script>
    function coordinates(event){
        x = event.pageX
        y = event.pageY
      alert("X = " + x + " Y = " + y)
    }
</script>

<body onmousedown = "coordinates(event)">
    <p>在文档中单击某个位置。消息框会提示指针相对于页面的 x 和 y 坐标。</p>
</body>
```

6. event.preventDefault()

该方法的作用是阻止默认的事件行为(例如,单击“提交”按钮时阻止对表单的提交或阻止链接打开 URL),示例代码如下:

```
<script>
    $(function(){
        $('a').click(function(event){
            $(this).css('backgroundColor', 'red');
              //阻止页面跳转
            event.preventDefault(); //等价于 return false 语句
        })
    })
</script>

<body>
<a href = 'http://www.baidu.com'>单击此处</a>
</body>
```

event.preventDefault()可以阻止超链接<a>跳转页面的默认行为,上述示例的结果只会使背景颜色变为红色。

7. event.stopPropagation()

该方法用于阻止冒泡事件。冒泡事件会引发的一个问题是,当通过某元素触发一个事件时,该元素的上级元素事件也被触发了,即目标之外的事件被触发了,event.stopPropagation()可以阻止冒泡事件的发生,如例 9-15 所示。

【例 9-15】 阻止事件冒泡

```
<html>
<head>
    <meta charset = "UTF-8">
    <script src = "js/jquery-1.12.3.min.js"></script>
    <h3>阻止事件冒泡</h3>
    <style>
```

```
        .left div{
            width: 500px;
            height: 100px;
            padding: 5px;
            margin: 5px;
            float: left;
            border: 1px solid #ccc;
        }
        .left div {
            background: #bbffaa;
        }
    </style>
</head>
<body>
    <div class="left">
        <div id="content">
            外层 div 元素<br/>
            <span style="background: silver;">内层 span 元素</span><br/>
            外层 div 元素
        </div>
        <div id="msg"></div>
    </div>
    <script>
        //为 <span> 元素绑定 click 事件
        $("span").click(function() {
                //在<div id="msg">原有内容上追加
            $("#msg").html( $("#msg").html() + "<p>内层 span 元素被单击</p>");
        });
        //为 Id 为 content 的 <div> 元素绑定 click 事件
        $("#content").click(function(event) {
            $("#msg").html( $("#msg").html() + "<p>外层 div 元素被单击</p>");
            event.stopPropagation(); //阻止事件冒泡
        });
        //为 <body> 元素绑定 click 事件
        $("body").click(function() {
            $("#msg").html( $("#msg").html() + "<p>body 元素被单击</p>");
        });
    </script>
</body>
</html>
```

当单击“内层 span 元素”时会冒泡到 id=content 的“外层 div 元素”的单击事件，如图 9-18 所示，然后进入 id=content 的“外层 div 元素”单击事件里面执行阻止冒泡语句，这样就不会冒泡到 body 事件里，所以单击“内层 span 元素”不会出现 body 元素被单击。

代码解释：

(1) `$('#msg').html( $('#msg').html()+ "<p>内层 span 元素被单击</p>")`表

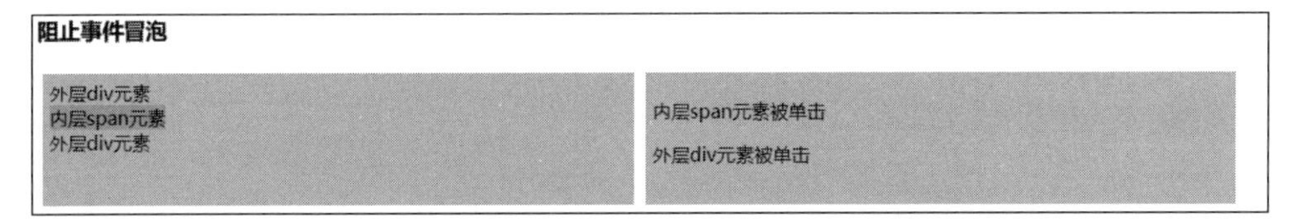

图 9-18 阻止冒泡事件效果

示在< div id="msg">原有内容上追加。

(2) $('#msg').html("< p >内层 span 元素被单击</p >")表示替换原来的内容。

注意：return false 语句用于同时阻止默认事件和冒泡事件，这是常用的一条语句。

9.6.4 常用动画方法

jQuery 中的动画效果是吸引人的地方，通过动画方法，可以给网页很轻松地添加丰富多彩的视觉效果，给用户全新的体验。

1. 隐藏和显示

show()方法和 hide()方法是 jQuery 中最基本的方法。

hide()方法用来控制元素的隐藏。原理是将一个元素的 display 属性设置为"none"。show()方法用来控制元素的显示。将元素的 display 属性改为先前的显示状态。

语法格式如下：

```
$(selector).hide([speed],[callback]);

$(selector).show([speed],[callback]);
```

各参数的解释如下：

(1) 可选的 speed 参数规定隐藏/显示的速度，其取值可以为"slow""fast" 或毫秒。

(2) 可选的 callback 参数是隐藏或显示完成后所执行的函数名称。

以上两种方法在不带任何参数的情况下，其作用是立即隐藏或显示匹配的元素，而不会有任何动画。两种方法会同时改变元素的宽度、高度和透明度，也可以通过传入参数使元素动起来。

示例代码如下：

```
$("#hide").click(function(){
  $("p").hide();
});

$("#show").click(function(){
  $("p").show();
});
```

在 jQuery 中，还可以使用 toggle()方法来切换 hide() 和 show() 方法，用于切换元素的可见状态。

语法格式如下：

```
$(selector).toggle([speed],[callback]);
```

各参数的解释如下：

(1) 可选的 speed 参数规定隐藏/显示的速度，其取值可以为"slow""fast" 或毫秒。

(2) 可选的 callback 参数是 toggle() 方法完成后所执行的函数名称。

示例代码如下：

```
$("button").click(function(){
  $("p").toggle(); //如果是隐藏则显示，如果是显示则隐藏
});
```

通过带参的隐藏或显示方法完成动画效果，如例 9-16 所示。

【例 9-16】 隐藏和显示

```
<!DOCTYPE html>
<html lang = "en">
<head>
    <meta charset = "UTF - 8">
    <title>隐藏和显示</title>
    <script  src = "js/jquery - 1.12.3.min.js"></script>
    <style>
        div{
            width: 400px;
        }
        img{
            width:90px ;
            height:90px;
            vertical - align: top;
        }
    </style>
     <script>
        //页面加载
        $(function () {
            //隐藏
            $("#btn1").click(function () {
                $("div > img").last("img").hide(800,function () {
                  //arguments 的主要用途是保存函数参数，callee 的属性是一个
                    //指针，指向拥有这个 arguments 对象的函数
                    $(this).prev().hide(800,arguments.callee);          //第 25 行
                });
```

```
            });
            //显示
            $("#btn2").click(function () {
                $("div > img").first("img").show(800,function () {
                    $(this).next().show(800,arguments.callee);     //第 31 行
                });
            });
        });
    </script>
</head>
<body>
    <input type="button" value="隐藏动画" id="btn1"/>
    <input type="button" value="显示动画" id="btn2"/>
    <div>
        <img src="imgs/1.jpg"/>
        <img src="imgs/2.jpg"/>
        <img src="imgs/3.jpg"/>
        <img src="imgs/4.jpg"/>
    </div>
</body>
</html>
```

在浏览器中的显示效果如图 9-19 所示。

图 9-19 隐藏和显示效果

部分代码的解释如下：

(1) 代码第 25 行，当单击隐藏按钮时，将获取最后一张图片并将其之前的节点元素依次隐藏。

(2) 代码第 31 行，当单击显示按钮时，将获取第一张图片并将其之后的节点元素依次显示。

(3) 在函数内部，有两个特殊的对象：arguments 和 this，其中，arguments 的主要用途是保存函数参数，但这个对象还有一个名叫 callee 的属性，该属性是一个指针，指向拥有这个 arguments 对象的函数。参看下面这个非常经典的阶乘函数，示例代码如下：

```
function factorial(num){
  if (num <= 1) {
    return 1;
  } else {
  return num * arguments.callee(num - 1);
  }
}
```

2. 淡入淡出

fadeIn()方法和 fadeOut()方法只改变元素的透明度实现淡入淡出效果。fadeOut() 会

在指定的一段时间内降低元素的不透明度，直到元素完全消失，fadeIn() 则相反。

语法格式如下：

```
$(selector).fadeIn([speed],[callback]);          //淡入
$(selector).fadeOut([speed],[callback]);         //淡出
```

各参数的解释如下：

(1) 可选的 speed 参数规定效果的时长，它的取值可以为"slow""fast" 或毫秒。

(2) 可选的 callback 参数是 fading 完成后所执行的函数名称。

下面示例演示了带有参数的 fadeIn() 和 fadeOut()方法，代码如下：

```
$("input[name = fadein_btn]").click(function(){
    $("img").fadeIn("slow");          //以较慢的速度淡入
});
$("input[name = fadeout_btn]").click(function(){
    $("img").fadeOut(1000);           //以 1000ms 的时间淡出
});
```

fadeToggle() 方法可以在 fadeIn() 与 fadeOut() 方法之间进行切换。如果元素已淡出，则 fadeToggle() 会向元素添加淡入效果。如果元素已淡入，则 fadeToggle() 会向元素添加淡出效果。

语法格式如下：

```
$(selector).fadeToggle([speed],[callback]);
```

各参数的解释如下：

(1) 可选的 speed 参数规定效果的时长，它的取值可以为"slow""fast" 或毫秒。

(2) 可选的 callback 参数是 fading 完成后所执行的函数名称。

下面示例演示了带有不同参数的 fadeToggle() 方法，代码如下：

```
$("button").click(function(){
  $("#div1").fadeToggle();
  $("#div2").fadeToggle("slow");
  $("#div3").fadeToggle(3000);
});
```

fadeTo() 方法允许渐变为给定的不透明度，值为 0～1。

语法格式如下：

```
$(selector).fadeTo(speed,opacity,[callback]);
```

各参数的解释如下：

(1) 必选的 speed 参数规定效果的时长，它的取值可以为"slow""fast" 或毫秒。

(2) 必选的 opacity 参数将淡入淡出效果设置为给定的不透明度，值为 0～1。

(3) 可选的 callback 参数是该函数完成后所执行的函数名称。

下面示例演示了带有不同参数的 fadeTo() 方法，代码如下：

```
$("button").click(function(){
  $("#div1").fadeTo("slow",0.15);
  $("#div2").fadeTo("slow",0.4);
  $("#div3").fadeTo("slow",0.7);
});
```

综合利用淡入淡出方法完成动画效果，如例 9-17 所示。

【例 9-17】 闪烁特效

```
<!DOCTYPE html>
<html>
<head lang="en">
    <meta charset="UTF-8">
    <title>闪烁特效案例</title>
    <script src="js/jquery-1.12.3.min.js"></script>
    <style>
        *{margin: 0;padding: 0}
        .container{width: 1200px;height: 300px;position:
                relative;border: 1px solid}
        .container img{position: absolute;display: none}
        .img1{top:50px;}
        .img2{top:50px;left: 80px}
        .img3{top:50px;left: 260px;}
        .img4{top:50px;left: 500px}
        .img5{top:50px;left: 750px}
    </style>
</head>
<body>
  <div  class="container">
      <img class="img1" src="imgs/360_1.png" alt=""/>
      <img class="img2" src="imgs/360_2.png" alt=""/>
      <img class="img3" src="imgs/360_3.png" alt=""/>
      <img class="img4" src="imgs/360_4.png" alt=""/>
      <img class="img5" src="imgs/360_5.png" alt=""/>
  </div>
  <script>
      $('.container img').each(function(i){
      //delay()方法对队列中的下一项的执行设置延迟
```

```
            $(this).delay(i * 500).fadeIn(100).fadeOut(100).fadeIn(100)
                                    .fadeOut(100).fadeIn(100);
        })
    </script>
</body>
</html>
```

在浏览器中的显示效果如图 9-20 所示。

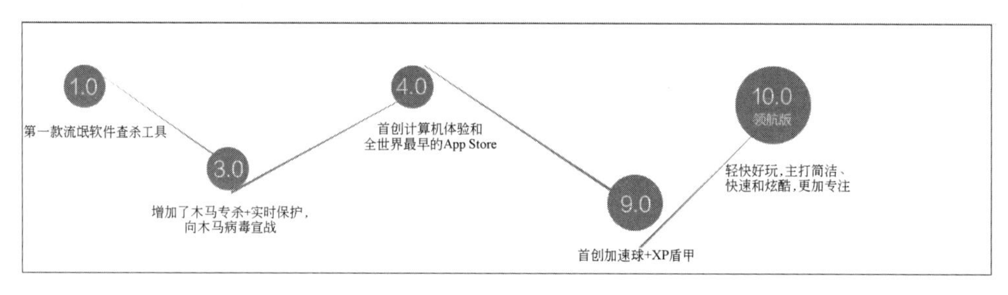

图 9-20 闪烁特效

3. 滑动效果

slideDown() 可以使元素逐步延伸显示，slideUp()则使元素逐步缩短直至隐藏，实现滑动效果。

语法格式如下：

```
$(selector).slideDown([speed],[callback]);        //向下滑动
$(selector).slideUp([speed],[callback]);          //向上滑动
```

各参数的解释如下：

(1) 可选的 speed 参数规定效果的时长，它的取值可以为"slow""fast" 或毫秒。

(2) 可选的 callback 参数是滑动完成后所执行的函数名称。

示例代码如下：

```
$('.div1').toggle(function(){
    $(this).next().slideUp();
},function(){
   $(this).next().slideDown();
});
```

slideToggle() 方法可以在 slideDown() 与 slideUp() 方法之间进行切换。如果元素向下滑动，则 slideToggle() 可向上滑动它们。如果元素向上滑动，则 slideToggle() 可向下滑动它们。

语法格式如下：

```
$(selector).slideToggle([speed],[callback]);
```

各参数的解释如下：

(1) 可选的 speed 参数规定效果的时长，它的取值可以为"slow""fast" 或毫秒。

(2) 可选的 callback 参数是滑动完成后所执行的函数名称。

综合利用滑动方法完成动画效果，如例 9-18 所示。

【例 9-18】 手风琴案例

```
<!DOCTYPE html>
<html>
<head lang = "en">
    <meta charset = "UTF - 8">
    <title>手风琴案例</title>
    <script src = "js/jquery - 1.12.3.min.js"></script>
    <style>
        * {margin: 0;padding: 0}
        .shoufengqin{width: 600px;margin: 80px auto;border: 1px solid
                    lightgray}
        .shoufengqin ul{list - style: none}
        .shoufengqin ul li{border - bottom: 1px dotted black}
        .shoufengqin ul li h3{background - color: skyblue;position:
                    relative}
        .shoufengqin ul li h3 span{position:absolute;right: 5px }
        .shoufengqin ul li .cont{display: none}
    </style>
</head>
<body>
<div class = "shoufengqin">
    <ul>
        <li>
            <h3> Section1 <span>></span></h3>
            <div class = "cont"> Lorem ipsum dolor sit amet, consectetur
             adipiscing elit. Praesent nisl lorem, dictum id pellentesque
             at, vestibulum ut arcu. Curabitur erat libero, egestas eu
             tincidunt ac, rutrum ac justo. Vivamus condimentum laoreet
             lectus, blandit posuere tortor aliquam vitae. Curabitur
             molestie eros.</div>
        </li>
        <li>
            <h3> Section2 <span>></span></h3>
            <div class = "cont"> Lorem ipsum dolor sit amet, consectetur
             adipiscing elit. Praesent nisl lorem, dictum id pellentesque
             at, vestibulum ut arcu. Curabitur erat libero, egestas eu
             tincidunt ac, rutrum ac justo. Vivamus condimentum laoreet
```

```
            lectus, blandit posuere tortor aliquam vitae. Curabitur
            molestie eros.</div>
        </li>
        <li>
            <h3>Section3 <span>></span></h3>
            <div class = "cont"> Lorem ipsum dolor sit amet, consectetur
             adipiscing elit. Praesent nisl lorem, dictum id pellentesque
             at, vestibulum ut arcu. Curabitur erat libero, egestas eu
             tincidunt ac, rutrum ac justo. Vivamus condimentum laoreet
             lectus, blandit posuere tortor aliquam vitae. Curabitur
             molestie eros.</div>
        </li>
    </ul>
</div>
<script>
    $('h3').click(function(){
        if( $(this).siblings().is(':visible')){
            //如果是可见的,就把内容收起来
            $(this).siblings().slideUp();
            //变更符号
            $(this).find('span').html('>');
        }else{
            //在展开当前标题的内容之前,先把其他内容收起来
            $(this).parent().siblings().find('.cont').slideUp();
           //如果是不可见的,把内容 div 显示
            $(this).siblings().slideDown();
            $(this).parent().siblings().find('span').html('>');
            //变更符号
            $(this).find('span').html('v');
        }
    })
</script>
</body>
</html>
```

在浏览器中的显示效果如图 9-21 所示。

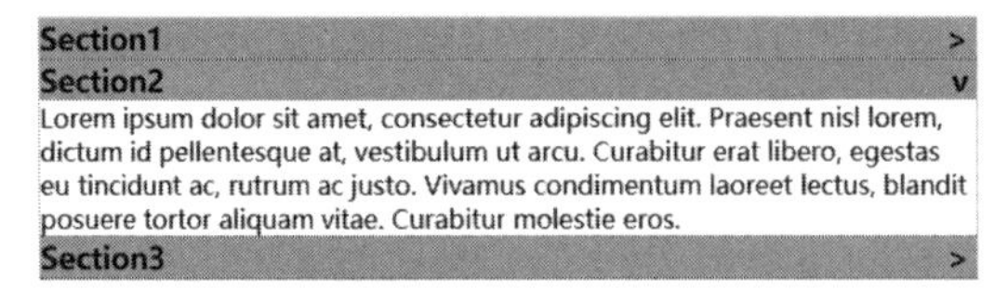

图 9-21 手风琴效果

9.6.5 自定义动画方法

前面已经讲过的 show()、slideDown()、fadeIn()等方法都是常用的动画方法，但是它

们局限性大，不能自定义动画，很多情况下无法满足用户的需求，例如宽度、高度的变化。在jQuery 中 animate()方法表示自定义动画。

语法格式如下：

```
$(selector).animate({params},[speed],[callback]);
```

各参数的解释如下：

(1) 必选的 params 参数定义形成动画的 CSS 属性，采用 JSON 格式。

(2) 可选的 speed 参数规定效果的时长，它的取值可以为"slow""fast" 或毫秒。

(3) 可选的 callback 参数是动画完成后所执行的函数名称。

1. 最简单的形态

animate() 方法可以使元素动起来，而且 animate() 方法更具有灵活性。下面的例子演示了 animate() 方法的简单应用，示例代码如下：

```
<button>开始动画</button>
    <div style="background:#98bf21;height:100px;
            width:100px;position:absolute;">
    </div>

    <script>
        $("button").click(function(){
            $("div").animate({"left":"800px","top":"300px",
                            "width":"300px"},2000);
        });
    </script>
```

注意：默认情况下，所有 HTML 元素的位置都是静态的，并且无法移动。如需对位置进行操作，则应先把元素的 CSS position 属性设置为 relative、fixed 或 absolute。

2. 相对值动画

也可以定义相对值(该值相对于元素的当前值)。需要在值的前面加上 += 或 -=，在上述的示例代码中，设置了{"left":"800px"}作为设置参数。如果在 800 之前加上“+=”或“-=”符号，则代表累加或累减，示例代码如下：

```
<script>
    $("button").click(function(){
        //在当前位置累加
        $("div").animate({"left":"+=800px","top":"300px",
                    "width":"300px"},2000);
  });
</script>
```

3. 使用队列功能

默认情况下，jQuery 提供针对动画的队列功能。这意味着如果编写多个 animate() 调用，jQuery 会创建包含这些方法调用的“内部”队列，然后逐一运行这些 animate() 调用。

上例中，三个动画效果{"left":"800px","top":"300px", "width":"300px"}是同时执行的，如果想按照顺序执行动画，例如让< div >元素先向右滑动 800px，然后向下移动 300px，再使其宽度变为 300px，则示例代码如下：

```
<script>
 $("button").click(function(){
      $("div").animate({"left":"800px"},2000);              //向右滑动
      $("div").animate({"top":"300px"},2000);               //向下滑动
     $("div").animate({"width":"300px"},2000);              //变宽
   });
</script>
```

4. 动画回调函数

在上述示例中，如果想在最后变换元素的 CSS 样式，使其背景颜色变为红色，则示例代码如下：

```
<script>
        $("button").click(function(){
           $("div").animate({"left":"800px"},2000);             //向右滑动
           $("div").animate({"top":"300px"},2000);              //向下滑动
           $("div").animate({"width":"300px"},2000);            //变宽
           $("div").css("background","red");
         });
  </script>
```

按照这种常规写法，并不能达到预期想要的效果，预期效果是在动画的最后一步改变元素的背景颜色，而实际效果是刚开始执行动画时，css()方法就被执行了。

原因是 css()方法并不会加入动画队列中，而是立即执行。此时可以使用回调(callback)函数对非法动画方法实现队列，示例代码如下：

```
<script>
        $("button").click(function(){
           $("div").animate({"left":"800px"},2000);             //向右滑动
           $("div").animate({"top":"300px"},2000);              //向下滑动
           $("div").animate({"width":"300px"},2000,function(){
               $(this).css("background","red");                 //最后变为红色
           });
       });
  </script>
```

这样,css()方法就加入动画队列中了,从而满足用户的需求。

5. 停止动画

很多时候需要停止匹配元素正在进行的动画,例如,当鼠标选入元素时显示菜单,当鼠标离开时隐藏下拉菜单,如果鼠标移入移出过快就会导致动画效果与鼠标的动作不一致的情况,此时 stop()就派上用场了。

语法格式如下:

```
$(selector).stop(stopAll,goToEnd);
```

各参数的解释如下:

(1) 可选的 stopAll 参数规定是否应该清除动画队列。默认为 false,即仅停止活动的动画,允许任何排入队列的动画向后执行。

(2) 可选的 goToEnd 参数规定是否立即完成当前动画。默认为 false,表示不立即完成当前动画。

因此,stop()方法默认会清除在被选元素上指定的当前动画。

如果直接使用 stop()方法,则立即停止当前动画并且马上执行下一个动画,示例代码如下:

```
<div style = "background:#98bf21;height:100px;width:100px;
            position:absolute;">
</div>

<script>
    $("div").hover(function() {
        $(this).stop().animate({width: "300px"}, 2000);
    },function() {
        $(this).stop().animate({height: "200px"}, 3000);
    });
</script>
```

此时,在光标移入时,触发光标移入动画(在 2s 内 width 变为 300px),在动画还没执行完时光标移出,则立即停止当前动画(可能 width 还未到达 300px),以当前状态执行光标移出触发的动画(在 3s 内 height 变为 200px),反之亦然。

如果遇到组合动画,则示例代码如下:

```
<script>
    $("div").hover(function() {
        $(this).stop()
        //如果此时光标移出,将执行下面的动画,而非光标移出事件中的动画
        .animate({height: "150px"}, 2000)
        .animate({width: "200px"},3000);
```

```
        },function() {
            $(this).stop()
                .animate({height: "100px"}, 2000)
                .animate({width: "100px"},3000);
        });
    </script>
```

此时只用一个不带参数的 stop()方法就显得力不从心了，因为 stop()方法只会停止正在执行的动画。如果正在执行第 1 个动画(.animate({height: "150px"}, 2000))，则此时触发光标移出事件后，只会停止当前的动画，并继续进行下面的.animate({width: "200px"},3000)动画，而光标移出事件中的动画要等这个动画结束后才会继续执行，这显然不是预期的结果。

在这种情况下 stop()方法的第 1 个参数就发挥作用了，可以把第 1 个参数设置为 true，stop(true)会把当前元素接下来尚未执行完的动画队列清空，示例代码如下：

```
<script>
        $("div").hover(function() {
            $(this).stop(true)
            //如果此时触发了光标的移出事件，则将直接跳转去执行移出事件
            .animate({height: "150px"}, 2000)
            .animate({width: "200px"},3000);
        },function() {
            $(this).stop(true)
                .animate({height: "100px"}, 2000)
                .animate({width: "100px"},3000);
        });
    </script>
```

第 2 个参数(goToEnd)可以让正在执行的动画直接到达结束时刻的状态，通常用于后一个动画需要基于前一个动画的最终状态的情况，可以通过 stop(false,true)这种方式来让当前动画直接到达最终状态。

两者结合起来 stop(true,true)，即停止当前动画并直接到达当前动画的最终状态，并清空动画队列。

注意，jQuery 只能设置正在执行的动画的最终状态，而没有提供直接到达执行动画队列最终状态的方法。例如有一组动画，代码如下：

```
$("div.content")
    .animate({width: "300"}, 200)
    .animate({height: "150"}, 300)
    .animate({opacity: "0.2"}, 200);
```

无论怎么设置 stop()方法，均无法在改变"width"或者"height"时，将此<div>元素的最

终状态变成 300×150 大小，并且将透明度设置为 0.2。

6. 判断元素是否处于动画状态

在使用 animate()方法时，要避免动画积累而导致的动画与用户的行为不一致。当用户快速地在某个元素执行 animate()动画时，就会出现动画积累。解决方法是判断元素是否正处于动画状态，如果元素不处于动画状态，则为元素添加新的动画，否则不添加，代码如下：

```
if(! $(element).is(":animated")){   //判断元素是否正处于动画状态
    //如果当前没有进行动画，则添加新动画
    }
```

这个判断方法在 animate()动画中经常被用到，需要特别注意。

综合运用自定义动画方法完成百叶窗效果，如例 9-19 所示。

整体分析思路：

(1) 一共 5 张图片，初始每张图片都有自己的 left 值，分别是 0、160、320、480、640。

(2) 当完全显示一张图片时，图片的宽度是 560 而盒子的总宽度是 800，剩下了 240，所以要显示 4 张图片的边，每张图片的边就是 60px 宽度。

【例 9-19】 百叶窗案例

```
<! DOCTYPE html >
< html >
< head lang = "en">
    < meta charset = "UTF - 8">
    < title>百叶窗案例</title >
    < script src = "js/jquery - 1.12.3.min.js"></script >
    < style >
        * {margin: 0;padding: 0}
        .container{
            width: 800px;height: 300px;margin: 80px auto;position:
                relative;
            border:1px solid;overflow: hidden;
        }
        .container ul{list - style: none}
        .container li{position: absolute}
        .cover{width: 100 % ;height: 300px;background:
              rgba(0,0,0,.5);position: absolute}
        .li1{left:160px;}
        .li2{left:320px;}
        .li3{left:480px;}
        .li4{left:640px;}
    </style >
</head >
< body >
```

```
<div class="container">
    <ul>
        <li class="li0"><div class="cover"></div><img
          src="imgs/10.jpg" alt=""/></li>
        <li class="li1"><div class="cover"></div><img
          src="imgs/11.jpg" alt=""/></li>
        <li class="li2"><div class="cover"></div><img
          src="imgs/12.jpg" alt=""/></li>
        <li class="li3"><div class="cover"></div><img
          src="imgs/13.jpg" alt=""/></li>
        <li class="li4"><div class="cover"></div><img
          src="imgs/14.jpg" alt=""/></li>
    </ul>
</div>
<script>
    var $lis = $('.container li');
    //给 li 添加移入和移出事件(控制明暗变化)
    $lis.mouseenter(function(){
      $(this).find('.cover').stop(true).fadeOut();
    }).mouseleave(function(){
        $lis.stop(true);
        $(this).find('.cover').stop(true).fadeIn();
        $lis.eq(1).animate({"left":160},500);
        $lis.eq(2).animate({"left":320},500);
        $lis.eq(3).animate({"left":480},500);
        $lis.eq(4).animate({"left":640},500);
    })
    //给 li 添加事件(控制位置)
    $('.li0').mouseenter(function(){
        $lis.stop(true);
        $lis.eq(1).animate({"left":560},500);
        $lis.eq(2).animate({"left":620},500);
        $lis.eq(3).animate({"left":680},500);
        $lis.eq(4).animate({"left":740},500);
    })
    $('.li1').mouseenter(function(){
        $lis.stop(true);
        $lis.eq(1).animate({"left":60},500);
        $lis.eq(2).animate({"left":620},500);
        $lis.eq(3).animate({"left":680},500);
        $lis.eq(4).animate({"left":740},500);
    })
    $('.li2').mouseenter(function(){
        $lis.stop(true);
        $lis.eq(1).animate({"left":60},500);
        $lis.eq(2).animate({"left":120},500);
        $lis.eq(3).animate({"left":680},500);
        $lis.eq(4).animate({"left":740},500);
```

```
        })
        $('.li3').mouseenter(function(){
            $lis.stop(true);
            $lis.eq(1).animate({"left":60},500);
            $lis.eq(2).animate({"left":120},500);
            $lis.eq(3).animate({"left":180},500);
            $lis.eq(4).animate({"left":740},500);
        })
        $('.li4').mouseenter(function(){
            $lis.stop(true);
            $lis.eq(1).animate({"left":60},500);
            $lis.eq(2).animate({"left":120},500);
            $lis.eq(3).animate({"left":180},500);
            $lis.eq(4).animate({"left":240},500);
        })
    </script>
</body>
</html>
```

在浏览器中的显示效果如图 9-22 所示。

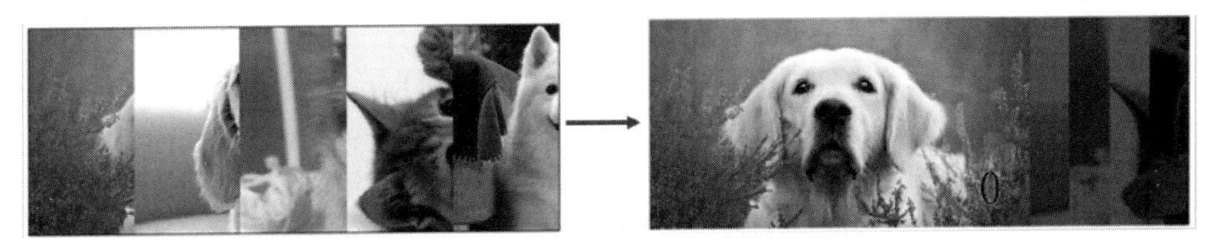

图 9-22　百叶窗效果

9.7　原生 Ajax

术语 Ajax 最早产生于 2005 年，Ajax 表示 Asynchronous JavaScript and XML（异步 JavaScript 和 XML），但是它不是像 HTML、JavaScript 或 CSS 这样的一种“正式的”技术，它是表示一些技术的混合交互的一个术语。

Ajax 是一种在不刷新整个网页的情况下能够做到异步更新部分数据的技术，这种技术在互联网时代应用极其广泛，Ajax 是一门与服务器交换数据时不需要更新整个页面的艺术，该技术相当于异步 JavaScript 和 XML 的结合体，通过在后台与服务器进行少量数据交换实现异步更新，从而提升用户的体验。

Ajax 工作流程如图 9-23 所示。

浏览器与服务器之间传输数据所采用的格式，比较常见的有 XML、HTML、TEXT、JSON、JSONP 等，目前 JSON 由于占用更小的存储空间，并且是 JavaScript 原生格式，因此很受欢迎。

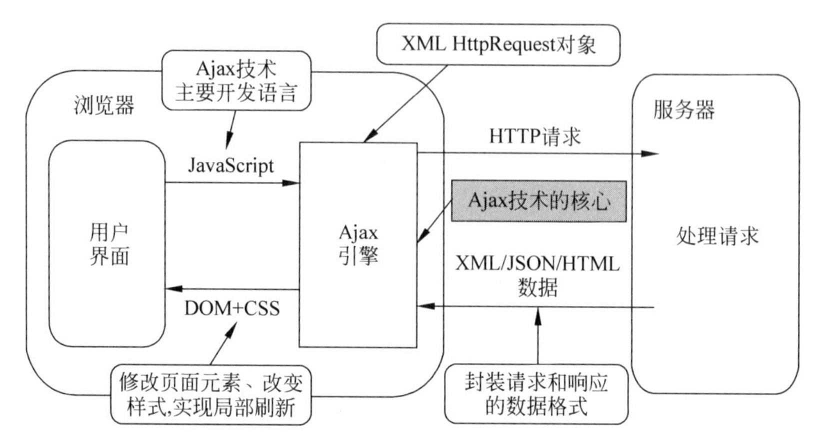

图 9-23 Ajax 工作流程

9.7.1 JSON

JSON(JavaScript Object Notation)是一种轻量级的数据交换格式。它基于ECMAScript(欧洲计算机协会制定的 JS 规范)的一个子集,采用完全独立于编程语言的文本格式来存储和表示数据。简洁和清晰的层次结构使 JSON 成为理想的数据交换语言。易于人阅读和编写,同时也易于机器解析和生成,并可有效地提升网络传输效率。

1. JSON 的两种结构

JSON 有两种表示结构,即对象和数组。

对象结构以"{"左大括号开始,以"}"右大括号结束。中间部分由 0 或多个以","分隔的"key(键)/value(值)"对构成,关键字和值之间以":"分隔,语法结构代码如下:

```
{
    key1:value1,
    key2:value2,
    ...
}
```

其中,键是字符串,而值可以是字符串、数值、true、false、null、对象或数组。

数组结构以"["开始,以"]"结束。中间由 0 或多个以","分隔的值列表组成,语法结构代码如下:

```
[
    {
        key1:value1,
        key2:value2
    },
    {
```

```
        key3:value3,
        key4:value4
    }
]
```

注意：键可以用双引号引起来，也可以不引。

2. JSON 字符串

很多人有个困惑，即分不清普通字符串、JSON 字符串和 JSON 对象的区别。

(1) 字符串：这个很好解释，指使用"双引号或单引号包裹的字符。例如，var comStr = 'this is string'。

(2) JSON 字符串：指的是符合 JSON 格式要求的 JS 字符串。例如，var jsonStr = "{StudentID:'100',Name:'tmac',Hometown:'usa'}"。

(3) JSON 对象：指符合 JSON 格式要求的 JS 对象。例如，var jsonObj = { StudentID: "100", Name: "tmac", Hometown: "usa" }。

3. JSON 对象和 JSON 字符串的互转

JSON 字符串转 JSON 对象，使用 JSON.parse()或 eval()，代码如下：

```
var str = '{"name":"beixi","age":22}'
console.log(JSON.parse(str))  //结果 {name: "beixi", age: 22}
```

JSON 对象转 JSON 字符串，代码如下：

```
var obj = {"name":"beixi","age":22}
console.log(JSON.stringify(obj))  //结果'{"name":"beixi","age":22}'
```

4. 在 JS 中使用 JSON

JSON 是 JS 的一个子集，所以可以在 JS 中轻松地读和写 JSON。读和写 JSON 都有两种方法，分别是利用“.”操作符和“[key]”的方式。

首先定义一个 JSON 对象，代码如下：

```
var obj = {
            name: "beixi",
            age: "18",
            count: 3,
            person: [         //数组结构 JSON 对象,可以嵌套使用
                  {
                      id: 1,
                      name: "张三"
                  },
                  {
```

```
                        id: 2,
                        name: "李四"
                    }
                ],
            object: { //对象结构 JSON 对象
                id: 1,
                msg: "对象里的对象"
            }
        };
```

从 JSON 中读数据，代码如下：

```
function readJSON() {
        alert(obj.name);                    //输出: beixi
        alert(obj.age);                     //输出: 18

        alert(obj.person[0].name);          //输出: 张三
        alert(obj.object.msg);              //输出: 对象里的对象
    }
```

9.7.2 纯 JS 的 Ajax 请求

Ajax 是一种技术方案，但并不是一种新技术。它依赖现有的 CSS/HTML/JavaScript，而其中最核心的依赖是浏览器提供的 XMLHttpRequest 对象，是这个对象使浏览器可以发出 HTTP 请求与接收 HTTP 响应。

Ajax 模块在处理网络请求时包括以下 4 个步骤：

(1) 创建 xhr 对象。

(2) 构建 xhr 的属性和方法。

(3) 通过 xhr 对象发出 HTTP 请求。

(4) 通过 xhr 对象的方法接收服务器回传的数据。

1. 创建 xhr 对象

对象用来在浏览器与服务器之间传送数据，浏览器提供给我们的对象，代码如下：

```
var xhr = new XMLHttpRequest();
```

2. xhr 对象的常用属性与方法

1) onreadystatechange 属性

onreadystatechange 属性指向一个回调函数。当页面的加载状态发生改变时 readyState 属性就会跟随发生变化，而这时 readystatechange 属性所对应的回调函数就会自动被调用。

语法格式如下：

```
xhr.onreadystatechange = function(){};
```

2）readyState 属性

readyState 是一个只读属性，返回请求的当前状态。用一个整数和对应的常量来表示 XMLHttpRequest 请求当前所处的状态。一般会在 onreadystatechange 事件的回调函数中，通过判断 readyState 属性的值，进而执行不同状态对应的函数。

语法格式如下：

```
xhr.onreadystatechange = function(){
        if(xhr.readyState == n){
          //执行对应的函数
          }
  }
```

n 的常用值如下。

(1) 0：未初始化。

(2) 1：开始发送请求。

(3) 2：请求发送完成。

(4) 3：开始读取响应。

(5) 4：读取响应结束。

3）status 属性

status 属性表示本次请求所得到的 HTTP 状态码，它是一个整数。

语法格式如下：

```
if(xhr.readyState == n){
        if(xhr.status == 状态码){
            //通信成功
          }
  }
```

状态码值如下。

(1) 200：响应正常。

(2) 400：错误请求，如语法错误。

(3) 403：没有访问权限。

(4) 404：资源不存在。

(5) 500：服务器内部错误。

4）statusText 属性

statusText 属性表示服务器发送的状态提示，是一个只读字符串。

语法格式如下：

```
xhr.statusText
```

说明：不同于 status 属性，该属性返回状态码所对应的状态信息，例如 OK。

5）responseText 属性

responseText 属性返回从服务器接收的字符串内容，该属性为只读。如果本次请求没有成功或者数据不完整，该属性就会等于 null。如果服务器返回的数据格式是 JSON，就可以使用 responseText 属性进行数据解析了。

语法格式如下：

```
xhr.responseText
```

6）open()方法

open()方法表示要将请求发往某处，只是设置而不是真的发送。

语法格式如下：

```
xhr.open(String method,String url,boolean async);
```

各参数的解释如下。

(1) 参数 method：设置 HTTP 请求方法，如 POST、GET 等，不区分大小写。

(2) 参数 url：请求的 URL 网址（如果是 GET 请求，则参数在这里拼接）。

(3) 参数 async：可选，指定此请求是否为异步方法，默认值为 true。

7）setRequestHeader()方法

setRequestHeader()方法用于设置 HTTP 头信息。

语法格式如下：

```
xhr.setRequestHeader('key','value');
```

说明：本方法必须在 open()之后、send()之前被调用。

常用的设置如下：

```
xhr.setRequestHeader('Content-Type', 'application/json');
xhr.setRequestHeader("Content-Type","application/x-www-form-urlencoded;charset=utf-8")
```

3. 通过 xhr 对象发出 HTTP 请求

send()方法用于实际发出 HTTP 请求。

语法格式如下：

```
xhr.send(formData);
```

说明：参数 formData 是表单数据，为 POST 请求准备。如果是 GET 请求，则参数直接写 null 即可。

4. xhr 对象的兼容性问题

xhr 对象的获取方式在 IE 和非 IE 浏览器下需要使用不同的方法。

语法格式如下：

```
XMLHttpRequest();            //标准浏览器支持的方法
ActiveXObject();             //IE 浏览器支持的方法
```

示例如下：

```
if(window.XMLHttpRequest){
      xhr = new XMLHttpRequest();
}else if(window.ActiveXObject){
      xhr = new ActiveXObject();
 }
```

说明：可以直接使用三目运算符解决 xhr = window.XMLHttpRequest?new XMLHttpRequest():new ActiveXObject(" ")。

5. 请求超时 timeout 与超时监听 ontimeout

timeout 属性应设置为一个整数，用来设置当请求发出后等待接收响应的时间。ontimeout()方法则是当等待超时后自动执行的回调方法。

语法格式如下：

```
xhr.timeout = 5000;          //5s 后超时

xhr.ontimeout = function(){
    console.error("The request for" + URL 网址 + "timed out");
};
```

说明：timeout 属性的单位是毫秒，表示当请求发出后等待响应的时间。如果在设置的时间内没能收到后台响应的内容，则认为请求超时(执行 ontimeout)。

通过浏览器的 xhr 对象发出数据，与服务器端进行交互，服务器端返回数据，然后更新到客户端。经常使用的场景是在注册时，输入用户名自动检测用户是否已经存在，如例 9-20 所示。

【例 9-20】 纯 JS 的 Ajax 应用

后端服务器的 Java 代码如下：

```
@WebServlet("/registerServlet") //url
public class UserServlet extends HttpServlet {
    @Override
    protected void doPost(HttpServletRequest request, HttpServletResponse response) throws
ServletException, IOException {
        request.setCharacterEncoding("utf-8");
        response.setHeader("content-Type", "text/html;charset=utf-8");
        //读取参数
        String name = request.getParameter("name");
        System.out.println("name:" + name);
        String result = "false";
        if (name.equalsIgnoreCase("admin")) {
            result = "true";
        }
        //将结果打印回去
        PrintWriter out = response.getWriter();
        out.print(result);
        out.flush();
    }
  @Override
    protected void doGet(HttpServletRequest req, HttpServletResponse resp)
      throws ServletException, IOException {
        this.doPost(req, resp);
    }
}
```

前端 HTML 的代码如下：

```
<!DOCTYPE html>
<html lang="en">
<head>
<meta charset="UTF-8">
<title>注册页面</title>
<style type="text/css">
        .blue{
            color: blue;
            font-weight: normal;
        }
        .red{
            color: red;
```

```
            font - weight: bold;
        }
    </style>
    <script>
        //创建兼容性 xhr 对象
        function createXMLHttpRequest(){
            var request = null;
            if(window.XMLHttpRequest){                    //非 IE 浏览器
                request = new XMLHttpRequest();
            }else{
                //兼容早期 IE 5、IE 6 浏览器
                request = new ActiveXObject("Microsoft.XMLHTTP");
            }
            return request;
        }
        //验证姓名
        function checkUserName(oInput){
            //读取输入框的值
            var userName = oInput.value;
            if(userName == null||userName == ""){
                userNameMessage.innerHTML = "姓名不能为空";
                return;
            }
            //创建 xhr 对象
            var xhr = createXMLHttpRequest();
            //设置回调函数
            xhr.onreadystatechange = function(){
                if(xhr.readyState == 4&&xhr.status == 200){
                    var strReturnString = xhr.responseText;
                    if(strReturnString.indexOf("true")> = 0){
                        userNameMessage.innerHTML = "用户名已经被占用";
                        userNameMessage.className = "red";
                    }else{
                        userNameMessage.innerHTML = "用户名可以使用";
                        userNameMessage.className = "blue";
                    }
                }
            };
            xhr.open("post","/registerServlet",true);
            //设置头信息
            xhr.setRequestHeader("Content - Type",
                "application/x - www - form - urlencoded;charset = utf - 8");
            //参数数据,使用 key = value&key = value……的方式
            var urlParam = "name = " + userName;
            //发送请求
```

```
            xhr.send(urlParam);
        }
</script>
</head>
<body>
<form action="">
<p>注册姓名：<input type="text" onblur="checkUserName(this);"/>*
<span id="userNameMessage"></span></p>
</form>
</body>
</html>
```

当光标离开输入框实现异步刷新时，向后台发出请求并将信息反馈给用户。在浏览器中的显示效果如图 9-24 所示。

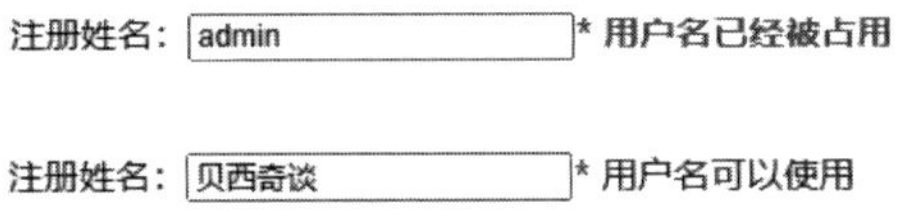

注册姓名：admin * 用户名已经被占用

注册姓名：贝西奇谈 * 用户名可以使用

图 9-24　纯 JS 的 Ajax 应用效果

9.8 jQuery Ajax

jQuery 库中已经封装了 Ajax 请求的方法。

在 jQuery 中，$.ajax()方法属于最底层的方法，第 2 层是 load()、$.get()和 $.post()，第 3 层是 $.getJSON()方法。简单易用的高层实现见 $.get、$.post 等。$.ajax() 返回其创建的 XMLHttpRequest 对象，大多数情况下无须直接操作该函数，除非需要操作不常用的选项，以获得更多的灵活性，几种常用方法介绍如下。

(1) $.ajax()：综合请求，比较强大，功能较全。

(2) $.get()：GET 方式请求，但是带参数时转换为 POST 请求。

(3) $.post()：POST 方式请求。

(4) $.getJSON()：获取服务器返回的 JSON 数据。

(5) $(selecter).load()：将服务器返回的数据加载到选择器选中的内容中。

1. load() 方法

载入远程 HTML 文件代码并插入 DOM 中。默认使用 GET 方式，当传递附加参数时自动转换为 POST 方式。

语法格式如下：

```
load(url,[data],[callback]);
```

参数解释如表 9-15 所示。

表 9-15 load()方法参数解释

参数名称	类 型	描 述
url	String	请求 HTML 页面的 URL 网址
data(可选)	Object	发送至服务器的 key/value 数据
callback(可选)	Function	请求完成时的回调函数,无论成功还是失败

load()方法的应用示例,首先构建一个被 load() 方法加载并追加的 HTML 文件,如 free.html,HTML 代码如下:

```
<ul>
    <li>«Vue + Spring Boot 前后端分离»</li>
    <li>«你的孤独虽败犹荣»</li>
    <li>«你只是看上去很努力»</li>
    <li>«JavaScript 从入门到精通»</li>
</ul>
<div>你筛选出来的元素</div>
```

然后新建一个 HTML 页面,如 test.html,用来追加 HTML 内容,HTML 代码如下:

```
<h3>你最喜欢读什么书?</h3>
   <p id = "cont"></p>
   <button>单击</button>
   <script>
     $("button").click(function(){
        $("#cont").load("free.html") //单击时将 free.html 的内容加载到页面上
    })
   </script>
```

当单击按钮时将 free.html 的内容加载到页面上。

当只需加载 free.html 的 li 元素中内容时,可以使用的代码如下:

```
$("button").click(function(){
    $("#cont").load("free.html li");
})
```

load() 方法的传递方式根据参数 data 来自动指定。如果没有参数传递,则采用 GET 方式,反之,则自动转换为 POST 方式。对于必须在加载完成后才能继续的操作,load() 方法提供了回调函数,代码如下:

```
$("button").click(function(){
    $("#cont").load("free.html li",{name:"admin"},function(){
```

```
//执行代码
  });
})
```

注意：在 load()方法中，无论 Ajax 请求是否成功，只要请求完成，回调函数都会被触发。

2. $. get()方法和 $. post()方法

load()通常是从 Web 服务器上获取静态的数据文件，如果需要传递一些参数给服务器，则可以使用 $. get()方法和 $. post()方法(或 $. ajax()方法)。

$. get()方法使用 GET 方式执行 Ajax 请求，从服务器加载数据。

语法格式如下：

```
$.get( url,[ data ],[ callback ],[ type ])
```

参数解释如表 9-16 所示。

表 9-16 $. get()方法参数解释

参数名称	类 型	描 述
url	String	请求 HTML 页面的 URL 网址
data(可选)	Object	发送至服务器的 key/value 数据
callback(可选)	Function	请求成功时的回调函数
type (可选)	String	服务器返回的内容格式，如 xml、html、script、json、text、_default

$. get()方法的应用，后端服务器 Java 代码使用例 9-20 的后端服务器代码，HTML 前端代码(jQuery Ajax 改版)如下：

```
<! DOCTYPE html >
< html lang = "en">
< head >
< meta charset = "UTF - 8">
< title >注册页面</title >
< style type = "text/css">
        .blue{
           color: blue;
           font - weight: normal;
        }
        .red{
           color: red;
           font - weight: bold;
        }
</style >
<!-- 引入 jQuery -->
```

```
<script src = "js/jquery-1.12.3.min.js"></script>
<script>
        function checkUserName(input){
        $.get("registerServlet",{name:input.value},function(result){
                if(result.indexOf("true")>=0){
                    userNameMessage.innerHTML = "用户名已经被占用";
                    userNameMessage.className = "red";
                }else{
                    userNameMessage.innerHTML = "用户名可以使用";
                    userNameMessage.className = "blue";
                }
            });
        }
</script>
</head>
<body>
<form action = "">
    <p>注册姓名:<input type = "text" onblur = "checkUserName(this);"/> *
    <span id = "userNameMessage"></span></p>
</form>
</body>
</html>
```

当光标离开输入框实现异步刷新时,向后台发出请求并将信息反馈给用户。在浏览器中的显示效果如图 9-25 所示。

注册姓名: admin * 用户名已经被占用

注册姓名: 贝西奇谈 * 用户名可以使用

图 9-25 jQuery 中 Ajax 应用效果图

$.post()方法使用 POST 方式执行 Ajax 请求,从服务器加载数据。

语法格式如下:

```
$.post(url, [data], [callback], [type])
```

$.post()与 $.get()方法的结构和使用方式都相同,不过它们之间仍然有一些区别,其区别如下。

(1) 安全性:POST 方式的安全性高于 GET 方式。如果以 GET 方式请求,请求参数会拼接到 URL 的后面,安全性低,如果以 POST 方式请求,请求参数会包裹在请求体中,安全性更高。

(2) 数量区别:GET 方式传输的数据量小,规定不能超过 2KB,POST 方式请求的数据量大,没有限制。

(3) 传输速度：GET 方式的传输速度高于 POST 方式。

因为使用方法相同，所以只要改变 jQuery 函数即可，代码如下：

```
function checkUserName(input){
        $.post("registerServlet",{name:input.value},function(result){
            if(result.indexOf("true")>= 0){
                userNameMessage.innerHTML = "用户名已经被占用";
                userNameMessage.className = "red";
            }else{
                userNameMessage.innerHTML = "用户名可以使用";
                userNameMessage.className = "blue";
            }
        });
}
```

运行结果和 GET 方式一样。

3. $.getJson()方法

该方法使用 GET 方式执行 Ajax 请求，从服务器加载 JSON 格式数据。

语法格式如下：

```
$.getJSON(url, [data], [callback])
```

因为确定服务器会返回 JSON 编码的数据，故相较于 $.get()不必再指定 dataType。

服务器端的代码如下：

```
request.setCharacterEncoding("utf-8"); //两种响应头都可以使用
response.setHeader("Content-Type", "application/json;charset = utf-8");
//response.setHeader("content-Type", "text/html;charset = utf-8");
//返回的 JSON 格式必须是严格的 JSON 格式，否则浏览器无法调用
PrintWriter out = response.getWriter();
out.print("{\"name\":\"张三\"}");
out.flush();
```

HTML 代码如下：

```
<script>
    function clickTest() {
        $.getJSON("registerServlet",function(data) {
            alert(data.name);
        })
    }
</script>
```

4. \$. Ajax()方法

前面用到的 \$. load()、\$. get()、\$. post()、\$. getScript()、\$. getJSON()方法都是基于 \$. ajax()方法构建的，\$. ajax()方法是 jQuery 最底层的 Ajax 实现，因为可以用来代替前面的所有方法。

所以如果除了上面列出的方法，还需要编写更复杂的 Ajax 程序，就要用 \$. ajax()，\$. ajax()不仅能实现与 \$. load()、\$. get()、\$. post()同样的功能，而且还可以设定 beforeSend(提交前回调函数)、error(请求失败后处理)、success(请求成功后处理)、complete(请求完成后处理)回调函数，通过设定这些回调函数，可以给用户更多的 Ajax 提示信息，另外，还有一些参数可以设置 Ajax 请求的超时时间或者页面的"最后更改"状态。

jQuery 中最原始最底层的 Ajax 用法例子的代码如下：

```
<script>
        function checkUserName(input){
            //对中文进行 URI 编码
            name = encodeURI(input.value);
            $.ajax({
                url:"registerServlet",              //Ajax 请求的 URL
                type:"get",                         //Ajax 请求方式: GET/POST, 默认为 GET
                data:{name:name},                   //请求的参数 data 数据
                dataType:'json',                    //发送的数据格式,常用 JSON 格式
                timeout:3000,                       //超时(单位: 毫秒)
                cache:false,                        //是否缓存上一次的数据,默认为 true
                async:true,                         //同步和异步,true 是异步请求
                beforeSend:function(){              //发送请求前调用(一般不需要此函数)
                    alert('before send');
                },
                //执行成功的回调函数
                success: function(result){
                    if(result){
                        userNameMessage.innerHTML = "用户名已经被占用";
                        userNameMessage.className = "red";
                    }else{
                        userNameMessage.innerHTML = "用户名可以使用";
                        userNameMessage.className = "blue";
                    }
                },
                error:function(){                   //执行失败或错误的回调函数
                    alert("Ajax 执行失败");
                }
            });
        }
</script>
```

上面的示例代码是 \$. ajax 最常用的写法，也是功能最全参数最多的访问方式，但实际上一般使用最多的参数只有 4 个：url、type、data、success。

9.9 jQuery 插件

目前,来自全球的开发者已经共同编写了几百种 jQuery 插件,使用这些经过无数开发人员检验和完善的优秀插件,可以帮助用户快速开发出美观、稳定的网站,提高开发效率。最新最全的插件可以从 jQuery 官方网站的插件板块中获取,网站网址为 http://plugins.jquery.com/。

插件的一般使用步骤如下:

(1) 引入样式文件。

(2) 引入 jQuery 文件。

(3) 引入插件的 JS 文件。

(4) 使用插件的功能。

9.9.1 jQuery UI

jQuery UI 源自于一个 jQuery 插件——Interface。Interface 插件最早版本为 1.2,只支持 jQuery 1.1.2 版本,后来有人对 Interface 的大部分基于 jQuery 1.2 的 API 进行重构,并统一了 API。由于改进重大,因此版本号不是 1.3 而是直接跳到 1.5,并且改名为 jQuery UI。

jQuery UI 主要分为 3 部分,即交互、微件和效果库。

(1) 交互,这里是一些与鼠标交互相关的内容,包括拖动、置放、缩放、选择和排序等。微件(Widget)中有部分是基于这些交互组件来制作的。此库需要一个 jQuery UI 核心库——ui.core.js 支持。

(2) 微件,这里主要是一些界面的扩展。里边包括手风琴导航、自动完成、取色器、对话框、滑块、标签 、日历、放大镜、进度条和微调控制器等。此库需要一个 jQuery UI 核心库——ui.core.js 支持。

(3) 效果库,此库用于提供丰富的动画效果,让动画不再局限于 animate()方法。效果库有自己的一套核心,即 effects.core.js,无须 jQuery 核心库 ui.core.js 的支持。

jQuery UI 插件的下载网址为 http://jqueryui.com/download/all/。大家可以下载该插件的不同版本,如图 9-26 所示。

成功下载了 jQuery UI 插件后,将得到一个 zip 压缩包,包含下列文件夹及文件:

- /css/
- /development-bundle/
- /js/
- index.html

在文本编辑器中打开 index.html,将看到引用了一些外部文件:主题、jQuery 和 jQuery UI。通常情况下,需要在页面中引用这 3 个文件,以便使用 jQuery UI 的窗体小部

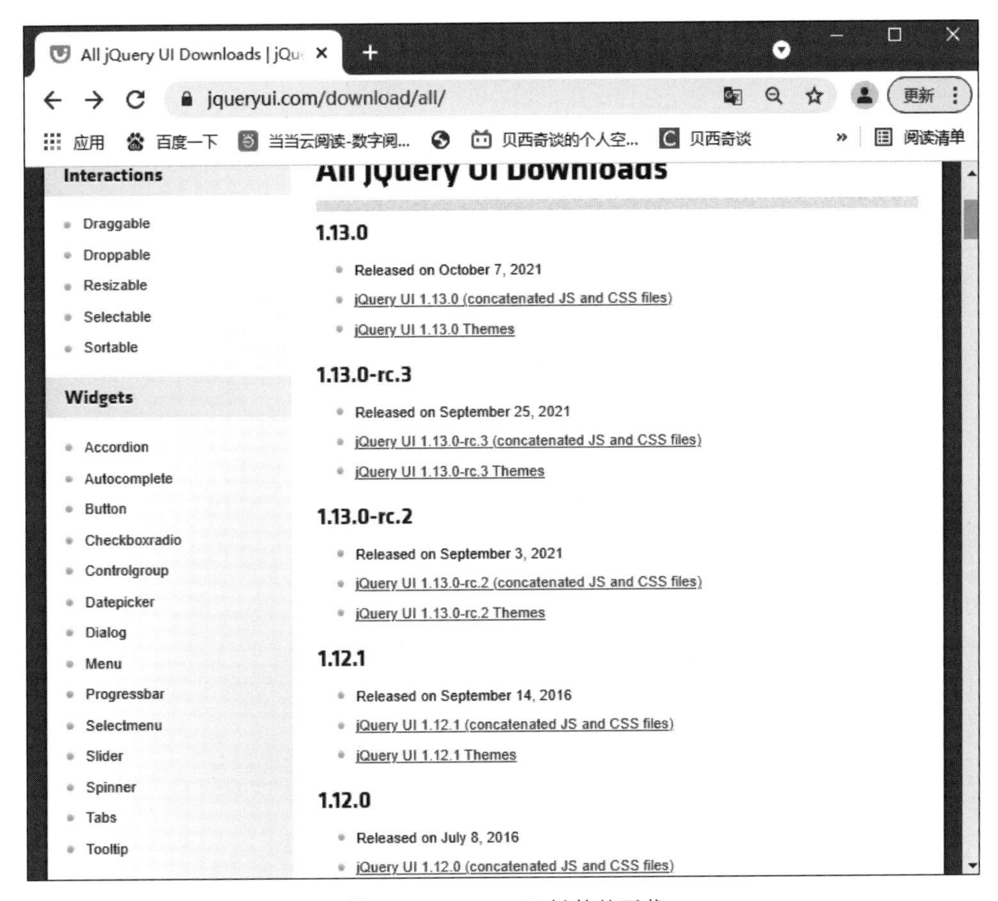

图 9-26 jQuery UI 插件的下载

件和交互部件，代码如下：

```
<link rel="stylesheet" href="jquery-ui-1.12.1.custom/jquery-ui.css"/>
<scriptsrc="jquery-ui-1.12.1.custom/js/jquery-1.12.3.min.js"></script>
<script src="jquery-ui-1.12.1.custom/jquery-ui.js"></script>
```

引用了这些必要的文件之后，就可以向页面中添加一些 jQuery 小部件。例如，要制作一个日期选择器(datepicker)小部件，需要向页面添加一个文本输入框，然后调用.datepicker()。

HTML 的添加方式如下：

```
<input type="text" name="date" id="date" />
```

JavaScript 的添加方式如下：

```
$( "#date" ).datepicker();
```

效果如图 9-27 所示。

图 9-27　日期小部件

jQuery UI 提供了一组用户界面交互、特效、小部件、实用工具及主题。详情大家可参考 https://www.runoob.com/jqueryui/jqueryui-examples.html。

jQuery UI 提供了很多功能齐全的 UI 控件，使桌面应用程序也具备 Web 应用程序一样丰富的功能，如例 9-21 所示，完成滑动条的展示。

【例 9-21】 滑动条的展示

```
<!DOCTYPE html>
<html>
<head lang="en">
    <meta charset="UTF-8">
    <title>滑动条的展示</title>
    <!-- 1.引入 jQuery UI 的样式文件 -->
    <link rel="stylesheet"
              href="jquery-ui-1.12.1.custom/jquery-ui.css"/>
    <!-- 2.引入 jQuery 文件 -->
    <script
     src="jquery-ui-1.12.1.custom/js/jquery-1.12.3.min.js"></script>
    <!-- 3.引入 jQuery UI 的 JS 文件 -->
    <script src="jquery-ui-1.12.1.custom/jquery-ui.js"></script>
    <script>
        $(function(){
            $( "#slider" ).slider({
                range: true,
                values: [ 17, 67 ]
            });
        })
    </script>
    <style>
        .cls{
```

```
            width: 500px;
        }
    </style>
</head>
<body>
    <!-- 4.使用 jQuery UI 的功能 Slider -->
    <h2 class="demoHeaders">Slider</h2>
    <div id="slider" class="cls"></div>
</body>
</html>
```

在浏览器中的显示效果如图 9-28 所示。

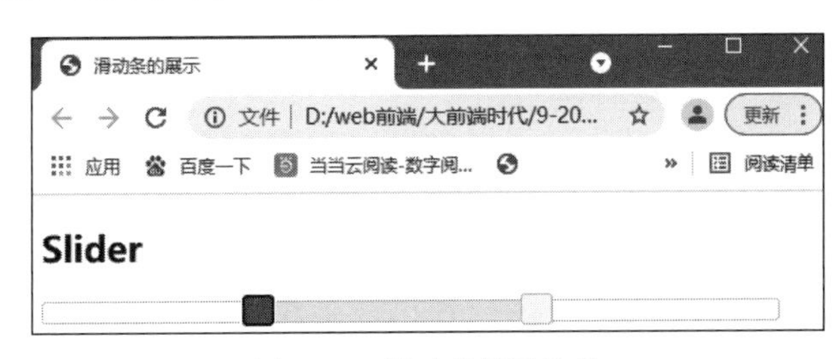

图 9-28 滑动条展示效果

9.9.2 自定义 jQuery 插件

编写插件的目的主要是给已经有的一系列方法或函数做一个封装，以便在其他地方重复使用，方便后期维护和提高开发效率。

1. 开发 jQuery 插件常见类型

1）封装对象方法的插件

这种插件是将对象方法封装起来，用于对通过选择器获取的 jQuery 对象进行操作，是最常见的一种插件。

2）封装全局函数的插件

可以将独立的函数加到 jQuery 命名空间之下。例如 jQuery.noConflict()方法、常用的 jQuery.ajax()方法及去除首位空格的 jQuery.trim()方法等，都是 jQuery 内部作为全局函数的插件附加到内核上去的。

3）选择器插件

个别情况下需要用到选择器插件。

2. 插件的基本要点

(1) jQuery 插件的文件名推荐命名为 jquery.[插件名].js，以免和其他 JavaScript 库插件混淆。

(2) 所有的对象方法都应该附加到 jQuery. fn 对象上，而所有的全局函数都应当附加到 jQuery 对象本身上。

(3) 在插件内部，this 指向的是当前通过选择器获取的 jQuery 对象，而不像一般方法那样，例如 click()方法，内部的 this 指向的 DOM 元素。

(4) 可以通过 this. each 来遍历所有元素。

(5) 所有的方法或函数插件都应当以分号结尾，否则压缩时可能出现问题。为了更稳妥些，甚至可以在插件头部先加上一个分号，以免他人的不规范代码给插件带来影响。

(6) 插件应该返回一个 jQuery 对象，以保证插件的可链式操作。除非插件需要返回的是一些需要获取的量，例如字符串或者数组等。

(7) 避免在插件内部使用 $作为 jQuery 对象的别名，而应使用完整的 jQuery 来表示。这样可以避免冲突，当然，也可以利用闭包这种技巧来回避这个问题，使插件内部继续使用 $作为 jQuery 的别名。很多插件是这样做的。

3. 插件中的闭包

关于闭包，ECMAScript 对其进行了简单描述：允许使用内部函数(函数定义和函数表达式位于另一个函数体内)，而且，这些内部函数可以访问它们所在的外部函数中声明的所有局部变量、参数和声明的其他内部函数，当其中一个这样的内部函数在包含它们的外部函数之外被调用时，就会形成闭包，即内部函数会在外部函数返回后被执行，而这个内部函数执行时，它仍然必须访问其外部函数的局部变量、参数及其他内部函数。这些局部变量、参数和函数声明(最初时)的值是外部函数返回时的值，但也会受到内部函数的影响。

首先定义一个匿名函数 function(){/ * 这里放置代码 * /}，然后用括号括起来，变成(function(){/ * 这里放置代码 * /})这种形式，最后通过()运算符来执行。可以传递参数进去，以供内部函数使用，格式代码如下：

```
//注意,为了更好的兼容性,开始之前加分号
;(function($){              //将 $作为匿名函数的形参
    /* 书写代码 */
})(jQuery);                 //这里就将 jQuery 作为实参传递给匿名函数了
```

以上是一种常见的 jQuery 插件的结构。

4. jQuery 插件的机制

jQuery 提供了两种用于扩展 jQuery 功能的方法，即 jQuery. fn. extend()方法和 jQuery. extend()方法。前者用于之前提到的 3 种插件类型中的第 1 种，后者用于扩展后两种插件。这两种方法都接受一个参数，类型为 Object。Object 对象的“名-值对”分别代表“函数或方法名-函数主体”。

jQuery. extend()方法除了可以用于扩展 jQuery 对象之外，还有一个强大的功能，就是用于扩展已有的 Object 对象。

jQuery 代码如下：

```
jQuery.extend(target,obj1,……．[objN])
```

用一个或多个其他对象来扩展一个对象，然后返回被扩展的对象。

例如合并 settings 对象和 options 对象，修改并返回 settings 对象，代码如下：

```
var settings = {validate:false,limit:5,name:"foo"};
var options = {validate:true,name:"bar"};
var newOptions = jQuery.extend(settings,options);
```

结果为

```
newOptins = {valitdate:true,limit:5,name:"bar"};
```

jQuery.extend()方法经常被用于设置插件方法的一系列默认参数，示例代码如下：

```
function foo(options){
        options = jQuery.extend({
                name:"bar",
                limit:5,
                datatype:"xml"
        },options);
};
```

如果调用 foo()方法时在传递的参数 options 对象中设置了相应的值，就使用设置的值，否则就用默认的值，代码如下：

```
foo({name:"a",length:"4",dataType:"json"});
foo({name:"a",length:"4"});
foo({name:"a"});
foo();
```

通过 jQuery.extend()方法，可以很方便地用传入的参数来覆盖默认值。此时，对方法的调用依旧保持一致，只不过要传入的是一个映射而不是一个参数列表。这种机制比传统的每个参数都去检测的方式不仅灵活而且更加简洁。此外使用命名参数意味着再添加新选项也不会影响过去编写的代码，从而使开发者使用起来更加直观明了。

5．编写 jQuery 插件

1）封装 jQuery 对象方法的插件

编写设置获取颜色的插件，首先介绍如何编写一个 color()插件，该插件用于实现以下两个功能。

(1) 设置匹配元素的颜色。

(2) 获取匹配的元素(元素集合中的第1个)的颜色。

首先将该插件按规范命名为jquery.color.js,然后在JavaScript文件里搭好框架。由于是对jQuery对象的方法扩展,因此采用第1类方法jQuery.fn.extend()来编写,代码如下:

```
;(function($){
        $.fn.extend({
"color":function(value){
                    //这里写插件代码
            }
        });
})(jQuery);
```

这里给这种方法提供一个参数value,如果调用方法时传递了value参数,则表示用这个值设置字体颜色,否则就匹配元素的字体颜色的值。

首先,实现第1个功能,设置字体颜色。注意,插件内部的this指向的是jQuery对象,而非普通的DOM对象,代码如下:

```
;(function($){
        $.fn.extend({
"color":function(value){
                    return this.css("color",value);
        }
});
})(jQuery);
```

接下来实现第2个功能。如果没有给方法传递参数,则表示获取集合对象中第1个对象的color的值。由于css()方法本身就具有返回第1个匹配元素样式值的功能,因此此处无须通过eq()获取第1个元素。只要这两种方法结合起来,判断一下value的值是否是undefined即可。

jQuery代码如下:

```
;(function($){
    $.fn.extend({
        "color":function(value){
            if(color === undefined){
                return this.css("color",value);
            }else{
                return this.css("color",value);
            }
        }
    });
})(jQuery);
```

至此，插件就完成了。现在来测试一下该插件，示例代码如下：

```
<script src="js/jquery-1.12.3.min.js"></script>
  <script>
    //插件编写
    ;(function($){
        $.fn.extend({
            "color":function(value){
                return this.css("color",value);
            }
        });
    })(jQuery);

    //插件应用
    $(function(){
            //查看第1个div的color样式值
            alert($("div").color() + "\n如果返回字符串,则证明此插件可用.");
            //把所有的div字体颜色都设为红色
        alert($("div").color("red") + "\n如果返回object,则证明得到的是jQuery对象.");
    })
  </script>
    <div style="color:red">red</div>
    <div style="color:blue">blue</div>
    <div style="color:green">green</div>
    <div style="color:yellow">yellow</div>
```

另外，如果要定义一组插件，则可以使用如下所示的写法：

```
;(function($){
    $.fn.extend({
      "color":function(value){
          //这里写插件代码
      },
      "border":function(value){
          //这里写插件代码
      },
      "background":function(value){
          //这里写插件代码
      }
    });
})(jQuery);
//添加jQuery对象级的插件,也就是给jQuery类添加方法
;(function($){
    $.fn.extend({
      "函数名":function(自定义参数){
          //这里写插件代码
      }
```

```
    });
})(jQuery);
或者
;(function($){
    $.fn.函数名 = function(自定义参数){
        //这里写插件代码
    }
})(jQuery);
//调用方法: $("#id").函数名(参数);
```

2）封装全局函数的插件

所谓的全局函数，实际上就是 jQuery 对象的方法，但从实践的角度看，它们是位于 jQuery 命名空间内部的函数。

（1）添加一个函数，只需将新函数指定为 jQuery 对象的一个属性，代码如下：

```
jQuery.five = function(){
alert("与直接继承方式不一样");
}
```

调用方式如下：

```
$.five();
```

（2）添加多个函数，代码如下：

```
jQuery.five = function(){
 alert("与直接继承方式不一样");
}
jQuery.six = function(){
 alert("与直接继承方式不一样 2");
}
```

调用方式如下：

```
$.five(); $.six();
```

以上的方法会面临命名空间冲突的风险，为了避免这个问题，最好把属于这个插件的所有全局函数都封装到一个对象中，代码如下：

```
//命名空间继承
jQuery.myPlugin = {
 one : function(obj){
```

```
        var object = obj;
        var id = object.attr("id");
        alert(id);
      },
      two : function(){
        alert(22);
      }
    }
```

这样其实是为全局函数创建了另一个命名空间:jQuery.myPlugin。

3）自定义选择器

虽然jQuery中提供了许多选择器,但并不能满足所有开发者的需求。通过自定义选择器能够让开发者更加灵活地对元素进行选取,其语法格式如下：

```
$.expr[":"][selectorName] = function(obj, index, meta){}
$.expr[":"].selectorName = function(obj, index, meta){}
```

各参数的解释如下。

(1) selectorName：表示自定义选择器的名称。

(2) obj：表示当前遍历的DOM元素。

(3) index：表示当前元素对应的索引位置。

(4) meta：表示一个数组,用于存放选择器提供的信息,其中meta[3]比较关键,用于接收自定义选择器传入的数据。

示例代码如下：

```
//自定义选择器
;(function($){
    $.expr[":"]["color"] = function(obj,index,meta){
              console.log(meta);
              return $(obj).css("color",meta[3]);
    };
    $.expr[":"].search = function(obj,index,meta) {
              return $(obj).text().toUpperCase().indexOf(meta[3]
                                   .toUpperCase()) >= 0;
    };
})(jQuery);
```

综合运用自定义插件知识,完成背景颜色切换的封装,如例9-22所示。

【例9-22】 背景颜色切换

```
<!DOCTYPE html>
<html lang="en">
```

```
<head>
    <meta charset="UTF-8">
    <title>背景颜色切换</title>
    <style>
        .cls{
            width: 200px;
            height: 100px;
            background-color: pink;
            margin-top: 30px;
            margin-right: 20px;
            float: left;
        }
    </style>
    <script src="js/jquery-1.12.3.min.js"></script>
    <script>
        $.fn.changeBackgrounColor = function (color) {
            $(".cls").css("backgroundColor",color);
        };
        $(function () {
            //单击每个按钮改变每个 div 的背景颜色
            $("input[type=button]").click(function () {
                $(".cls").changeBackgrounColor( $(this).val());
            });
        });
    </script>
</head>
<body>
<input type="button" value="green"/>
<input type="button" value="red"/>
<input type="button" value="blue"/>
<div id="dv">
    <div class="cls"></div>
    <div class="cls"></div>
    <div class="cls"></div>
    <div class="cls"></div>
    <div class="cls"></div>
</div>
</body>
</html>
```

在浏览器中的显示效果如图 9-29 所示。

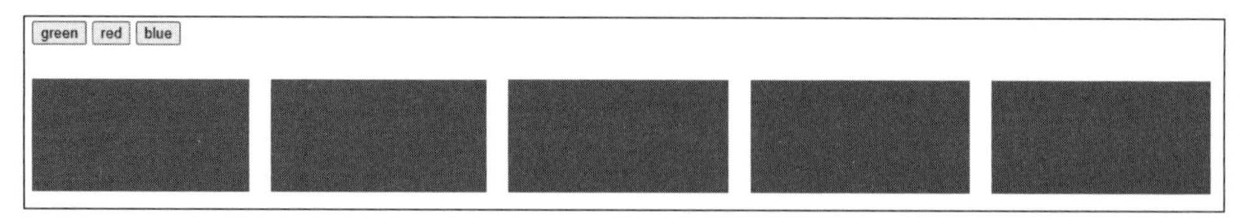

图 9-29　背景颜色切换效果

9.9.3 编写 jQuery 插件之放大镜

jQuery 插件实现图片的放大功能,实现效果如图 9-30 所示。

1. 实现放大镜的原理

(1) 实现时用到了两张图片,一张小图,一张大图。

(2) 小图用于直接在页面上显示,大图则用于在放大镜内显示。

(3) 放大镜实际上是一个 div,而大图则是这个 div 的背景图。

(4) 小图与大图是等比例的,从而达到最佳放大效果。

图 9-30 放大镜效果图

(5) 当没有设置大图时,大图为小图本身,此种情况放大效果不明显,相当于没有放大。

(6) 这里借助于鼠标移动事件(mousemove),通过鼠标在小图上的移动坐标和大小图的比例(比例计算得来),从而计算出放大镜内的背景图对应的坐标位置。

2. 插件实现代码

创建 jquery. similar. magnifier. js 文件,用于编写 jQuery 插件代码,代码如下:

```
(function () {
    $.fn.magnifier = function (options) {
        //默认参数设置
        var settings = {
            diameter: 150,                          //放大镜的直径大小
            backgroundImg: "imgs/big.jpg"           //放大镜内的图片(大图)
        };
        //合并参数
        if (options){
            $.extend(settings, options);
        }
        //链式原则
        return this.each(function () {

            var root = $(this),                     //存储当前对象
                wRoot = root.width(),               //当前对象宽
                hRoot = root.height(),              //当前对象高
                offset = root.offset(),             //偏移量 left 和 top
                magnifier = $(".magnifier"),        //放大镜对象
                wRatio = 0,                         //缩放比率(宽度)
                hRatio = 0,                         //缩放比率(高度)
                //大图(当没有大图时,为小图本身)
```

```
            backgroundImg = settings.backgroundImg ? settings.backgroundImg : root.attr
                            ("src");
        //设置放大镜样式
        magnifier.css({
            width : settings.diameter + "px",
            height : settings.diameter + "px",
            borderRadius : (settings.diameter / 2) + "px",
            //将图片放入放大镜内
            backgroundImage: "url('" + backgroundImg + "')" });
        /* 图片加载完,计算缩放比例
         * 由于图片原本不在 DOM 文档里
         * 页面加载时不会触发 load 事件
         * 因此要通过执行 appendTo 来触发 load 事件 */
        $("<img style='display:none;' src='" + backgroundImg +
                            "'/>").load(function () {
            wRatio = $(this).width() / wRoot;
            hRatio = $(this).height() / hRoot;
        }).appendTo(root.parent());
        //放大镜及其背景图片位置控制
        function _position(e) {
            var lPos = parseInt(e.pageX - offset.left),
                tPos = parseInt(e.pageY - offset.top);
            //判断鼠标是否在图片上
            if (lPos < 0 || tPos < 0 || lPos > wRoot || tPos > hRoot)
            {
                magnifier.hide();          //如果鼠标不在图片上,则隐藏放大镜
            } else {
                magnifier.show();          //反之显示放大镜
            //控制放大镜内背景图片的位置(settings.diameter/2)半径
                lPos = ((e.pageX - offset.left) * wRatio -
                        settings.diameter / 2) * (-1);
                tPos = ((e.pageY - offset.top) * hRatio -
                        settings.diameter / 2) * (-1);
                magnifier.css({ backgroundPosition: lPos + 'px ' +
                              tPos + 'px' });
                //控制放大镜本身的位置
                lPos = e.pageX - settings.diameter / 2;
                tPos = e.pageY - settings.diameter / 2;
                magnifier.css({ left: lPos + 'px', top: tPos + 'px' });
            }
        }
        //放大镜
        magnifier.mousemove(_position);
        //当前对象
        root.mousemove(_position);
    });
  };
})();
```

3. 放大镜样式

创建 style.css 文件，用于编写放大镜样式代码，代码如下：

```
/* 放大镜样式 */
.magnifier{
    background-position: 0px 0px;
    background-repeat: no-repeat;
    position: absolute;
    box-shadow: 0 0 5px #777, 0 0 10px #aaa inset;
    display: none;
    width: 150px;
    height: 150px;
    border-radius: 75px;
    border:2px solid #FFF;
    cursor: none;
}
```

4. HTML 结构

代码如下：

```
//放大镜案例.html
<!DOCTYPE html>
<html lang="en">
<head>
    <meta charset="UTF-8">
    <title>放大镜案例</title>
    <!-- 引入放大镜样式 -->
    <link rel="stylesheet" type="text/css" href="css/style.css" />
    <!-- 引入 jQuery 文件 -->
    <script type="text/JavaScript" src="js/jquery-1.8.3.js"></script>
    <!-- 引入插件 JS 文件 -->
    <script type="text/JavaScript"
src="js/jquery.similar.magnifier.js"></script>
</head>
<body>
   <div class="box">
<!-- 小图 -->
        <img src="imgs/small.jpg" id="img-small" width="200" />
<!-- 放大镜 div (在上一个版本中此 div 直接定义在 JS 里面) -->
        <div class="magnifier"></div>
   </div>
    <script type="text/JavaScript">
        $("#img-small").magnifier();
    </script>
</body>
</html>
```

9.10 综合实战

综合使用 jQuery 知识进行表格动态数据的操作，完成后的效果如图 9-31 所示。

图 9-31 动态表格数据操作效果图

首先，创建 HTML(如表格动态数据操作.html)用于构建页面的结构、添加模块的对话框及功能按钮，代码如下：

```
//表格动态数据操作.html
<html>
<head>
  <meta http-equiv="Content-Type" content="text/html; charset=UTF-8">
  <title>表格动态数据操作</title>
  <!-- 引入 CSS 样式 -->
  <link rel="stylesheet" type="text/css" href="css/table.css"/>
  <!-- 引入 jQuery -->
  <script src="js/jquery-1.12.3.min.js"></script>
</head>
<body>
<table id="employeeTable">
    <button id="btnAdd" class="btnAdd">添加数据</button>
  <tr>
    <th>姓名</th>
    <th>电话</th>
    <th>课程</th>
    <th>操作</th>
  </tr>
  <tr>
    <td>贝西奇谈</td>
    <td>15536812237</td>
    <td>JavaScript</td>
```

```
      <td><a href = "deleteEmp?id = 001"> Delete </a></td>
    </tr>
    <tr>
      <td>贝西</td>
      <td> 15534815237 </td>
      <td> Java </td>
      <td><a href = "deleteEmp?id = 002"> Delete </a></td>
    </tr>
    <tr>
      <td>萨达</td>
      <td> 15534816737 </td>
      <td> jQuery </td>
      <td><a href = "deleteEmp?id = 003"> Delete </a></td>
    </tr>
  </table>
  <!-- 添加对话框 -->
  <div id = "formDiv" style = "display: none;">
    <div class = "form - add - title">
      <span>添加数据</span>
      <div id = "hideFormAdd"> x </div>
    </div>
    <table>
      <tr>
        <td class = "word">姓名:</td>
        <td class = "inp">
          <input type = "text" name = "empName" id = "empName"/>
        </td>
      </tr>
      <tr>
        <td class = "word">电话:</td>
        <td class = "inp">
          <input type = "text" name = "tel" id = "tel"/>
        </td>
      </tr>
      <tr>
        <td class = "word">课程:</td>
        <td class = "inp">
          <input type = "text" name = "course" id = "course"/>
        </td>
      </tr>
      <tr>
        <td colspan = "2" align = "center">
          <button id = "addEmpButton" value = "abc">
            Submit
          </button>
        </td>
      </tr>
    </table>
  </div>
  </body>
  </html>
```

添加、删除功能执行的 jQuery 代码如下(直接放在 HTML 源码文件底部):

```
$(function () {
    //单击添加按钮显示添加对话框
    $("#btnAdd").click(function () {
        $("#formDiv").css("display","block");
    });
     //关闭
    $("#hideFormAdd").click(function () {
        $("#formDiv").css("display","none");
    });
    //真正的添加功能
    $('#addEmpButton').click(function () {
      var $empName =  $('#empName')
      var $tel =  $('#tel')
      var $course =  $('#course')

      var empName =  $empName.val()
      var tel =  $tel.val()
      var course =  $course.val()
      var id = Date.now()
       $('<tr></tr>')
         .append('<td>' + empName + '</td>')
         .append('<td>' + tel + '</td>')
         .append('<td>' + course + '</td>')
         .append('<td><a href = "deleteEmp?id = "' + id + '> Delete</a></td>')
         .appendTo('#employeeTable')
         .find('a')
         .click(clickA)

       $empName.val('')
       $tel.val('')
       $course.val('')
       $("#formDiv").css("display","none");
    })

    $('a').click(clickA); //给 a 标签绑定 clickA 方法
    function clickA (event) {
     //连接不会被打开,但是会发生冒泡,冒泡会传递到上一层的父元素
      event.preventDefault()
      var $tr =  $(this).parent().parent()
      var name =  $tr.children('td:first').html()
      if(confirm('确定删除' + name + '吗?')) {
         $tr.remove()
      }
    }
  })
```

引入外部 CSS 样式文件(如 table.css),代码如下:

```
//table.css
#employeeTable {
    border-collapse: collapse;
    border-spacing: 1;
    border: 1px solid #c0c0c0e1;
    margin: 80px auto 10px auto;
}
#btnAdd{
    position: relative;
    left: 39%;
    top: 80px;
}
th {
    background-color: #09c;
    font: bold 16px "微软雅黑";
    color: #fff;
  }
#formDiv {
    width: 250px;
    border-style: solid;
    border-width: 1px;
    margin: 50px auto 10px auto;
    padding: 10px;
}
.form-add-title {
    background-color: #f7f7f7;
    margin-bottom: 15px;
  }
  #hideFormAdd{
      float: right;
      cursor: pointer;
  }
#formDiv input {
    width: 100%;
}
.word {
    width: 40px;
}
.inp {
    width: 200px;
}
#employeeTable, #employeeTable th, #employeeTable td{
    border: 1px solid;
    border-spacing: 0;
}
```

页面布局虽然有点简陋,不过还是挺实用的。

第 10 章 Bootstrap 模块

Bootstrap 是由 Twitter 推出的前端开发工具包,可以帮助用户快速、高效地创建响应式网站,目前在前端开发中具有广泛的应用。

Bootstrap 给我们提供了大量 mixin、响应式栅格系统、可扩展的预制组件、基于 jQuery 的强大的插件系统,能够快速开发出原型或者构建整个 App。

本章将主要讲解 Bootstrap 基本结构、Bootstrap CSS、Bootstrap 布局组件和 Bootstrap 插件几部分。每部分都包含了与该主题相关的简单有用的实例,帮助大家快速、轻松地创建 Web 项目。

本章思维导图如图 10-1 所示。

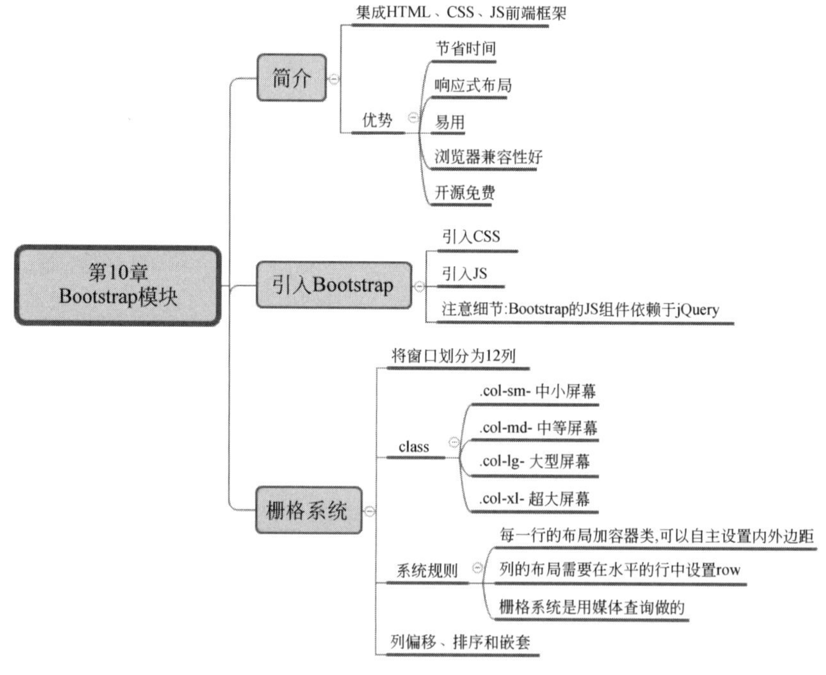

图 10-1 思维导图

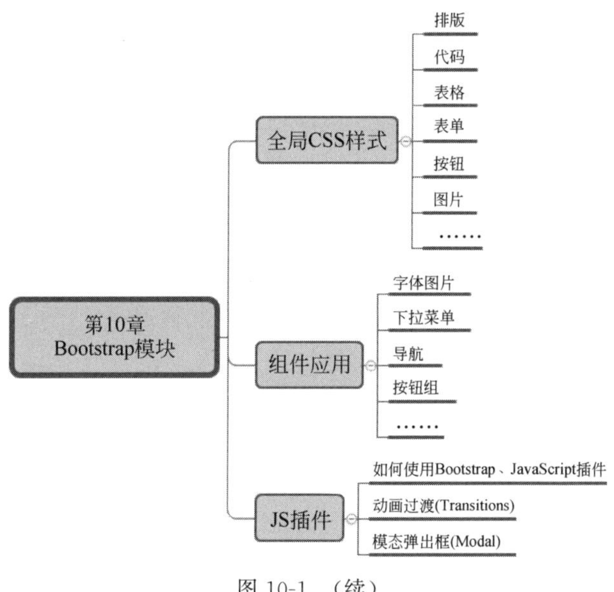

图 10-1　（续）

10.1　Bootstrap 简介

1. Bootstrap 介绍

Bootstrap 是由 Twitter 的 Mark Otto 和 Jacob Thornton 开发的。Bootstrap 是 2011 年 8 月在 GitHub 上发布的开源产品。Bootstrap 是对 HTML、CSS 和 JavaScript 进行了封装的前端框架。

Bootstrap 是目前最受欢迎的前端框架之一，是一个简洁、直观、强悍的前端开发框架，让 Web 开发更迅速、简单。我们只需使用它已经设定好的类或规则，即可快速应用它提供的功能。

Bootstrap 是基于 HTML5 和 CSS3 开发的，它在 jQuery 的基础上进行了更为个性化和人性化完善，形成一套自己独有的网站风格，并兼容大部分 jQuery 插件，所以为了让这些功能正常显示，需要使用 HTML5 文档类型<! DOCTYPE html>。

注意：如果在 Bootstrap 创建的网页开头不使用 HTML5 的文档类型<!DOCTYPE html>，则可能会面临一些浏览器显示不一致的问题。

2. Bootstrap 的优势

（1）移动设备优先：自 Bootstrap 3 起，框架包含了贯穿于整个库的移动设备优先的样式。

（2）浏览器支持：所有的主流浏览器都支持 Bootstrap，如图 10-2 所示。

图 10-2　主流浏览器

（3）容易上手：只要大家具备 HTML 和 CSS 的

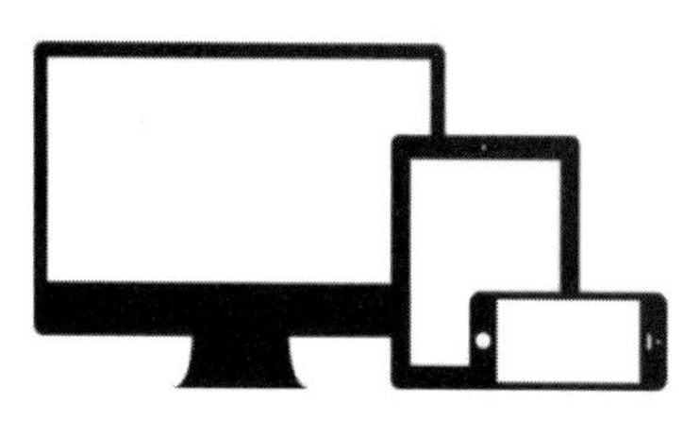

图 10-3 响应式设计

基础知识,就可以开始学习 Bootstrap。

(4) 响应式设计:Bootstrap 的响应式 CSS 能够自适应于台式机、平板计算机和手机。更多有关响应式设计的内容详见 Bootstrap 响应式设计,如图 10-3 所示。

(5) 界面丰富:使用 Bootstrap 设置的预定义样式的 button、下拉列表组件等,如图 10-4 所示。

图 10-4 丰富的组件

(6) 它为开发人员创建接口提供了一个简洁统一的解决方案。

(7) 它包含了功能强大的内置组件,易于定制。

(8) 它还提供了基于 Web 的定制。

(9) 它是开源的。

3. Bootstrap 包的内容

(1) 基本结构:Bootstrap 提供了一个带有网格系统、链接样式、背景的基本结构。这将在 Bootstrap 基本结构部分详细讲解。

(2) 全局 CSS 样式:Bootstrap 提供了全局的 CSS 设置,定义了基本的 HTML 元素样式、可扩展的 class,以及一个先进的网格系统。

(3) 组件:Bootstrap 提供了很多封装好的具有特定功能的模块,这些模块叫作组件。无数可复用的组件让 Bootstrap 对前端开发的支持性变得更好。封装的组建可用于创建图像、下拉菜单、导航、警告框、弹出框等。

(4) JavaScript 插件:JavaScript 插件为 Bootstrap 的组件赋予了“生命”。可以简单地一次性引入所有插件,或者逐个引入页面中,以逐个包含这些插件,这将在 Bootstrap 插件部分详细讲解。

(5) 定制:可以定制 Bootstrap 的组件、LESS 变量和 jQuery 插件来得到我们自己的版本。

10.2 搭建 Bootstrap 环境

开始使用 Bootstrap 的第 1 步是安装。常用的下载和安装 Bootstrap 的方式有以下 3 种:

(1) 将 Bootstrap 的正式版本下载到本地,然后引入项目中。

(2) 使用 CDN 方式安装 Bootstrap。

(3) HTML 模板。

1. 将 Bootstrap 下载到本地

大家可以从官网 https://www.bootcss.com/或者 https://v4.bootcss.com/docs/getting-started/download/下载 Bootstrap 版本，如图 10-5 所示。

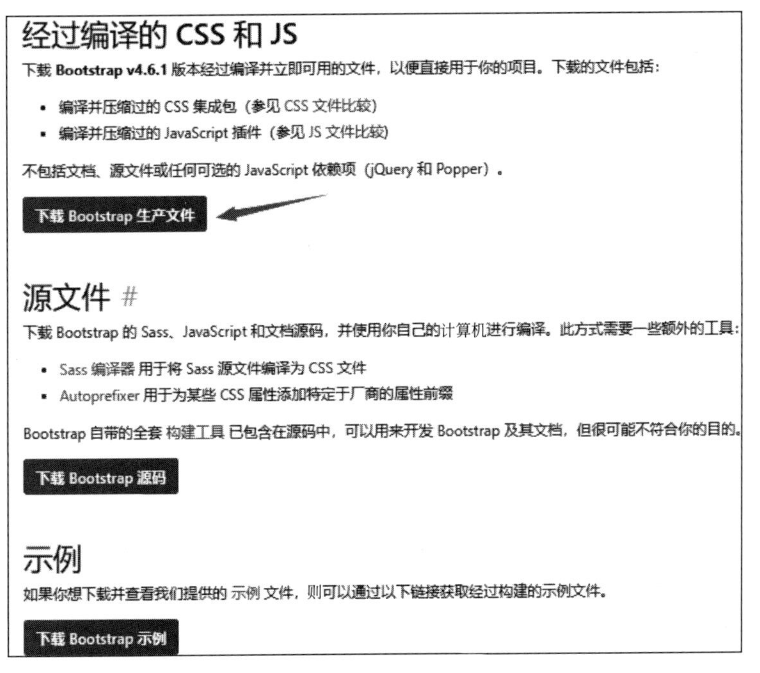

图 10-5　Bootstrap 下载

单击“下载 Bootstrap 生产文件”就可以得到 Bootstrap 稳定版本，解压 zip 文件后，会看到一个 bootstrap 文件夹，其下有 3 个子文件夹 css、fonts 和 js，如图 10-6 所示。

如图 10-6 所示，可以看到 css 目录包含核心 Bootstrap CSS 和 Bootstrap 主题的完整及压缩版本。js 目录包含核心 Bootstrap JavaScript 文件和压缩版本。fonts 目录包含 Glyphicons 的字体文件的 4 个版本。

```
bootstrap/
├── css/
│   ├── bootstrap.css
│   ├── bootstrap.min.css
│   ├── bootstrap-theme.css
│   └── bootstrap-theme.min.css
├── js/
│   ├── bootstrap.js
│   └── bootstrap.min.js
└── fonts/
    ├── glyphicons-halflings-regular.eot
    ├── glyphicons-halflings-regular.svg
    ├── glyphicons-halflings-regular.ttf
    └── glyphicons-halflings-regular.woff
```

图 10-6　Bootstrap 生产文件

将这 3 个文件夹直接移入项目中。在 HTML 文档中引入如下文件即可使用 Bootstrap：

(1) bootstrap.min.css。

(2) 引入 jQuery 文件。

(3) bootstrap.min.js。

注意：

(1) 引入 css 文件夹中的 bootstrap.min.css 和 js 文件夹下的 bootstrap.min.js。由于 Bootstrap 是基于 jQuery 的，所以在引入 bootstrap.min.js 前，要先引入 jQuery 代码，并且

JS 和 jQuery 要放在 body 的最底部。

(2) 需要使用 HTML5 文档类型(Doctype)。

(3) 添加适用于移动端的 meta 标签< meta name = "viewport" content = "width = device-width, initial-scale = 1. 0">,因为现在越来越多的用户使用移动设备,为了让 Bootstrap 开发的网站对移动设备友好,确保适当的绘制和触屏缩放,需要在网页的 head 之中添加 viewport meta 标签。

width 属性用于控制设备的宽度。假设网站被带有不同屏幕分辨率的设备浏览,那么将它设置为 device-width 可以确保它能正确呈现在不同设备上。

initial-scale=1.0 可确保网页加载时,以 1∶1 的比例呈现,不会有任何的缩放。

2. 使用 CDN 方式安装 Bootstrap

在项目中安装 Bootstrap 的一个简单方法是使用内容分发网络 CDN。使用 CDN 有以下好处:

(1) 不需要下载文件而影响带宽,因为它们托管在其他地方。

(2) CDN 文件往往因为很多人使用而预先缓冲,所以它能够有助于我们的页面更快加载。

(3) 在任何页面上都可以更快地安装,只需几行代码引入。

当然使用 CDN 也是有一定风险,如果托管 CDN 文件的公司由于某种原因下线,则我们的网站就不能正常使用了。

国内推荐使用 BootCDN 上的库,代码如下:

```
<!-- 1.Bootstrap 核心 CSS 文件 -->
<link
      href = "https://cdn.bootcss.com/bootstrap/3.3.7/css/bootstrap.min.css"
      rel = "external nofollow" target = "_blank" rel = "stylesheet">


<!-- 2.jQuery 文件.务必在 bootstrap.min.js 之前引入 -->
<script src = "https://cdn.bootcss.com/jquery/2.1.1/jquery.min.js"
      rel = "external nofollow"></script>

<!-- 3. Bootstrap 核心 JavaScript 文件 -->
<script src = "https://cdn.bootcss.com/bootstrap/3.3.7/js/bootstrap.min.js"
      rel = "external nofollow"></script>
```

3. HTML 模板

Bootstrap 官网中提供了“HTML 基本模板”,复制后直接使用即可,代码如下:

```
<!-- 说明页面是 HTML5 页面 -->
<!DOCTYPE html>
<!-- 页面使用的语言环境 -->
```

```
<html lang="zh-CN">
<head>
    <!-- 指定当前页面的字符编码 -->
    <meta charset="utf-8">
    <!-- 如果是 IE 浏览器,会使用最新的渲染引擎进行渲染 -->
    <meta http-equiv="X-UA-Compatible" content="IE=edge">
    <!-- 标准的视口设置 -->
    <meta name="viewport" content="width=device-width,
          initial-scale=1,user-scalable=0">
    <!-- 上述 3 个 meta 标签必须放在最前面,任何其他内容都必须跟随其后! -->
    <title>Bootstrap 101 Template</title>
    <!-- 1.Bootstrap 核心样式文件 -->
    <link href="https://maxcdn.bootstrapcdn.com/bootstrap/3.3.7/
          css/bootstrap.min.css" rel="stylesheet">
</head>
<body>
    <h1>你好,世界!</h1>

    <!-- 2.jQuery (Bootstrap 的 JavaScript 插件需要引入 jQuery) -->
    <script src="https://code.jquery.com/jquery.js"></script>
    <!-- 3.包括所有已编译的插件 -->
    <script src="js/bootstrap.min.js"></script>
</body>
</html>
```

在这里,可以看到包含了 jquery.js、bootstrap.min.js 和 bootstrap.min.css 文件,用于让一个常规的 HTML 文件变为使用了 Bootstrap 的模板。

10.3 Bootstrap 栅格系统

10.3.1 栅格系统介绍

Bootstrap 包含了一个响应式的移动设备优先的不固定的网格系统,可以随着设备或视口大小的增加而适当地扩展到 12 列。栅格系统用于通过一系列的行(row)与列(column)的组合来创建页面布局,这样内容就可以放入这些创建好的布局中了。

Bootstrap 中包含了用于简单的布局选项的预定义类,也包含了用于生成更多语义布局的功能强大的混合类。类似 .row 和 .col-xs-4 这种预定义的类,可以用来快速创建栅格布局。Bootstrap 源码中定义的 mixin 也可以用来创建语义化的布局。

通常在我们所写的页面里,当浏览器缩小到一定程度时,页面会错位、变形,这在 Bootstrap 中不会,因为它是自适应的响应式布局。

Bootstrap 是移动设备优先的,在这个意义上,Bootstrap 代码从小屏幕设备(例如移动设备、平板计算机)开始,然后扩展到大屏幕设备(例如笔记本电脑、台式计算机)上的组件和网格。Bootstrap 默认定义了 4 种媒体查询的大小:

(1) 宽度小于 768px 的超小设备,如手机。

(2) 宽度大于 768px 的小设备,如平板计算机。

(3) 宽度大于 992px 的中型设备,如笔记本电脑。

(4) 宽度大于 1200px 的大型设备,如大尺寸显示器。

以上是我们对常见的尺寸进行分类后的结果,下面是与之对应的媒体查询条件,代码如下:

```
/* 超小设备(如手机,小于 768px) */
/* Bootstrap 中默认情况下没有媒体查询 */

/* 小型设备(如平板计算机,768px 起) */
@media (min-width: @screen-sm-min) { ... }

/* 中型设备(如台式计算机,992px 起) */
@media (min-width: @screen-md-min) { ... }

/* 大型设备(如大型台式计算机,1200px 起) */
@media (min-width: @screen-lg-min) { ... }
```

根据查看网格的设备,Bootstrap 会修改默认的网格选项,如图 10-7 所示。

	超小设备手机(<768px)	小型设备平板计算机(≥768px)	中型设备台式计算机(≥992px)	大型设备台式计算机(≥1200px)
网格行为	一直是水平的	以折叠开始,断点以上是水平的	以折叠开始,断点以上是水平的	以折叠开始,断点以上是水平的
最大容器宽度	None (auto)	750px	970px	1170px
class 前缀	.col-xs-	.col-sm-	.col-md-	.col-lg-
列数量和	12	12	12	12
最大列宽	Auto	60px	78px	95px
间隙宽度	30px (一个列的每边分别为15px)	30px (一个列的每边分别为15px)	30px (一个列的每边分别为15px)	30px (一个列的每边分别为15px)
可嵌套	Yes	Yes	Yes	Yes
偏移量	Yes	Yes	Yes	Yes
列排序	Yes	Yes	Yes	Yes

图 10-7 Bootstrap 栅格参数

每个网格类都有相关的大小,它们的列由不同的 class 前缀做标识:

(1) 超小设备用. col-xs。

(2) 小型设备用. col-sm。

(3) 中型设备用. col-md。

(4) 大型设备用. col-lg。

栅格系统,从堆叠到水平排列,使用单一的一组 . col-md-* 栅格类就可以创建一个基本的栅格系统，在手机和平板设备上一开始是堆叠在一起的（超小屏幕到小屏幕这一范围），在桌面（中等）屏幕设备上变为水平排列。它最多可分为 12 列，可以按自己喜欢的比例来划分页面，只要它们加起来不超过 12 列，如图 10-8 所示。

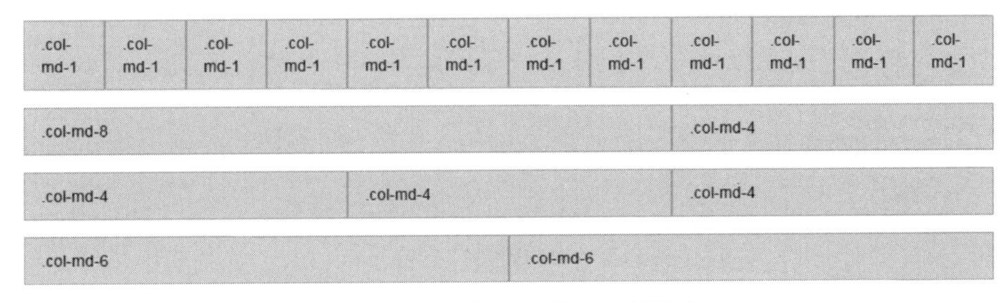

图 10-8 常见的栅格系统页面划分方式

图 10-8 对应的 HTML 示例代码如下：

```
<div class = "row">
    <div class = "col - md - 1">.col - md - 1 </div>
    <div class = "col - md - 1">.col - md - 1 </div>
    <div class = "col - md - 1">.col - md - 1 </div>
    <div class = "col - md - 1">.col - md - 1 </div>
    <div class = "col - md - 1">.col - md - 1 </div>
    <div class = "col - md - 1">.col - md - 1 </div>
    <div class = "col - md - 1">.col - md - 1 </div>
    <div class = "col - md - 1">.col - md - 1 </div>
    <div class = "col - md - 1">.col - md - 1 </div>
    <div class = "col - md - 1">.col - md - 1 </div>
    <div class = "col - md - 1">.col - md - 1 </div>
    <div class = "col - md - 1">.col - md - 1 </div>
</div>
--------------------------------------------------
<div class = "row">
    <div class = "col - md - 8">.col - md - 8 </div>
    <div class = "col - md - 4">.col - md - 4 </div>
</div>
--------------------------------------------------
<div class = "row">
    <div class = "col - md - 4">.col - md - 4 </div>
    <div class = "col - md - 4">.col - md - 4 </div>
    <div class = "col - md - 4">.col - md - 4 </div>
</div>
--------------------------------------------------
<div class = "row">
    <div class = "col - md - 6">.col - md - 6 </div>
    <div class = "col - md - 6">.col - md - 6 </div>
</div>
```

简单来说，栅格系统规范了 column 占据的宽度，只不过这个宽度是 Bootstrap 事先规范好的。

栅格系统的意义，在不同的设备（移动设备或桌面屏幕）可以规范在不同尺寸的屏幕下当前的列占据的宽度，或者说一行可以放置几个列，如图 10-9 所示。

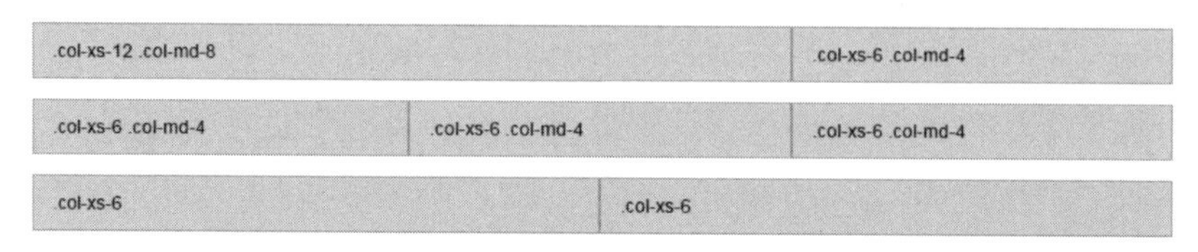

图 10-9　不同设备的栅格分配

图 10-9 对应的 HTML 示例代码如下：

```
<div class = "row">
    <div class = "col - xs - 12 col - md - 8">.col - xs - 12 .col - md - 8 </div>
    <div class = "col - xs - 6 col - md - 4">.col - xs - 6 .col - md - 4 </div>
</div>
    ----------------------------------------------------
<div class = "row">
    <div class = "col - xs - 6 col - md - 4">.col - xs - 6 .col - md - 4 </div>
    <div class = "col - xs - 6 col - md - 4">.col - xs - 6 .col - md - 4 </div>
    <div class = "col - xs - 6 col - md - 4">.col - xs - 6 .col - md - 4 </div>
</div>
    ----------------------------------------------------
<div class = "row">
    <div class = "col - xs - 6">.col - xs - 6 </div>
    <div class = "col - xs - 6">.col - xs - 6 </div>
</div>
```

温馨提示：

（1）栅格系统是向上兼容的，意味着小屏幕上的设置在大屏幕上可以正常显示，但是大屏幕上的设置在小屏幕上却无法正常显示。

（2）Row 可以再次嵌套在列中。如果不能填满整列，则默认从左排列，如果超出，则换行展示。

10.3.2　在 Bootstrap 中创建栅格

栅格（网格）系统通过一系列包含内容的行和列来创建页面布局。下面列出了 Bootstrap 栅格系统的工作原理：

（1）行必须放置在 .container 类内（.container 类表示栅格容器），以便获得适当的对齐（alignment）和内边距（padding）。

（2）使用行（.row）来创建列的水平组。

(3) 内容应该放置在列内,并且唯有列可以是行的直接子元素。

(4) 预定义的网格类,例如 .row 和 .col-xs-4,可用于快速创建网格布局。LESS 混合类可用于更多语义布局。

(5) 列通过内边距(padding)来创建列内容之间的间隙。该内边距是通过 .rows 上的外边距(margin)取负实现,表示第 1 列和最后一列的行偏移。

(6) 网格系统是通过指定想要横跨的 12 个可用的列来创建的。例如,要创建 3 个相等的列,则可使用 3 个 .col-xs-4。

综上,Bootstrap 网格的基本结构如下:

```
<div class = "container">                //容器
<div class = "row">                      //栅格中的行
<div class = "col - * - * "></div>       //行下的直接元素列
<div class = "col - * - * "></div>
</div>
    <div class = "row">...</div>
</div>
<div class = "container">
```

Bootstrap 中用 HTML 元素上的 CSS 类创建网格,只需编写自己的 HTML 并添加对应的类,将内容放到网格上。

首先创建一个容器,以容纳网格元素。容器有两种选择:固定宽度和非固定宽度。这两种都是响应式的。

响应式固定宽度容器,代码如下:

```
<div class = "container">
    <!-- rows -->
</div>
```

响应式非固定宽度容器,代码如下:

```
<div class = "container - fluid">
    <!-- rows -->
</div>
```

.container-fluid 类用于创建宽度与视窗相同的非固定宽度布局。

在容器元素包围整个网络后,必须设置行,以便创建水平的列组,如例 10-1 所示。

【例 10-1】 栅格小实例

```
<!DOCTYPE html>
<head>
```

```
        < meta charset = "utf - 8">
        < meta http - equiv = "X - UA - Compatible" content = "IE = edge">
        <!-- 标准的视口设置 -->
        < meta name = "viewport" content = "width = device - width,
                    initial - scale = 1, user - scalable = 0">
        <!-- 上述 3 个 meta 标签必须放在最前面,任何其他内容都必须跟随其后! -->
        < title >栅格小实例</title >
        <!-- 1.Bootstrap 核心样式文件 -->
        < link href = "https://maxcdn.bootstrapcdn.com/bootstrap/3.3.7/
                    css/bootstrap.min.css" rel = "stylesheet">
</head >
< body >
        < div class = "container">
            < div class = "row">
                < div class = "col - md - 4" style = "background:red;">
                    < span >这是左边</span >
                    < span >这是左边</span >
                </div >
                < div class = "col - md - 4" style = "background:yellow;">
                    < h1 >你好,世界!</h1 >
                </div >
                < div class = "col - md - 4" style = "background:greenyellow;">
                    < h1 >你好,世界!</h1 >
                </div >
            </div >
        </div >
        <!-- 2.jQuery (Bootstrap 的 JavaScript 插件需要引入 jQuery) -->
        < script src = "https://code.jquery.com/jquery.js"></script >
        <!-- 3.包括所有已编译的插件 -->
        < script src = "js/bootstrap.min.js"></script >
</body >
</html >
```

在浏览器中的显示效果如图 10-10 所示。

图 10-10 栅格小实例效果

要为不同大小的设备建立不同的网格,只需要在列元素上使用多个类,如例 10-2 所示。如果列总数超过了 12 列,则它们将自动卷绕到下一行。例如,下面的列在超小型设备上的宽度为 12 列,在小型设备上为 6 列,而在大中型设备上为 4 列,代码如下:

```
< div class = " col - xs - 12 col - sm - 6 col - md - 4"></div >
```

【例 10-2】 缩略图

```
<!DOCTYPE html>
<head>
    <meta charset="utf-8">
    <meta http-equiv="X-UA-Compatible" content="IE=edge">
    <meta name="viewport" content="width=device-width,
              initial-scale=1,user-scalable=0">
    <title>缩略图</title>
    <!-- 1.Bootstrap 核心样式文件 -->
    <link href="https://maxcdn.bootstrapcdn.com/bootstrap/3.3.7/
              css/bootstrap.min.css" rel="stylesheet">
</head>
<body>
    <div class="container">
        <div class="row">
            <div class="col-lg-3 col-md-4 col-sm-6">
                <div class="thumbnail">
                    <img src="imgs/1.png">
                    <div class="caption">
                        <h3>Bootstrap 编码规范</h3>
                        <p>Bootstrap 编码规范：编写灵活、稳定、高质量的 HTML 和
                            CSS 代码的规范.</p>
                    </div>
                </div>
            </div>
            <div class="col-lg-3 col-md-4 col-sm-6">
              <div class="thumbnail">
                <img src="imgs/2.png">
                <div class="caption">
                    <h3>Bootstrap 编码规范</h3>
                    <p>Bootstrap 编码规范：编写灵活、稳定、高质量的 HTML 和 CSS
                        代码的规范.</p>
                </div>
              </div>
            </div>
            <div class="col-lg-3 col-md-4 col-sm-6">
              <div class="thumbnail">
                <img src="imgs/3.png">
                <div class="caption">
                    <h3>Bootstrap 编码规范</h3>
                    <p>Bootstrap 编码规范：编写灵活、稳定、高质量的 HTML 和 CSS
                        代码的规范.</p>
                </div>
               </div>
            </div>
            <div class="col-lg-3 col-md-4 col-sm-6">
              <div class="thumbnail">
```

```
                    <img src="imgs/4.png">
                    <div class="caption">
                        <h3>Bootstrap 编码规范</h3>
                        <p>Bootstrap 编码规范：编写灵活、稳定、高质量的 HTML 和 CSS
                            代码的规范。</p>
                    </div>
                </div>
            </div>
        </div>
    </div>
    <!-- 2.jQuery (Bootstrap 的 JavaScript 插件需要引入 jQuery) -->
    <script src="https://code.jquery.com/jquery.js"></script>
    <!-- 3.包括所有已编译的插件 -->
    <script src="js/bootstrap.min.js"></script>
</body>
</html>
```

不断拖动浏览器的宽度以改变分辨率，页面的布局会自适应浏览器的宽度，如图 10-11 所示。

(a) 大型设备

(b) 中型设备　　(c) 小型设备

图 10-11　缩略图效果

10.3.3 响应式列的重置

在某些设计的断点上可能会遇到列没有正确清除，尤其是在某列比其他列高的情况下。因为 col-*-* 样式的本质是浮动，所以列的重置相当于清除浮动。

在小型屏幕上，希望看到的页面布局如图 10-12 所示。

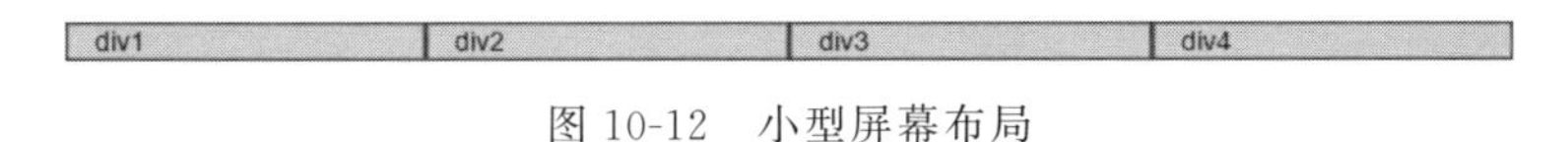

图 10-12 小型屏幕布局

在超小型屏幕下，希望看到的页面布局如图 10-13 所示。

可是由于所有的 col-样式都是左浮动的，所以可能出现如图 10-14 所示的这种情况。

div1	div2
div3	div4

图 10-13 超小型屏幕布局

div1内容多一些再多一些时	div2 div3
div4	

图 10-14 col-样式左浮动效果

在超小型屏幕(xs)的情况下，div3 应该在下一行，但由于 div1 的内容比较长，所以 div3 直接浮动到了 div2 的下方。

这是由于没有清除浮动造成的，要解决这个问题，需要使用 clearfix 样式，代码如下：

```
<div class = "container">
      <div class = "row">
      <div class = "col - sm - 3 col - xs - 6"> div1 内容多一些再多一些时</div>
      <div class = "col - sm - 3 col - xs - 6"> div2 </div>
      <!-- 添加 clearfix 样式,清除浮动 -->
      <!-- <div class = "clearfix visible - xs"></div> -->

      <div class = "col - sm - 3 col - xs - 6"> div3 </div>
      <div class = "col - sm - 3 col - xs - 6"> div4 </div>
    </div>
</div>
```

这样在浏览器中的布局如图 10-15 所示。

div1内容多一些再多一些时	div2
div3	div4

图 10-15 页面布局效果

10.3.4 列偏移、排序和嵌套

1. 列偏移

偏移是一个用于更专业布局的有用功能，它可用来给列腾出更多的空间。

(1) .col-xs-* 类不支持偏移,但是它们可以简单地通过一个空的单元格实现该效果。

(2) 为了在大屏幕显示器上使用偏移,需要使用 .col-md-offset-* 类。这些类会把一个列的左外边距(margin)增加 * 列,其中 * 范围是 1~11。

如例 10-3 所示,可以使用 .col-md-offset-* 类来完成列的偏移。

【例 10-3】 列的偏移

```
<!DOCTYPE html>
<head>
    <meta charset="utf-8">
    <meta http-equiv="X-UA-Compatible" content="IE=edge">
        <meta name="viewport" content="width=device-width,
initial-scale=1,user-scalable=0">
    <title>列的偏移</title>
    <!-- 1.Bootstrap 核心样式文件 -->
    <link href="https://maxcdn.bootstrapcdn.com/bootstrap/3.3.7/
            css/bootstrap.min.css" rel="stylesheet">
    <style>
        .row div{
            height: 30px;
            background-color: red;
            text-align: center;
        }
        .container{
            border: black 3px solid;
        }
    </style>
</head>
<body>
<div class="container">
        <div class="row">
        <div class="col-md-4">左边</div>
        <div class="col-md-4 col-md-offset-4">右边</div> <!-- 4+4+4 -->
    </div>
    <div class="row">
        <div class="col-md-3">左边</div>
        <div class="col-md-3 col-md-offset-6">右边</div> <!-- 3+3+6 -->
    </div>
    <div class="row">
       <div class="col-md-8 col-md-offset-2">居中</div><!-- (12-8)/2 -->
    </div>
</div>
    <!-- 2.jQuery (Bootstrap 的 JavaScript 插件需要引入 jQuery) -->
    <script src="https://code.jquery.com/jquery.js"></script>
    <!-- 3.包括所有已编译的插件 -->
    <script src="js/bootstrap.min.js"></script>
</body>
</html>
```

在浏览器中的显示效果如图 10-16 所示。

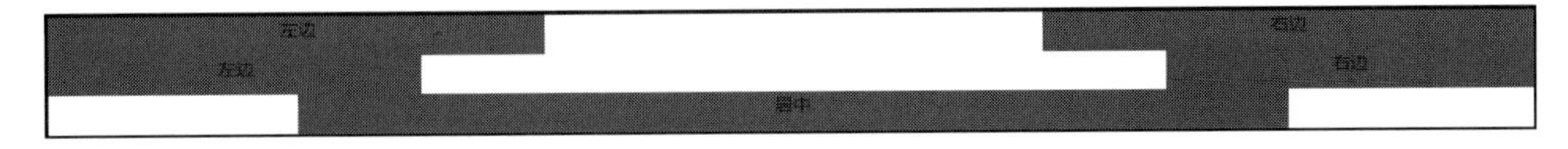

图 10-16 列偏移效果图

注意：不过有一个细节需要注意，使用 col-md-offset-* 对列进行向右偏移时，要保证列与偏移列的总数不超过 12，否则会导致列断行显示。

2. 列排序

Bootstrap 网格系统另一个完美的特性是可以很容易地以一种顺序编写列，然后以另一种顺序显示列。

列排序其实就是改变列的方向，即改变左右浮动，并且可设置浮动的距离。可以很轻易地改变带有 .col-md-push-*（后推）和 .col-md-pull-*（前拉）类的内置网格列的顺序，其中 * 范围是 1～11。

如例 10-4 中，有两列布局，左列很窄，作为侧边栏。将使用 .col-md-push-* 和 .col-md-pull-* 类来互换这两列的顺序。

【例 10-4】 列排序应用

```
<!DOCTYPE html>
<head>
<meta charset="utf-8">
<meta http-equiv="X-UA-Compatible" content="IE=edge">
<meta name="viewport" content="width=device-width,
                           initial-scale=1,user-scalable=0">
<title>列排序应用</title>
<!-- 1.Bootstrap 核心样式文件 -->
    <link href="https://maxcdn.bootstrapcdn.com/bootstrap/3.3.7/
                css/bootstrap.min.css" rel="stylesheet">
<style>
        .inset_box{
            background-color: #dedef8;
            border: 1px solid;
        }
</style>
</head>
<body>
    <div class="container">
        <h1>你好,世界!</h1>
        <div class="row">
            <p>排序前</p>
            <div class="col-md-4 inset_box">我在左边</div>
            <div class="col-md-8 inset_box">我在右边</div>
        </div>
```

```
        <br>
        <div class="row">
            <p>排序后</p>
            <div class="col-md-4 col-md-push-8 inset_box">我在左边</div>
            <div class="col-md-8 col-md-pull-4 inset_box">我在右边</div>
        </div>
    </div>
    <!-- 2.jQuery(Bootstrap 的 JavaScript 插件需要引入 jQuery) -->
    <script src="https://code.jquery.com/jquery.js"></script>
    <!-- 3.包括所有已编译的插件 -->
    <script src="js/bootstrap.min.js"></script>
</body>
</html>
```

在浏览器中的显示效果如图 10-17 所示。

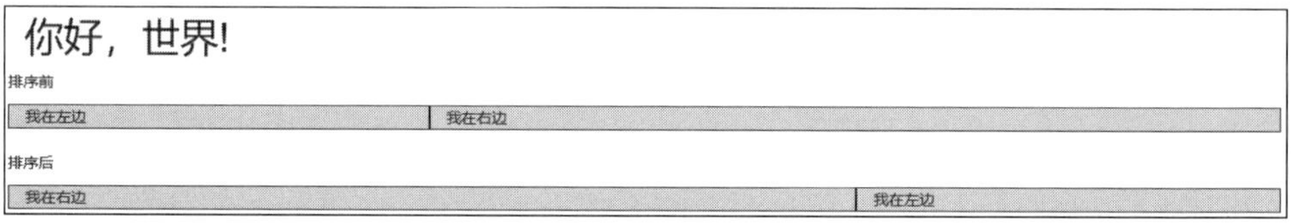

你好，世界!

排序前

我在左边 我在右边

排序后

我在右边 我在左边

图 10-17 列排序应用效果图

3. 列嵌套

可以在一个列中添加一个或者多行(row)容器，然后在这个行容器中插入列。在列中嵌套网格，先添加一个新的 .row，并在一个已有的 .col-md-* 列内添加一组 .col-md-* 列。被嵌套的行应包含一组列，这组列的个数不能超过 12(其实，没有要求必须占满 12 列)，如例 10-5 所示。

【例 10-5】 列嵌套应用

```
<!DOCTYPE html>
<head>
    <meta charset="utf-8">
    <meta http-equiv="X-UA-Compatible" content="IE=edge">
    <meta name="viewport" content="width=device-width,
            initial-scale=1,user-scalable=0">
    <title>列嵌套应用</title>
    <!-- 1.Bootstrap 核心样式文件 -->
    <link href="https://maxcdn.bootstrapcdn.com/bootstrap/3.3.7/
            css/bootstrap.min.css" rel="stylesheet">
    <style>
        .outset{
        height: 100px;
        background-color: red;
```

```
            border: 1px solid;
        }
        .inset{
            height: 100px;
            background - color: blue;
            border: 1px solid;
        }
    </style>
</head>
<body>
    <div class = "container">
        <div class = "row">
            <div class = "col - md - 4 outset">
                <div class = "row">
                    <div class = "col - md - 6 inset">1</div>
                    <div class = "col - md - 6 inset">1</div>
                </div>
            </div>
            <div class = "col - md - 4 outset">2</div>
            <div class = "col - md - 4 outset">3</div>
        </div>
    </div>
    <!-- 2.jQuery(Bootstrap 的 JavaScript 插件需要引入 jQuery) -->
    <script src = "https://code.jquery.com/jquery.js"></script>
    <!-- 3.包括所有已编译的插件 -->
    <script src = "js/bootstrap.min.js"></script>
</body>
</html>
```

在浏览器中的显示效果如图 10-18 所示。

图 10-18 列嵌套应用效果

注意：嵌套的列总数也需要遵循不超过 12 列的规则，不然会造成末位列换行显示。

10.4 全局 CSS 样式

Bootstrap 可设置全局的 CSS 样式。HTML 的基本元素均可以通过 class 设置样式并得到增强效果。

10.4.1 排版

排版是 Web 设计的重要部分，因为网页中的主要内容是文本。使用 Bootstrap 的排版特性，可以创建标题、段落、列表及其他内联元素等，实际上是给大部分 HTML 的标签默认加了样式或引用它的类进行添加样式，这部分内容相对比较简单。

1. 标题

在 Bootstrap 中定义了所有的标题标签，<h1> 到 <h6> 均可使用。另外，还提供了 .h1 到 .h6 类，为的是给内联(inline)属性的文本赋予标题的样式。

示例代码如下：

```
<h1>我是标题 1 h1</h1>
<h2>我是标题 2 h2</h2>
<h3>我是标题 3 h3</h3>
<h4>我是标题 4 h4</h4>
<h5>我是标题 5 h5</h5>
<h6>我是标题 6 h6</h6>
```

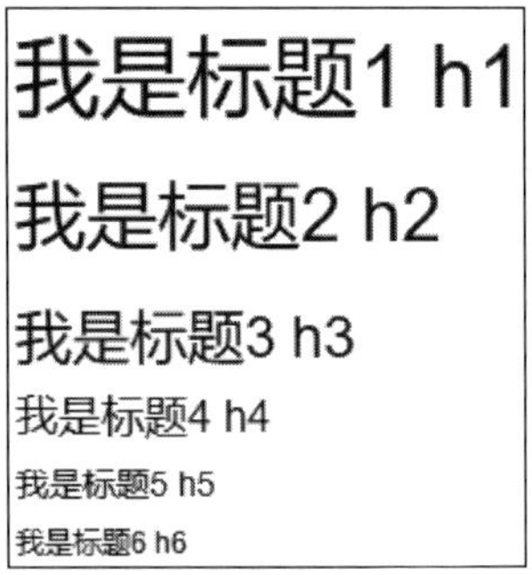

Bootstrap 标题的默认外观，如图 10-19 所示。

图 10-19　Bootstrap 标题

我们打开浏览器检查模式(F12 键)，可以看到它确实加了样式，但什么都没有写，只是引入了 Bootstrap。这说明 Bootstrap 为页面中的一些元素设置了初始样式。

注意：使用 Bootstrap 时需要按照它的规则来创建相关元素，而不要自己去写样式，不然 Bootstrap 的使用就没有了意义，所以需要记住一些 Bootstrap 的规则。

2. 内联子标题

如果需要向任何标题添加一个内联子标题，则只需简单地在元素两旁添加 <small>，或者添加 .small class，这样就可以得到一个字号更小的颜色更浅的文本，实例代码如下：

```
<h1>我是标题 1 h1. <small>我是副标题 1 h1</small></h1>
<h2>我是标题 2 h2. <small>我是副标题 2 h2</small></h2>
<h3>我是标题 3 h3. <small>我是副标题 3 h3</small></h3>
```

内联标题上的辅助标题，如图 10-20 所示。

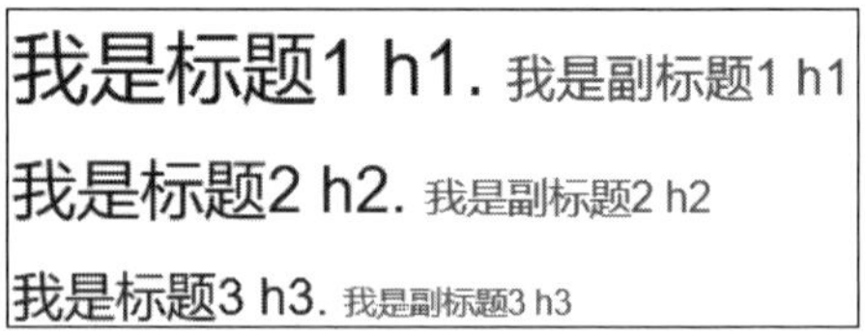

图 10-20　内联子标题

注意：<small>仅针对于标题而言，写在其余位置的<small>均不产生内联子标题样式。

3. 引导主体副本

为了给段落添加强调文本，可以添加 class="lead"，这将得到更大更粗、行高更高的文本，示例代码如下：

```
<h2>引导主体副本</h2>
<p class = "lead">闭包，是 JavaScript 中重要的一个概念，对于初学者来讲，闭包是一个特别抽象
```

```
的概念,特别是 ECMA 规范给的定义,如果没有实战经验,你很难从定义去理解它,因此,本书不会对闭包的概念进行大篇幅描述,直接讲解代码,让你分分钟学会闭包!</p>
<p>在接触一个新技术时,我首先会做的一件事就是找它的 demo code。对于码农们来讲,代码有时候比自然语言更好理解一个事物。其实,闭包无处不在,例如 jQuery、zepto 的主要代码都包含在一个大的闭包中,所以下面我先写一个最简单最原始的闭包 demo,好让你在大脑里产生闭包的画面。</p>
```

引导主体副本在浏览器中的显示,如图 10-21 所示。

引导主体副本

闭包，是JavaScript中重要的一个概念，对于初学者来讲，闭包是一个特别抽象的概念，特别是ECMA规范给的定义，如果没有实战经验，你很难从定义去理解它，因此，本文不会对闭包的概念进行大篇幅描述，直接讲解代码，让你分分钟学会闭包！

在接触一个新技术时，我首先会做的一件事就是找它的demo code。对于码农们来讲，代码有时候比自然语言更好理解一个事物。其实，闭包无处不在，比如：jQuery、zepto的主要代码都包含在一个大的闭包中，所以下面我先写一个最简单最原始的闭包demo，好让你在大脑里产生闭包的画面。

图 10-21 引导主体副本效果

4. 内联文本

Bootstrap 直接使用了 HTML 中定义文本不同特征的标签,并给它们另外赋予了少许的样式,常用元素如下。

(1) <del>: 文本已经从文档中删除。

(2) <em>: 用斜体强调文本。

(3) <ins>: 文本已经插入文档。

(4) <mark>: 用于引用的突出显示文本。

(5) <s>: 无用的文本。

(6) <small>: 文本用小的字体显示,字号缩小到 85%。

(7) <strong>: 用粗体强调文本。

(8) <u>: 文本带有下画线。

5. 文本对齐

通过文本对齐类,可以简单方便地将文字重新对齐,常用的对齐类如下:

(1) class="text-left" 表示文本左对齐。

(2) class="text-right" 表示文本右对齐。

(3) class="text-center" 表示文本中对齐。

(4) class="text-justify" 表示文本两端对齐。

(5) class="text-nowrap" 表示禁止文本换行。

6. 改变大小写

Bootstrap 提供多种转换文本元素的类,常用的改变大小写的如下:

(1) class ="text-lowercase" 表示转换成小写。

(2) class="text-uppercase" 表示转换成大写。

(3) class="text-capitalize" 表示首字母大写。

7. 改变文本和背景颜色

标准 Bootstrap 助手类可以添加到任何元素,以便改变文本和背景颜色。

(1) class="text-muted": 提示,使用浅灰色(#999)。

(2) class="text-primary": 主要,使用蓝色(#428bca)。

(3) class="text-success": 成功,使用浅绿色(#3c763d)。

(4) class="text-info"：通知信息，使用浅蓝色(#31708f)。

(5) class="text-warning"：警告，使用黄色(#8a6d3b)。

(6) class="text-danger"：危险，使用褐色(#a94442)。

(7) class="bg-warning"：文本红色背景。

(8) class="bg-success"：文本绿色背景。

(9) class="bg-info"：文本浅蓝色背景。

(10) class="bg-warning"：文本黄色背景。

(11) class="bg-primary"：文本绿色背景。

示例代码如下：

```
<p class = "text - muted">柔和的文本</p>
<p class = "text - primary">重要的文本</p>
<p class = "text - success">执行成功的文本</p>
<p class = "text - info">代表提示信息的文本</p>
<p class = "text - warning">警告文本</p>
<p class = "text - danger">危险操作文本</p>
<p class = "text - dark">深灰色文本</p>
<p class = "text - light">浅灰色文本</p>

<p class = "bg - primary">重要的背景颜色</p>
<p class = "bg - success">执行成功的背景颜色</p>
<p class = "bg - info">信息提示背景颜色</p>
<p class = "bg - warning">警告背景颜色</p>
<p class = "bg - danger">危险背景颜色</p>
```

在浏览器中的显示效果如图10-22所示。

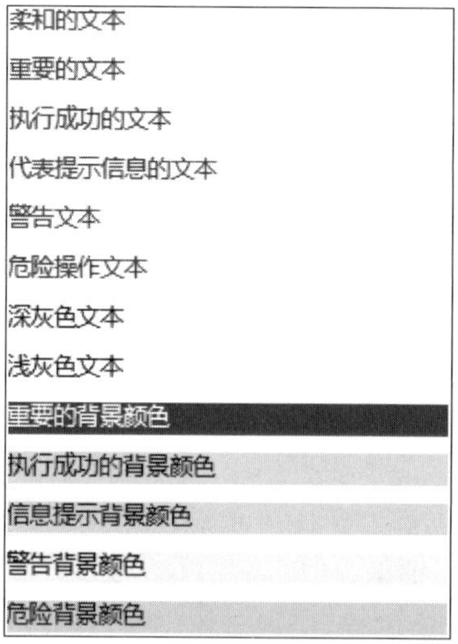

柔和的文本
重要的文本
执行成功的文本
代表提示信息的文本
警告文本
危险操作文本
深灰色文本
浅灰色文本
重要的背景颜色
执行成功的背景颜色
信息提示背景颜色
警告背景颜色
危险背景颜色

图10-22 改变文本和背景颜色效果

8. 缩略语

在 Bootstrap 中实现了对 HTML 元素 <abbr>的增强样式。缩略语元素带有 title 属性，外观表现为带有较浅的虚线框，当鼠标移至上面时会变成带有“问号”的指针，同时缩略语上会显示 title 的内容，示例代码如下：

```
<abbr title="万维网联盟">W3C</abbr>
```

在浏览器中的显示效果如图 10-23 所示。

图 10-23 缩略语效果

9. 地址

Bootstrap 中为<address>标签进行了样式的重写，让联系信息以最接近日常使用的格式呈现。在 HTML 中<address>标签是以斜体显示的，而在 Bootstrap 中让它以正常字体显示。

10. 引用

可以在任意的 HTML 文本旁使用默认的 <blockquote>。其他选项包括添加一个 <small> 标签来标识引用的来源，以及使用 class .pull-right 向右对齐引用。

11. 列表

Bootstrap 支持有序列表、无序列表和定义列表。

(1) 有序列表：有序列表是指以数字或其他有序字符开头的列表。

(2) 无序列表：无序列表是指没有特定顺序的列表。

(3) 如果不想显示列表项符号，则可使用 class .list-unstyled 来移除样式。

(4) 内联列表：通过引用 .list-inline，将所有列表项放置于同一行。

(5) 每列表项可以包含 <dt> 和 <dd> 元素。

- <dt> 代表定义术语，就像字典，是被定义的术语(或短语)。
- <dd> 是 <dt> 的描述。
- .dl-horizontal 可以让 <dl> 内的短语及其描述排在一行。

示例代码如下：

```
<h4>有序列表</h4>
    <ol>
        <li>Item 1</li>
        <li>Item 2</li>
        <li>Item 3</li>
    </ol>
    <h4>无序列表</h4>
    <ul>
        <li>Item 1</li>
        <li>Item 2</li>
        <li>Item 3</li>
```

```
</ul>
<h4>未定义样式列表</h4>
<ul class="list-unstyled">
    <li>Item 1</li>
    <li>Item 2</li>
    <li>Item 3</li>
</ul>
<h4>内联列表</h4>
<ul class="list-inline">
    <li>Item 1</li>
    <li>Item 2</li>
    <li>Item 3</li>
    <li>Item 4</li>
</ul>
<h4>定义列表</h4>
<dl>
    <dt>Description 1</dt>
    <dd>Item 1</dd>
    <dt>Description 2</dt>
    <dd>Item 2</dd>
</dl>
<h4>水平的定义列表</h4>
<dl class="dl-horizontal">
    <dt>Description 1</dt>
    <dd>Item 1</dd>
    <dt>Description 2</dt>
    <dd>Item 2</dd>
</dl>
```

在浏览器中的显示效果如图 10-24 所示。

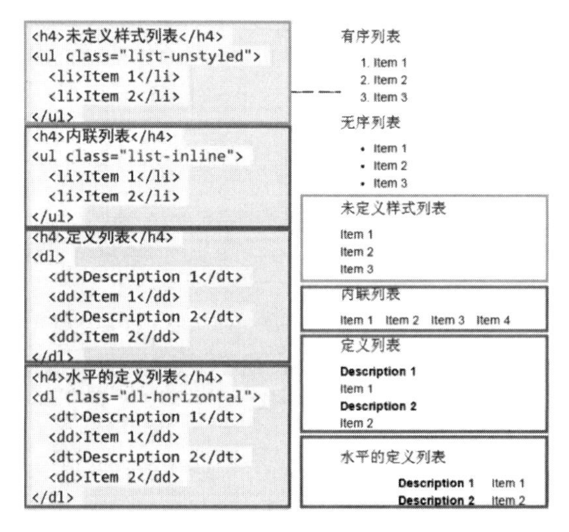

图 10-24 列表效果

10.4.2 代码

Bootstrap 允许以两种方式显示代码：

(1) 第 1 种是 <code> 标签。如果想要内联显示代码，则应该使用 <code> 标签。

(2) 第 2 种是 <pre> 标签。如果代码需要被显示为一个独立的块元素或者代码有多行，则应该使用 <pre> 标签。

需要确保当使用 <pre> 和 <code> 标签时，开始和结束标签使用了 Unicode 变体，即 <和 >。

示例代码如下：

```
<p><code>&lt;header&gt;</code>作为内联元素被包围.</p>
<p>如果需要把代码显示为一个独立的块元素,则可使用 &lt;pre&gt; 标签:</p>
<pre>
    &lt;article&gt;
        &lt;h1&gt;Article Heading&lt;/h1&gt;
    &lt;/article&gt;
</pre>
```

在浏览器中的显示效果如图 10-25 所示。

<header> 作为内联元素被包围。

如果需要把代码显示为一个独立的块元素，则可使用 <pre> 标签：

```
<article>
  <h1>Article Heading</h1>
</article>
```

图 10-25 代码效果

10.4.3 表格

表格是网页的重要部分，因为它们提供了高效显示表格数据的手段。Bootstrap 提供了许多样式和类，以及美观的响应式表格。

1. 基本表格

Bootstrap 默认对 HTML 表格应用了以下 3 种样式。

(1) background-color：transparent，用于将背景颜色设置为透明。

(2) border-spacing：0，用于将边框间隔设置为 0。

(3) border-collapse：collapse，用于合并边框。

为了最大限度地利用 Bootstrap 表格，应该习惯于在合适时使用可选的< the ad >、< tbody >和< tfoot >标记，并在表格上始终使用. table 类。这将把表格的宽度设置为屏幕的 100%，并且必要时使用本节后面讨论的一些高级类，如例 10-6 所示。

【例 10-6】 标准 Bootstrap 表格

```
<!DOCTYPE html>
<head>
    <meta charset="utf-8">
    <meta http-equiv="X-UA-Compatible" content="IE=edge">
    <meta name="viewport" content="width=device-width, initial-scale=1, user-
scalable=0">
    <title>标准 Bootstrap 表格</title>
    <!-- 1.Bootstrap 核心样式文件 -->
    <link href="https://maxcdn.bootstrapcdn.com/bootstrap/3.3.7/
            css/bootstrap.min.css" rel="stylesheet">
</head>
<body>
    <table class="table">
        <caption>成绩单</caption>
        <thead>
            <tr>
                <th>姓名</th>
                <th>科目</th>
                <th>成绩</th>
            </tr>
        </thead>
        <tbody>
            <tr>
                <td>King</td>
                <td>Java</td>
                <td>88</td>
            </tr>
            <tr>
                <td>Tom</td>
                <td>前端</td>
                <td>88</td>
            </tr>
        </tbody>
        <tfoot>
            <tr>
                <td colspan="3">本次成绩真实有效</td>
            </tr>
        </tfoot>
  </table>

    <!-- 2.jQuery (Bootstrap 的 JavaScript 插件需要引入 jQuery) -->
    <script src="https://code.jquery.com/jquery.js"></script>
    <!-- 3.包括所有已编译的插件 -->
    <script src="js/bootstrap.min.js"></script>
</body>
</html>
```

在浏览器中的显示效果如图10-26所示。

成绩单

姓名	科目	成绩
King	Java	88
Tom	前端	88
本次成绩真实有效		

图10-26　标准Bootstrap表格

注意：如果不加.table类，表格则会显得很拥挤。

2. Bootstrap表格

除了默认表格样式外，Bootstrap还提供了其他的表格样式。可以在表格上添加多个类，以便提供更高级的表格功能，如表10-1所示。

表10-1　Bootstrap表格样式类

类	描　　述
.table-striped	在<tbody>内添加斑马线式的条纹（IE 8浏览器不支持）
.table-bordered	为所有表格的单元格添加边框
.table-hover	在<tbody>内的任一行启用鼠标悬停状态
.table-condensed	让表格更加紧凑

可以使用上述类的任何组合调整表格的外观，如例10-7所示。

【例10-7】　Bootstrap中的表格类

```
<!DOCTYPE html>
<head>
    <meta charset="utf-8">
    <meta http-equiv="X-UA-Compatible" content="IE=edge">
    <meta name="viewport" content="width=device-width, initial-scale=1,user-
scalable=0">
    <title>Bootstrap中的表格类</title>
    <!-- 1.Bootstrap核心样式文件 -->
    <link href="https://maxcdn.bootstrapcdn.com/bootstrap/3.3.7/
              css/bootstrap.min.css" rel="stylesheet">
</head>
<body>
    <table class="table table-bordered table-striped table-hover
table-condensed">
        <caption>成绩单</caption>
        <thead>
            <tr>
                <th>姓名</th>
```

```
                <th>科目</th>
                <th>成绩</th>
            </tr>
        </thead>
        <tbody>
            <tr>
                <td>King</td>
                <td>Java</td>
                <td>88</td>
            </tr>
            <tr>
                <td>Tom</td>
                <td>前端</td>
                <td>88</td>
            </tr>
            <tr>
                <td>Peter</td>
                <td>Python</td>
                <td>88</td>
            </tr>
        </tbody>
        <tfoot>
            <tr>
                <td colspan="3">本次成绩真实有效</td>
            </tr>
        </tfoot>
    </table>

    <!-- 2.jQuery (Bootstrap 的 JavaScript 插件需要引入 jQuery) -->
    <script src="https://code.jquery.com/jquery.js"></script>
    <!-- 3.包括所有已编译的插件 -->
    <script src="js/bootstrap.min.js"></script>
</body>
</html>
```

在浏览器中的显示效果如图 10-27 所示。

成绩单

姓名	科目	成绩
King	Java	88
Tom	前端	88
Peter	Python	88
本次成绩真实有效		

图 10-27　Bootstrap 中表格类效果

可以在表格上使用状态类，为单元格或者行添加样式，如表 10-2 所示。

表 10-2 Bootstrap 表格中的状态类

类	描 述
.active	将悬停的颜色应用在行或者单元格上
.success	表示成功的操作
.info	表示信息变化的操作
.warning	表示一个警告的操作
.danger	表示一个危险的操作

这些类只更改表格元素的背景颜色,不会提供其他意义。当未来提高它们的可访问性时,一定要确保内容传达和颜色相同的含义,如例 10-8 所示。

【例 10-8】 Bootstrap 表格中使用状态类

```
<!doctype html>
<html lang="zh-CN">
  <head>
    <meta charset="utf-8">
    <meta http-equiv="X-UA-Compatible" content="IE=edge">
    <meta name="viewport" content="width=device-width, initial-scale=1">
    <title>Bootstrap 表格中使用上下文类</title>
    <!-- 1. Bootstrap 核心样式文件 -->
    <link href="https://maxcdn.bootstrapcdn.com/bootstrap/3.3.7/
              css/bootstrap.min.css" rel="stylesheet">
  </head>
  <body>
    <table class="table table-bordered table-striped table-hover
        table-condensed">
      <caption>成绩单</caption>
      <thead>
          <tr>
              <th>姓名</th>
              <th>科目</th>
              <th class="info">成绩</th>
          </tr>
      </thead>
      <tbody>
          <tr>
              <td>King</td>
              <td>Java</td>
              <td>88</td>
          </tr>
          <tr>
              <td>Tom</td>
```

```
                <td class="success">前端</td>
                <td>88</td>
            </tr>
            <tr>
                <td>Peter</td>
                <td>Python</td>
                <td class="danger">36</td>
            </tr>
        </tbody>
        <tfoot>
            <tr class="warning">
                <td colspan="3">本次成绩真实有效!</td>
            </tr>
        </tfoot>
      </table>
       <!-- 2.jQuery (Bootstrap 的 JavaScript 插件需要引入 jQuery) -->
       <script src="https://code.jquery.com/jquery.js"></script>
       <!-- 3.包括所有已编译的插件 -->
       <script src="js/bootstrap.min.js"></script>
</body>
</html>
```

在浏览器中的显示效果如图 10-28 所示。

成绩单

姓名	科目	成绩
King	Java	88
Tom	前端	88
Peter	Python	36
本次成绩真实有效!		

图 10-28　Bootstrap 表格中使用状态类效果

3. 响应式表格

实现响应式表格很难，表格对于小屏幕往往太宽，许多小屏幕也不能很好地水平滚动。

Bootstrap 用.table-responsive 类提供了一个解决方案。为了实现响应式表格，应该用另外一个带有.table-responsive 类的元素包围它。

这样可以使表格水平滚动以适应小型设备(小于 768px)。当在大于 768px 宽的大型设备上查看时，将看不到任何差别，示例代码如下：

```
<div class="table-responsive">
      <table class="table">
        ...
      </table>
</div>
```

10.4.4　表单

Bootstrap 通过一些简单的 HTML 标签和扩展的类即可创建出不同样式的表单。

1. 基本案例

基本的表单结构是 Bootstrap 自带的，个别的表单控件自动接收一些全局样式。

(1) 单独的 form 表单控件会被自动赋予一些全局的样式。

(2) 所有设置了.form-control 的< input >、< textarea >和< select >元素都将被默认设置为 width：100%。

(3) 将 label 元素和 input、textarea、select 元素一起包裹在.form-group 中可以获得最好的排列。

【例 10-9】 Bootstrap 基本表单

```
<!doctype html>
<html lang = "zh - CN">
    <head>
        <meta charset = "utf - 8">
        <meta http - equiv = "X - UA - Compatible" content = "IE = edge">
        <meta name = "viewport" content = "width = device - width, initial - scale = 1">
        <title> Bootstrap 基本表单</title>
        <!-- 1. Bootstrap 核心样式文件 -->
        <link href = "https://maxcdn.bootstrapcdn.com/bootstrap/3.3.7/
              css/bootstrap.min.css" rel = "stylesheet">
</head>
<body>
    <form role = "form">
        <div class = "form - group">
            <label for = "email"> Email address </label>
            <input type = "text" class = "form - control" id = "email"
                placeholder = "Enter Email">
        </div>
        <div class = "form - group">
            <label for = "pwd"> Password </label>
            <input type = "password" class = "form - control" id = "pwd"
                placeholder = "Password">
        </div>
        <div class = "checkbox">
            <label>
            <input type = "checkbox"> Check me out
            </label>
        </div>
        <button type = "submit" class = "btn btn - default"> Submit </button>
    </form>
    <!-- 2.jQuery (Bootstrap 的 JavaScript 插件需要引入 jQuery) -->
    <script src = "https://code.jquery.com/jquery.js"></script>
```

```
    <!-- 3.包括所有已编译的插件 -->
    <script src = "js/bootstrap.min.js"></script>
</body>
</html>
```

在浏览器中的显示效果如图 10-29 所示。

Email address

Enter Email

Password

Password

Check me out

Submit

图 10-29　Bootstrap 基本表单

2. 内联表单

有时，希望表单控件排成一行而不是垂直堆叠。在宽度至少为 768px 的设备上，可以在< form >或者其他容器元素上使用.form-inline 类，它的所有元素是内联的，并且标签以并排的方式向左对齐，如例 10-10 所示。

【例 10-10】 内联表单

```
<!doctype html>
<html lang = "zh - CN">
  <head>
    <meta charset = "utf - 8">
    <meta http - equiv = "X - UA - Compatible" content = "IE = edge">
    <meta name = "viewport" content = "width = device - width, initial - scale = 1">
    <title>内联表单</title>
    <!-- 1. Bootstrap 核心样式文件 -->
    <link href = "https://maxcdn.bootstrapcdn.com/bootstrap/3.3.7/
              css/bootstrap.min.css" rel = "stylesheet">
  </head>
  <body>
    <h3>内联表单</h3>
    <form role = "form" class = "form - inline">
        <div class = "form - group">
            <label for = "email"> Email address </label>
            <input type = "text" class = "form - control" id = "email"
                placeholder = "Enter Email">
        </div>
        <div class = "form - group">
            <label for = "pwd"> Password </label>
            <input type = "password" class = "form - control" id = "pwd"
```

```
            placeholder = "Password">
        </div>
        <div class = "checkbox">
            <label>
            <input type = "checkbox"> Check me out
            </label>
        </div>
        <button type = "submit" class = "btn btn-default"> Submit </button>
    </form>
    <!-- 2.jQuery (Bootstrap 的 JavaScript 插件需要引入 jQuery) -->
    <script src = "https://code.jquery.com/jquery.js"></script>
    <!-- 3.包括所有已编译的插件 -->
    <script src = "js/bootstrap.min.js"></script>
</body>
</html>
```

在浏览器中的显示效果如图 10-30 所示。

图 10-30 内联表单

3. 水平排列的表单

水平表单与其他表单不仅在标记的数量上不同，而且表单的呈现形式也不同。如需创建一个水平布局的表单，则可按下面的几个步骤进行：

(1) 向父 <form> 元素添加类.form-horizontal。

(2) 把标签和控件放在一个带有类.form-group 的 <div> 中。

(3) 向标签添加类 .control-label。

这样做将改变.form-group 的行为，使其表现为栅格系统中的行(row)，因此就无须再使用.row 了，如例 10-11 所示。

【例 10-11】 水平排列的表单

```
<!doctype html>
<html lang = "zh-CN">
  <head>
    <meta charset = "utf-8">
    <meta http-equiv = "X-UA-Compatible" content = "IE = edge">
    <meta name = "viewport" content = "width = device-width, initial-scale = 1">
    <title>水平排列的表单</title>
    <!-- 1. Bootstrap 核心样式文件 -->
    <link href = "https://maxcdn.bootstrapcdn.com/bootstrap/3.3.7/
                css/bootstrap.min.css" rel = "stylesheet">
  </head>
```

```
<body>
  <h3>水平排列的表单</h3>
  <form class = "form - horizontal" role = "form">
      <div class = "form - group">
          <label for = "email" class = "col - sm - 2 control - label"> Email
              address </label>
          <div class = "col - sm - 10">
              <input type = "text" class = "form - control" id = "email"
                  placeholder = "Enter Email">
          </div>
      </div>
      <div class = "form - group">
          <label for = "pwd" class = "col - sm - 2
              control - label"> Password </label>
          <div class = "col - sm - 10">
              <input type = "password" class = "form - control" id = "pwd"
                  placeholder = "Password">
          </div>
      </div>
      <div class = "form - group">
          <div class = "col - sm - offset - 2 col - sm - 10">
            <div class = "checkbox">
              <label>
                <input type = "checkbox"> Check me out
              </label>
            </div>
          </div>
        </div>
        <div class = "form - group">
          <div class = "col - sm - offset - 2 col - sm - 10">
            <button type = "submit" class = "btn
                btn - default"> Submit </button>
          </div>
        </div>
  </form>
  <!-- 2.jQuery (Bootstrap 的 JavaScript 插件需要引入 jQuery) -->
  <script src = "https://code.jquery.com/jquery.js"></script>
  <!-- 3.包括所有已编译的插件 -->
  <script src = "js/bootstrap.min.js"></script>
</body>
</html>
```

在浏览器中的显示效果如图 10-31 所示。

4. 支持的表单控件

Bootstrap 支持最常见的表单控件，主要包括 input、textarea、checkbox、radio 和 select。

1) 输入框(input)

最常见的表单文本字段是输入框 input。用户可以在其中输入大多数必要的表单数据。Bootstrap 提供了对所有原生的 HTML5 的 input 类型的支持，包括 text、password、

水平排列的表单

Email address　Enter Email

Password　Password

Check me out

Submit

图 10-31　水平排列的表单

datetime、datetime-local、date、month、time、week、number、email、url、search、tel 和 color。适当的 type 声明是必需的，这样才能让 input 获得完整的样式。

示例代码如下：

```
<form role = "form">
    <div class = "form - group">
        <label for = "name">标签</label>
        <input type = "text" class = "form - control" placeholder = "文本输入">
    </div>
</form>
```

2）文本框(textarea)

Bootstrap 还支持< textarea >表单标记，这可以提供多行的输入字段。这个字段和 Bootstrap 之外的文本区域的工作方式相同，但是不需要 cols 属性，因为 Bootstrap 自动将控件大小设置为 100%宽度。

示例代码如下：

```
<form role = "form">
    <div class = "form - group">
        <label for = "name">文本框</label>
        <textarea class = "form - control" rows = "3"></textarea>
    </div>
</form>
```

3）复选框(checkbox)和单选框(radio)

checkbox 用于选择列表中的一个或多个选项，而 radio 用于从多个选项中只选择一个。对一系列复选框和单选框使用 .checkbox-inline 或 .radio-inline class，以便控制它们显示在同一行上。

示例代码如下：

```
<label for = "name">默认的复选框和单选按钮的实例</label>
<div class = "checkbox">
```

```
    <label><input type="checkbox" value="">选项 1</label>
</div>
<div class="checkbox">
    <label><input type="checkbox" value="">选项 2</label>
</div>
<div class="radio">
    <label>
        <input type="radio" name="optionsRadios" id="optionsRadios1"
                    value="option1" checked> 选项 1
        </label>
</div>
<div class="radio">
    <label>
    <input type="radio" name="optionsRadios" id="optionsRadios2"
        value="option2">选项 2 - 选择它将会取消选择选项 1
    </label>
</div>
<label for="name">内联的复选框和单选按钮的实例</label>
<div>
    <label class="checkbox-inline">
        <input type="checkbox" id="inlineCheckbox1" value="option1"> 选项 1
    </label>
    <label class="checkbox-inline">
        <input type="checkbox" id="inlineCheckbox2" value="option2"> 选项 2
    </label>
    <label class="checkbox-inline">
        <input type="checkbox" id="inlineCheckbox3" value="option3"> 选项 3
    </label>
    <label class="radio-inline">
        <input type="radio" name="optionsRadiosinline" id="optionsRadios3"
                value="option1" checked> 选项 1
    </label>
    <label class="radio-inline">
        <input type="radio" name="optionsRadiosinline" id="optionsRadios4"
                value="option2"> 选项 2
    </label>
</div>
```

4）下拉列表(select)

在 HTML 的 select 中，下拉列表的圆角无法通过修改 border-radius 属性来改变，而 Bootstrap 自动为 select 添加了圆角样式。使用 multiple="multiple" 允许用户选择多个选项。

示例代码如下：

```
<form role="form">
    <div class="form-group">
```

```
        <label for="name">选择列表</label>
        <select class="form-control">
            <option>1</option>
            <option>2</option>
            <option>3</option>
            <option>4</option>
            <option>5</option>
        </select>
        <label for="name">可多选的选择列表</label>
        <select multiple class="form-control">
            <option>1</option>
            <option>2</option>
            <option>3</option>
            <option>4</option>
            <option>5</option>
        </select>
    </div>
</form>
```

5. 静态控件

如果在label后只想显示一行纯文本，这时需要在label后面添加p元素，并且添加类，form-control-static，说明这是一个“静态表单控件”。

示例代码如下：

```
<form class="form-horizontal">
    <div class="form-group">
        <label class="col-sm-2 control-label">Email</label>
        <div class="col-sm-10">
            <p class="form-control-static"635498720@qq.com</p>
        </div>
    </div>
    <div class="form-group">
        <label for="inputPassword" class="col-sm-2 control-label">Password</label>
        <div class="col-sm-10">
            <input type="password" class="form-control" id="inputPassword" placeholder=
            "Password">
        </div>
    </div>
</form>
```

6. 控件状态

Bootstrap提供了表单交互性样式，使表单更加易用。

(1) focus(聚焦)：文本框获得焦点。

当表单控件获得焦点时，Bootstrap删除默认的outline样式，添加box-shadow样式。

(2) disabled(禁用)：表单字段被禁用。

当为表单控件添加了属性 disabled 时，将阻止用户填写字段，并改变字段的外观。也可以为< fieldset >标记添加该属性，禁用组内的所有表单字段，代码如下：

```
< input type = "text"class = "form - control" id = "textfld" disabled >
```

(3) readonly(只读)：表单字段只读。

可以为表单添加 readonly 属性，使所有表单控件变成只读，代码如下：

```
< input type = "text"class = "form - control"id = "textfld" readonly >
```

(4) validation(验证)：表单字段成功、出现警告或者出错。

Bootstrap 包含了错误、警告和成功消息的验证样式。只需对父元素简单地添加适当的 class(.has-warning、.has-error 或 .has-success)便可以使用验证状态，代码如下：

```
< div class = "form - group has - success">
    < label class = "col - sm - 2 control - label" for = "inputSuccess">输入成功</label >
    < div class = "col - sm - 10">
        < input type = "text" class = "form - control" id = "inputSuccess">
    </div >
</div >
    < div class = "form - group has - warning">
        < label class = "col - sm - 2 control - label" for = "inputWarning">输入警告</label >
        < div class = "col - sm - 10">
            < input type = "text" class = "form - control" id = "inputWarning">
        </div >
    </div >
    < div class = "form - group has - error">
        < label class = "col - sm - 2 control - label" for = "inputError">输入错误</label >
        < div class = "col - sm - 10">
            < input type = "text" class = "form - control" id = "inputError">
        </div >
</div >
```

7. 控件尺寸

可以分别使用 class .input-lg 和 .col-lg-* 设置表单的高度和宽度，示例代码如下：

```
< form role = "form">
    < div class = "form - group">
        < input class = "form - control input - lg" type = "text"
           placeholder = ". input - lg">
    </div >
    < div class = "form - group">
        < input class = "form - control" type = "text" placeholder = "默认输入">
```

```
        </div>
        <div class = "form - group">
            <input class = "form - control input - sm" type = "text"
                placeholder = ".input - sm">
        </div>
        <div class = "form - group"></div>
        <div class = "form - group">
            <select class = "form - control input - lg">
                <option value = "">.input - lg</option>
            </select>
    </div>
    <div class = "form - group">
            <select class = "form - control">
                <option value = "">默认选择</option>
            </select>
    </div>
    <div class = "form - group">
            <select class = "form - control input - sm">
                <option value = "">.input - sm</option>
            </select>
    </div>
    <div class = "row">
            <div class = "col - lg - 2">
                <input type = "text" class = "form - control" placeholder = ".col - lg - 2">
            </div>
            <div class = "col - lg - 3">
                <input type = "text" class = "form - control" placeholder = ".col - lg - 3">
            </div>
            <div class = "col - lg - 4">
                <input type = "text" class = "form - control" placeholder = ".col - lg - 4">
            </div>
        </div>
    </form>
```

10.4.5 按钮

1. 按钮标记

在页面上添加一个按钮，然后在按钮中添加.btn 和.btn-default 类，创建默认按钮。.btn 的元素都会继承圆角灰色按钮的默认外观，.btn-default 是它的增强样式。

样式可用于<a><button>或<input>元素上来创建按钮，示例代码如下：

```
<a class = "btn btn - default" href = "#" role = "button">Link</a>
<button class = "btn btn - default" type = "submit">Button</button>
<input class = "btn btn - default" type = "button" value = "Input">
```

这些标记创建的按钮的外观相同，如图 10-32 所示，所以可以使用最适合于自己网站的 HTML 标记。

图 10-32　按钮标记

默认情况下，Bootstrap 按钮很朴素，采用小的圆角、白色背景和细灰边框。当鼠标放在按钮上时，它们会变成浅灰色，当单击鼠标时，Bootstrap 将在按钮上增加内凹的灰色阴影。

注意：

(1) 强烈建议尽可能地使用 <button> 元素来获得在各个浏览器上相同的显示效果。

(2) 如果 <a> 元素被作为按钮使用，并用于在当前页面触发某些功能，而不是用于连接其他页面或连接当前页面中的其他部分，则务必为其设置 role="button" 属性。

2. 按钮类和大小

使用如表 10-3 所示的类可以快速地创建一个带有预定义样式的按钮。

表 10-3　按钮的颜色和大小

类	描　述
.btn-default	默认/标准按钮
.btn-primary	原始按钮样式(未被操作)
.btn-success	表示成功的动作
.btn-info	该样式可用于要弹出信息的按钮
.btn-warning	表示需要谨慎操作的按钮
.btn-danger	表示一个危险动作的按钮操作
.btn-link	让按钮看起来像个链接(仍然保留按钮行为)

在 HTML 中添加这些按钮类型，示例代码如下：

```
<button type = "button" class = "btn btn - default">(默认样式)Default </button>
<button type = "button" class = "btn btn - primary">(首选项)Primary </button>
<button type = "button" class = "btn btn - success">(成功)Success </button>
<button type = "button" class = "btn btn - info">(一般信息)Info </button>
<button type = "button" class = "btn btn - warning">(警告)Warning </button>
<button type = "button" class = "btn btn - danger">(危险)Danger </button>
<button type = "button" class = "btn btn - link">(链接)Link </button>
```

7 种按钮类型，在浏览器中的显示效果如图 10-33 所示。

图 10-33　Bootstrap 中 7 种按钮类型效果

Bootstrap 中的按钮有 4 种尺寸。默认为中等大小的按钮，也可以用不同的类创建大、中、小或者超小按钮，如表 10-4 所示。

表 10-4　按钮的尺寸

类	描　　述
. btn-lg	制作一个大按钮
. btn-sm	制作一个小按钮
. btn-xs	制作一个超小按钮
. btn-block	块级按钮(拉伸至父元素 100%的宽度)

可以组合尺寸类和上下文类创建大的警告按钮或者超小型按钮,还可以用. btn-block 类创建跨越整个父元素宽度的按钮,示例代码如下:

```
<button type = "button" class = "btn btn - primary btn - lg">(大按钮)Large
        button</button>
<button type = "button" class = "btn btn - primary">(默认尺寸)Default
        button</button>
<button type = "button" class = "btn btn - primary btn - sm">(小按钮)Small
             button</button>
<button type = "button" class = "btn btn - primary btn - xs">(超小尺寸)Extra small
        button</button>
<button type = "button" class = "btn btn - primary btn - lg btn - block">(块级元素)Block level
        button</button>
```

图 10-34 展示了这些尺寸类对按钮外观的影响。

图 10-34　按钮尺寸

3. 按钮状态

按钮在激活时将呈现为被按压的外观(深色的背景、深色的边框、阴影)。

表 10-5 列出了让按钮元素和锚元素呈激活状态的类。

表 10-5　激活状态

元　　素	类
按钮元素	添加 . active class 来显示它是激活的
锚元素	将 . active class 添加到 <a> 按钮来显示它是激活的

示例代码如下:

```
<p>
    <button type = "button" class = "btn btn - default btn - lg ">默认按钮</button>
    <button type = "button" class = "btn btn - default btn - lg active">激活按钮</button>
</p>
```

```
<p>
    <button type="button" class="btn btn-primary btn-lg ">原始按钮</button>
    <button type="button" class="btn btn-primary btn-lg active">激活的原始按钮</button>
</p>
```

在浏览器中的显示效果如图 10-35 所示。

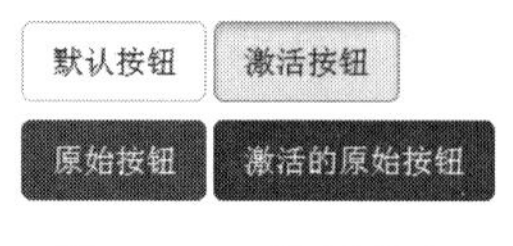

图 10-35 按钮状态

当禁用一个按钮时，它的颜色会变淡 50%，并失去渐变，表 10-6 列出了让按钮元素和锚元素呈禁用状态的类。

表 10-6 禁用状态

元素	类
按钮元素	添加 .disabled class 来显示它是被禁用的
锚元素	将 .disabled class 添加到 <a> 按钮来显示它是被禁用的

示例代码如下：

```
<p>
    <button type="button" class="btn btn-default btn-lg">默认按钮</button>
    <button type="button" class="btn btn-default btn-lg" disabled="disabled">禁用按
    钮</button>
</p>
<p>
    <button type="button" class="btn btn-primary btn-lg ">原始按钮</button>
    <button type="button" class="btn btn-primary btn-lg" disabled="disabled">禁用的
    原始按钮</button>
</p>
<p>
    <a href="#" class="btn btn-default btn-lg" role="button">链接</a>
    <a href="#" class="btn btn-default btn-lg disabled" role="button">禁用链接</a>
</p>
<p>
    <a href="#" class="btn btn-primary btn-lg" role="button">原始链接</a>
    <a href="#" class="btn btn-primary btn-lg disabled" role="button">禁用的原始链
    接</a>
</p>
```

在浏览器中的显示效果如图 10-36 所示。

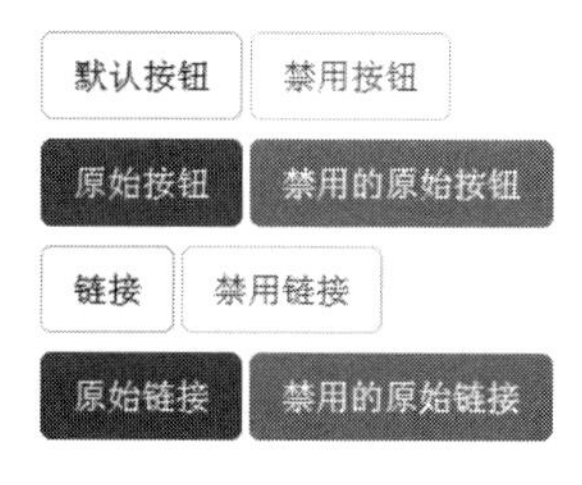

图 10-36　禁用状态

10.4.6　图片

1. 响应式图片

在 Bootstrap 中，通过为图片添加 .img-responsive 类可以让图片支持响应式布局。其实际上是为图片设置了 max-width：100%、height：auto 和 display：block 属性，从而让图片在其父元素中更好地缩放，格式如下：

```
<img src="..." class="img-responsive" alt="图片未能显示">
```

不加 .img-responsive 类的图片，如果图片比浏览器大，则会出现滚动条，如果加了 .img-responsive 类的图片，则图片的宽度会等于浏览器的宽度。

2. 图片形状

通过为 <img> 元素添加如表 10-7 所示的相应的类，则可以让图片呈现不同的形状。

表 10-7　图片形状相关类

元　　素	类
.img-rounded	为图片添加圆角（IE 8 浏览器不支持）
.img-circle	将图片变为圆形（IE 8 浏览器不支持）
.img-thumbnail	双线图功能

示例代码如下：

```
<img src="..." alt="..." class="img-rounded">          //圆角
<img src="..." alt="..." class="img-circle">           //圆
<img src="..." alt="..." class="img-thumbnail">        //双线
```

结果如图 10-37 所示。

图 10-37　图片形状

10.5 组件应用

Bootstrap 自带了大量可复用的组件，包括字体图标、下拉菜单、导航、警告框、弹出框等。

10.5.1 字体图标

Bootstrap 字体图标库的网址为 http://v3.bootcss.com/components/#glyphicons，如图 10-38 所示。

图 10-38　Bootstrap 字体图标库

包括 250 多个来自 Glyphicon Halflings 的字体图标。Glyphicons Halflings 一般是收费的，但是它们的作者允许 Bootstrap 免费使用。

语法格式如下：

```
<E class = "Bootstrap iconName"></E>
```

E 作为图标的容器，而 Bootstrap iconName 则是字体图标库中某一张图片的名字。

如需使用字体图标，只需直接将字体样式引入 Bootstrap 中。如例 10-12，字体图标可以和其他元素配合使用(Button＋字体图标)。

【例 10-12】 Button＋字体图标

```
<!doctype html>
<html lang = "zh - CN">
  <head>
    <meta charset = "utf - 8">
```

```
    <meta http-equiv="X-UA-Compatible" content="IE=edge">
    <meta name="viewport" content="width=device-width, initial-scale=1">
    <title>Button+字体图标</title>
    <!-- 1. Bootstrap 核心样式文件 -->
    <link href="https://maxcdn.bootstrapcdn.com/bootstrap/3.3.7/
            css/bootstrap.min.css" rel="stylesheet">
  </head>
  <body>
    <p>
      <button type="button" class="btn btn-default">
        <span class="glyphicon
              glyphicon-sort-by-attributes"></span>
      </button>
      <button type="button" class="btn btn-default">
        <span class="glyphicon
              glyphicon-sort-by-attributes-alt"></span>
      </button>
      <button type="button" class="btn btn-default">
        <span class="glyphicon glyphicon-sort-by-order"></span>
      </button>
      <button type="button" class="btn btn-default">
        <span class="glyphicon
              glyphicon-sort-by-order-alt"></span>
      </button>
    </p>
    <button type="button" class="btn btn-default btn-lg">
      <span class="glyphicon glyphicon-user"></span> User
    </button>
    <button type="button" class="btn btn-default btn-sm">
      <span class="glyphicon glyphicon-user"></span> User
    </button>
    <button type="button" class="btn btn-default btn-xs">
      <span class="glyphicon glyphicon-user"></span> User
    </button>

    <!-- 2.jQuery(Bootstrap 的 JavaScript 插件需要引入 jQuery) -->
    <script src="https://code.jquery.com/jquery.js"></script>
    <!-- 3.包括所有已编译的插件 -->
    <script src="js/bootstrap.min.js"></script>
</body>
</html>
```

在浏览器中的显示效果如图 10-39 所示。

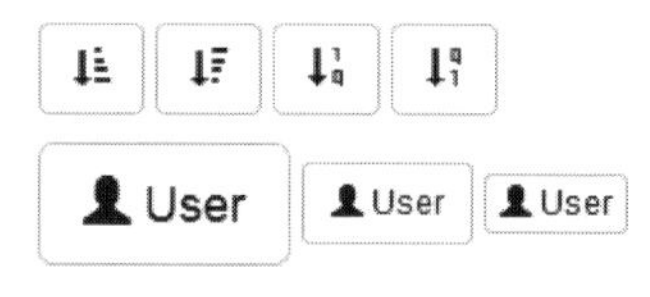

图 10-39　字体图标应用效果

10.5.2 下拉菜单

下拉菜单是网页中简单导航的常用方式。通常写下拉菜单时使用 select 元素，而在 Bootstrap 中，我们用 button 和 ul 来模拟一个下拉菜单。

它的结构如下：

```
<div>
  <button></button>
  <ul>
    <li></li>
    <li></li>
    <li></li>
  </ul>
</div>
```

其中，div 是容器，button 放置这个列表默认显示的内容，ul 中的 li 相当于下拉列表中的 option。

在 Bootstrap 中，下拉菜单的示例代码如下：

```
  <div class = "dropdown">
    <button type = "button" class = "btn btn - default dropdown - toggle"
                id = "dropdownMenu1" data - toggle = "dropdown">
    单击触发下拉列表<span class = "caret"></span>
    </button>
    <ul class = "dropdown - menu" role = "menu"
            aria - labelledby = "dropdownMenu1">
        <li><a href = "#"> Action </a></li>
        <li><a href = "#"> Another action </a></li>
        <li><a href = "#"> Something else here </a></li>
        <li><a href = "#"> Separated link </a></li>
    </ul>
</div>
```

部分代码的解释如下。

(1) .dropdown：下拉列表容器类，声明容器是一个下拉列表。如果不写，则会出现列表位置异常的错误。

(2) .dropdown-toggle：声明下拉列表头部样式，通常声明在下拉列表头部(button)中。

(3) data-toggle 属性：通常配合 dropdown-toggle 类使用，使下拉列表头部更真实，data-toggle="dropdown"。

(4) .caret：触发下拉菜单的下拉按钮。

(5) .dropdown-menu：声明下拉列表菜单样式，通常声明在下拉列表菜单(ul)中。

(6) role 属性：通常配合 dropdown-menu 类使用，意思是“描述一个非标准的标签的实际作用”，role="menu"。

注意：当没有添加.dropdown-toggle 类时，下拉列表头部在单击时会出现蓝色的边框。

下拉菜单的显示效果，如图 10-40 所示。

.divider 类为下拉列表添加分隔线，以此来区分不同的组信息，示例代码如下：

```
<div class = "dropdown">
  <button type = "button" class = "btn btn - default dropdown - toggle"
          id = "dropdownMenu1" data - toggle = "dropdown">
  单击触发下拉列表<span class = "caret"></span>
  </button>
  <ul class = "dropdown - menu" role = "menu"
          aria - labelledby = "dropdownMenu1">
      <li><a href = "#"> Action </a></li>
      <li><a href = "#"> Another action </a></li>
      <li><a href = "#"> Something else here </a></li>
      <li class = "divider"></li><!-- 定义分隔线 -->
      <li><a href = "#"> Separated link </a></li>
  </ul>
</div>
```

添加了分隔线的下拉菜单，如图 10-41 所示。

图 10-40　下拉菜单

图 10-41　有分隔线的下拉菜单

.disabled 类为下拉菜单中的 <li> 元素所添加，从而禁用相应的菜单项，示例代码如下：

```
<li class = "disabled"><a href = "#"> Action </a></li>
```

10.5.3　导航

Bootstrap 中的导航系统称作 nav，可以在容器元素上使用.nav 基类创建一个 nav。

创建一个标签式的导航菜单：

(1) 以一个带有 class .nav 的无序列表开始。

(2) 添加 class .nav-tabs，创建选项卡式导航。

示例代码如下：

```
<p>选项卡的导航菜单</p>
<ul class = "nav nav - tabs">
  <li class = "active"><a href = "#"> Home </a></li>
  <li><a href = "#"> Java </a></li>
  <li><a href = "#"> Python </a></li>
  <li><a href = "#"> Web </a></li>
<li><a href = "#"> Node </a></li>
</ul>
```

选项卡式导航菜单，如图 10-42 所示。

如果需要把标签改成胶囊的样式，则只需使用 class .nav-pills 代替 .nav-tabs，其他的步骤与上面相同。

示例代码如下：

```
<p>基本的胶囊式导航菜单</p>
 <ul class = "nav nav - pills">
   <li class = "active"><a href = "#"> Home </a></li>
   <li><a href = "#"> Java </a></li>
   <li><a href = "#"> Python </a></li>
   <li><a href = "#"> Web </a></li>
   <li><a href = "#"> Node </a></li>
 </ul>
```

胶囊式导航菜单，如图 10-43 所示。

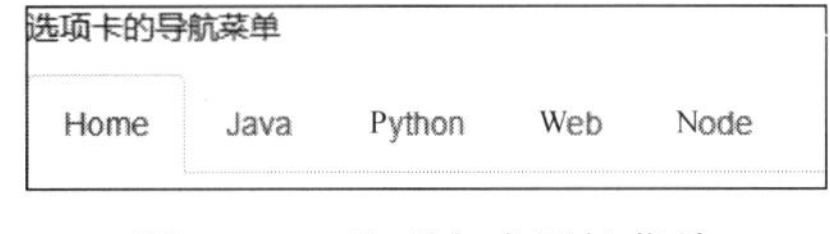

图 10-42 选项卡式导航菜单

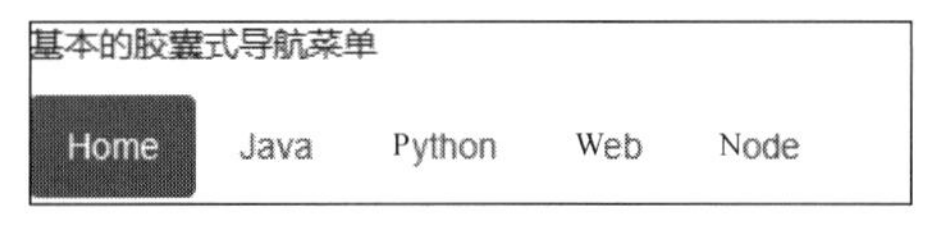

图 10-43 胶囊式导航菜单

可以添加 class .nav-stacked，创建一个垂直式导航，把导航元素转换为和容器等宽。可以将导航放在网格列中，将主内容放在另一列中。

示例代码如下：

```
<div class = "container">
    <div class = "row">
      <nav role = "navigation" class = "col - sm - 3">
        <ul class = "nav nav - pills nav - stacked">
          <li role = "presentation" class = "active">
           <a href = "#"> Home </a></li>
          <li role = "presentation"><a href = "#"> Java </a></li>
          <li role = "presentation"><a href = "#"> Python </a></li>
```

```
        <li role="presentation"><a href="#">Web</a></li>
        <li role="presentation"><a href="#">Node</a></li>
      </ul>
    </nav>
    <article class="col-sm-9">
      <h1>Bootstrap 导航</h1>
      <p>
        在本教程中,愿将学习如何使用 Bootstrap 工具包来创建基于导航、
        标签、胶囊式标签的导航.
        我们有演示实例及相关的解释,包括
        基本的基于标签和胶囊式标签的导航、堆叠的或垂直的基于标签和胶囊式标签
        的导航、基于标签和胶囊式标签的下拉菜单、使用导航列表创建堆叠导航、
        使用 JavaScript 创建可单击导航
      </p>
    </article>
  </div>
</div>
```

垂直式导航菜单,如图 10-44 所示。

图 10-44　垂直式菜单

可以在屏幕宽度大于 768px 时,通过在分别使用 . nav、. nav-tabs 或 . nav、. nav-pills 的同时使用 class . nav-justified,让标签式或胶囊式导航菜单与父元素等宽。在更小的屏幕上,导航链接会堆叠。

如果想禁用导航中的某些部分,则只需在<li>标签中添加. disabled 类,示例代码如下:

```
<li role="presentation" class="disabled"><a href="#">Web</a></li>
```

这样将链接变为灰色,删除所有鼠标悬停效果,如图 10-45 所示,但是<a>链接仍然有效,使用 JS 才能完全禁用这种链接。

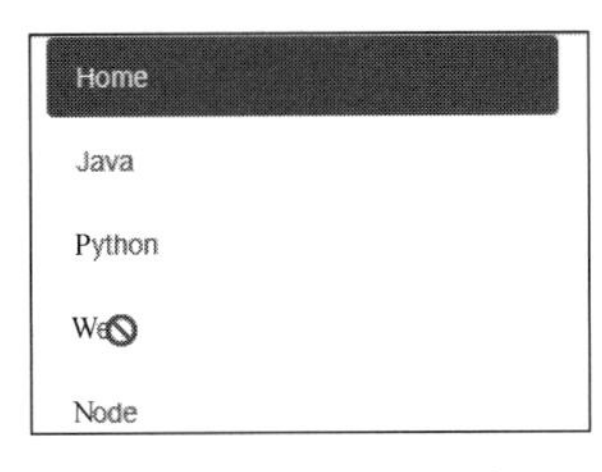

图 10-45　禁用链接

10.5.4 按钮组

按钮组允许多个按钮被堆叠在同一行上。当想要把按钮对齐时，这就显得非常有用。Bootstrap 提供使用的按钮组的一些常用的 class 如下：

(1) .btn-group 用于形成基本的按钮组。

(2) .btn-toolbar 是按钮工具栏，把几组 <div class="btn-group"> 结合到一个 <div class="btn-toolbar"> 中，一般用于获得更复杂的组件。

(3) .btn-group-lg、.btn-group-sm、.btn-group-xs 可调整整个按钮组的大小，而不需要对每个按钮的大小进行调整。

(4) .btn-group-vertical 让一组按钮垂直堆叠显示，而不是水平堆叠显示。

1. 基本的按钮组

.btn-group 类定义了按钮组，允许多个按钮堆叠在同一行上，示例代码如下：

```
<div class = "btn - group">
<button type = "button" class = "btn btn - default">海贼王</button>
<button type = "button" class = "btn btn - default">火影忍者</button>
<button type = "button" class = "btn btn - default">斗破苍穹</button>
</div>
```

基本按钮组效果，如图 10-46 所示。

图 10-46 基本按钮组效果

2. 按钮工具栏

.btn-toolbar 类定义了按钮工具栏，是多个按钮组的集合，示例代码如下：

```
<div class = "btn - toolbar" role = "toolbar">
    <div class = "btn - group">
      <button type = "button" class = "btn btn - default">海贼王</button>
      <button type = "button" class = "btn btn - default">火影忍者</button>
      <button type = "button" class = "btn btn - default">灌篮高手</button>
    </div>
    <div class = "btn - group">
      <button type = "button" class = "btn btn - default">猫和老鼠</button>
      <button type = "button" class = "btn btn - default">唐老鸭</button>
      <button type = "button" class = "btn btn - default">米奇乐园</button>
    </div>
    <div class = "btn - group">
      <button type = "button" class = "btn btn - default">镇魂街</button>
      <button type = "button" class = "btn btn - default">画江湖</button>
```

```
        <button type = "button" class = "btn btn - default">一人之下</button>
    </div>
</div>
```

按钮工具栏效果,如图 10-47 所示。

图 10-47　按钮工具栏效果

3. 按钮的大小

为按钮组添加 .btn-group-* 类,改变按钮的尺寸,示例代码如下:

```
<div class = "btn - toolbar" role = "toolbar">
    <div class = "btn - group btn - group - lg">
        <button type = "button" class = "btn btn - default">海贼王</button>
        <button type = "button" class = "btn btn - default">火影忍者</button>
        <button type = "button" class = "btn btn - default">灌篮高手</button>
    </div>
    <div class = "btn - group btn - group - sm">
        <button type = "button" class = "btn btn - default">猫和老鼠</button>
        <button type = "button" class = "btn btn - default">唐老鸭</button>
        <button type = "button" class = "btn btn - default">米奇乐园</button>
    </div>
    <div class = "btn - group btn - group - xs">
        <button type = "button" class = "btn btn - default">镇魂街</button>
        <button type = "button" class = "btn btn - default">画江湖</button>
        <button type = "button" class = "btn btn - default">一人之下</button>
    </div>
</div>
```

按钮大小效果如图 10-48 所示。

图 10-48　按钮大小效果

4. 嵌套

想要把下拉菜单混合到一系列按钮中,只需把 .btn-group 放入另一个 .btn-group 中,内部按钮组用来放置下拉菜单,示例代码如下:

```
<div class = "btn - group">
    <button type = "button" class = "btn btn - default">海贼王</button>
    <button type = "button" class = "btn btn - default">火影忍者</button>
```

```
        <div class = "btn - group">
          <button type = "button" class = "btn btn - default dropdown - toggle"
            data - toggle = "dropdown">
            樱桃小丸子
          <span class = "caret"></span>
          </button>
          <ul class = "dropdown - menu">
            <li><a href = "#">丸子</a></li>
            <li><a href = "#">乔治</a></li>
          </ul>
        </div>
      </div>
```

嵌套按钮组效果如图 10-49 所示。

5. 垂直的按钮组

.btn-group-vertical 类可以让一组按钮垂直排列，示例代码如下：

```
<div class = "btn - group - vertical">
        <button type = "button" class = "btn btn - default">海贼王</button>
        <button type = "button" class = "btn btn - default">火影忍者</button>
        <div class = "btn - group - vertical">
          <button type = "button" class = "btn btn - default dropdown - toggle"
              data - toggle = "dropdown">
            樱桃小丸子
            <span class = "caret"></span>
          </button>
          <ul class = "dropdown - menu">
            <li><a href = "#">丸子</a></li>
            <li><a href = "#">乔治</a></li>
          </ul>
        </div>
    </div>
```

垂直的按钮组效果如图 10-50 所示。

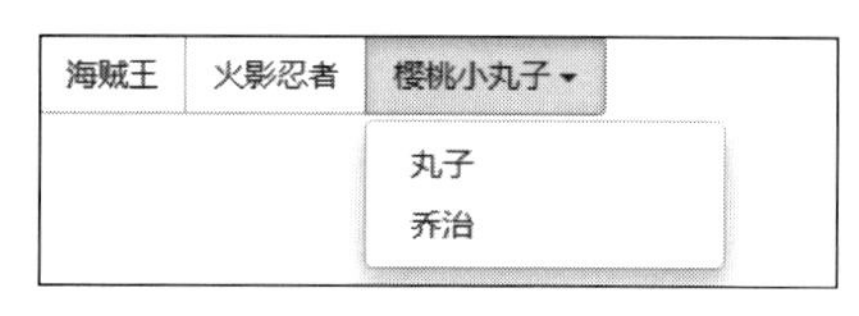

图 10-49 嵌套按钮组效果

图 10-50 垂直的按钮组效果

10.6　使用 Bootstrap JavaScript 插件

前面学习了 Bootstrap 各种 CSS 样式和组件。本节讲解 Bootstrap 自带的 10 多种 JavaScript 插件，这些插件扩展了功能，为网站增加交互性和动态效果。

10.6.1　如何使用 Bootstrap JavaScript 插件

使用 Bootstrap 插件的第 1 步都是引入 JavaScript 文件，有以下 3 种方式引入。

（1）引入编译的压缩 JavaScript 文件 <script src="js/bootstrap.min.js"></script>（推荐）。

（2）引入编译的非压缩 JavaScript 文件 <script src="js/bootstrap.js"></script>。

（3）单独引入 Bootstrap 的个别 *.js 插件文件，如表 10-8 所示。

表 10-8　Bootstrap 中 12 种单独的 JavaScript 插件

特　　效	插件文件	特　　效	插件文件
动画过渡	transition.js	弹出框	popover.js
模态弹窗	modal.js	警告框	alert.js
下拉菜单	dropdown.js	按钮	button.js
滚动侦测	scrollspy.js	折叠/手风琴	collapse.js
选项卡	tab.js	图片轮播	carousel.js
提示框	tooltop.js	自动定位浮标	affix.js

上述单独插件的下载可到 GitHub 下载，网址为 https://github.com/twbs/bootstrap。

所有的插件依赖于 jQuery，所以必须在插件文件之前引用 jQuery。在 Bootstrap 文档的最后引入如下代码：

```
<!-- 2.jQuery (Bootstrap 的 JavaScript 插件需要引入 jQuery) -->
<script src = "https://code.jquery.com/jquery.js"></script>
<!-- 3.包括所有已编译的插件 -->
<script src = "js/bootstrap.min.js"></script>
```

注意：bootstrap.js 和 bootstrap.min.js 都包含了所有的插件。

10.6.2　动画过渡（Transition）

Bootstrap 框架默认给各个组件提供了基本动画的过渡效果，如果要使用，则有以下两种方法：

（1）调用统一编译压缩的 bootstrap.min.js。

（2）调用单一的过渡动画的 JavaScript 插件文件 transition.js。

Bootstrap 对外公布的 transition.js 的网址如下：

```
<script src="http://cdn.bootcss.com/bootstrap/2.3.1/
    js/bootstrap-transition.js"></script>
```

transition.js 文件为 Bootstrap 具有过渡动画效果的组件提供了动画过渡效果。不过需要注意的是，这些过渡动画都是采用 CSS3 实现的，所以 IE 6～IE 8 浏览器不具备这些过渡动画效果。

默认情况下，Bootstrap 框架中以下组件使用了过渡动画效果：

(1) 模态弹出窗(Modal)的滑动和渐变效果。

(2) 选项卡(Tab)的渐变效果。

(3) 警告框(Alert)的渐变效果。

(4) 图片轮播(Carousel)的滑动效果。

10.6.3 模态弹出框(Modal)

Bootstrap 对外公布的 modal.js 的网址如下：

```
<script src="http://cdn.bootcss.com/bootstrap/2.3.1/
    js/bootstrap-modal.js"></script>
```

在 Bootstrap 框架中把模态弹出框统一称为 Modal。这种弹出框效果在大多数 Web 网站的交互中可见。例如单击一个按钮弹出一个框，弹出的框可能是一段文件描述，也可能带有按钮操作，还有可能弹出的是一张图片，如图 10-51 所示。

图 10-51 模态弹出框

1. 结构分析

Bootstrap 框架中的模态弹出框分别运用了 modal、modal-dialog 和 modal-content 样式，而弹出窗真正的内容都放置在 modal-content 中，其主要包括以下三部分：

(1) 弹出框头部，一般使用 modal-header 表示，主要包括标题和关闭按钮。

(2) 弹出框主体，一般使用 modal-body 表示，弹出框的主要内容。

(3) 弹出框脚部，一般使用 modal-footer 表示，主要放置操作按钮。

对于一个模态弹出窗而言，modal-content 才是样式的关键。其主要设置了弹出窗的边框、边距、背景色和阴影等样式。modal-content 中的 modal-header、modal-body 和 modal-footer 三部分样式主要用于控制一些间距的样式，而 modal-footer 都用来放置按钮，所以底部还对包含的按钮做了一定的样式处理，如例 10-13 所示。

【例 10-13】 模态弹出框

```
<!doctype html>
<html lang="zh-CN">
  <head>
    <meta charset="utf-8">
    <meta http-equiv="X-UA-Compatible" content="IE=edge">
    <meta name="viewport" content="width=device-width,
        initial-scale=1">
    <title>模态弹出框</title>
    <!-- 1. Bootstrap 核心样式文件 -->
    <link href="https://maxcdn.bootstrapcdn.com/bootstrap/3.3.7/
              css/bootstrap.min.css" rel="stylesheet">
  </head>
  <body>
    <div class="modal show">
        <div class="modal-dialog">
            <div class="modal-content">
                <div class="modal-header">
                    <button type="button" class="close"
                     data-dismiss="modal">
            <span aria-hidden="true">×</span>
            <span class="sr-only">Close</span>
        </button>
                    <h4 class="modal-title">模态弹出窗标题</h4>
                </div>
                <div class="modal-body">
                    <p>模态弹出窗主体内容</p>
                </div>
                <div class="modal-footer">
                    <button type="button" class="btn btn-default"
                     data-dismiss="modal">关闭</button>
                    <button type="button" class="btn btn-primary">保存
                </button>
                </div>
            </div><!-- /.modal-content -->
        </div><!-- /.modal-dialog -->
    </div><!-- /.modal -->
     <!-- 2.jQuery (Bootstrap 的 JavaScript 插件需要引入 jQuery) -->
     <script src="https://code.jquery.com/jquery.js"></script>
     <!-- 3.包括所有已编译的插件 -->
     <script src="js/bootstrap.min.js"></script>
  </body>
</html>
```

在浏览器中的显示效果如图 10-52 所示。

模态弹出窗标题 ×

模态弹出窗主体内容

关闭 保存

图 10-52 模态弹出框效果

2. 实现原理解析

Bootstrap 中的“模态弹出框”有以下几个特点：

(1) 模态弹出窗固定在浏览器中。

(2) 单击右侧全屏按钮，在全屏状态下，模态弹出窗宽度是自适应的，而且 modal-dialog 水平居中。

(3) 当浏览器视窗大于 768px 时，模态弹出窗的宽度为 600px。

我们注意到图 10-48，在做模态弹出窗时，底部常常会有一个透明的黑色蒙层效果。在 Bootstrap 框架中为模态弹出窗也添加了一个这样的蒙层样式 modal-backdrop，只不过默认情况下是全屏黑色的。同样，给其添加了一个过渡动画，从 fade 到 in，把 opacity 值从 0 变成了 0.5。图 10-52 展示的就是 in 状态下的效果。

Bootstrap 框架还为模态弹出窗提供了不同尺寸，一个是大尺寸样式 modal-lg，另一个是小尺寸样式 modal-sm。其结构上稍做调整，代码如下：

```
<div class="modal-dialog modal-lg">
<div class="modal-dialog modal-sm">
```

3. 触发模态弹出窗方法

众所周知，模态弹出窗在页面加载完成时被隐藏在页面中，只有通过一定的动作(事件)才能触发模态弹出窗的显示。在 Bootstrap 框架中实现方法有两种，接下来分别介绍这两种触发模态弹出窗的使用方法。

声明式触发有以下两种方法。

方法一：模态弹出窗声明，只需自定义两个必要的属性 data-toggle 和 data-target。Bootstrap 中声明式触发方法一般依赖于这些自定义的 data-xxx 属性，例如 data-toggle="" 或者 data-dismiss=""，示例代码如下：

```
<!-- 触发模态弹出窗的元素 -->
<button type="button" data-toggle="modal" data-target="#mymodal" class="btn btn-
primary">单击此处会弹出模态弹出窗</button>
```

```
<!-- 模态弹出窗 -->
<div class = "modal fade" id = "mymodal">
    <div class = "modal - dialog">
        <div class = "modal - content">
        <!-- 模态弹出窗内容 -->
        </div>
    </div>
</div>
```

应注意以下事项：

(1) data-toggle 必须设置为 modal(toggle 中文翻译过来就是触发器)。

(2) data-target 可以设置为 CSS 的选择符，也可以设置为模态弹出窗的 ID 值，一般情况下设置为模态弹出窗的 ID 值，因为 ID 值是唯一的值。

方法二：触发模态弹出窗也可以是一个链接< a >元素，所以可以使用链接元素自带的 href 属性替代 data-target 属性，示例代码如下：

```
<!-- 触发模态弹出窗的元素 -->
<a data - toggle = "modal" href = "#mymodal" class = " btn btn - primary">单击此处会弹出模态
弹出窗</a>
<!-- 模态弹出窗 -->
<div class = "modal fade" id = "mymodal">
    <div class = "modal - dialog">
        <div class = "modal - content">
        <!-- 模态弹出窗内容 -->
        </div>
    </div>
</div>
```

4. 为弹出窗增加过渡动画效果

可通过给. modal 增加类名 fade 为模态弹出窗增加一个过渡动画效果，代码如下：

```
class = "modal fade"
```

5. 模态弹出窗的使用

data- 参数说明：除了可以通过 data-toggle 和 data-target 来控制模态弹出窗之外，Bootstrap 框架针对模态弹出窗还提供了其他自定义 data-属性，以此来控制模态弹出窗。例如，是否有灰色背景 modal-backdrop，是否可以按 Esc 键关闭模态弹出窗。有关于 Modal 弹出窗自定义属性的相关说明如表 10-9 所示。

表 10-9 Modal 弹出窗自定义属性

属性名称	类型	默认值	描述	备注
data-toggle	字符	modal	用来控制模态弹出窗的显示	必须在触发元素上定义的一个属性，而且值只能是 modal
data-target	字符	用户自定义	data-target 用来定义要触发的模态弹窗是哪一个。其值可以是"div. modal"元素独有的类名，或者 ID 名	必须在触发元素上定义的一个属性，而且需要与"div. modal"中的独有类名或 ID 匹配
data-backdrop	布尔值	true	是否包含一个背景 div 元素，如果为真，则单击该背景时关闭弹出窗，如果取值为 static，则单击背景 div 元素时不会弹出窗	
data-keyboard	布尔值	true	按键盘的 Esc 键可以关闭弹出窗。如果值为 false，则无法通过 Esc 键来关闭弹出窗	
data-show	布尔值	true	初始化时，弹出窗是否显示	
href	URL 路径	空值	如果通过 a 元素来触发模态弹出窗且其 href 值不是一个以 # 开头的值，则表示是一个 URL 网址，模态弹出窗会先加载其内容，然后替换原有的 modal-content 中的内容	

JavaScript 触发方法。

除了可以使用自定义属性触发模态弹出窗之外，还可以通过 JavaScript 方法来触发模态弹出窗，即通过给一个元素一个事件来触发。例如给一个按钮一个单击事件，然后触发模态弹出窗，代码如下：

```
<button class = "btn btn - primary" type = "button">单击此处</button>
<!-- 模态弹出窗内容 -->
<div class = "modal" id = "mymodal">
```

JavaScript 触发的弹出窗代码如下：

```
<script>
 $(function(){
   $(".btn").click(function(){
     $("#themodal").modal();JavaScript:;
   });
 });
</script>
```

6. JavaScript 触发时的参数设置

当使用 JavaScript 触发模态弹出窗时，Bootstrap 框架提供了一些设置，主要包括属性设置、参数设置和事件设置。

1）属性设置

模态弹出窗默认支持的自定义属性如表10-10所示。

表10-10 模态窗自定义属性

属性名称	类型	默认值	描　　述	备　　注
backdrop	布尔值	true	是否包括一个背景div元素，如果设置为true，则单击该背景时模态弹出窗会关闭，如果取值为static，则单击该背景时不关闭模态弹出窗	等同于自定义属性中的data-backdrop
keyboard	布尔值	true	按Esc键关闭模态弹出窗；如果取值为false，则按Esc键无法关闭模态弹出窗	等同于自定义属性中的data-keyboard属性
show	布尔值	true	初始化时模态弹出窗是否显示	等同于自定义属性中的data-show属性
remote	URL	空值	远程获取remote指定的URL的内容来填充模态弹出窗的内容	等同于a链接元素中的href属性

如果不想让用户按Esc键关闭模态弹出窗，则可以这样做，代码如下：

```
$(function(){
    $(".btn").click(function(){
        $("#mymodal").modal({
            keyboard:false
        });
    });
});
```

2）参数设置

在Bootstrap框架中还为模态弹出窗提供了3种参数设置，具体说明如表10-11所示。

表10-11 模态弹出窗参数设置

参数	使 用 方 法	描　　述
toggle	$("#mymodal").modal("toggle")	触发时，反转模态弹出窗的状态。如果模态弹出窗是显示的，则关闭；反之，则显示
show	$("#mymodal").modal("show")	触发时，显示模态弹出窗
hide	$("#mymodal").modal("hide")	触发时，关闭模态弹出窗

3）事件设置

模态弹出窗还支持4种类型的事件，分别是模态弹出窗的弹出前、弹出后、关闭前、关闭后，具体描述如表10-12所示。

表 10-12　模态弹出窗支持的事件

事件类型	描　　述
show. bs. modal	在 show 方法调用时立即触发（尚未显示之前）；如果单击了一个元素，则该元素将作为事件的 relatedTarget 属性
shown. bs. modal	该事件在模态弹出窗完全显示给用户之后（并且等 CSS 动画完成之后）触发；如果单击了一个元素，则该元素将作为事件的 relatedTarget 事件
hide. bs. modal	在 hide 方法调用时（但还未关闭隐藏）立即触发
hidden. bs. modal	该事件在模态弹出窗完全隐藏之后（并且 CSS 动画完成之后）触发

调用方法也非常简单，代码如下：

```
$('#myModal').on('hidden.bs.modal', function (e) {
    //处理代码...
})
```

第 11 章

企业级项目：蓝莓派音乐社区

本章通过蓝莓派音乐社区项目实例的解析与实现，提高开发者对“前端语言、后端语言、前后端交互”的充分认知与理解，实现项目从前端到后端再到数据库的完美交互，并将项目发布于 XAMPP 服务器。前端语言是由浏览器直接解析，而后端语言需要发布于服务器暴露 URL 供前端动态获取数据，前端动态获取后端数据使用 Ajax。提前体验“编程之美，编程之乐”。

前端语言：负责用户交互（HTML、CSS、JS）。浏览器中存在解析前端语言的机制（解析器），最终翻译成二进制，让计算机认识我们的代码。

后端语言：负责业务逻辑（PHP、C、Java、Python、GO），以及数据接口的提供。在服务器中运行，服务器中安装了能够解析后端语言的解析器，后端语言的解析器包括 Apache、Tomcat、Ngix。

本章需要大家有一定的 PHP（后端语言）、Swiper（目前应用较广泛的移动端网页触摸内容滑动 JS 插件）、MySQL（数据库）、前后端交互 Ajax 等知识。

蓝莓派音乐社区项目是基于 jQuery 使用 Ajax 和 Bootstrap 布局且后端使用 PHP 语言的音乐社区类项目。主要功能模块包括登录弹框、乐章页面音乐播放 JS 模拟、乐章数据获取、乐章文章内容获取解析和数据动态渲染，如图 11-1 所示。最终效果以 demo 文件（在首

图 11-1　蓝莓派音乐社区

页资料中提供)为准,demo 文件是提供给大家的静态成品。

蓝莓派音乐社区项目紧跟企业实际技术选型,追求技术的实用性与前瞻性。帮助我们快速理解企业级布局思维。

21min

11.1 XAMPP 安装

XAMPP 是一款开源、免费的网络服务器软件,经过简单安装后,就可以在个人计算机上搭建服务器环境,这样就能够解析后端语言了。

1. 简介

XAMPP(X-系统,A-Apache,M-MySQL,P-PHP,P-phpMyAdmin/Perl)这个缩写名称说明了 XAMPP 安装包所包含的文件:Apache Web 服务器、MySQL 数据库、PHP、Perl、FTP 服务程序(FileZillaFTP)和 phpMyAdmin。简单地说,XAMPP 是一款集成了 Apache+MySQL+PHP 的服务器系统开发套件,同时还包含了管理 MySQL 的工具 phpMyAdmin,即可对 MySQL 进行可视化操作。采用这种紧密的集成,XAMPP 可以运行从个人主页到功能全面的产品站点的任何程序。

2. 安装并运行

XAMPP 是免费的,下载网址为 http://www.apachefriends.org/zh_cn/xampp.html 或者在本书首页资料链接中下载。进入下载页面后选择自己对应的操作系统下载(Windows、Linux、Solaris、Mac OS X 等多种操作系统),此处笔者的系统为 Windows 操作系统,如果你使用的是其他的操作系统,本教程也可作为参考。

下载后可根据提示一步步安装,与安装其他任何软件类似,此处不再说明,这里笔者的软件安装目录为 D:\XAMPP,安装成功后文件夹的内容如图 11-2 所示。

注意:此软件不建议安装到系统盘中。

安装成功后,双击运行目录内的 setup_xampp.bat 批处理文件初始化 XAMPP,然后运行 xampp-control.exe 文件可以启动或停止 Apache 等各个模块并可将其注册为服务,如图 11-3 所示。

3. 配置 Apache

把 httpd.conf 文件中的 80 端口全部修改为 xxxx 端口,如 8082,如图 11-4 所示。如果不修改,则会与默认的 80 端口产生冲突,严重时可能导致浏览器不能正常使用。然后将 /apache/conf/httpd-ssl.conf 文件中的端口 443 全部修改为 4433,如图 11-5 所示。

4. Apache 服务器的用法

(1) Apache 的根目录是 htdocs 文件夹,将我们的半成品蓝莓派音乐项目(蓝莓派-project,在本书资料链接中供大家下载)直接放到 htdocs 文件夹中,Apache 只解析这个文件中的项目。

此电脑 › 软件盘 (D:) › xampp

名称	修改日期	类型	大小
anonymous	2019/5/15/周三 ...	文件夹	
apache	2019/5/15/周三 ...	文件夹	
cgi-bin	2019/5/15/周三 ...	文件夹	
contrib	2019/5/15/周三 ...	文件夹	
FileZillaFTP	2019/5/15/周三 ...	文件夹	
htdocs	2019/5/21/周二 ...	文件夹	
img	2019/5/15/周三 ...	文件夹	
install	2019/5/15/周三 ...	文件夹	
licenses	2019/5/15/周三 ...	文件夹	
locale	2019/5/15/周三 ...	文件夹	
mailoutput	2019/5/15/周三 ...	文件夹	
mailtodisk	2019/5/15/周三 ...	文件夹	
MercuryMail	2019/5/15/周三 ...	文件夹	
mysql	2019/5/15/周三 ...	文件夹	
perl	2019/5/15/周三 ...	文件夹	
php	2019/5/15/周三 ...	文件夹	
phpMyAdmin	2019/5/21/周二 ...	文件夹	
sendmail	2019/5/15/周三 ...	文件夹	
src	2019/5/15/周三 ...	文件夹	
tmp	2019/11/20/周三...	文件夹	
tomcat	2019/5/15/周三 ...	文件夹	
webalizer	2019/5/15/周三 ...	文件夹	
webdav	2019/5/15/周三 ...	文件夹	
apache_start.bat	2013/6/7/周五 1...	Windows 批处理...	1 KB
apache_stop.bat	2013/6/7/周五 1...	Windows 批处理...	1 KB
catalina_service.bat	2013/3/30/周六 ...	Windows 批处理...	10 KB
catalina_start.bat	2013/6/7/周五 1...	Windows 批处理...	3 KB
catalina_stop.bat	2013/6/25/周二 ...	Windows 批处理...	3 KB
ctlscript.bat	2019/5/15/周三 ...	Windows 批处理...	3 KB
filezilla_setup.bat	2013/3/30/周六 ...	Windows 批处理...	1 KB
filezilla_start.bat	2013/6/7/周五 1...	Windows 批处理...	1 KB
filezilla_stop.bat	2013/6/7/周五 1...	Windows 批处理...	1 KB
mercury_start.bat	2013/6/7/周五 1...	Windows 批处理...	1 KB
mercury_stop.bat	2013/6/7/周五 1...	Windows 批处理...	1 KB
mysql_start.bat	2013/6/7/周五 1...	Windows 批处理...	1 KB
mysql_stop.bat	2013/6/7/周五 1...	Windows 批处理...	1 KB
passwords.txt	2017/3/13/周一 ...	文本文档	1 KB
properties.ini	2019/5/15/周三 ...	配置设置	1 KB
readme_de.txt	2019/1/18/周五 ...	文本文档	8 KB
readme_en.txt	2019/1/18/周五 ...	文本文档	8 KB
RELEASENOTES	2019/1/18/周五 ...	文件	1 KB
service.exe	2013/3/30/周六 ...	应用程序	60 KB
setup_xampp.bat	2013/3/30/周六 ...	Windows 批处理...	2 KB
test_php.bat	2016/12/9/周五 ...	Windows 批处理...	3 KB
uninstall.dat	2019/5/15/周三 ...	DAT 文件	221 KB
uninstall.exe	2019/5/15/周三 ...	应用程序	8,341 KB
xampp_shell.bat	2019/5/15/周三 ...	Windows 批处理...	2 KB
xampp_start.exe	2013/3/30/周六 ...	应用程序	116 KB
xampp_stop.exe	2013/3/30/周六 ...	应用程序	116 KB
xampp-control.exe	2016/12/14/周三...	应用程序	3,289 KB
xampp-control.ini	2019/11/20/周三...	配置设置	2 KB
xampp-control.log	2019/11/20/周三...	文本文档	66 KB

图 11-2 XAMPP 安装成功文件夹

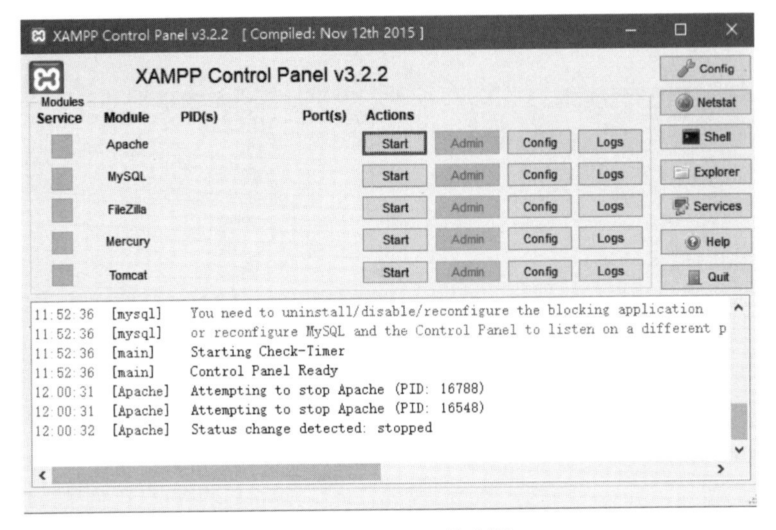

图 11-3 XAMPP 控制器

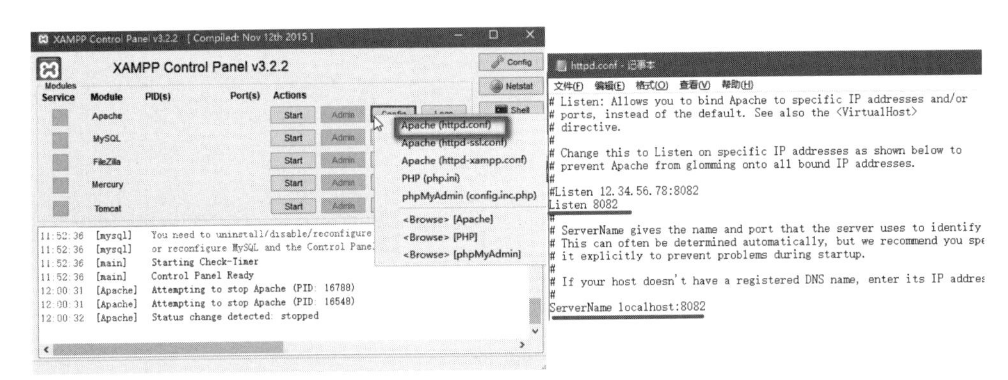

图 11-4 httpd.conf 文件中端口修改

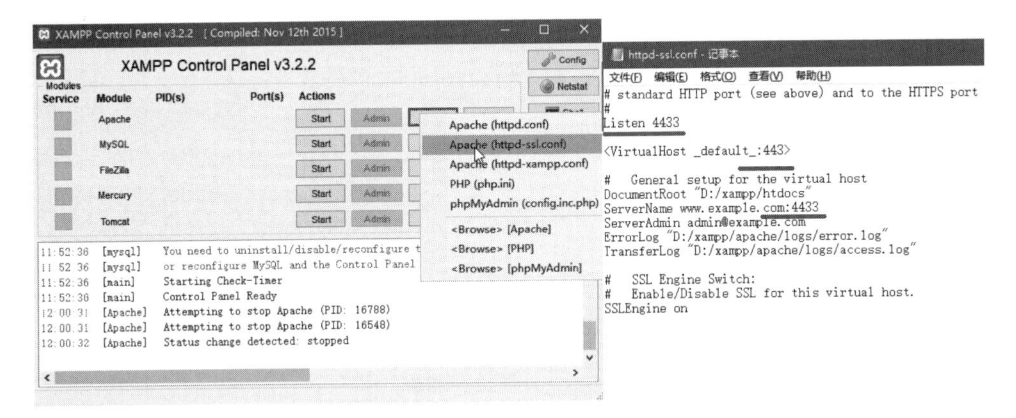

图 11-5 httpd-ssl.conf 文件中端口修改

(2) 单击 XAMPP 控制面板上的 start 按钮，启动 Apache 服务器，如图 11-6 所示。

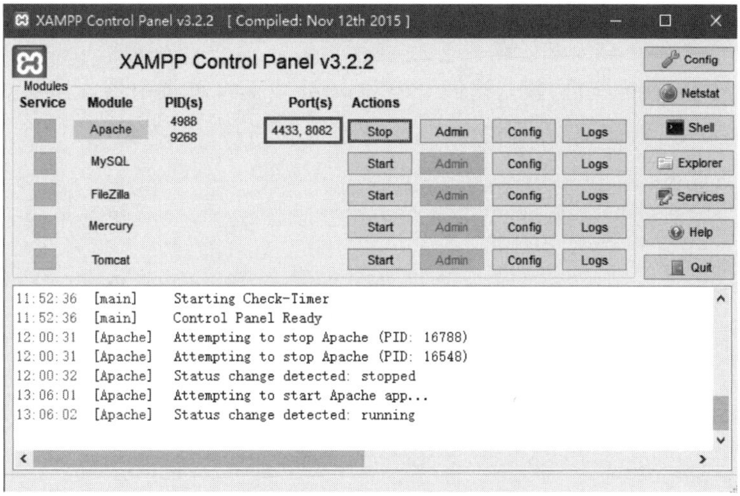

图 11-6 Apache 服务器启动成功

(3) 访问项目，在浏览器网址栏中输入 http://localhost:8082/蓝莓派-project/，若出现如图 11-7 所示的界面，则表示成功了。

图 11-7 蓝莓派半成品项目

经过上述的步骤后，项目的部署已经完成了，需要记住站点的根目录为 xampp 目录下的 htdocs 文件夹，可以在 htdocs 目录下创建任意一个站点或项目。

5. 配置 MySQL

MySQL 是典型的常用的关系型数据库，直接采用本地的数据库即可，这里不再赘述(对 MySQL 不了解的读者，先补充这部分知识)。

20min

11.2 蓝莓派音乐页面登录 Ajax 请求

进入蓝莓派-project 项目，默认访问 index. html 页面。首页中包含顶部导航条、注册登录模态框、顶部轮播、乐章模块、听说模块、乐趣模块、聊聊模块、游记、照片墙等功能模块，等待我们后续逐步完成。

首先完成登录模态框功能，当单击页面中的登录按钮时，会唤醒登录模态框，后台代码的实现如图 11-8 所示。

```
index.html ×
index.html > html > body
36              </div>
37              <a href="#" data-toggle="modal" data-target="#login" class="menu login">登录</
38              <a href="#" data-toggle="modal" data-target="#regist" class="menu regist">注册
39              <a class="showInfo ahidden">你好</a>
40              <button class="btn btn-danger btn_hidden">注销用户</button>
41          </div>
42      </div>
43      <!-- 注册模态框 -->
44  > <div class="modal fade" id="regist" tabindex="-1" role="dialog" aria-labelledby="myMod
58      </div>
59      <!-- 登录模态框 -->
60  > <div class="modal fade" id="login" tabindex="-1" role="dialog" aria-labelledby="myModa
74      </div>
```

图 11-8 唤醒登录模态框

使用 Ajax 进行前后端数据交互，将前端的数据提交给后端，后端将响应的结果返给前端完成一次会话。

在 index. html 源文件底部编写 Ajax 请求，代码如下：

```
<script>
    //登录按钮的单击事件
    //单击时 Ajax 请求后台,并等待后台反馈数据
    $('.loginBtn').click(function(){
        var userName = $('.username').val();
        var passWord = $('.password').val();
        //判空的操作
        if(userName.trim().length == 0||passWord.trim().length == 0){
            alert('用户名或者密码不能为空!需检查输入!');
            return;
        }
        //发送 Ajax 请求
        $.ajax({
            type:'post',
            url:'php/loginFile.php',
            dataType:'json',
```

```
                data:{
                    uname:userName,
                    upass:passWord
                },
                success:function(res){
                    console.log(res);
                    }
            });
            //发送完请求后,清空输入框,等待下一次操作
            $('.username').val('');
            $('.password').val('');
        });
    </script>
```

后台 PHP 语言的建立，在项目中建立 php/loginFile.php 文件，实现接受请求，代码如下：

```
<?php
    $success = array('msg' =>'ok','info' => $_POST);
    echo json_encode( $success);
?>
```

若在页面中出现如图 11-9 所示效果，说明前后端交互成功。

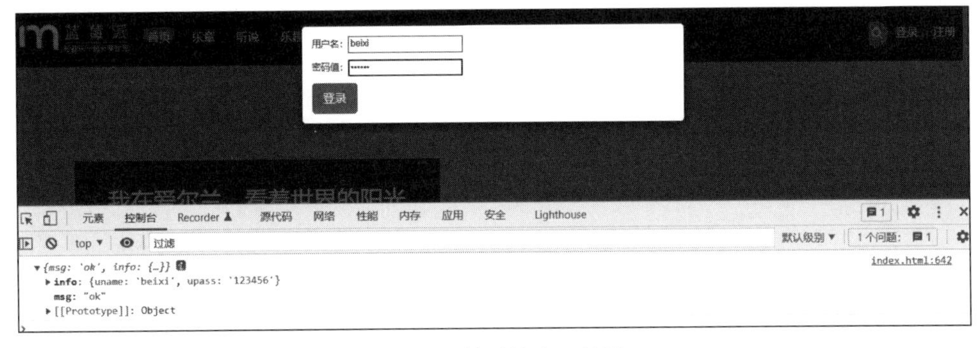

图 11-9　前后端交互效果

11.3　蓝莓派登录后台构建

要实现项目的动态登录，必须建立数据库，使用后台连接数据库，完成一站式登录操作。在 MySQL 数据库中建立表结构，如图 11-10 所示。

更改 loginFile.php 文件中的代码，主要完成数据库的连接，获取数据库中的用户信息，并与前用户端发来的数据做比较，当数据一致时登录成功并返回状态码 0，当登录失败时返

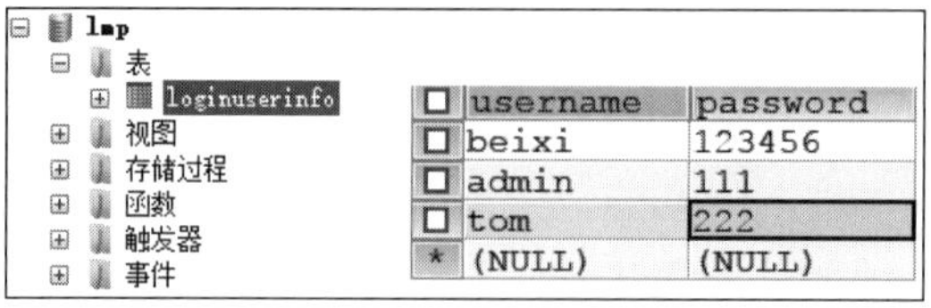

lmp
- 表
  - loginuserinfo
- 视图
- 存储过程
- 函数
- 触发器
- 事件

username	password
beixi	123456
admin	111
tom	222
(NULL)	(NULL)

图 11-10 登录表结构

回状态码 1,当数据库连接失败时返回状态码 2,当数据库信息为空时返回状态码 3,代码如下:

```
<?php
    //获取用户从前端发来的数据
    $username = $_POST['uname'];
    $password = $_POST['upass'];
     $success = array('msg' =>'ok');
     //连接本地数据库         用户名      密码      库
    $con = mysqli_connect('localhost','root','root','lmp');
    if($con){
       mysqli_query($con,'set names utf8');                    //设置字符集
       mysqli_query($con,'set character_set_client utf8');
       mysqli_query($con,'set character_set_results utf8');
        $sql = 'select * from loginuserinfo where 1';
        $result = $con -> query($sql);                         //执行 SQL
       //读取数据库中的用户信息
       if($result -> num_rows > 0){
           $info = [];
          for($i = 0; $row = $result -> fetch_assoc(); $i++){
                 $info[$i] = $row;
          }
         //判断用户发来的用户名和密码是否在数据库中有对应信息
         $flag = false;                                         //标识符,默认登录失败
         for($j = 0; $j < count($info); $j++){
            if($info[$j]['username'] == $username){
                if($info[$j]['password'] == $password){
                      $success['infoCode'] = 0;
                      //返回登录成功用户名
                       $success['showUserName'] = $username;
                       $flag = true;
                      break;
                }
            }
         }
         //当循环结束后,判断 $flag 的值
         if(! $flag){
           $success['infoCode'] = 1;
         }
```

```
            }else{
                $success['infoCode'] = 3;
            }
        }else{
            //0 代表成功,1 代表失败,2 代表数据库连接失败,3 代表数据库为空
            $success['infoCode'] = 2;
        }
    echo json_encode( $success);
?>
```

然后在 index.html 文件中修改 Ajax 请求成功后的数据绑定,代码如下:

```
<script>
    //登录按钮的单击事件
    //单击时 Ajax 请求后台,并等待后台反馈数据
    $('.loginBtn').click(function(){
        var userName = $('.username').val();
        var passWord = $('.password').val();
        //判空的操作
        if(userName.trim().length == 0||passWord.trim().length == 0){
            alert('用户名或者密码不能为空!需检查输入!');
            return;
        }
        //发送 Ajax 请求
        $.ajax({
            type:'post',
            url:'php/loginFile.php',
            dataType:'json',
            data:{
                uname:userName,
                upass:passWord
            },
            success:function(res){
                switch(res.infoCode){
                        case 0:{
                            alert('登录成功');
                        }
                            break;
                        case 1:{
                            alert('登录失败!用户名或者密码错误!');
                        }
                            break;
                        case 2:{
                            alert('登录失败!网络连接失败');
                        }
                            break;
                        case 3:{
```

```
                        alert('登录失败!该用户名不存在');
                    }
                        break;
                    default:{
                        alert('未知错误!');
                    }
                }
            }
        });
        //发送完请求后,清空输入框,等待下一次操作
        $('.username').val('');
        $('.password').val('');
    });
</script>
```

测试登录效果,如果输入的用户名、密码和数据库中的数据一致,则显示登录成功,如果不一致,则显示登录失败,如图 11-11 所示。

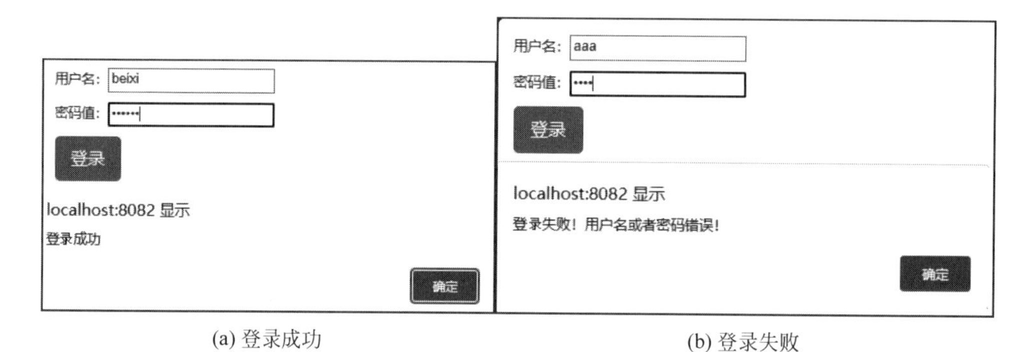

(a) 登录成功　　(b) 登录失败

图 11-11　登录状态

18min

11.4　蓝莓派登录后页面结构变更

登录成功后,把“登录”“注册”按钮隐藏,随之替换为“你好”“注销用户”按钮,index.html 后台示例代码如图 11-12 所示。

```
<div class="header-menu">
    <div class="he-me-input">
        <input type="text"/>
        <div class="input-btn"></div>
    </div>
    <a href="#" data-toggle="modal" data-target="#login" class="menu login">登录</a>
    <a href="#" data-toggle="modal" data-target="#regist" class="menu regist">注册</a>
    <a class="showInfo ahidden">你好</a>
    <button class="btn btn-danger btn_hidden">注销用户</button>
</div>
```

隐藏

显示

图 11-12　后台登录示例代码

“你好”“注销用户”按钮原本在 header. css 中已经隐藏，只需要在登录成功后的回调函数中将“登录”“注册”按钮隐藏(display：none;)，将“你好”“注销用户”按钮显示(display：inline-block)。在 index. html 文件中，继续修改 Ajax 请求，代码如下：

```
//登录按钮的单击事件
//单击时 Ajax 请求后台,并等待后台反馈数据
$('.loginBtn').click(function(){
    var userName = $('.username').val();
    var passWord = $('.password').val();
    //判空的操作
    if(userName.trim().length == 0||passWord.trim().length == 0){
        alert('用户名或者密码不能为空!需检查输入!');
        return;
    }
    //发送 ajax 请求
    $.ajax({
        type:'post',
        url:'php/loginFile.php',
        dataType:'json',
        data:{
            uname:userName,
            upass:passWord
        },
        success:function(res){
            switch(res.infoCode){
                case 0:{
                    alert('登录成功');
                    //登录成功后页面结构变更
                    $('.header-menu').find('.menu')
                                    .css('display','none');
                    $('.header-menu').find('.ahidden')
                                    .css('display','inline-block');
                    $('.header-menu').find('.ahidden')
                                    .html('欢迎回来!' + res.showUserName);
                    $('.header-menu').find('.btn_hidden')
                                    .css('display','inline-block');
                }
                    break;
                case 1:{
                    alert('登录失败!用户名或者密码错误!');
                }
                    break;
                case 2:{
                    alert('登录失败!网络连接失败');
                }
                    break;
                case 3:{
```

```
                    alert('登录失败!该用户名不存在');
                }
                    break;
                default:{
                    alert('未知错误!');
                }
            }
        }
    });
    //发送完请求后,初始化输入框,等待下一次操作
    $('.username').val('');
    $('.password').val('');
});
```

修改完成后,当登录成功时,页面结构如图 11-13 所示。

图 11-13 登录模块结构变更

当单击“注销用户”按钮时,希望页面还原为原始状态,代码操作正好和登录成功页面变更时相反,并将整个登录模块封装到自执行函数中。在 index.html 文件中,完整的登录模块代码如下:

```
//自执行函数 (function(){})()
//封装 JS 文件时习惯性地放在自执行函数中,保证不污染全局变量
//同时在自执行函数之前添加分号,保证自执行函数独立执行,不受其他 JS 语句影响
;(function(){
    //注销用户
    $('.header-menu').find('.btn_hidden').click(function(){
        $('.header-menu').find('.menu')
                        .css('display','inline-block');
        $('.header-menu').find('.ahidden').css('display','none');
        $('.header-menu').find('.btn_hidden').css('display','none');
    });
    //登录用户
    $('.loginBtn').click(function(){
        var userName = $('.username').val();
        var passWord = $('.password').val();
        //判空的操作
        if(userName.trim().length == 0||passWord.trim().length == 0){
            alert('用户名或者密码不能为空!需检查输入!');
            return;
        }
        //发送 Ajax 请求
        $.ajax({
```

```
                type:'post',
                url:'php/loginFile.php',
                dataType:'json',
                data:{
                    uname:userName,
                    upass:passWord
                },
                success:function(res){
                    switch(res.infoCode){
                        case 0:{
                            alert('登录成功');
                            //登录成功后页面结构变更
                            $('.header-menu').find('.menu')
                                            .css('display','none');
                            $('.header-menu').find('.ahidden')
                                            .css('display','inline-block');
                            $('.header-menu').find('.ahidden')
                                        .html('欢迎回来!'+res.showUserName);
                            $('.header-menu').find('.btn_hidden')
                                            .css('display','inline-block');
                        }
                            break;
                        case 1:{
                            alert('登录失败!用户名或者密码错误!');
                        }
                            break;
                        case 2:{
                            alert('登录失败!网络连接失败');
                        }
                            break;
                        case 3:{
                            alert('登录失败!该用户名不存在');
                        }
                            break;
                        default:{
                            alert('未知错误!');
                        }
                    }
                }
            });
            //发送完请求后,初始化输入框,等待下一次操作
            $('.username').val('');
            $('.password').val('');
        });
    })();
```

11.5 首页轮播数据构建与 Ajax 请求

21min

轮播图的制作其实早已不陌生，而在此我们改变以往做法，轮播图的所有数据来源于数据库。观察 demo 文件中轮播图示例，会发现轮播图包含 3 个字段：图片路径（项目中 img 文件夹下的 banner 图片路径）、标题、内容。

根据需求，先建立轮播图数据库表结构，并添加数据，如图 11-14 所示。

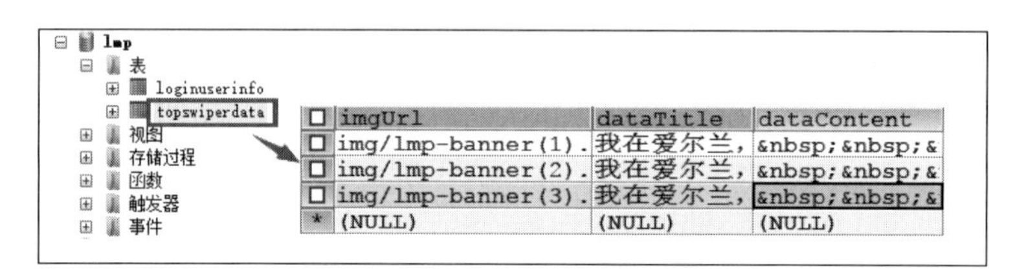

图 11-14　轮播图数据库表结构

轮播图的制作思路，依旧是在前端使用 Ajax 去后端请求数据，后端连接数据库，进而将数据响应给前端。前端轮播图的整体布局采用 swiper 框架。在 index. html 文件中，轮播图静态示例代码如图 11-15 所示。

```
<!--顶部轮播-->
<div class="dblb">
<div class="swiper-container swiper-hd">
    <div class="swiper-wrapper">
        <div class="swiper-slide"><!--一个轮播图示例-->
            <div class="ss-hd-text ani" swiper-animate-effect="bounceInRight" swiper-a
                <h1 align="center">我在爱尔兰，看着世界的阳光</h1>
                <p>     爱尔兰（爱尔兰语：Poblacht na hÉireann
            </div>
        </div>

    </div>
    <div class="swiper-pagination hd-page"></div>
</div>
```

图 11-15　轮播图静态示例代码

将该段静态示例代码注释掉，使用 Ajax 动态获取数据库（如图 11-14 所示）中的数据，在 index. htm 文件中，首页顶部实现轮播图的 Ajax 请求，代码如下：

```
//首页顶部轮播图的 Ajax 请求
;(function(){
        //直接进入页面后，自动发送 Ajax 请求
        $.ajax({
            type:'get',
            url:'php/getTopSwiperData.php',
            dataType:'json',
            success:function(res){
```

```
                console.log(res.swiperinfo);
            }
        });
    })();
```

在 php 文件夹下建立 getTopSwiperData.php 文件，用于数据库的连接及 topswiperdata 表中数据的获取并封装后返给前端，代码如下：

```
<?php
    $success = array('msg' =>'ok');
    //连接数据库
    try{
      $pdo = new
     PDO('mysql:host = localhost;dbname = lmp;port = 3306','root','root');
    }catch(PDOException $e){
        echo $e->getMessage();
    }
    $pdo->exec('set names utf8');
    $sql = "select * from topswiperdata where 1";
    $result = $pdo->prepare($sql);
    $result->execute();
    //绑定数据
    $result->bindColumn(1, $imgUrl);
    $result->bindColumn(2, $dataTitle);
    $result->bindColumn(3, $dataContent);
    $info = [];
    for($i = 0; $result->fetch(PDO::FETCH_COLUMN); $i++){
        $info[$i] = array('imgUrl' => $imgUrl, 'dataTitle' => $dataTitle, 'dataContent' =>
                $dataContent);
    }
    //将索引到的数据放入 $success 中并返回
    $success['swiperinfo'] = $info;
    echo json_encode($success);
?>
```

刷新页面后的显示效果如图 11-16 所示，说明数据库中轮播图的数据已被返给前端。

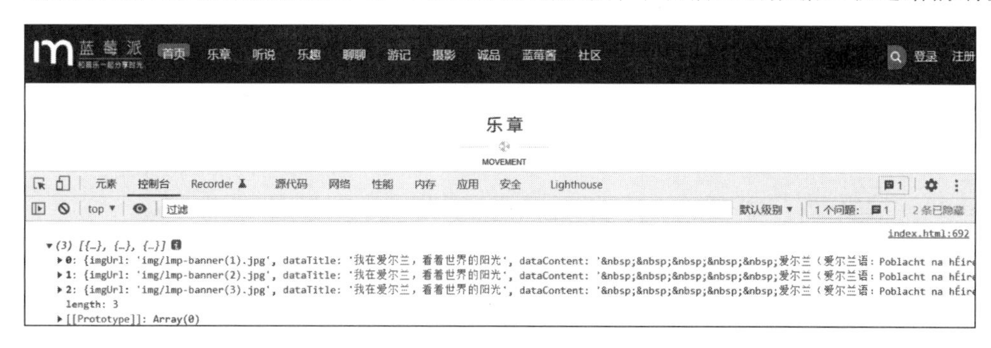

图 11-16 轮播图数据被返回

21min

11.6 首页轮播数据页面加载

前面已经获取了轮播图的动态数据，现只需完成页面的布局展示。我们从轮播图的静态示例代码中知道轮播图使用了 swiper 框架，而每个< div class="swiper-slide">为一个轮播图示例，所以只需要在 Ajax 中模仿静态示例代码的结构，利用 JS 将其构建完成。在 index. html 文件中，修改首页顶部轮播图的 Ajax 请求，代码如下：

```
//首页顶部轮播图的 Ajax 请求
;(function(){
        //直接进入页面后，自动发送 Ajax 请求
        $.ajax({
            type:'get',
            url:'php/getTopSwiperData.php',
            dataType:'json',
            success:function(res){
                console.log(res.swiperinfo);
                var swiperInfoArr = res.swiperinfo;
                //选中 swiper 容器
                var dblb = document.querySelector('.dblb');
                //构建 swiper
                var swiperhd = document.createElement('div');
                swiperhd.className = 'swiper-container swiper-hd';
                dblb.appendChild(swiperhd);
                //构建 wrapper
                var swiperhd_wrapper = document.createElement('div');
                swiperhd_wrapper.className = 'swiper-wrapper';
                swiperhd.appendChild(swiperhd_wrapper);
                //构建 slide
                for(var i = 0;i < swiperInfoArr.length;i++){
                   //每个 slide 容器
                    var slideDiv = document.createElement('div');
                    slideDiv.className = 'swiper-slide';
                    slideDiv.style.backgroundImage = 'url("' + swiperInfoArr[i].imgUrl + '")';
                    swiperhd_wrapper.appendChild(slideDiv);
                    //每个 slide 里边的内容
                    var contDiv = document.createElement('div');
                    contDiv.className = 'ss-hd-text ani';
                    contDiv.setAttribute('swiper-animate-effect','bounceInRight');
                    contDiv.setAttribute('swiper-animate-duration','0.3s');
                     slideDiv.appendChild(contDiv);
                     //每个 slide 里面的文本标题
                     var h1 = document.createElement('h1');
                     h1.setAttribute('align','center');
```

```
                h1.innerHTML = swiperInfoArr[i].dataTitle;
                contDiv.appendChild(h1);
                //每个 slide 里面的主体内容
                var p = document.createElement('p');
                p.innerHTML = swiperInfoArr[i].dataContent;
                contDiv.appendChild(p);
            }

        }
    });
})();
```

这样轮播图的轮廓布局就完成了，但是还缺少轮播图的分页器。在 index.html 文件中，修改首页顶部轮播图的 Ajax 请求，完成分页的效果，完整代码如下：

```
//首页顶部轮播图的 Ajax 请求
;(function(){
    //直接进入页面后，自动发送 Ajax 请求
    $.ajax({
        type:'get',
        url:'php/getTopSwiperData.php',
        dataType:'json',
        success:function(res){
            console.log(res.swiperinfo);
            var swiperInfoArr = res.swiperinfo;
            //选中 swiper 容器
            var dblb = document.querySelector('.dblb');
            //构建 swiper
            var swiperhd = document.createElement('div');
            swiperhd.className = 'swiper-container swiper-hd';
            dblb.appendChild(swiperhd);
            //构建 wrapper
            var swiperhd_wrapper = document.createElement('div');
            swiperhd_wrapper.className = 'swiper-wrapper';
            swiperhd.appendChild(swiperhd_wrapper);
            //构建 slide
            for(var i = 0;i < swiperInfoArr.length;i++){
                //每个 slide 容器
                var slideDiv = document.createElement('div');
                slideDiv.className = 'swiper-slide';
                slideDiv.style.backgroundImage = 'url("' + swiperInfoA
                    rr[i].imgUrl + '")';
                swiperhd_wrapper.appendChild(slideDiv);
                //每个 slide 里边的内容
                var contDiv = document.createElement('div');
                contDiv.className = 'ss-hd-text ani';
                contDiv.setAttribute('swiper-animate-effect','boun
```

```
            ceInRight');
                contDiv.setAttribute('swiper-animate-duration','0.3s');
                slideDiv.appendChild(contDiv);
                //每个 slide 里面的文本标题
                var h1 = document.createElement('h1');
                h1.setAttribute('align','center');
                h1.innerHTML = swiperInfoArr[i].dataTitle;
                contDiv.appendChild(h1);
                //每个 slide 里面的主体内容
                var p = document.createElement('p');
                p.innerHTML = swiperInfoArr[i].dataContent;
                contDiv.appendChild(p);
            }
            //构建 wrapper 平级的 pagination
            var swiperhd_page = document.createElement('div');
            swiperhd_page.className = 'swiper-pagination hd-page';
            swiperhd.appendChild(swiperhd_page);
            //swiper 构建完毕后的初始化
            var swiper_hd = new Swiper('.swiper-hd',{
                pagination:'.hd-page',
                onInit:function(swiper){
                    swiperAnimateCache(swiper);          //隐藏动画元素
                    swiperAnimate(swiper);               //初始化完成开始动画
                },
                onSlideChangeEnd:function(swiper){
                //每个 slide 切换结束时也运行当前 slide 动画
                    swiperAnimate(swiper);
        }
            });
        }
    });
})();
```

至此，首页顶部轮播图就完成了，刷新页面后的显示效果如图 11-17 所示。

图 11-17　首页顶部轮播图完成效果

11.7　蓝莓派模态框处理与加载

在蓝莓派项目中听说、聊聊、诚品、蓝莓酱等模块中都使用了模态框，而在 Bootstrap 官网提供了模态框 JS 插件，如图 11-18 所示。

图 11-18　模态框 JS 插件

模态框在单击按钮时可通过 JavaScript 启动一个模态框。此模态框将从上到下逐渐浮现到页面前。当项目需要使用模态框时，只需复制官网提供的示例代码，修改为我们所要的样式。如将动态模态框示例代码复制于 index. html 文件底部，作解释说明并演示，代码如下：

```
<!--
    data-toggle="modal" 单击按钮时采用模态框切换的样式,必要属性
    data-target="#myModal" 唤醒的是哪一个模态框
-->
<button type="button" class="btn btn-primary btn-lg"
data-toggle="modal" data-target="#myModal">
    唤醒模态框按钮
</button>

<!--
   class="modal fade" 表示 div 采用模态框样式,并且唤醒或者消失时采用渐变的效果
```

```
    class = "modal - dialog" 表示模态框采用对话框样式
    class = "modal - content" 表示模态框采用主体样式(背景为白色,非透明)
    data - dismiss = "modal" 添加该属性时,在单击时能够主动消失模态框
 -- >
< div class = "modal fade" id = "myModal" tabindex = " - 1" role = "dialog"
aria - labelledby = "myModalLabel">
    < div class = "modal - dialog" role = "document">
        < div class = "modal - content">
            < div class = "modal - body">
                ...
                < img src = "img/i8.jpg" alt = ""/>
            </div >
        </div >
    </div >
</div >
```

演示效果如图 11-19 所示。

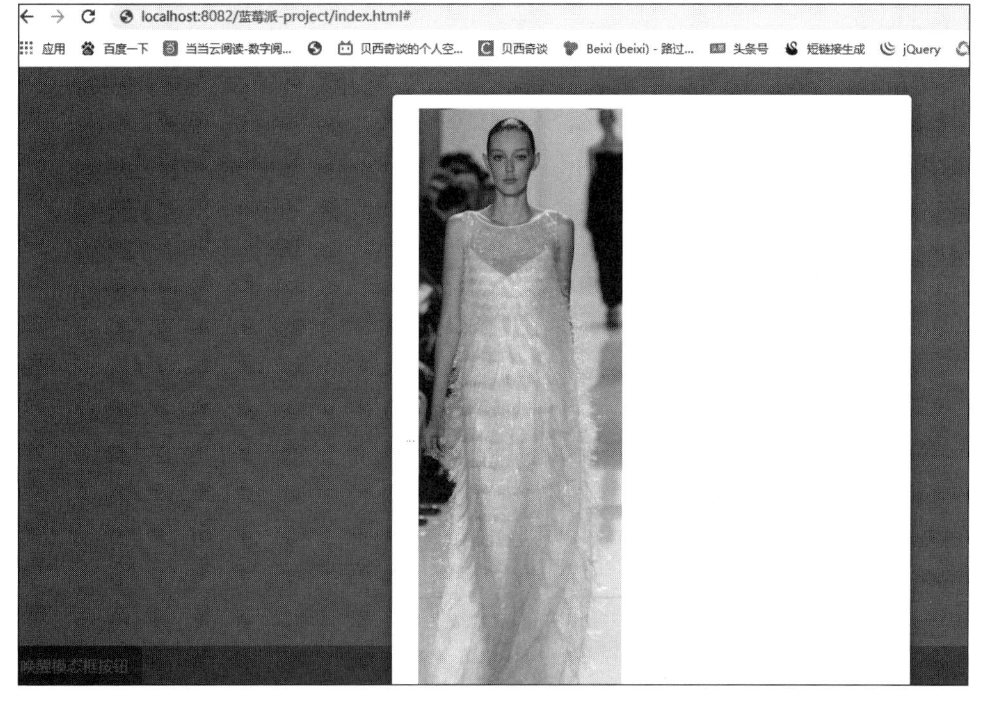

图 11-19 模态框演示效果

模态框的使用也比较简单,只需要在合适的位置引入官网中提供的模态框示例代码,根据需求进行修改,所以在此不再做具体说明。

11.8　分页器原理解析

在很多地方会用到分页，如蓝莓派项目的听说、聊聊等模块采用了分页形式，如图 11-20 所示，本节重点是封装和解析分页。

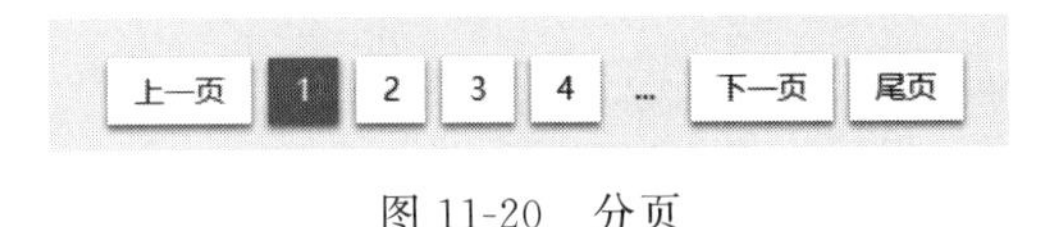

图 11-20　分页

分页无非就是在服务器端得到数据，然后以固定的条数来写到浏览器端进行显示的过程，要想写好分页，无非就是首先明确一个分页需要包含什么样的变量，这些变量该怎么获得，是从前端页面传过来，还是从后端获取，下面简单了解以下这些变量。

(1) totalLength：总的数据条数，显而易见，由于数据库的数据可以变化，所以该数据需要从后台获取。

(2) pageCount：总的页数，由于总的数据是从数据库中查询出来的，每页显示的条数是事先知道的，所以总的页数从后台计算后获取。

(3) current：中间显示几条数据。

(4) currentPage：当前页，显然是从前台获取的，因为每次大家需要单击不同的页数，所以传递过来的数据都是不一样的。

(5) numPerPage：每页多少条数据，可以从前台获取也可以从后台获取，建议从后台获取，可以将其存到配置文件中，通过不同的标准获取，符合 Java 的编程理念。

分页器工具已经封装为半成品，大家只需要在首页源码链接中将分页器复制到项目中，如图 11-21 所示。

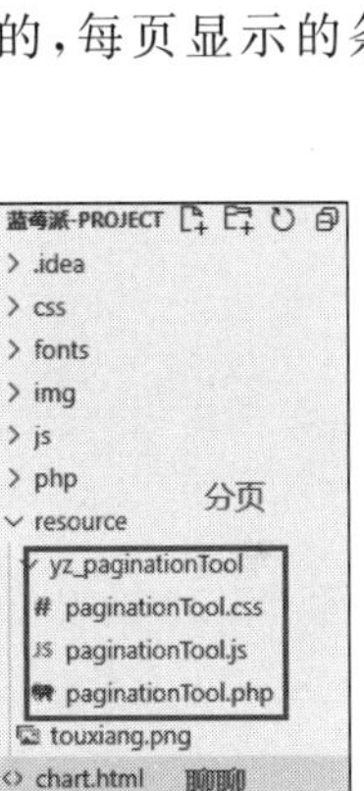

图 11-21　半成品分页器引入项目

分页器在页面中的使用步骤如下：

(1) 在页面中使用本工具必须先引入 paginationTool.css。

(2) 引入 jQuery 框架。

(3) 在 jQuery 框架后，引入 paginationTool.js 文件。

(4) 在页面中添加分页容器<div class='ts-page'></div>。

以聊聊模块为例，将分页器引入页面中，chart.html 文件的代码如下：

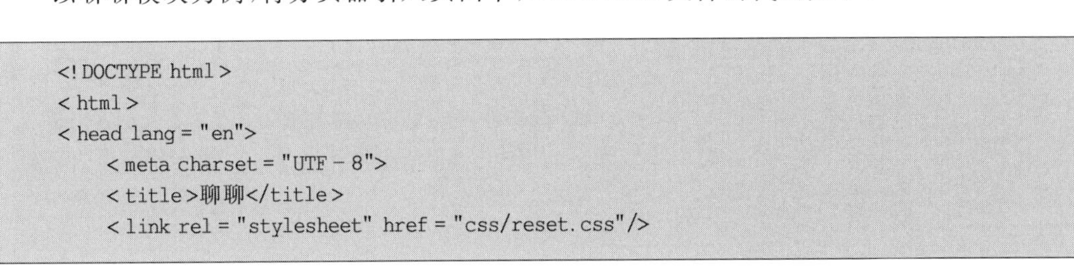

```
<!DOCTYPE html>
<html>
<head lang="en">
    <meta charset="UTF-8">
    <title>聊聊</title>
    <link rel="stylesheet" href="css/reset.css"/>
```

```
    <link rel = "stylesheet" href = "css/header.css"/>
        <!-- (1)引入 paginationTool.css -->
    <link rel = "stylesheet"
href = "resource/yz_paginationTool/paginationTool.css"/>
</head>
<body>
<div class = "header">
    <div class = "header - logo"></div>
    <div class = "header - navi">
        <ul>
            <li><a href = "index.html">首页</a></li>
            <li><a href = "#">乐章</a></li>
            <li><a href = "#">听说</a></li>
            <li><a href = "#">乐趣</a></li>
            <li><a href = "chart.html">聊聊</a></li>
            <li><a href = "#">游记</a></li>
            <li><a href = "#">摄影</a></li>
            <li><a href = "#">诚品</a></li>
            <li><a href = "#">蓝莓酱</a></li>
            <li><a href = "#">社区</a></li>
        </ul>
    </div>
    <div class = "header - menu">
        <div class = "he - me - input">
            <input type = "text"/>
            <div class = "input - btn"></div>
        </div>
        <a href = "#">登录</a>
        <a href = "#">注册</a>
    </div>
</div>
    <!-- (2)添加分页容器 -->
<div style = "margin - bottom: - 700px" class = "ts - page"></div>
    <!-- (3)引入 jQuery 框架 -->
<script src = "js/jquery - 1.12.3.min.js"></script>
<script src = "js/header.js"></script>
    <!-- (4)引入 paginationTool.js 文件 -->
<scriptsrc = "resource/yz_paginationTool/paginationTool.js"></script>
<script>

</script>
</body>
</html>
```

11.9 聊聊模块瀑布流绘制加载

聊聊模块中的数据是以瀑布流的形式呈现的，现将数据从数据库中动态地加载到页面中，观察 demo 文件中聊聊模块的数据形式，发现每块内容都可拆分为 7 个字段，进而在数据库中构建表结构，如图 11-22 所示。

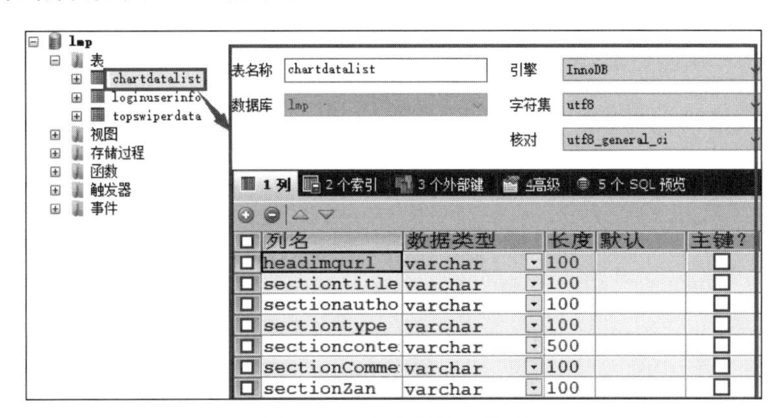

图 11-22　聊聊模块表结构

表结构创建好后，向其添加多条模拟数据，以便在页面中呈现的效果更加明显。

可以直接在 paginationTool.php 文件中连接数据库，并将获取的表中的数据返给前端，代码如下：

```
<?php
    $success = array('msg'=>'OK');
    //获取真实数据
    $con=mysqli_connect('localhost','root','root','lmp');
        if($con){
            mysqli_query($con,'set names utf8');
            mysqli_query($con,'set character_set_client=utf8');
            mysqli_query($con,'set character_set_results=utf8');
            $sql="select * from chartdatalist where 1";
            $result= $con->query($sql);
            $info=[];
            for($i=0;$row= $result->fetch_assoc();$i++){
                $info[$i] = $row;
            }
        }
    //根据请求内容做返回数据处理
    if(!$_GET){
        //如果无参请求，就返回总数据长度
        $success['dataLength'] = count($info);
```

```
    }else{
        //如果有参数,就返回指定页码的 15 条数据
        $result = array_slice( $info, ( $_GET['page'] - 1) * 15, 15);
        $success['code'] = $_GET['page'];
        $success['list'] = $result;
    }
    echo json_encode( $success);
?>
```

在 chart.html 页面中已经引入 paginationTool.js 文件，所以 Ajax 请求也可以直接写在 paginationTool.js 文件中，并将后端返回的数据利用纯 JS 方式构建于页面中。paginationTool.js 文件的部分代码如下：

```
//...省略部分代码
//根据选择的页码数处理数据
    function getData(num){
        $.get('resource/yz_paginationTool/paginationTool.php?page = ' + n
                    um, function(data){
        var allDataArr = JSON.parse(data).list;
            //根据数据,将元素创建到页面中
            var outDiv = document.querySelector('.out');
            if(!outDiv){
                //如果没有 outDiv,则创建一个
                outDiv = document.createElement('div');
                outDiv.className = 'out';
                outDiv.style.cssText = 'position:relative;margin:0 auto; ';
                document.body.appendChild(outDiv);
                //根据数据,创建 inDivs
                for(var i = 0;i < allDataArr.length;i++){
                    var inDivs = document.createElement('div');
                    inDivs.className = 'in';
                    inDivs.style.cssText = 'float:left;width:280px;heigh
                        t:250px;border:1px solid black;margin:10px ;' ;
                    //添加内容
                    var neirongStr = "< img
                            src = '" + allDataArr[i].headimgurl + "'>
                            " + "< span style = 'vertical - align:
                        top'>" + allDataArr[i].sectiontitle + "</span >";
                    inDivs.innerHTML = neirongStr;
                    outDiv.appendChild(inDivs);
                }
            }else{
                //如果已经存在 outDiv,就变更里边的数据
                outDiv.innerHTML = '';
            }
        });
    }
```

构建完成后，聊聊模块页面将呈现动态分页瀑布流数据效果。

11.10 声频播放控制器结构与按钮逻辑

65min

接着完成乐趣模块页面，乐趣页面的整体静态布局可以模仿 demo 文件中的样例，这里不再做具体的操作，把重点放在声频的播放及控制上。新建 lq.html 文件，布局音乐控制区域，代码如下：

```
<!DOCTYPE html>
<html>
<head lang="en">
    <meta charset="UTF-8">
    <title>乐趣</title>
    <link rel="stylesheet" href="css/reset.css"/>
    <link rel="stylesheet" href="css/header.css"/>
    <style>
        .song-control{ background: skyblue; width: 100%; min-height:
                       100px; }
        .playutil { height: 100px; width:100%; position:relative; }
        .control > p {
            width: 50px; height:56px; text-align: center; float:left;
                      line-height:56px; margin-top: 25px;
    }
        .buttons { text-align: center; float:left; margin-top: 25px;}
        .buttons a {
            margin: 8px 20px 0px 40px; width: 38px; height: 38px;
                      border-radius: 50%;
            border: 1px solid #e5e5e5; display: block;
            line-height: 38px; text-align: center; background: #fff;
                        float: left;
        }
        .buttons a img{
            width:16px; height:16px; vertical-align: middle;
            margin-bottom: 2px; margin-left: 1px;
        }
        .progressBar{
            float: left; margin-left: 22px; margin-right: 22px;
                       margin-top: 48px; width: 940px;
            height: 8px; background: #d3ede0; border-radius:20px;
        }
        .progressBar .progressBar-passed{
            float:left; width: 0; height: 8px; background: #109d59;
                      border-radius: 20px 0 0 20px;
        }
        .progressBar .progressBar-remain{
            float:right; width: 100%; height: 8px; background: #d3ede0;
```

```
border-radius:20px;
        }
    </style>
</head>
<body>
<div class="header">
    <div class="header-logo"></div>
    <div class="header-navi">
        <ul>
            <li><a href="index.html">首页</a></li>
            <li><a href="yz.html">乐章</a></li>
            <li><a href="#">听说</a></li>
            <li><a href="lq.html">乐趣</a></li>
            <li><a href="#">聊聊</a></li>
            <li><a href="#">游记</a></li>
            <li><a href="#">摄影</a></li>
            <li><a href="#">诚品</a></li>
            <li><a href="#">蓝莓酱</a></li>
            <li><a href="#">社区</a></li>
        </ul>
    </div>
    <div class="header-menu">
        <div class="he-me-input">
            <input type="text"/>
            <div class="input-btn"></div>
        </div>
        <a href="#">登录</a>
        <a href="#">注册</a>
    </div>
</div>
   <!-- 音乐控制区域 -->
<div class="song-control">
    <!-- 开始设置播放器 -->
    <div class="playutil">
        <audio src="resource/mo.mp3" id="aud"></audio>
        <!-- 播放按钮 -->
        <div class="control clearFix">
            <div  class="buttons">
                <a id="playbtn">
                    <img src="resource/play.png" id="playbutton"/>
                </a>
            </div>
            <p  id="passTime">00:00</p><!-- 播放时间 -->
            <div  class="progressBar clearFix">
                <div class="progressBar-passed"></div>
                <div class="progressBar-remain"></div>
            </div>
            <p  id="totalTime">00:00</p><!-- 总时间 -->
```

```
            </div>
        </div>
    </div>
    <script src = "js/jquery - 1.12.3.min.js"></script>
    <script src = "js/header.js"></script>
    </body>
    </html>
```

至此，音乐的控制器结构就完成了。要想实现音乐播放的完美控制，仍需完善后续操作。首先使用JS实现播放、暂停标志的切换。默认为暂停状态，显示“播放”按钮，当单击“播放”按钮时变为播放状态并显示暂停标志，反之亦然。在lq.html文件中，JS代码如下：

```
<script>
    var flag = false; //默认为暂停状态(显示"播放"按钮)
    $("#playbtn").click(function(){
        if(flag){
            //当前是播放状态,单击时应当变为暂停状态
            flag = false;
            //并且按钮变为播放标志
            $("#playbutton").attr("src","resource/play.png");
        }else{
            //当前是暂停状态,单击时应当变为播放状态
            flag = true;
            //并且按钮变为暂停标志
            $("#playbutton").attr("src","resource/pause.png");
        }
    })
</script>
```

在页面中呈现的效果如图11-23所示。

图11-23　音乐控制区域

11.11　声频按钮与声频播放实现

12min

声频控制区域完成后，可以利用JS实现声频按钮联动声频的播放与暂停，当单击“播放”(暂停)按钮时控制<audio>标签播放(暂停)声频。<audio>标签常用的属性和方法如表11-1所示。

表 11-1 <audio>标签常用的属性和方法

属性/方法	描　述
autoplay	媒体加载后自动播放
controls	显示播控控件
currentTime	当前播放的时间，单位为秒
duration	返回媒体的播放总时长，单位为秒
paused	是否暂停，如果值是 true，则表示当前暂停，如果值是 false，则表示当前正在播放
loop	是否循环播放
play()	播放音视频
pause()	暂停播放当前的音视频

获取<audio>声频标签，当声频处于暂停状态时，可用 aud. paused＝true 替代 flag＝false，反之亦然。修改 lq. html 文件中的 JS 代码，部分代码如下：

```
<script>
    $("#playbtn").click(function(){
        //获取声频标签
        var aud = $('#aud')[0];
        if(aud.paused){
            //当前暂停,单击后播放
            aud.play();
            aud.loop = true;
            //并且按钮变为暂停标志
            $('#playbutton').attr('src','resource/pause.png');
        }else{
            //当前播放,单击后暂停
            aud.pause();
            //并且按钮变成播放标志
            $('#playbutton').attr('src','resource/play.png');
        }
    })
</script>
```

这样，即可控制声频的播放与暂停。

26min

11.12 播放时间变换与进度条改变

最后，需要完成播放时间、总时长和播放进度条的改变。

播放时间即为声频已经播放的时间，可通过 currentTime 属性获得，每秒的变换可通过 setInterval()定时器实现，以保证播放时间是逐秒改变的。总时长即为声频播放的总时长，可通过 duration 属性来获得。

在 lq. html 文件中，增加时间控制代码，部分代码如下：

```
<script>
    //处理时间显示的函数
    function checkTime(min,sec){
        if(min<10){
            min = '0' + min;
        }else{
            min += '';
        }
        if(sec<10){
            sec = '0' + sec;
        }else{
            sec += '';
        }
        return min + ':' + sec;
    }
    var timer = null;
    $('#playbtn').click(function(){
        //获取声频标签
        var aud = $('#aud')[0];
        if(aud.paused){
          //当前暂停,单击后播放
          aud.play();
          aud.loop = true;
          //打开定时器,并逐秒改变状态
          timer = setInterval(function(){
              //整体时间计算
              var duration_m = Math.floor(aud.duration/60);        //分
              var duration_s = Math.floor(aud.duration % 60);      //秒
              //播放时间
              var current_m = Math.floor(aud.currentTime/60);
              var current_s = Math.floor(aud.currentTime % 60);
              //显示到页面中
              $('#passTime').html(checkTime(current_m,current_s));
            $('#totalTime').html(checkTime(duration_m,duration_s));
          },1000);
          //并且按钮变成暂停标志
          $('#playbutton').attr('src','resource/pause.png');
      }else{
          //当前播放,单击后暂停
              aud.pause();
          //如果是暂停,则清除定时器
          clearInterval(timer);
          //并且按钮变成播放标志
          $('#playbutton').attr('src','resource/play.png');
      }
    });
</script>
```

进度条可看成左右两部分，左边为播放时间除以总时长所得到的百分比，右边为剩余时间除以总时长所得到的百分比，然后绑定 div 块即可，代码如下：

```
//进度条
 var  passPercentage = aud.currentTime/aud.duration;
var  remainPercentage = (aud.duration - aud.currentTime)/aud.duration;
if((aud.duration - aud.currentTime)> 0){
    //意味着没有播放完
     $('.progressBar - passed').width(passPercentage * 100 + '%');
     $('.progressBar - remain').width(remainPercentage * 100 + '%');
}else{
    //意味着播放完毕
     $('.progressBar - passed').width('0%');
     $('.progressBar - remain').width('100%');
    aud.play();
```

第四阶段

STAGE 4

ES6＋Node＋工程化

第 12 章

ES6 新特性

ECMAScript 6(以下简称 ES6)是 JavaScript 语言的下一代标准。因为当前版本的 ES6 是在 2015 年 6 月正式发布的,所以又称为 ECMAScript 2015。它的目标是使 JavaScript 语言可以用来编写复杂的程序,成为企业级脚本语言。

本章思维导图如图 12-1 所示。

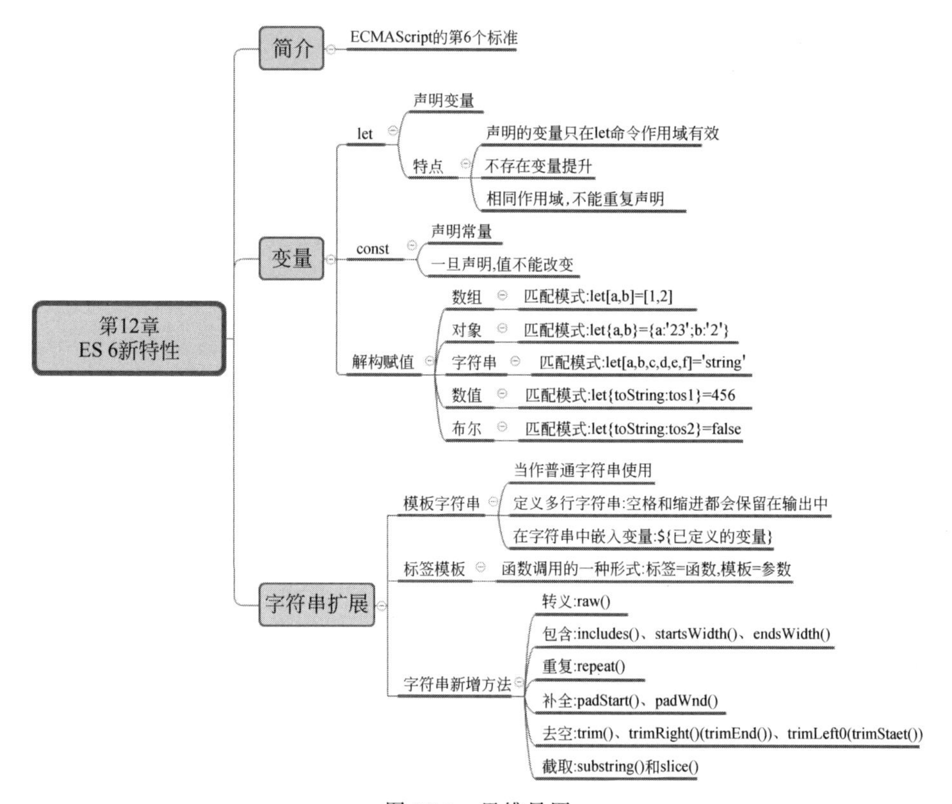

图 12-1 思维导图

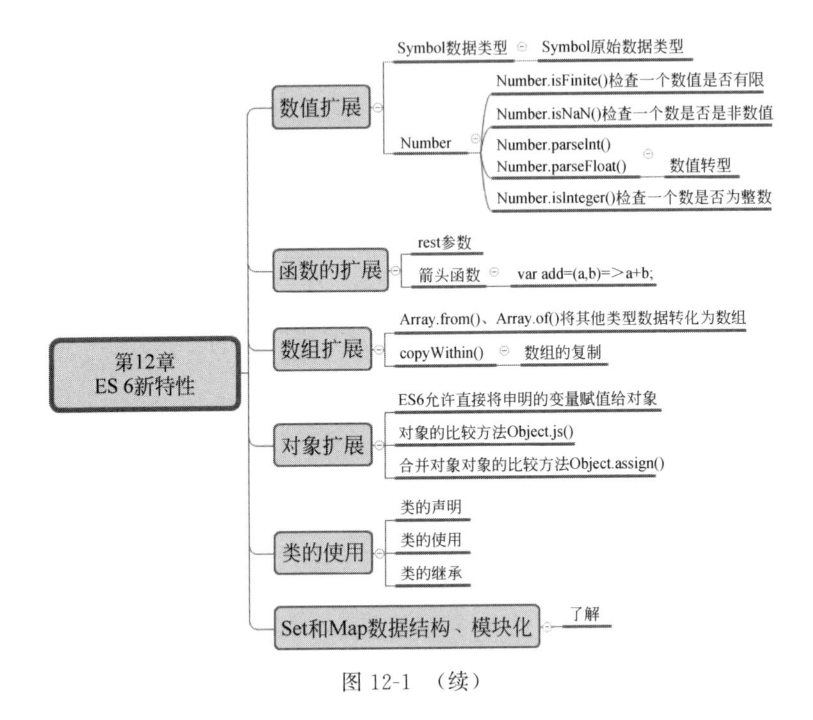

图 12-1 （续）

12.1 ES6 简介

1997 年，为了统一各种不同 Script 脚本语言，ECMA（欧洲计算机制造商协会）以 JavaScript 为基础，制定了 ECMAScript 标准规范，也就是 ECMAScript 1.0。JavaScript 和 JScript 都是 ECMAScript 的标准实现者，随后各大浏览器厂商纷纷实现了ECMAScript 标准。

所以，ECMAScript 是浏览器脚本语言的规范，而各种我们熟知的 JS 语言，如 JavaScript，则是规范的具体实现。

ECMAScript 发布的历史版本如表 12-1 所示。

表 12-1 ECMAScript 的历史版本

版本	年份	描 述
第 1 版	1997 年	制定了语言的基本语法
第 2 版	1998 年	较小改动
第 3 版	1999 年	引入正则、异常处理、格式化输出等。IE 浏览器开始支持
第 4 版	2007 年	过于激进，对 ES3 做了彻底升级，未发布
第 5 版	2009 年	引入严格模式、JSON，扩展了对象、数组、原型、字符串、日期方法
第 6 版	2015 年	模块化、面向对象语法、Promise、箭头函数、let、const、数组解构赋值等

ES6提供了许多新特性，但并不是所有的浏览器都能够完美支持。好在目前各大浏览器自身也加快速度兼容ES6的新特性，其中对ES6新特性最友好的是Chrome和Firefox浏览器。

为什么要学习ES6？

(1) ES6的版本变动内容最多，具有里程碑意义。

(2) ES6加入了许多新的语法特性，编程实现更简单、高效。

(3) ES6是前端发展趋势，为就业必备技能。

12.2 ES6变量

12.2.1 let和const

1. 基本用法

ES6新增了let和const命令，用来声明变量。

ES5之前，JS定义变量常用的关键字是var，var有一个问题，就是定义的变量有时会莫名奇妙地成为全局变量，示例代码如下：

```
{
  var b = 1;
  let a = 10;
}
console.log(b);           //1
console.log(a);           //a is not defined
```

在上面的示例代码中，分别用var和let声明了变量，然后在代码块之外调用这两个变量，结果let声明的变量报错，var声明的变量返回了正确的值。这表明，let声明的变量只在它所在的代码块有效，而var声明的变量在全局中都有效。

在for循环的计数器中，var和let的区别更加明显，示例代码如下：

```
for (var i = 0; i < 5; i++) {
      console.log("for循环(内)部: " + i)
  }
  console.log("for循环(外)部: " + i);
```

输出的结果如图12-2所示。

在上面的代码中，变量i是在for循环的内部声明的，而在循环体的外部也能访问，其值为5，证明i是全局变量。

let所声明的变量，只在let命令所在的代码块内有效。把上例中的var改为let，代码

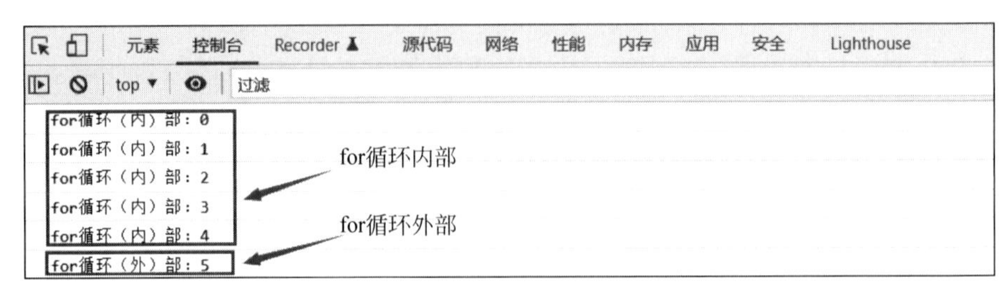

图 12-2　在计数器中使用 var 声明变量

如下：

```
for (let i = 0; i < 5; i++) {
      console.log("for 循环(内)部: " + i)
  }
  console.log("for 循环(外)部: " + i);
```

输出的结果如图 12-3 所示。

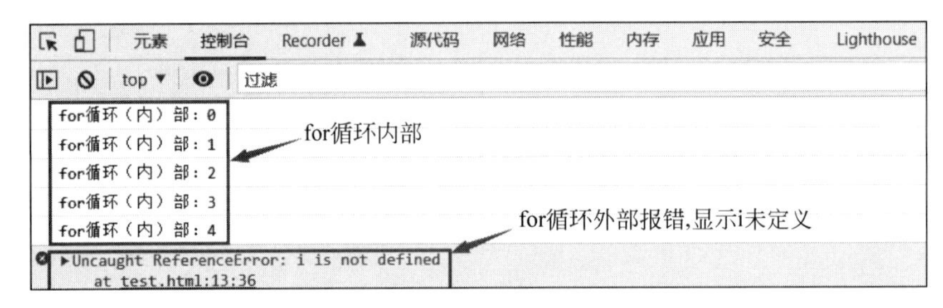

图 12-3　在计数器中使用 let 声明变量

在上面的代码中，变量 i 只在 for 循环体内有效，当在循环体外引用时会报错。

const 声明的变量是常量，不能被修改。

常量指的是无法在程序正常运行过程中进行修改的量。一方面无法通过重新赋值进行修改，另一方面也无法进行重新声明。在 JavaScript 中，常量通过关键字 const 声明，示例代码如下：

```
const number = 66;
console.log(number)
number++;
console.log(number)
```

输出结果如图 12-4 所示。

const 实际上保证的并不是变量的值不能改动，而是变量指向的那个内存地址所保存的数据不能改动。

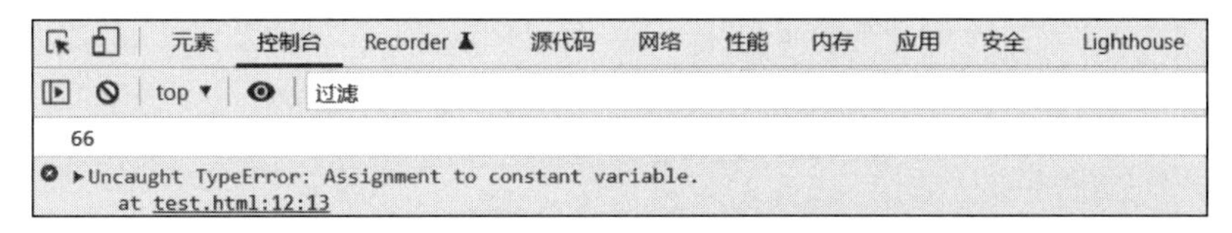

图 12-4 const 声明的常量不能被修改

2. 不允许重复声明

let 不允许在相同作用域内重复声明同一个变量，示例代码如下：

```
//报错
function f() {
  let a = 10;
  var a = 1;
}

//报错
function f() {
  let name = 'admin';
  let name = 'beixi';
}
```

3. ES6 的块级作用域

ES5 只有全局作用域和函数作用域，没有块级作用域，这带来很多不合理的场景。如下面的示例，内层变量可能会覆盖外层变量，代码如下：

```
var tmp = new Date();
function f() {
  console.log(tmp);
  if (false) {
    var tmp = 'hello world';
  }
}

f(); //输出: undefined
```

上面代码的原意是，在 if 代码块的外部使用外层的 tmp 变量，在 if 代码块的内部使用内层的 tmp 变量，但是，函数 f 执行后，输出结果为 undefined，原因在于变量提升，导致内层的 tmp 变量覆盖了外层的 tmp 变量。

let 命令实际上为 JS 新增了块级作用域，示例代码如下：

```
function f() {
  let age = 18;
```

```
    if (true) {
      let age = 66;
    }
    console.log(age);
  }
  f(); //输出: 18
```

在上面的示例代码中声明了两个 age 变量，运行后输出 18。这表示外层代码块不受内层代码块的影响。

12.2.2 变量的解构赋值

ES6 允许按照一定模式从数组和对象中提取值，对变量进行赋值，这被称为解构。本节主要讲解数组的解构赋值、对象的解构赋值、字符串的解构赋值、数值和布尔值的解构赋值及函数参数的解构赋值等。

1. 数组的解构赋值

在 ES6 之前想要为变量赋值，只能指定其值，代码如下：

```
let a = 1;
let b = 2
```

而在 ES6 中可以通过数组赋值，代码如下：

```
let [a,b] = [1,2]
//a = 1, b = 2
```

如此，只要等号两边的模式一样，就可以成功解构赋值。如果两边的模式相同，但是右边少值就会解构不成功，导致左边的变量值为 undefined，代码如下：

```
let [a,b,c] = [1,2]
a = 1, b = 2, c = undefined
```

注意： *左右两边的格式一定要对等，但数量可以不对等。*

还有一种情况，等号左边为数组，但是等号右边为其他值，这将会报错，代码如下：

```
let [a] = 1;
let [a] = false;
let [a] = NaN;
let [a] = undefined;
let [a] = null;
```

```
let [a] = {};

//以上都会报错
```

在数组解构赋值中允许指定默认值。当一个位置没有值时，也就是当模式相同，但是右边没有值时可以指定默认值，代码如下：

```
let [a,b=4,c] = [1, , 3];
console.log(a);          //输出: 1
console.log(b);          //输出: 4
console.log(c);          //输出: 3
```

2. 对象的解构赋值

变量的解构赋值和数组的解构赋值不太一样，数组的元素必须和赋值的元素位置一致才能正确地赋值，而对象的解构赋值则要求等号两边的变量和属性同名即可取到正确的值，否则值为 undefined，代码如下：

```
let {a,b} = {a:'23',b:'3'}
let {a,b} = {b:'3',a:'23'}

//上面两种方式定义的值都是 a: 23,b: 3

let {a,b} = {a:'3',c:'d'}
//a: 3,b: undefined
```

如果等号左边的变量名不能和等号右边的对象的属性名一致，则必须写成如下格式：

```
let {a:b} = {a:'ss'}     //b: ss
//a 是属性名,b 才是实际赋值的变量名
```

对象的解构也可以指定默认值，代码如下：

```
let {x = 3} = {}
//x: 3
let {x,y = 5} = {x : 1}
//x: 1, y: 5
let {x: y = 5} = {}
//y = 5
let {x: y = 5} = {x : 4}
//y = 4
let {x: y = 'hhhh'} = {}
//y = 'hhhh'
```

3. 字符串的解构赋值

如果赋值的对象是字符串，则字符串将被分割为数组的格式，一一对应赋值，代码如下：

```
let [a, b, c, d, e, f] = 'string';
console.log(a);         //输出：s
console.log(b);         //输出：t
console.log(c);         //输出：r
console.log(d);         //输出：i
console.log(e);         //输出：n
console.log(f);         //输出：g
```

因为字符串具有 length 属性，因此还可以对该属性进行解构赋值，代码如下：

```
let { length: len } = 'string';
console.log(len); //输出：6
```

4. 数值和布尔的解构赋值

数值和布尔值也能进行解构赋值，此时它们都会被转化为对象，代码如下：

```
let { toString: tos1 } = 456;
let { toString: tos2 } = false;
console.log(tos1 === Number.prototype.toString);       //输出：true
console.log(tos2 === Boolean.prototype.toString);      //输出：true
```

5. 函数的解构赋值

函数的参数也可以进行解构赋值，这是一个解构赋值运用比较多的场景，其实就是对之前所讲的数组、对象、布尔值、数值解构赋值的一种实际使用，代码如下：

```
function add([a, b]) {
   return a + b;
}
console.log(add([2, 3]));                                //输出：5
```

6. 用途

变量的解构赋值使用场景很多。

1）场景一：交换变量的值

示例代码如下：

```
let x = 1;
let y = 2;
[x,y] = [y,x];
 //x = 2,y = 1;
```

上面代码交换了 x 和 y 的值，这样的写法不仅简洁，而且易读，语义非常清晰。

2）场景二：从函数返回多个值

函数只能返回一个值，如果要返回多个值，则只能将它们放在数组或对象里返回。有了解构赋值，取出这些值就非常方便了，示例代码如下：

```
//返回一个数组
function example() {
  return [1, 2, 3];
}
let [a, b, c] = example();

//返回一个对象
function example() {
  return {
    foo: 1,
    bar: 2
  };
}
let { foo, bar } = example();
```

3）场景三：函数参数的定义

解构赋值可以方便地将一组参数与变量名对应起来，示例代码如下：

```
//参数是一组有次序的值
function f([x, y, z]) { ... }
f([1, 2, 3]);

//参数是一组无次序的值
function f({x, y, z}) { ... }
f({z: 3, y: 2, x: 1});
```

4）场景四：提取 JSON 数据

解构赋值对提取 JSON 对象中的数据尤其有用，示例代码如下：

```
let jsonData = {
  id: 42,
  status: "OK",
  data: [867, 5309]
};

let { id, status, data: number } = jsonData;

console.log(id, status, number);
//42, "OK", [867, 5309]
```

上面的代码可以快速地提取 JSON 数据的值。

12.3 字符串扩展

12.3.1 模板字符串

模板字符串替换+操作符来拼接字符串，并且支持换行。

先来看一段传统字符串写法，示例代码如下：

```
let name = "Tom";
let occupation = "doctor";
//传统字符串拼接
let str = "He is " + name + ",he is a " + occupation;
```

而用 ES6 简洁的字符串拼接，可以写成：

```
let name = "Tom";
let occupation = "doctor";
//模板字符串拼接
let str = `He is ${name},he is a ${occupation}`;
```

对比两段拼接的代码，模板字符串使我们不再需要反复使用双引号（或者单引号）了，而是改用反引号标识符（`），插入变量时也不需要再使用加号（+）了，而是把变量放入 ${ } 即可。

模板字符串是增强版的字符串，提示以下两点。

1. 可以定义多行字符串

传统的多行字符串，写法如下：

```
let str = "write once ," +
"run anywhere";
```

模板字符串的写法如下：

```
let str = `write once ,
           run anywhere`;
```

直接换行即可，但是需要注意的是模板字符串中所有的空格和缩进都会被保留在输出中，也就是说，控制台输出字符串 str，如果在代码中换了行，则控制台输出的内容也会换行。

2. ${ }中可以放任意的 JavaScript 表达式

大括号内部可以放入任意的 JavaScript 表达式，可以进行运算，以及引用对象属性或函数调用。

(1) ${ }中可以是运算表达式,代码如下:

```
var a = 1;
var b = 2;
var str = `the result is ${a + b}`;
//进行加法运算,结果: the result is 3
```

(2) ${ }中可以是对象的属性,代码如下:

```
var obj = {"a":1,"b":2};
  var str = `the result is ${obj.a + obj.b}`;
  //对象 obj 的属性
  //结果: the result is 3.
```

(3) ${ }中可以是函数的调用,代码如下:

```
function fn() {
      return 3;
  }
  var str = `the result is ${ fn() }`;
  //函数 fn 的调用,结果: the result is 3
```

12.3.2 标签模板

标签模板其实不是模板,而是函数调用的一种特殊形式。"标签"指的是函数,一个专门处理模板字符串的函数,紧跟在后面的模板字符串是它的参数,示例代码如下:

```
  var name = "张三";
  var height = 1.8;

fn`他叫 ${name},身高 ${height}米.`;
  //标签 + 模板字符串

  //定义一个函数,作为标签
  function fn(arr,v1,v2){
     console.log(arr);
     //结果: [ "他叫",",身高","米." ]
     console.log(v1);
     //结果: 张三
     console.log(v2);
     //结果: 1.8
  }
```

以上代码有两处需要大家注意，首先是 fn 函数，它是我们自定义的一个函数，有 3 个参数，分别是 arr、v1、v2。函数 fn 的调用方式跟以往的不太一样，以往使用括号( )表示函数调用执行，这一次在函数名后面直接加上一个模板字符串，代码如下：

```
fn`他叫 ${name},身高 ${height}米.`;
```

这就是标签模板，可以理解为标签函数＋模板字符串，是一种新的语法规范。

接下来继续看函数的 3 个参数，从代码的打印结果可看到它们运行后对应的结果，arr 的值是一个数组：["他叫" , ",身高" , "米。"]，而 v1 的值是变量 name 的值："张三"，v2 的值是变量 height 的值：1.8。

观察结果可以发现：第 1 个参数 arr 是数组类型，它的内容是模板字符串中除了 ${ }以外的其他字符，按顺序组成了数组的内容，所以 arr 的值是["他叫", ",身高" , "米。"]；第 2 个和第 3 个参数则是模板字符串中对应次序的变量 name 和 height 的值。

标签模板是 ES6 给我们带来的一种新语法，掌握了标签模板的用法后，可以利用这一特性更好、更快捷地实现各种功能。

12.3.3 字符串新增方法

1. raw()转义

String.raw() 是一个模板字符串的标签函数，往往用于模板字符串的处理方法，返回值是自动转义的字符串，代码如下：

```
//常用形式
let name = "Bob";
String.raw `Hi\n ${name}!`;
//"Hi\nBob!"

//正常函数形式
//`foo ${1 + 2}bar`
//等同于
String.raw({ raw: ['foo', 'bar'] }, 1 + 2) //"foo3bar"
```

2. includes()、startsWidth()、endsWidth()包含

之前由 indexOf 方法判断一个字符串是否包含在另一个字符串中，ES6 又提供了 3 种新方法。

(1) includes(searchStr[, position])：返回布尔值，判断字符串中是否含有指定的子字符串，返回值为 true 表示含有而返回值为 false 表示未含有。第 2 个参数选填，表示开始搜索的位置。

(2) startsWith(searchStr[, position])：返回布尔值，判断指定的子字符串是否出现在目标字符串的开头位置，第 2 个参数选填，表示开始搜索的位置。

(3) endsWith(searchStr[, length]):返回布尔值,判断子字符串是否出现在目标字符串的尾部位置,第 2 个参数选填,表示针对前 *n* 个字符。

示例代码如下:

```
let s = 'Hello world!';

s.startsWith('Hello')                     //true
s.endsWith('!')                           //true
s.includes('o')                           //true

s.startsWith('world', 6)                  //true 从 index 为 n 开始
s.endsWith('Hello', 5)                    //true 前 n 个字符
s.includes('Hello', 6)                    //false 从 index 为 n 开始
```

上面代码表示,使用第 2 个参数 *n* 时,endsWith 的行为与其他两种方法有所不同。它针对前 *n* 个字符,而其他两种方法针对从第 *n* 个位置直到字符串结束。

3. repeat()重复

repeat()方法返回一个新字符串,表示将原字符串重复 *n* 次,代码如下:

```
'x'.repeat(3)                     //"xxx"
'hello'.repeat(2)                 //"hellohello"
'na'.repeat(0)                    //""
'na'.repeat(NaN)                  //"" 参数 NaN 等同于 0
```

注意: 如果参数是小数,则会被取整。如果 repeat()的参数是负数或者 Infinity,则会报错。

4. padStart()、padEnd()补全

如果某个字符串不够指定长度,会在头部或尾部补全。padStart()用于头部补全,padEnd()用于尾部补全。

(1) str.padStart(targetLength [, padString])用另一个字符串填充当前字符串(重复,如果需要),以便产生的字符串达到给定的长度。填充从当前字符串的开始(左侧)应用的。

(2) str.padEnd(targetLength [, padString])用一个字符串填充当前字符串(如果需要,则重复填充),返回填充后达到指定长度的字符串。从当前字符串的末尾(右侧)开始填充。

示例代码如下:

```
'x'.padStart(5, 'ab')                 //'ababx'
'x'.padStart(4, 'ab')                 //'abax'

'x'.padEnd(5, 'ab')                   //'xabab'
'x'.padEnd(4, 'ab')                   //'xaba'
```

在上面的代码中，padStart()和 padEnd()一共接收两个参数，第 1 个参数是字符串补全生效的最大长度，第 2 个参数是用来补全的字符串。

如果省略第 2 个参数，则默认使用空格补全长度，代码如下：

```
'x'.padStart(4)                 //'   x'
'x'.padEnd(4)                   //'x   '
```

5. trim()、trimRight()(trimEnd())、trimLeft()(trimStart())去空

trimLeft()是 trimStart()的别名，trimRight()是 trimEnd()的别名。

(1) trim() 方法会从一个字符串的两端删除空白字符。在这个上下文中的空白字符是所有的空白字符 (Space、Tab、no-break Space 等) 及所有行终止符字符(如 LF、CR)。

(2) trimRight() 方法从一个字符串的右端移除空白字符，又称 trimEnd。

(3) trimLeft() 方法从一个字符串的右端移除空白字符，又称 trimStart。

示例代码如下：

```
const h = ' hello world! ';

h.trim();                       //'hello world!'

h.trimLeft();                   //'hello world! '
h.trimStart();                  //'hello world! '

h.trimEnd();                    //' hello world!'
h.trimRight();                  //' hello world!'
```

除了空格键，对字符串头部(或尾部)的 Tab 键、换行符等不可见的空白符号也有效。

6. substring()和 slice()截取

substring() 方法返回一个字符串在开始索引到结束索引之间的一个子集，或从开始索引直到字符串的末尾的一个子集。返回新的字符串，不改变原来的字符串。

(1) str.substring(indexStart[, indexEnd])：indexStart 需要截取第 1 个字符的索引，该字符作为返回的字符串的首字母。indexEnd]可选，一个 0 到字符串长度之间的整数，以该数字为索引的字符不包含在截取的字符串内(左闭右开)。

示例代码如下：

```
const h = 'helloworld!';
//如果省略 indexEnd,则 substring 提取字符一直到字符串末尾
h.substring(5)                  //'world!'
//如果任一参数小于 0 或为 NaN,则被当作 0
h.substring(0,5)                //'hello'
h.substring(-1,5)               //'hello'
//如果 indexStart 等于 indexEnd,则 substring 返回一个空字符串
```

```
h.substring(5,5)                //''
//如果任一参数大于 stringName.length,则被当作 stringName.length
h.substring(0,100)              //'helloworld!'
//如果 indexStart 大于 indexEnd,则 substring 的执行效果就像两个参数调换了一样
h.substring(-5,5);              //'hello';
h.substring(5,-5);              //'hello';
```

slice() 方法用于提取某个字符串的一部分,并返回一个新的字符串,并且不会改动原字符串。

(2) str.slice(beginIndex[, endIndex])参数和 substring 一样,只不过有差异。

和上面示例作对比,代码如下:

```
const h = 'helloworld!';
h.slice(5);                  //'world!'同 substring
h.slice(0,5);                //"hello" 同 substring

h.slice(-1,5);               //''不同 substring

h.slice(5,5);                //''同 substring

h.slice(0,100);              //"helloworld!" 同 substring

h.slice(-5,5);               //''不同 substring

h.slice(5,-5);               //'w' 不同 substring

h.slice(-6);                 //"world!"
```

可见 slice 方式的索引是可以倒数的,强烈推荐使用 slice 方式截取字符串,因为更好理解,不易出错。

12.4 数值的扩展

本节主要学习 ES6 中的常用数据类型,即数值(Number)类型和新的数据类型 Symbol。ES6 中除了 JavaScript 中的 6 种数据类型之外,还引入了一种新的原始数据类型 Symbol,它是 JavaScript 语言的第 7 种数据类型,JavaScript 中的 7 种类据类型如下:

- Number(数值);
- String(字符串);
- Boolean(布尔值);
- Object(对象);
- undefined;

- null;
- Symbol。

12.4.1 Symbol 数据类型

ES6 引入 Symbol 原始数据类型,表示独一无二的值,是 JS 中的第 7 种数据类型。

Symbol 值通过 Symbol 函数生成,这就是说,对象的属性名现在可以有两种类型,一种是原来就有的字符串,另一种是新增的 Symbol 类型。凡是属性名属于 Symbol 类型,就都是独一无二的,可以保证不会与其他属性名产生冲突,示例代码如下:

```
let name = Symbol(), person = {}
person[name] = 'admin'
console.log(person[name]) //admin
```

注意: Symbol 函数前不能使用 new 命令,否则会报错。这是因为生成的 Symbol 是一个原始类型的值,不是对象。也就是说,由于 Symbol 值不是对象,所以不能添加属性。基本上,它是一种类似于字符串的数据类型。

Symbol 是原始值,可以使用 typeof 来检测变量是否为 Symbol 类型,如果是,则返回 Symbol,示例代码如下:

```
let name = Symbol('name')
console.log(typeof name) //Symbol
```

以下是 Symbol 数据类型常用的应用场景。

1. Symbol 常用来作为对象的属性名

由于每个 Symbol 值都是不相等的,这意味着 Symbol 值可以作为标识符,用于对象的属性名,这样就能保证不会出现同名的属性。这对于一个对象由多个模块构成的情况非常有用,能防止某一个键被不小心改写或覆盖,示例代码如下:

```
let mySymbol = Symbol();
//第 1 种写法
let a = {};
a[mySymbol] = 'Hello!';

//第 2 种写法
let a = {
  [mySymbol]: 'Hello!'
};

//第 3 种写法
let a = {};
```

```
Object.defineProperty(a, mySymbol, { value: 'Hello!' });

//以上写法都得到同样的结果
a[mySymbol] //"Hello!"
```

注意：当 Symbol 值作为对象属性名时，不能用点运算符。同理，在对象的内部使用 Symbol 值定义属性时，Symbol 值必须放在方括号中。

2. 使用 Symbol 定义一组常量

Symbol 类型还可以用于定义一组常量，保证这组常量的值都是不相等的，示例代码如下：

```
const log = {};

log.levels = {
  DEBUG: Symbol('Debug'),
  INFO: Symbol('info'),
  WARN: Symbol('warn')
};
console.log(log.levels.DEBUG, 'Debug message');
console.log(log.levels.INFO, 'info message');
```

常量使用 Symbol 值最大的好处就是其他任何值都不可能有相同的值了。当 Symbol 值作为属性名时，该属性还是公开属性，而不是私有属性。

3. 共享体系

在大型应用程序中，很多时候需要跨文件共享同一个 Symbol，ES6 提供了一个可以随时访问的全局 Symbol 注册表。

1) Symbol.for()

Symbol.for()可以创建共享的 Symbol，它接收一个参数，表示要创建的 Symbol 字符串标识符。这个参数同时也被用于 Symbol 的描述，示例代码如下：

```
let name = Symbol.for('name')
let name2 = Symbol.for('name')
let person = {}
person[name] = 'admin'

console.log(name === name2)        //true
console.log(person[name2])         //admin
console.log(name2)                 //Symbol(name)
```

Symbol.for()方法首先在全局 Symbol 注册表中搜索键为 name 的 Symbol 是否存在。如果存在，则直接返回已有的 Symbol，否则创建一个新的 Symbol，并使用这个键在 Symbol

全局注册表中注册，随即返回新创建的 Symbol。

在这个示例中，name 和 name2 包含相同的 Symbol，第 1 次调用 Symbol.for()方法会创建这个 Symbol，第 2 次调用可以直接从 Symbol 的全局注册表中检索到这个 Symbol，所以它们是相等的。

2) Symbol.keyFor()

Symbol.keyFor()方法可以在 Symbol 全局注册表中检索与 Symbol 有关的键，示例代码如下：

```
let name = Symbol.for('name')
let name2 = Symbol.for('name')
let name3 = Symbol('name')

console.log(Symbol.keyFor(name))                //name
console.log(Symbol.keyFor(name2))               //name
console.log(Symbol.keyFor(name3))               //undefined
```

name 和 name2 都返回了 name 这个键，而在 Symbol 全局注册表中不存在 name3 这个 Symbol，所以最终返回 undefined。

注意：Symbol.for()为 Symbol 值登记的名字，是全局环境的。

4. 属性检索

Symbol 作为属性名，该属性不会出现在 for … in、for … of 循环中，也不会被 Object.getOwnPropertyNames()、Object.keys()、JSON.stringify()返回。于是，在 ES6 中添加了一个 Object.getOwnpropertySymbols()方法来检索对象中的 Symbol 属性。

Object.getOwnPropertySymbols()方法的返回值是一个包含所有 Symbol 自有属性的数组，示例代码如下：

```
let name = Symbol.for('name')
let person = {
  [name]: 'admin'
}

let pro = Object.getOwnPropertySymbols(person)
console.log(pro.length)             //1
console.log(pro[0])                 //Symbol(name)
console.log(person[pro[0]])         //admin
```

另外一个 API，Reflect.ownKeys()方法可以返回所有类型的键名，包括常规键名和 Symbol 键名，代码如下：

```
let name = Symbol.for('name')
let person = {
```

```
    [name]: 'admin',
    age: 10
  }

  console.log(Reflect.ownKeys(person)) //["age", Symbol(name)]
```

5. 内置的 Symbol 值

除了可以定义供自己使用的 Symbol 值以外，ES6 还提供了 11 个内置的 Symbol 值，指向语言内部使用的方法。

(1) Symbol.hasInstance：指向一个内部方法，当其他对象使用 instanceof 运算符并判断是否为该对象的实例时，会调用这种方法。

(2) Symbol.isConcatSpreadable：对象的 Symbol.isConcatSpreadable 属性等于一个布尔值，表示该对象用于 Array.prototype.concat()时是否可以展开。

(3) Symbol.species：对象的 Symbol.species 属性，指向一个构造函数。创建衍生对象时，会使用该属性。

(4) Symbol.match：对象的 Symbol.match 属性，指向一个函数。当执行 str.match(myObject)时，如果该属性存在，则会调用它，返回该方法的返回值。

(5) Symbol.replace：对象的 Symbol.replace 属性，指向一种方法，当该对象被 String.prototype.replace 方法调用时会返回该方法的返回值。

(6) Symbol.search：对象的 Symbol.search 属性，指向一种方法，当该对象被 String.prototype.search 方法调用时会返回该方法的返回值。

(7) Symbol.split：对象的 Symbol.split 属性，指向一种方法，当该对象被 String.prototype.split 方法调用时会返回该方法的返回值。

(8) Symbol.iterator：对象的 Symbol.iterator 属性，指向该对象的默认遍历器方法。

(9) Symbol.toPrimitive：对象的 Symbol.toPrimitive 属性，指向一种方法。该对象被转换为原始类型的值时会调用这种方法，返回该对象对应的原始类型值。

(10) Symbol.toStringTag：对象的 Symbol.toStringTag 属性，指向一种方法。在该对象上面调用 Object.prototype.toString 方法时，如果这个属性存在，则它的返回值会出现在 toString 方法返回的字符串之中，表示对象的类型。也就是说，这个属性可以用来定制[object Object]或[object Array]中 object 后面的那个字符串。

(11) Symbol.unscopables：对象的 Symbol.unscopables 属性，指向一个对象。该对象指定了使用 with 关键字时，哪些属性会被 with 环境排除。

12.4.2 Number

ES6 中提供了二进制和八进制数值的新的写法，二进制的新写法可以使用前缀 0b 或者 0B 表示，八进制的新写法可以使用前缀 0o 或者 0O 表示，示例代码如下：

```
//八进制
console.log(0o16);          //14
//二进制
console.log(0b1111);        //15
```

ES6 在 Number 对象上也扩展了一些方法。

1. isFinite()方法

Number.isFinite() 方法可以用于检查一个数值是否为有限的。如果是，则返回 true，如果不是，则返回 false，示例代码如下：

```
console.log(Number.isFinite(1));            //输出：true
console.log(Number.isFinite(2/4));          //输出：true
console.log(Number.isFinite(NaN));          //输出：false
console.log(Number.isFinite(true));         //输出：false
 //Infinity 表示无穷大的特殊值
console.log(Number.isFinite(Infinity));     //输出：false
```

在上述代码中可以看到，只有当 isFinite 方法中的参数为有限数值时，才会返回 true，当参数的值为字符串或者布尔类型等时都会返回 false。

2. isNaN()方法

Number.isNaN()函数用于判断传入的是否是非数值，如果是非数值，则返回值为 true，否则返回值为 false。isNaN 的全称是 is not a number，示例代码如下：

```
console.log(Number.isNaN(NaN));          //输出：true
console.log(Number.isNaN('1'));          //输出：false
console.log(Number.isNaN(1));            //输出：false
console.log(Number.isNaN(true));         //输出：false
```

3. parseInt()方法

Number.parseInt() 方法用于将值转换为整型。如果参数不为数值类型，则会返回 NaN，示例代码如下：

```
console.log(Number.parseInt(3.14));       //输出：3
console.log(Number.parseInt('1.23'));     //输出：1
console.log(Number.parseInt(8.0));        //输出：8
console.log(Number.parseInt('ab'));      //输出：NaN
```

4. parseFloat()方法

Number.parseFloat() 方法用于将值转换为浮点型，示例代码如下：

```
console.log(Number.parseFloat(3.14));               //输出: 3.14
console.log(Number.parseFloat(6));                  //输出: 6
console.log(Number.parseFloat(8));                  //输出: 8
console.log(Number.parseFloat(null));               //输出: NaN
```

5. isInteger()方法

Number.isInteger() 方法用来判断一个值是否为整数，示例代码如下：

```
console.log(Number.isInteger(3.14));             //输出: false
console.log(Number.isInteger(6));                //输出: true
console.log(Number.isInteger(8));                //输出: true
console.log(Number.isInteger(null));             //输出: false
```

从上面的代码中可以看出，只有当参数为整数结果时才会返回 true，当参数不为整数或者数值类型的值时，返回 false。

12.5 函数的扩展

1. 参数的默认值

在开发中，经常需要给函数的参数指定默认值，ES6 之前，给函数设置默认参数是这样做的，示例代码如下：

```
function person(n,a){
   var name = n || 'admin';
   var age  = a || 18;
   console.log(name,age);
 }
 person('beixi');                                //输出: beixi 18
 person(false,0);                                //输出: admin 18
```

或运算符左侧为 true，右侧为 false。传入实参，直接返回左侧的值，否则返回右侧的值。如在 person 函数内，如果参数 *n* 没有传参，则变量 name 得到的值就是 admin，如果传参了，变量 name 的值就为参数 *n* 的值。

但是，前提是参数对应的布尔值不能为 false(当数字 0、空字符串等转换成布尔值时也是 false)，这就使这种方式存在一定的不足和缺陷。如在上面示例中 person(false,0)，如果调用函数时传入实参 false，则结果都为或运算符的右侧值。

在 ES6 中允许直接在函数的参数后面设置默认值，示例代码如下：

```
function person(name = 'admin',age = 18){
  console.log(name,age);
}
person();                    //输出: admin 18
person(false,20);            //输出: false 20
```

这样就不必再担心函数的实际传参与预期不相符了。

如果函数中有多个参数,有需要指定默认值的,有不需要指定默认值的,则必须把设定默认值的参数放在后面,示例代码如下:

```
//错误写法
function person(age = 18,name){
    console.log(name,age);
  }

  //正确写法
  function person(name,age = 18){
    console.log(name,age);
  }
```

另外还有一点需要注意,参数变量是默认声明的,所以在函数体内不能使用 let 或者 const 再次声明,示例代码如下:

```
function person(age = 18) {
  let age = 20;               //错误
}
person();
```

在上面示例代码中,函数被调用后会报错,提示 age 已经被声明过了,如图 12-5 所示。

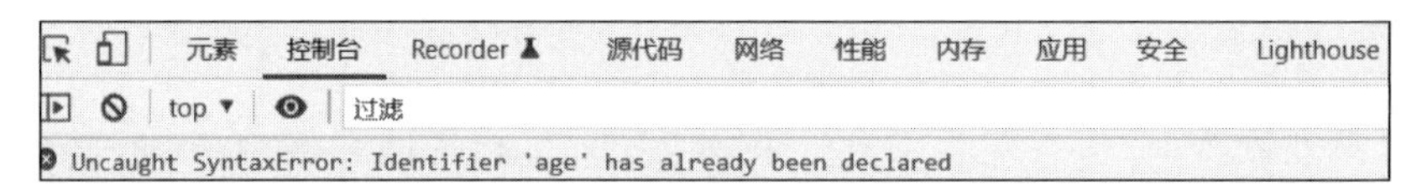

图 12-5 age 及被声明的错误信息

2. 与解构赋值默认值结合使用

参数默认值可以与解构赋值的默认值结合起来使用,示例代码如下:

```
function fn({a,b = 2}){
  console.log(a,b);
}
fn({})                        //输出: undefined 2
```

```
fn({a:1})               //输出: 1 2
fn({a:1,b:3})           //输出: 1 3
```

3. rest 参数

rest 参数是一个新的概念,中文的意思是剩下的部分。

ES6 之前,当获取函数中传入的多余参数时使用 arguments,示例代码如下:

```
function fn(a) {
    console.log(a);
    for(var i = 0; i < arguments.length; i ++){
        console.log(arguments[i]);
    }
}
fn(1, 2, 3);              //输出: 1 1 2 3
```

从输出结果看,arguments 对象其实包含的是所有参数,并不仅仅是多余参数。因为在调用函数时,给 a 变量赋值 1,多余的参数是 2 和 3,所以输出结果应为 1 2 3 才符合预期。

在 ES6 中,新增了 rest 参数,可以用来获取多余的参数。语法为"...变量名",示例代码如下:

```
function fn(a,...values) {
  values.forEach(function (item) {
    console.log(item);
  });
}
fn(1, 2, 3);              //输出: 2 3
```

示例中,values 变量是一个数组,包含传入的两个多余的参数 2、3。

这里需要注意一点,rest 参数只能放在最后面,不然会报错,示例代码如下:

```
//错误写法
function sum(a, ...values, b){

}
//正确的写法
function sum(a, b, ...values){

}
```

4. 箭头函数

ES6 给我们提供了一种全新的定义函数的方式,即用箭头符号(=>)来定义函数,故得名为箭头函数。这里定义一个最简单的函数,示例代码如下:

```
//传统写法
function sayHi() {
  alert('hi');
}
//箭头函数写法
var sayHi = () => {
   alert('hi');
}
```

如果需要传参，则可把参数写在圆括号里，示例代码如下：

```
//传统写法
function sayHi(a,b) {
  console.log(a + b);
}
//箭头函数写法
var sayHi = (a,b) => {
   console.log(a + b);
}
sayHi(10,20);      //输出: 30
```

箭头函数的最大作用就是简化函数的实现，大大地减少代码量。如果只有一个参数，则可以不使用圆括号，如果只有一条语句，甚至花括号也可以省略，示例代码如下：

```
//箭头函数写法
var sayHi = a => console.log(a);
sayHi(10);         //输出: 10
```

由于大括号被解释为代码块，所以如果箭头函数返回的是一个对象，则必须在对象外面加上括号，否则会报错，示例代码如下：

```
//错误写法
var fn = () => {username: 'tom', age: 24};

//正确写法
var fn = () => ({username: 'tom', age: 24});
```

箭头函数有以下几个注意点。

(1) 箭头函数 this 为父作用域的 this，不是调用时的 this。

箭头函数的 this 永远指向其父作用域，任何方法都改变不了，示例代码如下：

```
 var name = 'admin';
var teacher = {
```

```
    name: 'zhangsan',
    showName: function () {
        let showTest = () => alert(this.name);
        showTest();
    }
};
teacher.showName(); //弹出: zhangsan
```

箭头函数中的 this 其实是父级作用域中的 this。箭头函数引用的父级的变量词法作用域就是一个变量的作用在定义时就已经被定义好了，当在本作用域中找不到变量时，就会一直向父作用域中查找，直到找到为止，示例代码如下：

```
var name = 'admin';
 var teacher = {
    name: 'zhangsan',
    showName: () => {
        let showTest = () => alert(this.name);
        showTest();
    }
 };
 teacher.showName(); //弹出: admin
```

上例中，showName 也为箭头函数，其内部的 this 为全局 window，showTest 的 this 也就是 showName 函数的 this，也是 window，所以得到的 this.name 为 admin。

（2）箭头函数不能作为构造函数，不能使用 new，示例代码如下：

```
//构造函数如下
function Person(p){
    this.name = p.name;
}
//如果用箭头函数作为构造函数,则如下
var Person = (p) => {
    this.name = p.name;
}
```

由于 this 必须是对象实例，而箭头函数是没有实例的，此处的 this 指向别处，不能产生 Person 实例，自相矛盾。

（3）箭头函数没有原型属性，示例代码如下：

```
var a = () =>{
  return 1;
}
```

```
function b(){
  return 2;
}

console.log(a.prototype); //undefined
console.log(b.prototype); //{constructor: ?}
```

（4）多重箭头函数是一个高阶函数，相当于内嵌函数，示例代码如下：

```
const add = x => y => y + x;
//相当于
function add(x){
  return function(y){
    return y + x;
  };
}
```

12.6 数组的扩展

1. Array.from()

该方法用于将两类对象转换为真正的数组：类似数组的对象(array-like object)和可遍历(iterable)的对象(包括ES6新增的数据结构Set和Map，它们都部署了iterator接口，字符串也是)。

下面是一个类似数组的对象，使用Array.from()将它转换为真正的数组，示例代码如下：

```
let arrayLike = {
    "0":"a",
    "1":"b",
    "2":"c",
    length:3
};
//ES6 的写法
let arr2 = Array.from(arrayLike);
console.log(arr2);            //输出: ['a', 'b', 'c']
```

只要部署了Iterator接口的数据结构，Array.from()都能将其转换为数组，示例代码如下：

```
let arr1 = Array.from('hello');
console.log(arr1);            //输出: ['h', 'e', 'l', 'l', 'o']
```

```
let nameSet = new Set(['a','b','c']);
let arr2 = Array.from(nameSet);
console.log(arr2);                                   //输出: ['a', 'b', 'c']
```

在以上代码中，字符串和 Set 结构都具有 Iterator 接口，因此可以被 Array.from()转换为真正的数组。

Array.from()还可以接收第 2 个参数，作用类似于数组的 map 方法，用来对每个元素进行处理，将处理后的值放入返回的数组。

语法代码如下：

```
Array.from(arrayLike, x => x * x);
//等同于
Array.from(arrayLike).map(x => x * x);
```

示例代码如下：

```
let arr1 = Array.from([1,2,3],(x) => x * x);
console.log(arr1);                                   //输出: [1, 4, 9]
```

2. Array.of()

该方法用于将一组值转换为数组。这种方法的主要目的是弥补数组构造函数 Array()的不足。因为参数个数的不同，会导致 Array()的行为有差异，示例代码如下：

```
console.log(Array.of(3,11,8));                      //[3,11,8]
console.log(Array.of(3));                            //[3]
console.log(Array.of(3).length);                     //1

console.log(Array());                                //[]
console.log(Array(3));                               //[]
console.log(Array(3,11,8));                          //[3,11,8]
```

Array.of()基本上可以用来替代 Array()或 new Array()，并且不存在由于参数不同而导致的重载，它的行为非常统一。

3. copyWithin()

数组实例的 copyWithin()方法在当前数组内部将指定位置的成员复制到其他位置（会覆盖原有成员），然后返回当前数组。

语法代码如下：

```
Array.prototype.copyWithin(target, start = 0, end = this.length)
```

各参数的解释如下。

(1) target(必选):从该位置开始替换数据。

(2) start(可选):从该位置开始读取数据,默认为 0。如果为负值,则表示倒数。

(3) end(可选):到该位置前停止读取数据,默认等于数组长度。如果为负值,则表示倒数。

这 3 个参数都应该是数值,如果不是,则会自动转换为数值。

示例代码如下:

```
let arr = [1,2,3,4,5].copyWithin(0,3);
console.log(arr);                          //输出: [4, 5, 3, 4, 5]
```

上面代码表示将从 3 号位置直到数组结束的成员(4 和 5)复制到从 0 号位置开始的位置,结果覆盖了原来的 1 和 2。

4. find()和 findIndex()

数组实例的 find()方法,用于找出第 1 个符合条件的数组成员。它的参数是一个回调函数,所有数组成员依次执行该回调函数,直到找出第 1 个返回值为 true 的成员,然后返回该成员。如果没有符合条件的成员,则返回 undefined,示例代码如下:

```
var a = [1, 4, -5, 10].find((n) => n < 0)
 console.log(a);                        //输出: -5
 //find()方法的回调函数可以接收 3 个参数,依次为当前的值、当前的位置和原数组
let arr = [1, 5, 10, 15].find(function(value, index, arr) {
   return value > 9;
 })
 console.log(arr);                      //输出: 10
```

数组实例的 findIndex()方法的用法与 find()方法非常类似,返回第 1 个符合条件的数组成员的位置,如果所有成员都不符合条件,则返回-1,示例代码如下:

```
let arr = [1, 5, 10, 15].findIndex(function(value, index, arr) {
  return value > 9;
})
console.log(arr); //输出: 2
```

5. fill()

fill()方法用于给定值填充一个数组。如果数组中已有元素,则会被全部抹去,示例代码如下:

```
let arr = ['a', 'b', 'c'].fill(6);
console.log(arr);                       //输出: [6, 6, 6]
```

```
let arr2 = new Array(3).fill(6);
console.log(arr2);                          //输出: [6, 6, 6]
```

fill()方法还可以接收第 2 个和第 3 个参数,用于指定填充的起始位置和结束位置(包左不包右),示例代码如下:

```
let arr = ['a', 'b', 'c'].fill(6, 1, 2)
console.log(arr);                          //输出: ['a', 6, 'c']
```

6. entries()、keys()和 values()

ES6 提供了 3 个新的方法,entries()、keys()和 values()用于遍历数组。它们都返回一个遍历器对象,可以用 for … of 循环进行遍历,唯一区别就是 keys()是对键名的遍历、values 是对键值的遍历,entries()是对键-值对的遍历,示例代码如下:

```
for(let index of ['a','b'].keys()){
    console.log(index);                    //输出: 0 1
}

for(let elem of ['a','b'].values()){
    console.log(elem);                     //输出: 'a' 'b'
}

for(let [inde,ele] of ['a','b'].entries()){
    console.log(inde,ele);                 //输出: 0 "a" 1 "b"
}
```

7. includes()

Array. prototype. includes()方法返回一个布尔值,表示某个数组是否包含给定的值,与字符串的 includes 方法类似。该方法属于 ES7,但 Babel 转码器已经支持,示例代码如下:

```
let arr = [1,2,3].includes(2);
console.log(arr);                          //输出: true
let arr2 = [1,2,3].includes(6);
console.log(arr2);                         //输出: false
```

该方法的第 2 个参数表示搜索的起始位置,默认为 0。如果第 2 个参数为负数,则表示倒数的位置,若此位置超出数组长度,则会重置从 0 开始,示例代码如下:

```
let arr = [1,2,3].includes(3,3);
console.log(arr);                          //输出: false
```

```
let arr2 = [1,2,3].includes(3, -1);
console.log(arr2);                    //输出: true
```

8. **数组的空位**

数组的空位指数组的某一个位置没有任何值。空位不是 undefined，如果一个位置的值等于 undefined，则依然是有值的。

ES6 则明确地将空位转换为 undefined，示例代码如下：

```
console.log(Array.from(['a',,'b']))        //输出: [ 'a', undefined, 'b' ]
console.log([...['a',,'b']])               //输出: [ "a", undefined, "b" ]
let arr = [, 'a',,];
for (let i of arr) {
  console.log(i);
}                                          //输出: undefined a undefined
```

12.7 对象的扩展

ES6 不仅为字符串、数值和数组带来了扩展，也为对象带来了很多新特性。

1. **属性简写**

在 ES5 中创建 person 对象，对象中含有 name 和 age 属性，表示法是用键-值对的形式来表示，示例代码如下：

```
var name = "admin";
var age = 18;
var person = {
    "name":name,
    "age":age
};
console.log(person);              //输出: {name: "admin", age: 18}
```

在 ES6 中当对象属性名与属性值名（注意：此时属性值用一个变量代替）相同时，允许直接写入变量作为对象的属性，示例代码如下：

```
var name = "admin";
var age = 18;
var person = {name,age};
console.log(person);              //输出: {name: "admin", age: 18}
```

ES6 中的新写法只是简单地用两个变量名即可，而得到的结果却跟传统的写法一样。

除了属性可以简写，函数也可以简写，示例代码如下：

```
//传统写法
var person = {
    say:function(){
        alert('这是传统的表示法');
    }
};

//ES6 的写法
var person = {
      say(){
          alert('这是 ES6 的表示法');
      }
  };
```

不管是属性还是方法，确实 ES6 给我们带来的表示法更加简捷，代码量更少。

2. 属性名表达式

ES6 里允许在定义对象时用表达式作为对象的属性名或者方法名，即把表达式放在方括号里，示例代码如下：

```
let flag = 'key';
let obj = {[flag]:true,['a' + 'bc']:123};
console.log(obj); //输出: {key: true, abc: 123}
```

3. 方法的 name 属性

函数的 name 属性返回函数名，示例代码如下：

```
const person = { sayName() {}};
console.log(person.sayName.name);                //输出: sayName
```

4. Object.is()

Object.is()用来比较两个值严格相等。与“===”类似，与之不同之处在于：+0 不等于−0，NaN 等于自身，示例代码如下：

```
console.log( +0 ===  -0);                        //输出: true
console.log(NaN === NaN);                        //输出: false
console.log('10' == 10);                         //输出: true

console.log(Object.is('10',10));                 //输出: false
console.log(Object.is( +0, -0));                 //输出: false
console.log(Object.is(NaN,NaN));                 //true
```

5. Object.assign()

Object.assign()方法用于对象的合并，将源对象的所有的可枚举属性赋值到目标对象，示例代码如下：

```
//目标对象
let target = {"a":1};

//源对象
let origin = {"b":2,"c":3};
Object.assign(target,origin);

console.log(target);                    //输出：{a: 1, b: 2, c: 3}
```

此外，Object.assign( )函数的参数还可以是多个(至少是两个)，修改上面示例的代码，修改后的代码如下：

```
//目标对象
let target = {"a":1};

//源对象
let origin1 = {"b":2,"c":3};
//源对象 2
let origin2 = {"d":4,"e":5};

Object.assign(target,origin1,origin2);
console.log(target);                    //输出：{a: 1, b: 2, c: 3, d: 4, e: 5}
```

6. 遍历对象

(1) Object.keys(obj)返回一个数组，成员是参数对象自身的(不含继承的)所有可遍历(enumerable)属性的键名，示例代码如下：

```
var obj = {
   name:'admin',
   age:19,
   gender:'男'
}
console.log(Object.keys(obj))             //输出：[ 'name', 'age', 'gender' ]
```

(2) Object.values(obj)返回一个数组，成员是参数对象自身的(不含继承的)所有可遍历(enumerable) 属性的键值，示例代码如下：

```
var obj = {
   name:'admin',
   age:19,
   gender:'男'
}
console.log(Object.values(obj))           //输出：['admin', 19, '男']
```

(3) Object. entries(obj)返回一个数组,成员是参数对象自身的(不含继承的)所有可遍历(enumerable)属性的键-值对数组,示例代码如下:

```
    var obj = {
        name:'admin',
        age:19,
        gender:'男'
    }
    console.log(Object.entries(obj))
//输出: [[ 'name', 'admin' ], [ 'age', 19 ], [ 'gender', '男' ]]
```

12.8 Set 和 Map 数据结构

ES6 提供了 Set 和 Map 的数据结构。

1. Set 数据结构

ES6 中提供了一种全新的数据结构,和数组类似,但其中的元素不允许重复,也就是每个元素在其中都是唯一的,可以称为集合,与 Java 后台中的 Set 集合类似。

Set 本身是一个构造函数,用来生成 Set 数据结构。Set 函数可以接收一个数组(或类似数组的对象)作为参数,用来初始化,示例代码如下:

```
//Set 构造函数可以接收一个数组或空
let set = new Set();
set.add(1);                    //添加元素
//接收数组
let set2 = new Set([2,3,4,5,5]);
console.log(Array.from(set2)); //输出: [2,3,4,5]
```

Set 数据结构中常用的方法如表 12-2 所示。

表 12-2 Set 数据结构中常用的方法及描述

方法/属性	描 述	示 例
add()	向 Set 添加任意类型的元素,如果已经添加过,则自动忽略	set. add(1);
clear()	清空所有元素	set. clear();
delete()	用来从 Set 中删除指定元素	set. delete(2);
has()	用来检测 Set 中是否存在指定元素	set. has(2);

keys()	返回键名的遍历器	for (let item of set. keys()) {
		console. log(item);
		}

续表

方法/属性	描述	示例

values()	返回键值的遍历器	for (let item of set.values()) {
		console.log(item);
		}

entries()	返回键-值对的遍历器	for (let item of set.entries()) {
		console.log(item);
		}

size	返回 Set 实例的成员总数	set.size;

2. Map 数据结构

Map 和对象很像,它们本质上都是键-值对集合。不同的是,对象的键只能存放字符串类型,而 Map 结构的 key 可以是任意对象,即

(1) object 是 <string,object>集合。

(2) Map 是<object,object>集合。

Object 结构提供了"字符串-值"的对应,Map 结构提供了"值-值"的对应,是一种更完善的 Hash 结构实现。如果需要"键-值对"的数据结构,Map 比 Object 更合适。

Map 数据结构中可以把对象作为参数,示例代码如下:

```
var m = new Map();
var o = {p: 'Hello World'};
m.set(o, 'content');
m.get(o) ;
```

作为构造函数,Map 也可以接收一个数组作为参数。该数组的成员是一个个表示键-值对的数组,示例代码如下:

```
var map = new Map([
['name', '张三'],
['age', 18]
]);
map.size                //2
map.has('name')         //true
map.get('name')         //"张三"
map.has('title')        //true
map.get('title')        //18
```

需要注意以下几点:

(1) 字符串 true 和布尔值 true 是两个不同的键。

(2) 如果对同一个键多次赋值,则后面的值将覆盖前面的值,示例代码如下:

```
let map = new Map();
map.set(1, 'window')
map.set(1, 'Linux');
map.get(1) //"Linux"
```

(3) 如果读取一个未知的键,则返回 undefined。

(4) 如果 Map 的键是一个简单类型的值(数字、字符串、布尔值),则只要两个值严格相等,Map 将其视为一个键,包括 0 和-0。另外,虽然 NaN 不严格等于自身,但 Map 将其视为同一个键,示例代码如下:

```
let map = new Map();
map.set(NaN, 123);
map.get(NaN)                    //123
map.set(-0, 123);
map.get(+0)                     //123
```

3. Map 实例属性和操作方法

(1) size 属性:返回 Map 结构的成员总数。

示例代码如下:

```
let map = new Map();
map.set(1, true);
map.set(2, false);
console.log( map.size);         //输出: 2
```

(2) set(key, value)方法用于设置 key 所对应的键值,然后返回整个 Map 结构。如果 key 已经有值,则键值会被更新,否则就新生成该键。

示例代码如下:

```
var m = new Map();
m.set("name", 'admin')
m.set(1, true)
m.set(undefined, "haha")
```

set 方法返回的是 Map 本身,因此可以采用链式写法,示例代码如下:

```
let map = new Map()
.set(1, 'a')
.set(2, 'b')
.set(3, 'c');
```

(3) get(key)方法用于读取 key 对应的键值，如果找不到 key，则返回 undefined。

示例代码如下：

```
var m = new Map();
var hello = function() {console.log("hello");}
m.set(hello, "Hello ES6!")                    //键是函数
m.get(hello)                                  //Hello ES6!
```

(4) has(key)方法用于返回一个布尔值，表示某个键是否在 Map 数据结构中。

示例代码如下：

```
var m = new Map();
m.set("name", 'admin');
m.set(1, true);
m.set(undefined, "haha");
m.has("name")                //true
m.has("years")               //false
m.has(1)                     //true
m.has(undefined)             //true
```

(5) delete(key)方法用于删除某个键，返回值为 true。如果删除失败，则返回值为 false。

示例代码如下：

```
var m = new Map();
m.set(undefined, "haha");
m.has(undefined)                //true
m.delete(undefined)
m.has(undefined)                //false
```

(6) clear()方法用于清除所有成员，没有返回值。

示例代码如下：

```
let map = new Map();
map.set('foo', true);
map.set('bar', false);
map.size                //2
map.clear()
map.size                //0
```

(7) 遍历方法，Map 原生提供了 3 个遍历器生成函数和一个遍历方法。

① keys()：返回键名的遍历器。

② values()：返回键值的遍历器。

③ entries()：返回所有成员的遍历器。

④ forEach()：遍历 Map 的所有成员。

需要特别注意的是，Map 的遍历顺序就是插入顺序。

示例代码如下：

```
let map = new Map([
   ['key1', 'value1'],
   ['c', 'value2'],
 ]);
 for (let key of map.keys()) {
      console.log(key);
 }
 //key1 key1

 for (let value of map.values()) {
      console.log(value);
 }
 //value1 value2

 for (let item of map.entries()) {
      console.log(item[0], item[1]);
 }
 //key1 => value1 key2 => value2
 //或者
 for (let [key, value] of map.entries()) {
      console.log(key, value);
 }
 //等同于使用 map.entries()
 for (let [key, value] of map) {
      console.log(key, value);
 }
```

12.9 Class 基础语法

1. 类的由来

ES5 之前，生成实例对象的传统方法是通过构造函数生成，但是这种写法跟传统的面向对象语言差异很大，示例代码如下：

```
function Person(name,age) {
    this.name = name;
    this.age = age;
}
Person.prototype.toString = function () {
    return '(' + this.name + ', ' + this.age + ')'
```

```
    }
    var p = new Person('admin',18);          //类的使用直接用 new 命令
    console.log(p);
```

ES6 提供了更接近传统语言的写法，引入了 Class(类)的概念，作为对象的模板。通过 class 关键字来定义类。

ES6 的 class 可以看作一个语法糖，它的绝大部分功能 ES5 可以做到，新的 class 写法只是让对象原型的写法更加清晰、更像面向对象编程的语法而已。上面的代码用 ES6 的 class 改写，示例代码如下：

```
class Person {
  constructor (name,age) {
      this.name = name;
      this.age = age;
    }
  toString() {
      return '(' + this.name + ', ' + this.age + ')';
  }
}
var p = new Person('admin',18);          //类的使用直接用 new 命令
console.log(p);
```

上面代码定义了一个"类"，可以看到里面有一个 constructor()方法，这就是构造方法，而 this 关键字则代表实例对象。也就是说，ES5 的构造函数 Person，对应 ES6 的 Person 类的构造方法。Person 类除了构造方法，还定义了一个 toString()方法。

2. constructor 方法

constructor()方法是类默认的方法，当通过 new 生成对象实例时自动调用。一个类必须有 constructor() 方法，没现实定义，一个空的 constructor 会被自动添加，示例代码如下：

```
class Person {
}
//等同于
class Person {
  constructor() {}
}
```

3. 类的实例对象

类的实例对象使用 new 关键字，示例代码如下：

```
var p1 = new Person();
```

与 ES5 一样，实例的属性除非显式地定义在其本身(this)上，否则都定义在原型上(class)。类的所有实例都共享一个原型对象，示例代码如下：

```
var p1 = new Person();
var p2 = new Person();
console.log(p1.__proto__ === p2.__proto__);        //输出：true
```

4. Class 表达式

类也可以使用表达式的形式定义，示例代码如下：

```
const Person = class Per {
  getAge() {
    return Per.age;
  }
}
```

在上面示例中定义了一个类，类的名字是 Person 而不是 Per，Per 只在 Class 的内部代码可用，指代当前类，示例代码如下：

```
let inst = new Person();
inst.getAge()                  //Per
Per.age                        //ReferenceError: Per is not defined
```

Per 只在 Class 内部有定义。如果内部没有用到，则可以省略 Per，示例代码如下：

```
const Person = class { /* ... */ };
```

采用 Class 表达式，可以写出立即执行的 Class，示例代码如下：

```
let person = new class {
  constructor(name) {
    this.name = name;
  }

  sayName() {
    console.log(this.name);
  }
}('王五');
person.sayName();              //王五
```

5. 不存在变量提升

同 ES5 不同，Class 不存在变量提升。如果类使用在前，定义在后，则会报错。因为

ES6 不会把类的声明提升到代码头部，原因与继承有关，必须保证子类在父类之后定义，示例代码如下：

```
//错误
new Person();
class Person {}

//正确
{
  let Person = class {};
  class Children extends Person {
  }
}
```

6. class 的静态方法

类相当于实例的原型，所有在类中定义的方法都会被实例继承。如果在一种方法前加上 static 关键字，则表示该方法不会被实例继承，而是直接通过类来调用，这就称为“静态方法”，示例代码如下：

```
class Person {
      static sayHi() {
        return 'Hi';
      }
   }
Person.sayHi();                    //Hi

var p = new Person();
p.sayHi()                          //报错:p.sayHi is not a function
```

在上面的代码中，Person 类的 sayHi()方法前有 static 关键字，表明该方法是一个静态方法，可以直接在 Person 类上调用(Person.sayHi())。如果使用 Person 的实例调用静态方法，则会抛出一个错误，表示不存在该方法。

12.10 Class 的继承

1. 继承的实现

ES6 中，Class 可以通过 extends 关键字实现继承，和其他面向对象语言一样。

定义一个 Rabbit 类，通过 extends 关键字继承父类 Animal，示例代码如下：

```
class Animal {                       //父类
  constructor(name) {
```

```
    this.speed = 0;
    this.name = name;
  }
  run(speed) {
    this.speed += speed;
    console.log(this.name + 'runs with speed' + this.speed);
  }
  stop() {
    this.speed = 0;
    console.log('${this.name} stopped.');
  }
}
//子类继承父类
class Rabbit extends Animal {
  hide() {
    console.log(this.name + 'hides!');
  }
}

//创建对象
let rabbit = new Rabbit("White Rabbit");
rabbit.run(5); //输出: White Rabbit runs with speed 5.
rabbit.hide(); //输出: White Rabbit hides!
```

从上面示例得知,子类会继承父类的属性和方法,相当于将父类的成员复制一份到子类。extend 关键字实际上是在 Rabbit.prototype 添加[[Prototype]],引用到 Animal.prototype,如图 12-6 所示。

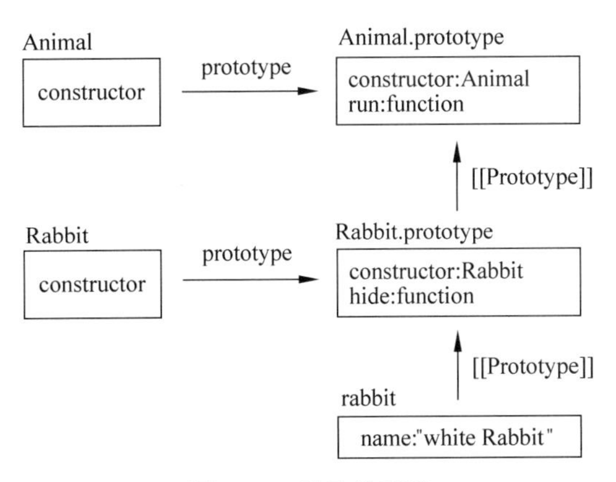

图 12-6 继承关系图

所以 rabbit 既可以访问它自己的方法,也可以访问 Animal 的方法。

2. 重写

在上面的示例中,Rabbit 从 Animal 继承了 stop()方法,this.speed=0。如果在 Rabbit

中指定了自己的 stop()方法，则会被优先使用，代码如下：

```
class Rabbit extends Animal {
    stop() {
      //...this will be used for rabbit.stop()
    }
  }
```

但通常不想完全替代父方法，而是在父方法的基础上调整或扩展其功能。我们进行一些操作，让它在过程中调用父方法。

为此，Class 提供了 super 关键字。

(1) 使用 super.method() 调用父方法。

(2) 使用 super() 调用父构造函数（仅在 constructor 函数中）。

例如，让 Rabbit 在 stop 时自动隐藏，示例代码如下：

```
class Animal {
  constructor(name) {
    this.speed = 0;
    this.name = name;
  }
  run(speed) {
    this.speed += speed;
    console.log(this.name + ' runs with speed' + this.speed);
  }
  stop() {
    this.speed = 0;
    console.log(this.name + 'stopped.');
  }
}

  class Rabbit extends Animal {
    hide() {
      console.log(this.name + 'hides!');
    }
    stop() {
      super.stop();
      this.hide();
    }
}

let rabbit = new Rabbit("White Rabbit");

rabbit.run(5);          //输出：White Rabbit runs with speed 5.
rabbit.stop();          //输出：White Rabbit stopped. White rabbit hides!
```

现在，Rabbit 的 stop() 方法通过 super.stop() 调用父类的方法实现。

3. 重写构造函数

直到现在，Rabbit 都没有自己的 constructor。根据规范，如果一个类扩展了另一个类并且没有 constructor，则会自动生成如下 constructor：

```
class Rabbit extends Animal {
  constructor(...args) {
    super(...args);
  }
}
```

可以看到，它利用 super 关键字调用了父 constructor 并传递所有参数。如果不自己写构造函数，就会自动生成这种构造函数。

现在将一个自定义构造函数添加到 Rabbit 中。除了 name 参数，还要设置 earLength，代码如下：

```
class Animal {
  constructor(name) {
    this.speed = 0;
    this.name = name;
  }
  ...
}
class Rabbit extends Animal {
  constructor(name, earLength) {
    this.speed = 0;
    this.name = name;
    this.earLength = earLength;
  }
  ...
}
let rabbit = new Rabbit("White Rabbit", 10); //报错
```

执行时发现报错，原因是继承类中的构造函数必须调用 super()，并且在使用 this 之前执行它。改写后的代码如下：

```
class Animal {
  constructor(name) {
    this.speed = 0;
    this.name = name;
  }
  ...
}
class Rabbit extends Animal {
  constructor(name, earLength) {
```

```
    super(name);
    this.earLength = earLength;
  }
  ...
}
let rabbit = new Rabbit("White Rabbit", 10);
console.log(rabbit.name);            //输出：White Rabbit
```

12.11 模块化

在之前的JS中没有模块化的概念。如果要进行模块化操作，则需要引入第三方的类库。随着技术的发展，前后端分离，前端的业务变得越来越复杂化。直至ES6带来了模块化，才让JS第一次支持了模块化(module)。

模块化就是把代码进行拆分，方便重复利用。类似Java中的导包，要使用一个类，必须先导包，而JS中没有包的概念，换来的是模块。

但是ES6的模块化暂时无法测试，因为浏览器目前还不支持ES6的导入和导出功能。除非借助于工具，把ES6的语法进行编译，降级到ES5，例如Babel-cli工具。模块化功能可以在随后的Vue工程项目中测试，所以这里只需了解。

模块功能主要由两个命令构成：export和import。

(1) export命令用于规定模块的对外接口。

(2) import命令用于导入其他模块提供的功能。

1. export

如创建一个JS文件：hello.js，里面有一个对象，示例代码如下：

```
const util = {
    sum(a,b){
        return a + b;
    }
}
```

可以使用export将这个对象导出，示例代码如下：

```
const util = {
    sum(a,b){
        return a + b;
    }
}
export util;

//或者简写为
```

```
export const util = {
    sum(a,b){
        return a + b;
    }
}
```

export不仅可以导出对象，一切JS变量都可以导出，例如基本类型变量、函数、数组、对象。

当要导出多个值时，还可以简写。如创建一个JS文件user.js，示例代码如下：

```
var name = "admin";
var age = 21;
export {name,age};
```

在上面的导出代码中，都明确指定了导出的变量名，这样其他人在导入使用时就必须准确地写出变量名，否则就会出错。

因此JS提供了default关键字，可以对导出的变量名进行省略，示例代码如下：

```
//无须声明对象的名字
export default {
  sum(a,b){
        return a + b;
    }
}
```

这样，当使用者导入时，可以任意起名字。

2. import

使用export命令定义了模块的对外接口以后，其他JS文件就可以通过import命令加载这个模块。例如使用上面导出的util，代码如下：

```
//导入 util
import util from 'hello.js'
//调用 util 中的属性
util.sum(1,2)
```

要批量导入前面导出的name和age，示例代码如下：

```
import {name, age} from 'user.js'

console.log(name + " , 今年"+ age +"岁了")
```

暂时不做测试，大家了解即可。

第 13 章

Node.js 编程模块

JavaScript 与编译型语言不同的是它需要一边解析一边执行，而编译型语言在执行时已经完成编译，可直接执行，有更快的执行速度。JavaScript 代码是在浏览器端解析和执行的，如果需要时间太长，则会影响用户体验，则提高 JavaScript 的解析速度就是当务之急。

V8 引擎是一个 JavaScript 引擎实现，谷歌对其进行了开源，V8 使用 C++开发，在运行 JavaScript 之前，相比其他的 JavaScript 引擎将抽象语法树转换成字节码来解释执行，V8 直接将其编译成原生机器码，放弃了在字节码阶段可以进行的一些性能优化，但保证了执行速度，在 V8 生成本地代码后，也会通过 Profiler 采集一些信息，使用内存关联缓存来优化本地代码。虽然少了生成字节码这一阶段的性能优化，但极大减少了转换时间。

Node.js 的产生似乎是 JavaScript 发展到一定阶段的必然产物，它是一个基于 Chrome V8 引擎的 JavaScript 运行时，V8 引擎的出现是 Node.js 产生的催化剂。

Node.js 使用 JavaScript 来搭建服务器端运行环境，它具有无阻塞和事件驱动等的特点，采用 V8 引擎，同样，Node.js 实现了类似 Apache 和 Nginx 的 Web 服务，可以通过它来搭建基于 JavaScript 的 Web App。

本章思维导图如图 13-1 所示。

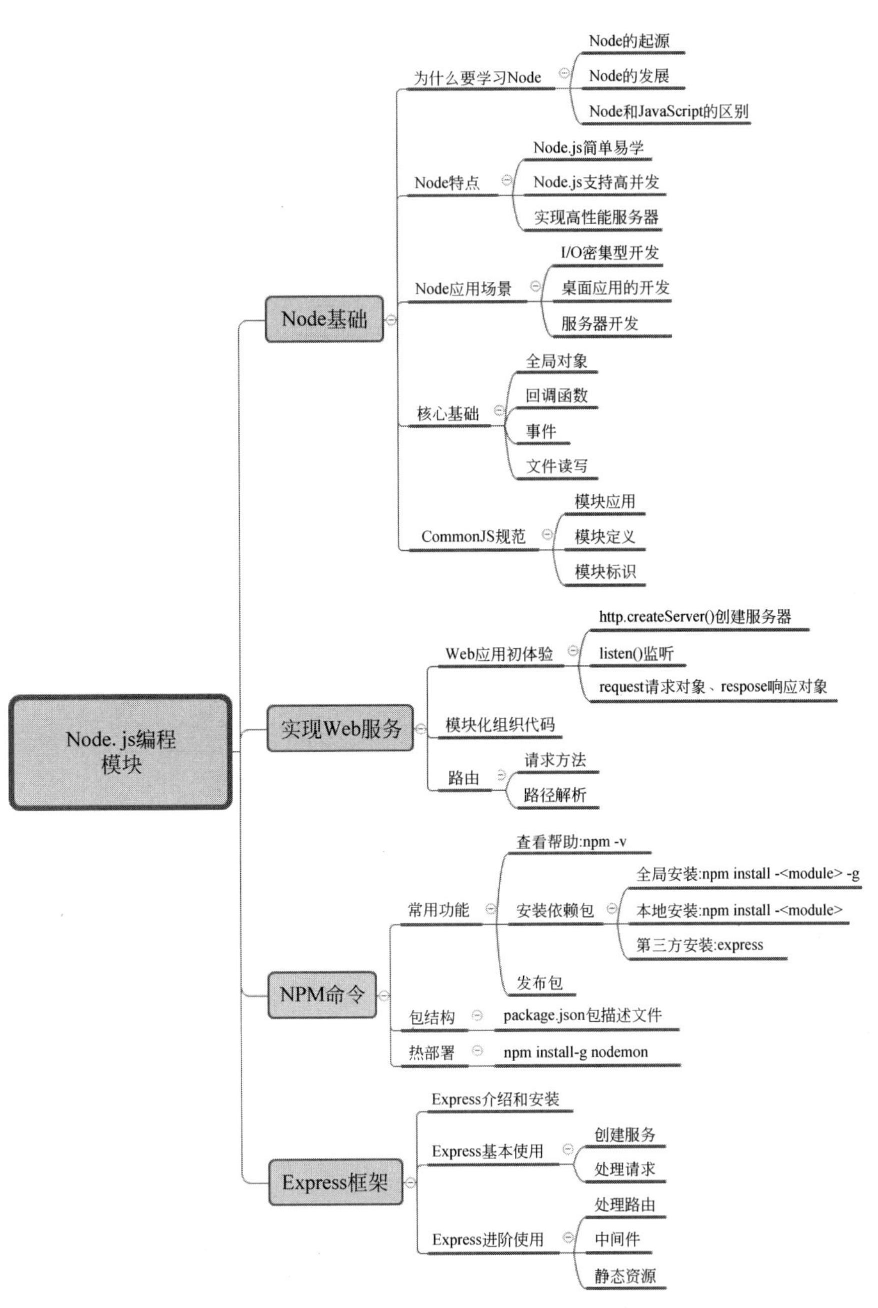
Node. js编程模块
Node基础
为什么要学习Node
Node的起源
Node的发展
Node和JavaScript的区别
Node特点
Node.js简单易学
Node.js支持高并发
实现高性能服务器
Node应用场景
I/O密集型开发
桌面应用的开发
服务器开发
核心基础
全局对象
回调函数
事件
文件读写
CommonJS规范
模块应用
模块定义
模块标识
实现Web服务
Web应用初体验
http.createServer()创建服务器
listen()监听
request请求对象、respose响应对象
模块化组织代码
路由
请求方法
路径解析
NPM命令
常用功能
查看帮助:npm -v
安装依赖包
全局安装:npm install -<module> -g
本地安装:npm install -<module>
第三方安装:express
发布包
包结构
package.json包描述文件
热部署
npm install-g nodemon
Express框架
Express介绍和安装
Express基本使用
创建服务
处理请求
Express进阶使用
处理路由
中间件
静态资源

图 13-1　思维导图

13.1 Node.js 基础

Node.js 是 JavaScript 的服务器运行环境(runtime),它对 ES6 的支持度更高。

Node.js 应用程序运行于单个进程中,无须为每个请求创建新的线程。Node.js 在其标准库中提供了一组异步的 I/O 原生功能,用以防止 JavaScript 代码被阻塞,并且 Node.js 中的库通常使用非阻塞的范式编写,从而使阻塞行为成为例外而不是规范。

当 Node.js 执行 I/O 操作时,例如从网络读取、访问数据库或文件系统,Node.js 会在响应返回时恢复操作,而不是阻塞线程并浪费 CPU 循环等待。

这使 Node.js 可以在一台服务器上处理数千个并发连接,而无须引入管理线程并发的负担,但这可能是重大 Bug 的来源。

Node.js 具有独特的优势,因为为浏览器编写 JavaScript 的数百万前端开发者现在除了客户端代码之外还可以编写服务器端代码,而无须学习完全不同的语言。

在 Node.js 中,可以毫无问题地使用新的 ECMAScript 标准,因为不必等待所有用户更新其浏览器,可以通过更改 Node.js 版本来决定要使用的 ECMAScript 版本,并且还可以通过运行带有标志的 Node.js 来启用特定的实验中的特性。引领 Node.js 兴起的一个关键因素是时机。仅仅几年前,多亏"Web 2.0"应用程序(例如 Flickr、Gmail 等)向世界展示了 Web 上的现代体验,JavaScript 开始被视为一种更为严肃的语言。

随着许多浏览器竞相为用户提供最佳的性能,JavaScript 引擎也变得更好。主流浏览器背后的开发团队都在努力为 JavaScript 提供更好的支持,并找出使 JavaScript 运行更快的方法。多亏这场竞争,Node.js 使用的 V8 引擎(也称为 Chrome V8,是 Chromium 项目开源的 JavaScript 引擎)获得了显着的改进。

Node.js 恰巧构建于正确的地点和时间,但是运气并不是其今天流行的唯一原因。它为 JavaScript 服务器端开发引入了许多创新思维和方法,这已经为许多开发者带来了帮助。

13.1.1 Node.js 优点

1. Node.js 简单易学

Node.js 语法完全就是 JS 语法,只要懂 JS 基础就可以学会 Node.js 后端开发。

2. Node.js 支持高并发

Node.js 的首要目标是提供一种简单的、用于创建高性能服务器及可在该服务器中运行各种应用程序的开发工具。

首先让我们来看一下现在的服务器端语言中存在着什么问题。在 Java、PHP 或者 .NET 等服务器语言中,会为每个客户端连接创建一个新的线程,而每个线程需要耗费大约 2MB 内存。也就是说,理论上,一个 8GB 内存的服务器可以同时连接的最大用户数为 4000 个左右。要让 Web 应用程序支持更多的用户,就需要增加服务器的数量,而 Web 应用程序的硬件成本自然就上升了。

Node. js 不为每个客户连接创建一个新的线程,而仅仅使用一个线程。当有用户连接了,就触发一个内部事件,通过非阻塞 I/O、事件驱动机制,让 Node. js 程序宏观上也是并行的。使用 Node. js,一个 8GB 内存的服务器,可以同时处理超过 4 万个用户的连接。

3. 实现高性能服务器

V8 引擎不局限于在浏览器中运行。Node. js 将其转用在服务器上,并且为其提供了许多附加的具有各种不同用途的 API,更大地提高了性能。

13.1.2　Node. js 安装

1. 下载 Node. js

打开官网下载,网址为 https://nodejs. org/en/download/,如图 13-2 所示,下载当前稳定版本即可。

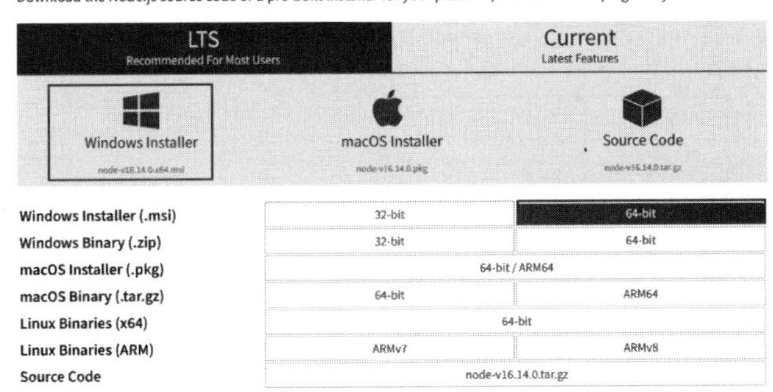

图 13-2　Node. js 下载官网

本书中采用的是稳定版本 node-v12. 15. 0-x64. msi。

2. 安装

(1) 下载完成后,双击 node-v12. 15. 0-x64. msi,开始安装 Node. js,如图 13-3 所示。

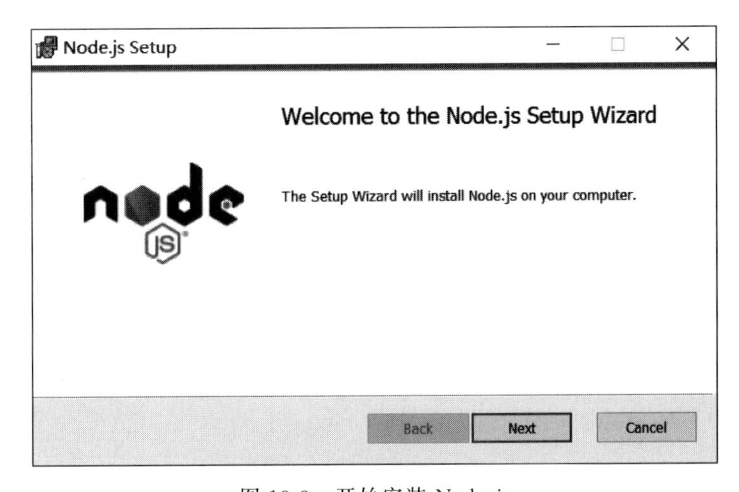

图 13-3　开始安装 Node. js

(2) 单击 Next 按钮，如图 13-4 所示。

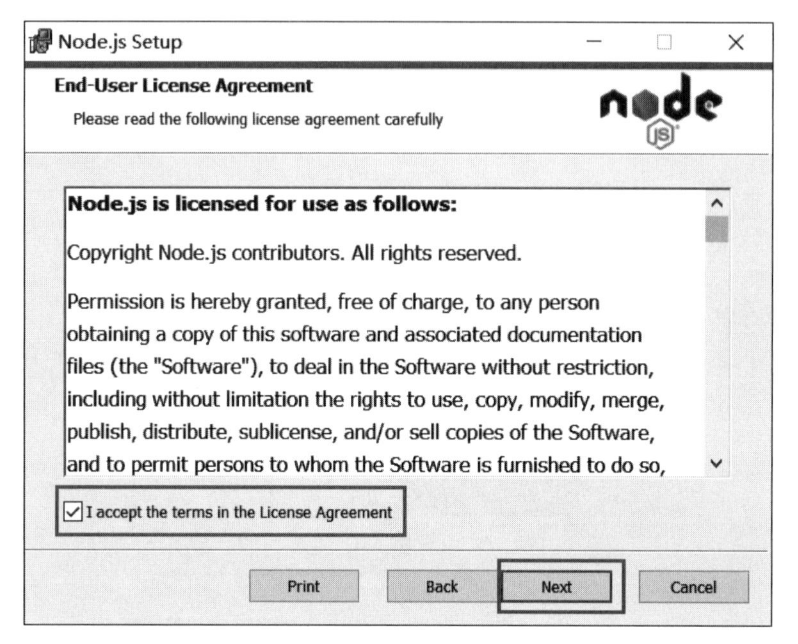

图 13-4 接受协议

(3) 勾选复选框，单击 Next 按钮，如图 13-5 所示。

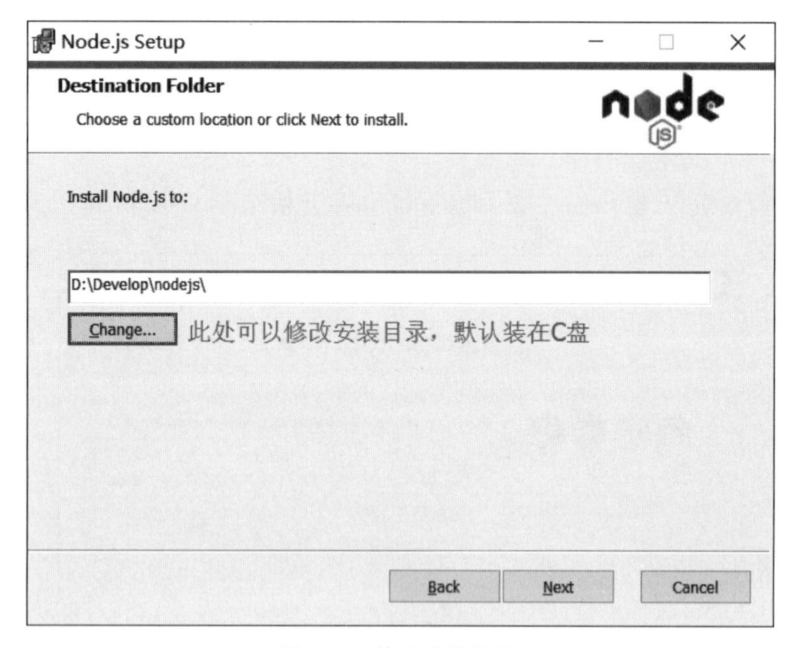

图 13-5 修改安装目录

（4）修改好目录后，单击 Next 按钮，如图 13-6 所示。

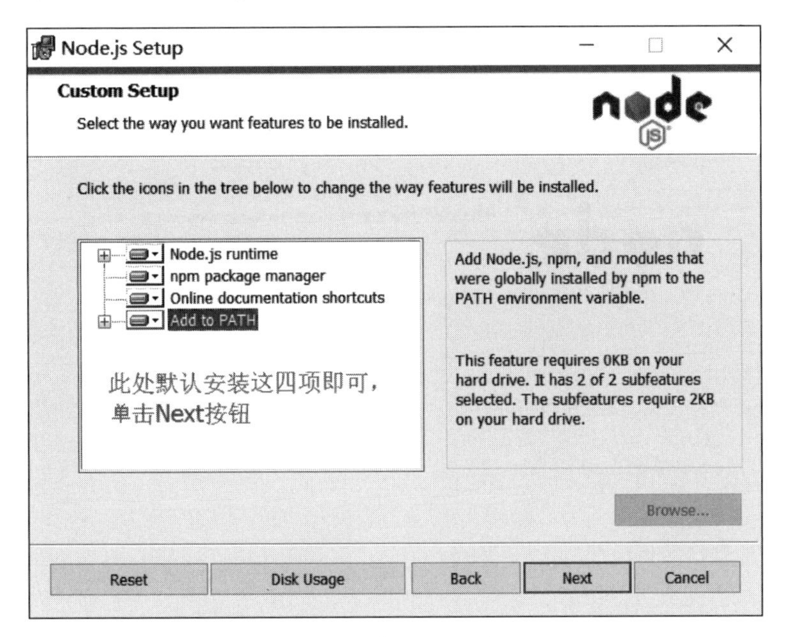

图 13-6　单击 Next 按钮

（5）单击 Install 按钮，开始安装，如图 13-7 所示。

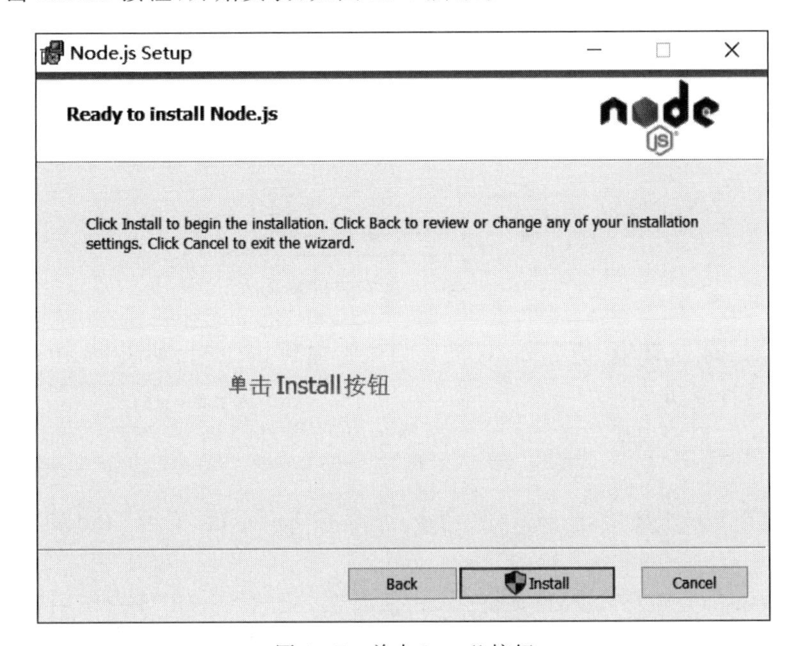

图 13-7　单击 Install 按钮

(6) 单击 Finish 按钮完成安装，如图 13-8 所示。

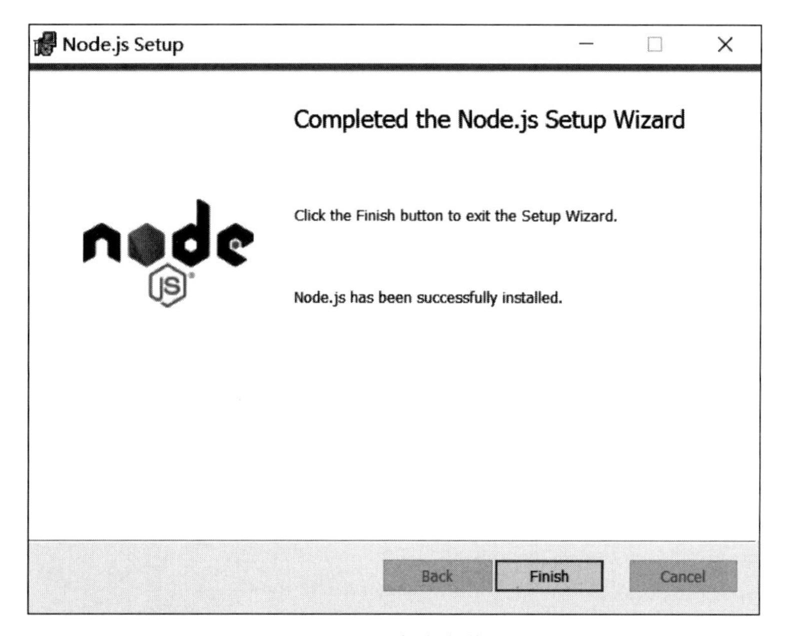

图 13-8　完成安装

(7) 安装完成后，文件目录如图 13-9 所示。

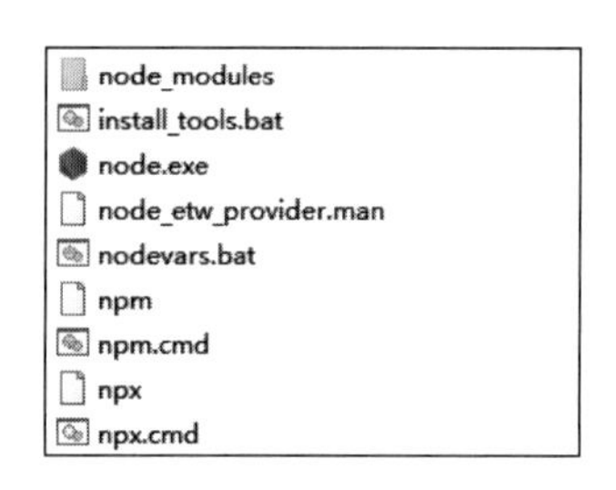

图 13-9　Node.js 安装目录文件

(8) 配置 Node.js 环境，把 node.js 安装目录追加到 path 里，如图 13-10 所示。

(9) 测试是否成功。

至此 Node.js 已经安装完成，可以先简单地测试安装是否成功了，后面还要进行环境配置。

在键盘按下 Win+R 键，输入 cmd 命令，然后按 Enter 键，打开 cmd 窗口，如图 13-11 所示。

新版的 Node.js 已自带 NPM，安装 Node.js 时会一起安装，NPM 的作用就是对 Node.js 依赖的包进行管理，也可以理解为用来安装/卸载 Node.js 需要的组件。

3. 环境配置(选做)

前面的步骤已经可以满足我们的需求了。

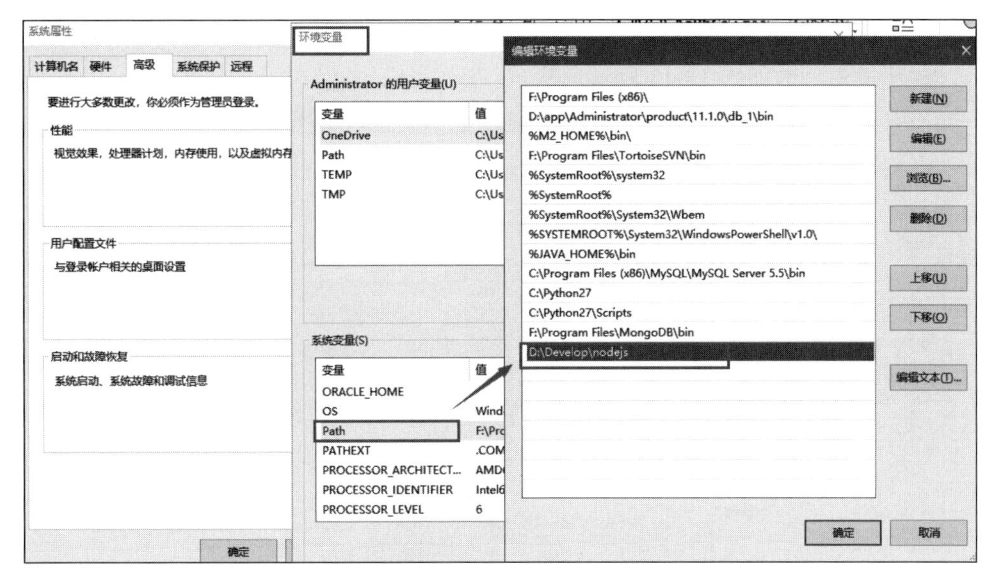

图 13-10　零配置 Node.js 环境

```
C:\WINDOWS\system32\cmd.exe
Microsoft Windows [版本 10.0.16299.125]
(c) 2017 Microsoft Corporation。保留所有权利。

C:\Users\Administrator.SC-201803081145>node -v
v12.15.0                              显示Node.js版本，说明安装成功

C:\Users\Administrator.SC-201803081145>npm -v
6.13.4                                显示NPM版本，说明Node自带的NPM也安装成功

C:\Users\Administrator.SC-201803081145>
```

图 13-11　测试是否成功

这里的环境配置主要配置的是 NPM 安装的全局模块所在的路径，以及缓存 cache 的路径，之所以要配置，是因为以后在执行类似 npm install express [-g]（后面的可选参数-g，g 代表 global 全局安装的意思）的安装语句时，会将安装的模块安装到 C:\Users\用户名\AppData\Roaming\npm 路径中，占 C 盘空间。

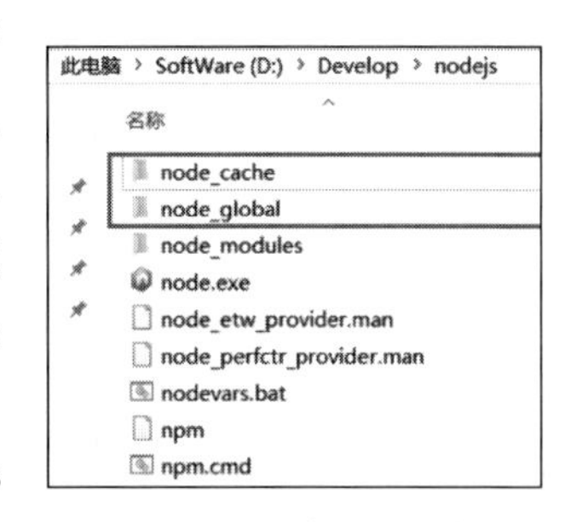

图 13-12　创建两空文件夹

例如，希望将全模块所在路径和缓存路径放在 Node.js 安装的文件夹中，则在文件夹 D:\Develop\nodejs 下创建两个文件夹：node_global 和 node_cache，如图 13-12 所示。

创建完两个空文件夹之后，打开 cmd 命令行窗口，输入的命令如下：

```
npm config set prefix "D:\Develop\nodejs\node_global"
npm config set cache "D:\Develop\nodejs\node_cache"
```

接着，关闭 cmd 窗口，设置环境变量，单击“我的计算机”→“属性”→“高级系统设置”→“高级”→“环境变量”，如图 13-13 所示。

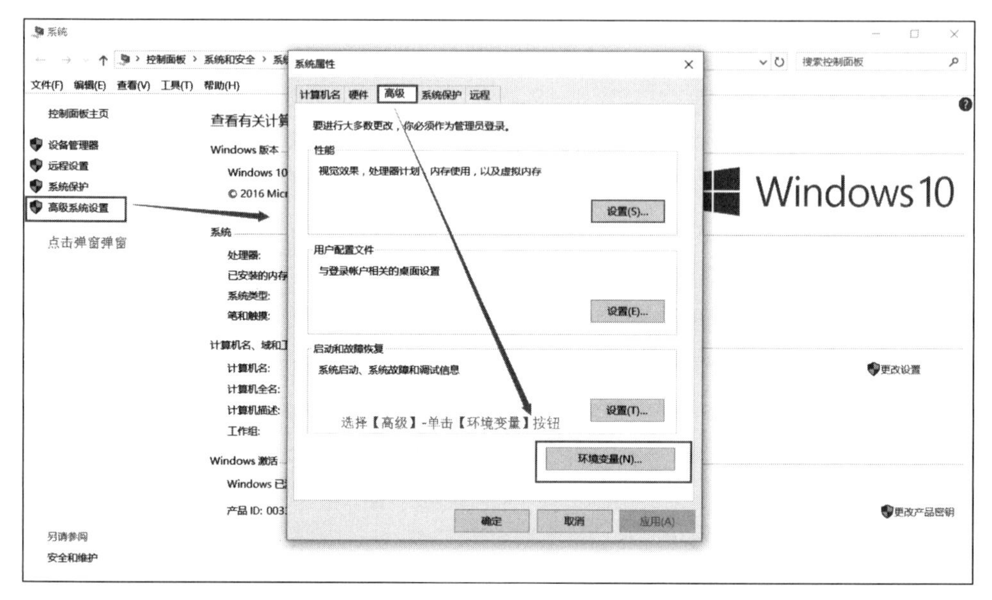

图 13-13　环境变量

进入环境变量对话框，在“系统变量”下新建 NODE_PATH，输入 D:\Develop\nodejs\node_global\node_modules，如图 13-14 所示。

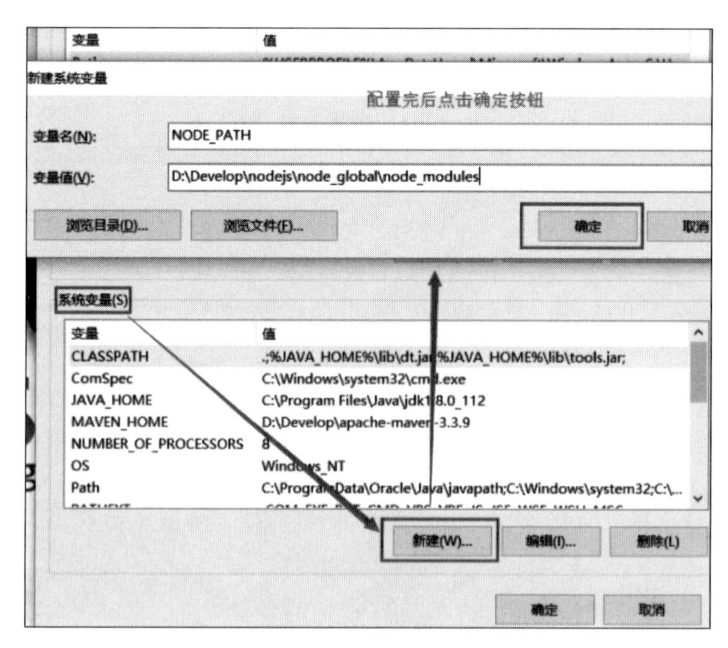

图 13-14　配置系统变量

然后将“用户变量”下的 Path 修改为 D:\Develop\nodejs\node_global，如图 13-15 所示。

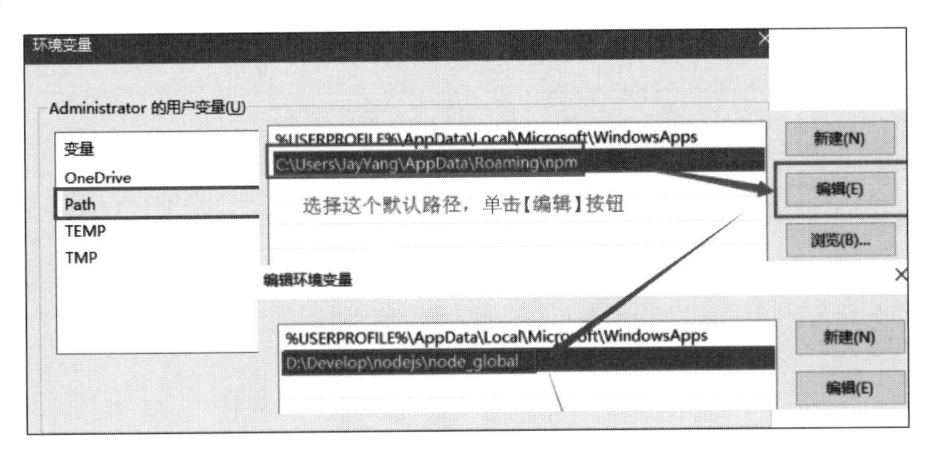

图 13-15 修改用户变量

4. 验证

配置完后，安装 module 后进行测试，安装最常用的 Express 模块，打开 cmd 窗口，如图 13-16 所示。

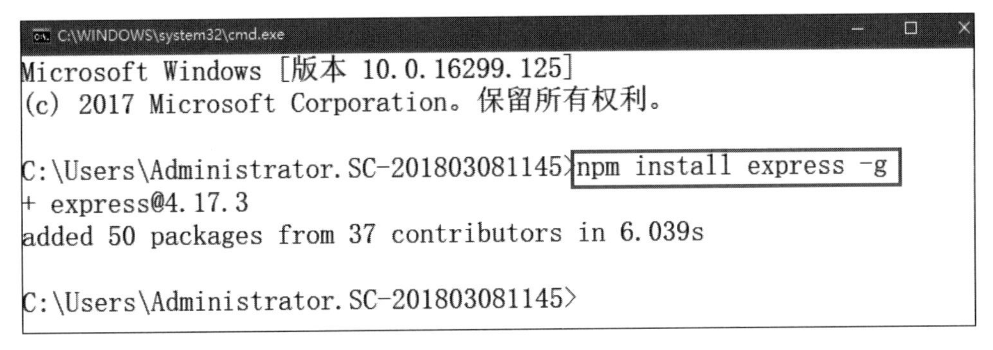

图 13-16 全局安装 Express 模块

输入如下的命令进行模块的全局安装：

```
npm install express -g     # -g是全局安装的意思
```

注意：如果安装时不加 -g 参数，则安装的模块就不会出现在 D:\Develop\nodejs\node_global 目录下，而会默认安装在 C 盘。

等待安装完后，会在 D:\Develop\nodejs\node_global\node_modules 目录下出现 Express 的可执行文件，如图 13-17 所示。

这样以后下载的类库就直接存到这里了，不会占用 C 盘空间。

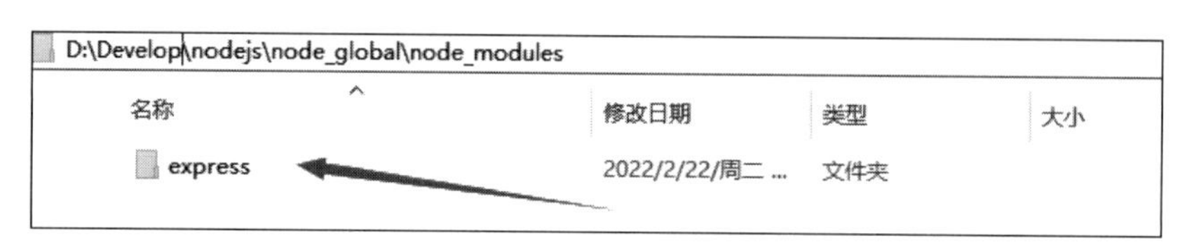

图 13-17　Express 模块安装的目录

13.1.3　全局对象

JavaScript 中有一个特殊的对象，称为全局对象（Global Object），它及其所有属性都可以在程序的任何地方访问，即全局变量。

在浏览器 JavaScript 中，通常 window 是全局对象，而 Node.js 中的全局对象是 global，所有全局变量（除了 global 本身以外）都是 global 对象的属性。

在 Node.js 中可以直接访问 global 的属性，而不需要在应用中包含它。

全局对象与全局变量的区别。

global 最根本的作用是作为全局变量的宿主。按照 ECMAScript 的定义，满足以下条件的变量是全局变量：

（1）在最外层定义的变量。

（2）全局对象的属性。

（3）隐式定义的变量（未定义直接赋值的变量）。

当定义一个全局变量时，这个变量同时也会成为全局对象的属性，反之亦然。需要注意的是，在 Node.js 中不可能在最外层定义变量，因为所有用户代码都属于当前模块，而模块本身不是最外层上下文。

注意：最好不要使用 var 定义变量以避免引入全局变量，因为全局变量会污染命名空间，从而提高代码的耦合风险。

Node.js 提供了很多全局对象，这些对象可以直接使用，不需要单独地引入。在 VS Code 开发工具中，创建文件 index.js，测试执行这些常用的全局对象，如图 13-18 所示。

注意："右击"文件→"打开终端"，可以直接进入文件所在路径，不需要再使用 cd 命令来切换文件路径。

1. __filename

__filename 表示当前正在执行的脚本的文件名，它将输出文件所在位置的绝对路径，示例代码如下：

```
//输出当前文件所在位置
console.log( __filename );
```

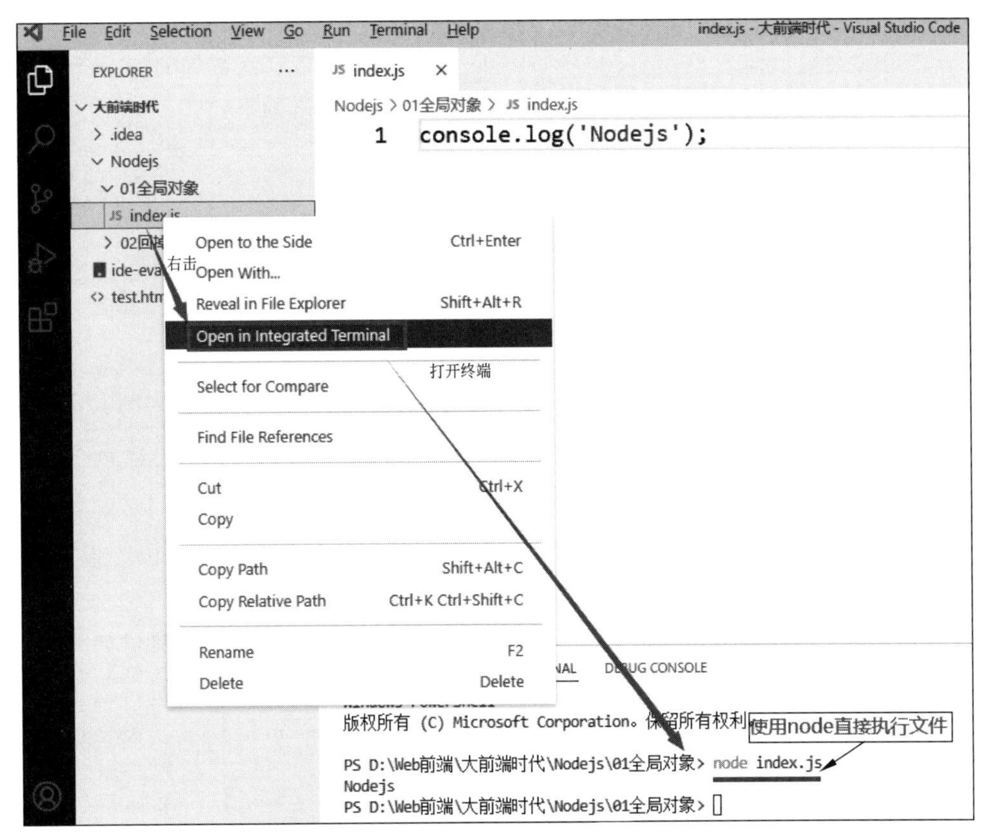

图 13-18　在 VS Cde 工具中执行文件

执行 index.js 文件，代码如下：

```
$ node index.js
//输出：  D:\Web 前端\大前端时代\Nodejs\01 全局对象\index.js
```

2. __dirname

__dirname 表示当前执行脚本所在的目录，示例代码如下：

```
//输出当前文件目录
console.log( __dirname );
```

执行 index.js 文件，代码如下：

```
$node index.js
//输出：D:\web 前端\大前端时代\Nodejs\01 全局对象
```

3. setTimeout(cb, ms)

setTimeout(cb, ms) 全局函数在指定的时间(ms)后执行指定函数(cb)。setTimeout() 只执行一次指定函数，返回一个代表定时器的句柄值，示例代码如下：

```
setTimeout(function(){
    console.log( "Hello, World!");
},2000)
```

执行 index.js 文件，代码如下：

```
$node index.js
//等待 2s 后只打印一次 Hello, World!
```

4. setInterval(cb, ms)

setInterval(cb, ms) 全局函数在指定的时间(ms)后执行指定函数(cb)。返回一个代表定时器的句柄值，可以使用 clearInterval(t) 函数来清除定时器。

setInterval()函数会不停地调用函数，直到 clearInterval() 被调用或窗口被关闭，示例代码如下：

```
var time = 0;
var t = setInterval(() => {
    time += 2;
    console.log("time = " + time);
}, 1000);
```

执行 index.js 文件，结果如图 13-19 所示。

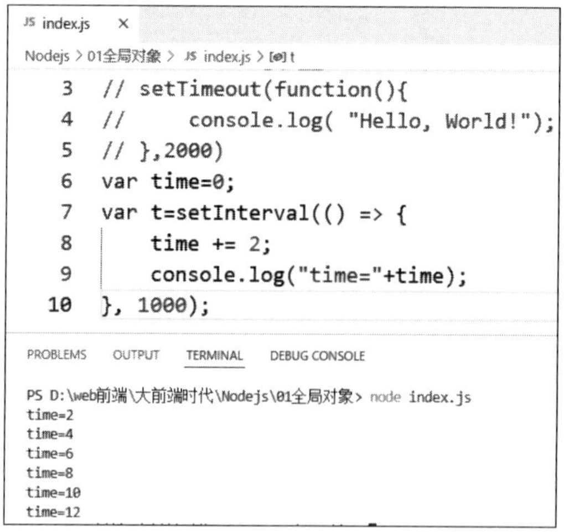

```
JS index.js ×
Nodejs > 01全局对象 > JS index.js > [ø] t
 3  // setTimeout(function(){
 4  //      console.log( "Hello, World!");
 5  // },2000)
 6  var time=0;
 7  var t=setInterval(() => {
 8      time += 2;
 9      console.log("time="+time);
10  }, 1000);

PROBLEMS  OUTPUT  TERMINAL  DEBUG CONSOLE
```

```
PS D:\web前端\大前端时代\Nodejs\01全局对象> node index.js
time=2
time=4
time=6
time=8
time=10
time=12
```

图 13-19 setInterval()函数实例执行结果

以上程序每隔1s就会输出一次，并且会永久执行下去，直到按下Ctrl + C键。

当然也可以使用clearInterval(t)函数来清除定时器，示例代码如下：

```
var time = 0;
var t = setInterval(() => {
   time += 2;
   console.log("time = " + time);
   if(time > 6){
      clearInterval(t);
   }
}, 1000);
```

当time>6时，定时器自动停止执行。

5. console

以下为console对象的常用方法：

(1) onsole.log([data][, …])向标准输出流打印字符并以换行符结束。

(2) console.info([data][, …])该命令的作用是返回信息性消息，这个命令与console.log差别并不大，除了在Chrome中只会输出文字外，其余的会显示一个蓝色的惊叹号。

(3) console.error([data][, …])用于输出错误消息，控制台在出现错误时会显示红色的叉。

(4) console.warn([data][, …])用于输出警告消息，控制台会出现黄色的惊叹号。

13.1.4 回调函数

Node.js的异步编程体现在回调函数上。异步编程依托于回调实现，但不能说使用了回调后程序就异步化了。回调函数在完成任务后就会被调用，Node.js使用了大量的回调函数，Node.js的所有API都支持回调函数。

回调函数一般作为函数的最后一个参数出现，代码如下：

```
function foo1(name, age, callback) { }
function foo2(value, callback1, callback2) { }
```

新建callback.js文件，示例代码如下：

```
function callFunction(food, drink, callback) {
    console.log('早餐' + food + ', ' + drink);
      callback();
  }

  callFunction('toast', 'coffee', function() {
    console.log('早餐吃完了,该上班啦!');
  });
```

执行 callback.js 文件,代码如下:

```
$ node callback.js
//输出: 早餐 toast, coffee
//      早餐吃完了,该上班啦!
```

例如,可以一边读取文件,一边执行其他命令,在文件读取完成后,将文件内容作为回调函数的参数返回。这样在执行代码时就没有阻塞或等待文件 I/O 操作了。这就大大提高了 Node.js 的性能,可以处理大量的并发请求。

非阻塞代码示例如下。

在 callback.js 文件的同级目录下创建 file.txt 文件,输入内容:这是测试文件,如图 13-20 所示。

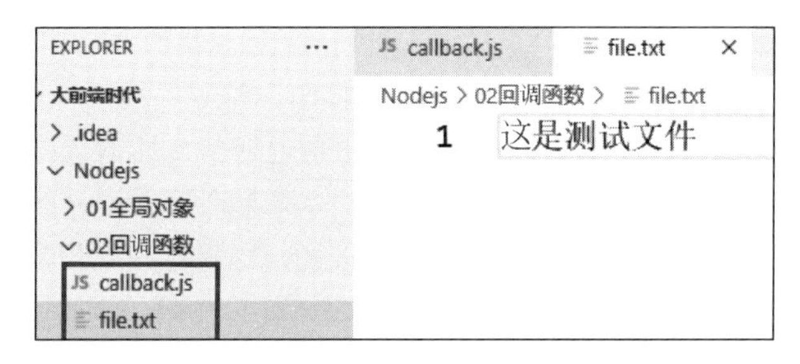

图 13-20 创建 file.txt 文件

在 callback.js 文件写入的代码如下:

```
//引入 fs 对象
var fs = require("fs");

fs.readFile('file.txt', function (err, data) {
    if (err){
        console.error(err);
    } else{
        console.log(data.toString());
    }
});

console.log("程序执行结束!");
```

执行 callback.js 文件,代码如下:

```
$ node callback.js

//输出: 程序执行结束!
//这是测试文件
```

从上边的结果可以看出，不需要等待文件读取完，这样就可以在读取文件时同时执行接下来的代码，大大提高了程序的性能。

13.1.5　模块（CommonJS 规范）

CommonJS 是一个模块化的规范，Node.js 的模块系统就是参照 CommonJS 规范实现的。每个文件都是一个模块，每个模块都有自己的作用域。

CommonJS 模块规范有以下特点：

（1）所有代码都运行在模块作用域，不会污染全局作用域。

（2）模块可以多次加载，但是只会在第 1 次加载时运行一次，然后运行结果就被缓存了，以后再加载时直接读取缓存结果。要想让模块再次运行，必须清除缓存。

（3）模块加载的顺序按照其在代码中出现的顺序。

（4）module 代表当前模块，module 是封闭的，但它的 exports 属性向外提供调用接口。

（5）require 加载模块，读取并执行一个 JS 文件，然后返回该模块的 exports 对象。

（6）模块可以多次加载，但在第 1 次加载之后模块会被编译执行，放入缓存，后续的 require 直接从缓存里取值，模块代码不再编译执行。

模块间的通信规则如图 13-21 所示。

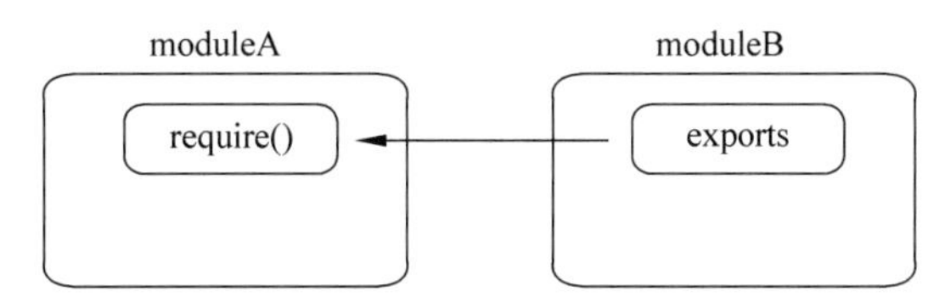

图 13-21　CommonJS 模块通信规则

在图 13-21 中使用 require() 导入。如果使用 exports 对象挂载导出或直接赋值给 module.exports，则默认导出该值。

1. 模块导出

在 Node.js 中，一个文件就是一个模块。在模块中使用 exports 导出当前模块的变量或函数。

建立一个 util.js 的工具模块，并且通过 exports 导出，示例代码如下：

```
//util.js 文件
var add = function(a,b) {
   return `the sum of the two numbers is ${a + b}`;
}

module.exports = add  //导出
```

2. 模块引用

在同一路径下新建 test.js 文件，模块引用很简单，只需调用 require()方法，接收一个模块标识字符串作为参数，示例代码如下：

```
//test.js 文件
var utils = require('./util.js');

console.log( utils.add(10,20))
```

在终端执行 test.js 文件，代码如下：

```
$ node test.js
//输出: the sum of the two numbers is 30
```

3. 导出多个对象

（1）util.js 文件的代码如下：

```
var add = function(a,b) {
    return `the sum of the 2 numbers is ${a + b}`;
}

var counter = function(arr) {
    return "There are " + arr.length + " elements in the array";
}

module.exports.add = add
module.exports.counter = counter
/*
    或者可改为
    module.exports = {
        add:add,
        counter:counter
    }
*/
```

（2）test.js 文件的代码如下：

```
var utils = require('./util.js');

console.log( utils.add(10,20))
console.log(utils.counter([10,20,30]) )
```

执行 test.js 文件，代码如下：

```
$ node test.js
//输出: the sum of the 2 numbers is 30
//There are 3 elements in the array
```

13.1.6 事件

Node.js 文件中大部分的模块继承自 Event 模块。Event 模块(events.EventEmitter)是一个简单的事件监听器模式的实现。具有 addListener/on、once、removeListener、removeAllListeners、emit 等基本的事件监听模式的方法实现。它与前端 DOM 树上的事件并不相同,因为它不存在冒泡,逐层捕获等属于 DOM 的事件行为,也没有 preventDefault()、stopPropagation()、stopImmediatePropagation()等处理事件传递的方法。

events 模块只提供了一个对象:events.EventEmitter。EventEmitter 的核心就是对事件发射与事件监听器功能的封装。EventEmitter 的每个事件由一个事件名和若干个参数组成,事件名是一个字符串,通常表达一定的语义。对于每个事件,EventEmitter 支持若干个事件监听器。当事件发射时,注册到这个事件的事件监听器会被依次调用,事件参数作为回调函数参数传递。

示例代码如下:

```
//引入事件模块
var events = require('events');
//创建事件监听的一个对象
var myEmitter = new events.EventEmitter();
//监听事件
myEmitter.on('someEvent', function(message) {
    console.log(message);
})
//触发事件
myEmitter.emit('someEvent', 'the event was emitted');
```

执行结果:the event was emitted。

除了可以直接使用事件,还可以让对象继承事件,以下是 Node.js 文件中流对象继承 EventEmitter 的例子,示例代码如下:

```
var events = require('events');
var util = require('util');
//创建构造事件对象的构造函数
var Person = function(name) {
   this.name = name
}
//inherits 继承
util.inherits(Person, events.EventEmitter);
//实例创建事件监听的一个对象
var xiaoming = new Person('xiaoming');
var lili = new Person('lili');
var lucy = new Person('lucy');
var person = [xiaoming, lili, lucy];
```

```
person.forEach(function(person) {
    person.on('speak', function(message) {
        console.log(person.name + " said: " + message);
    })
})
xiaoming.emit('speak', 'hi');
lucy.emit('speak', 'I want a curry');
```

文件执行后的结果如下：

```
xiaoming said: hi
lucy said: I want a curry
```

13.1.7 文件读写

在 Node.js 文件中有文件系统对本地文件进行读写操作，当然，需要引入 fs 对象，代码如下：

```
var fs = require("fs");
```

异步模式下写入文件的语法格式如下：

```
fs.writeFile(file, data[, options], callback)
```

各参数的使用说明如下。

(1) file：文件名或文件描述符。

(2) data：要写入文件的数据，可以是 String(字符串)或 Buffer(缓冲)对象。

(3) options：该参数是一个对象，包含{encoding, mode, flag}。默认编码为 utf8，模式为 0666，flag 为 'w'。

(4) callback：回调函数，回调函数只包含错误信息参数(err)，在写入失败时返回。

注意：如果文件存在，则该方法写入的内容会覆盖旧的文件内容。

异步模式下读取文件的语法格式如下：

```
fs.readFile(filename, [encoding], [callback(err, data)])
```

接下来创建 file.js 文件，同一路径下建立存储文件 write.txt，示例代码如下：

```
var fs = require("fs");
```

```
console.log("准备写入文件");
fs.writeFile('write.txt', '这是通过 fs.writeFile 写入文件的内容
', function(err) {
   if (err) {
      return console.error(err);
   }
   console.log("数据写入成功!");
   console.log("--------这是分割线-------------")
   console.log("读取写入的数据!");
   fs.readFile('write.txt', function (err, data) {
      if (err) {
         return console.error(err);
      }
      console.log("异步读取文件数据: " + data.toString());
   });
});
```

以上代码的执行结果如下：

```
$ node file.js
//输出:
//准备写入文件
//数据写入成功!
//--------这是分割线-------------
//读取写入的数据!
//异步读取文件数据: 这是通过 fs.writeFile 写入文件的内容
```

13.1.8　流和管道

Stream 流都是 events. EventEmitter 的一个实例，都可以创建自定义事件，也就是说，流是一个事件的实例。在 Node. js 文件中对 http 的请求与响应都是用流实现的，请求就是一个输入的流，响应就是一个输出的流。

使用 Stream 流，可以提高性能，前面说的读写文件，是一次性把文件放在内存中，这样就不大合适了，而 Stream 流是将读取的文件放在 Buffer（缓存）中，就是一边放，一边处理。Stream 流有两个好处，就是处理数据和提高性能。

在 Node. js 中 Stream 有以下 4 种流类型。

（1）Readable：可读操作。

（2）Writable：可写操作。

（3）Duplex：可读可写操作。

（4）Transform：操作被写入数据，然后读出结果。

所有的 Stream 对象都是 EventEmitter 的实例，常用的事件有以下几种。

（1）data：当有数据可读时触发。

(2) end：没有更多的数据可读时触发。

(3) error：在接收和写入过程中发生错误时触发。

(4) finish：所有数据已被写入底层系统时触发。

1. 从流中读取数据

创建 readMe.txt 文件，内容如下：

```
如果是 Windows 的命令提示符，则对应的查找文件的命令应该是 dir | findstr app
```

同目录下创建 read.js 文件，代码如下：

```
var fs = require("fs");
var data = ''; //创建一个变量来接收文件

//创建一个读取流的实例
var readerStream = fs.createReadStream('readMe.txt',"utf8");

//处理流事件 --> data, end and error
//data 是在接收数据时用的监听函数，当文件很大时，把文件分成很多 Buffer 来接收
//所以这个函数可能执行多次
readerStream.on('data', function(chunk) {
   data += chunk;
});
//end 是接收完毕后的监听函数
readerStream.on('end',function(){
   console.log(data);
});

readerStream.on('error', function(err){
   console.log(err.stack);
});
console.log("程序执行完毕");
```

以上代码的执行结果如下：

```
$ node read.js
程序执行完毕
如果是 Windows 的命令提示符，则对应的查找文件的命令应该是 dir | findstr app
```

2. 写入流

创建 write.js 文件，代码如下：

```
var fs = require("fs");
var data = "这是一个写入流测试文件";
```

```
//创建一个可以写入的流,写入文件 write.txt 中
var writerStream = fs.createWriteStream('write.txt');

//使用 UTF8 编码写入数据
writerStream.write(data,'UTF8');
//标记文件末尾
writerStream.end();
//处理流事件 --> finish、error
writerStream.on('finish', function() {
    console.log("写入完成.");
});
writerStream.on('error', function(err){
   console.log(err.stack);
});
console.log("程序执行完毕");
```

以上代码的执行结果如下：

```
$ node write.js
程序执行完毕
写入完成。
```

查看 write.txt 文件的内容，命令如下：

```
$ cat write.txt
```

3. 管道流

管道提供了一个输出流到输入流的机制，通常用于从一个流中获取数据并将数据传递到另外一个流中。如把文件比作装水的桶，而水就是文件里的内容，我们用一根管子(pipe)连接两个桶使水从一个桶流入另一个桶，这样就慢慢地实现了大文件的复制。以下示例可读取一个文件内容并将内容写入另外一个文件中。

创建 main.js 文件，代码如下：

```
var fs = require("fs");
//创建一个可读流
var readerStream = fs.createReadStream('readMe.txt');
//创建一个可写流
var writerStream = fs.createWriteStream('write.txt');
//管道读写操作
//读取 readMe.txt 文件内容,并将内容写入 write.txt 文件中
readerStream.pipe(writerStream);

console.log("程序执行完毕");
```

以上代码的执行结果如下：

```
$ node main.js
程序执行完毕
```

查看 write.txt 文件的内容：

```
$ cat write.txt
//如果是 Windows 的命令提示符,则对应的查找文件的命令应该是 dir | findstr app
```

13.2 Node.js 实现 Web 服务

13.2.1 创建第 1 个应用

使用 Node.js 创建 Web 应用与使用 PHP/Java 语言创建 Web 应用略有不同。

如在第 11 章中使用 PHP 来编写后端代码时，需要 Apache 或者 Nginx 的 HTTP 服务器，而接受请求、提供对应的数据和 HTML 页面是由服务器来做的，根本不需要 PHP 或者 Java 来处理，而 Node.js 则大有不同。

Node.js 没有严格地将前端和后台服务器分离，而且前端使用 Node.js 来编码，后台服务器依然使用 Node.js 来编码，也不需要 Apache 或者 Nginx 这样的 HTTP 服务器，只需要在终端将关键的后台文件启动。

在使用 Node.js 时，不仅在实现一个应用，同时还实现了整个 HTTP 服务器。事实上，Web 应用及对应的 Web 服务器基本上是一样的。

Node.js 应用由以下几部分组成的。

(1) 引入 required 模块：可以使用 require 指令来载入 Node.js 模块。

(2) 创建服务器：服务器可以监听客户端的请求，类似于 Apache、Nginx 等 HTTP 服务器。

(3) 接受请求与响应请求：服务器很容易创建，客户端可以使用浏览器或终端发送 HTTP 请求，服务器接受请求后返回响应数据。

创建 Node.js 的第 1 个"Hello，World!" 应用。

1) 创建服务器

使用 http.createServer() 方法创建服务器，并使用 listen() 方法绑定 3000 端口。函数通过 request 和 response 参数来接收和响应数据。

创建 server.js 文件，并写入以下代码：

```
//使用 require 指令来载入 HTTP 模块,并将实例化的 HTTP 赋值给变量 http
var http = require('http');
```

```
//使用 http.createServer() 方法创建服务器
http.createServer(function (request, response) {
    //发送 HTTP 头部 200 : OK; 发送内容类型为 text/plain
    response.writeHead(200, {'Content-Type': 'text/plain'});

    //发送响应数据 "Hello World"
    response.end('Hello World\n');
}).listen(3000); //绑定默认端口 3000

//终端会打印如下信息
console.log('Server started on localhost port 3000');
```

以上代码完成了一个可以工作的 HTTP 服务器。

2）运行服务器端

使用 node 命令执行以上代码，如图 13-22 所示。

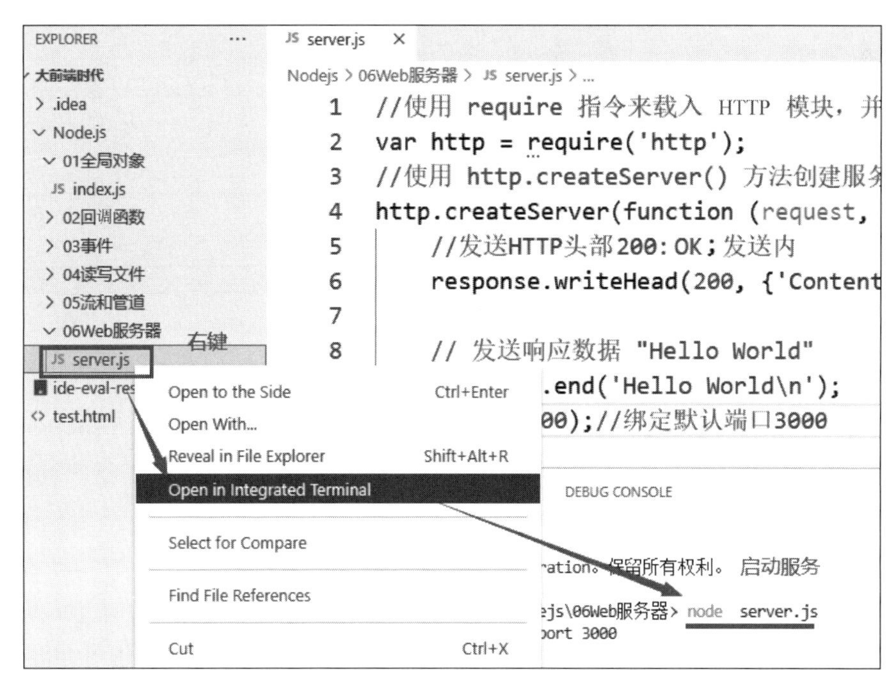

图 13-22 启动 Node 服务器

接下来，打开浏览器访问 http://127.0.0.1:3000/，如图 13-23 所示。

图 13-23 页面输出信息

可以使用快捷键 Ctrl+C 关闭终端服务器。

3）输出 JSON 数据

使用 Node 构建一个服务器，输出最多的是 JSON 数据，代码如下：

```
//使用 require 指令来载入 HTTP 模块，并将实例化的 HTTP 赋值给变量 http
var http = require('http');
//使用 http.createServer() 方法创建服务器
http.createServer(function (request, response) {
    //发送 HTTP 头部 200 : OK; 发送内容类型为 application/json
    response.writeHead(200, {'Content-Type': 'application/json' });
    var myObj = {
        name: "beixi",
        job: "teacher",
        age: 18
    };
    //发送响应数据 "Hello World"
    response.end(JSON.stringify(myObj));
}).listen(3000); //绑定默认端口 3000

//终端会打印如下信息
console.log('Server started on localhost port 3000');
```

使用 node 命令执行以上的代码：

```
$ node server.js
```

用浏览器访问 http://127.0.0.1:3000/，如图 13-24 所示。

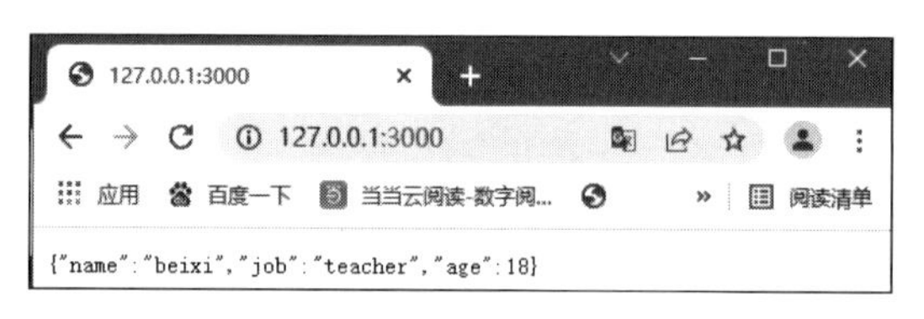

图 13-24　输出 JSON 数据

注意：服务器端修改代码后，一定要重新启动服务器。

4）返回页面

当然，个别时候可能需要接收一个服务器返回的页面，例如与支付相关的页面一般直接返回渲染后的页面。

创建 index.html 页面，代码如下：

```
<!DOCTYPE html>
<html lang="en">
```

```
<head>
    <meta charset="UTF-8">
    <meta http-equiv="X-UA-Compatible" content="IE=edge">
    <meta name="viewport" content="width=device-width, initial-scale=1.0">
    <title>Document</title>
</head>
<body>
    <font color="red" size="5">您好,支付完成!</font>
</body>
</html>
```

修改服务器 server.js 文件,代码如下:

```
var http = require('http');
var fs = require('fs');
http.createServer(function (request, response) {
    //发送 HTTP 头部 200 : OK; 发送内容类型为 text/html
    response.writeHead(200, {'Content-Type': 'text/html'});
    var myReadStream = fs.createReadStream(__dirname + '/index.html',
            'utf8');
    myReadStream.pipe(response);        //pipe 管道
}).listen(3000);                        //绑定默认端口 3000

//终端会打印如下信息
console.log('Server started on localhost port 3000');
```

使用 node 命令执行以上的代码:

```
$ node server.js
```

用浏览器访问 http://127.0.0.1:3000/,如图 13-25 所示。

图 13-25 返回页面

13.2.2 模块化组织代码

把 13.2.1 节所写的代码重构一下,也就是用更好的方式把它们组织一下,便于维护和开发。

之前我们讲过一个概念叫模块,也就是说用一些如 exports、require 的语句把代码变得可读性更强一些、更模块化一些,这样所写的代码更像 Web 框架,我们也能更好地理解这些 Web 框架,知道它们的代码是怎么组织的。

下面重构一下 server.js 文件，以便“以后只用作启动服务”里面的代码，代码如下：

```
var http = require('http');
//引入数据源
var data = require("./data.json");
function startServer(){
    http.createServer(function (request, response) {
        response.writeHead(200, {'Content-Type':
'application/json' });
        //发送响应数据
        response.end(JSON.stringify(data));
    }).listen(3000); //绑定默认端口 3000
}
//终端会打印如下信息
console.log('Server started on localhost port 3000');
//导出
module.exports = {
    startServer
}
```

然后新建一个 index.js 文件，以便以后用作程序主入口文件，代码如下：

```
//用 require 导入 server.js 模块
var server = require('./server.js');

//调用 server.js 模块的 startServer 函数
server.startServer();
```

最后新建一个 data.json 文件，以便以后用作数据源文件，代码如下：

```
{
    "name": "beixi",
    "job": "teacher",
    "age": 18
}
```

使用 node 命令启动主程序，命令如下：

```
$ node index.js
```

最后，打开浏览器访问 http://127.0.0.1:3000/。

13.2.3 路由

路由就是 Web 服务器会根据用户输入的不同 URL 返回不同的页面，可以简单地理解为<a>超链接，例如登录页面 login 和注册页面 register：

```
http://127.0.0.1:3000/login                    #跳转到 login 页面
http://127.0.0.1:3000/register                 #跳转到 register 页面
```

以 13.2.2 节案例为基准，利用路由实现页面的跳转，项目结构如图 13-26 所示。

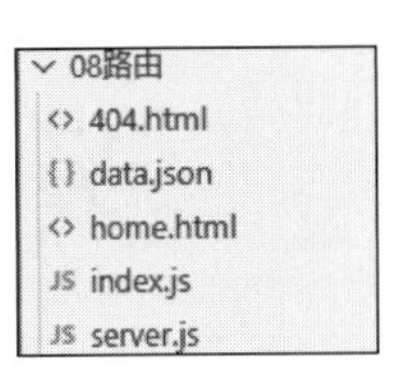

图 13-26 路由目录

实现思路如下：

(1) 第 1 步得到用户请求的 URL。

可以通过监听函数中的 request 参数获取，即 request.url，在页面中输入的 URL 可以通过 request.url 获取，如图 13-27 所示。

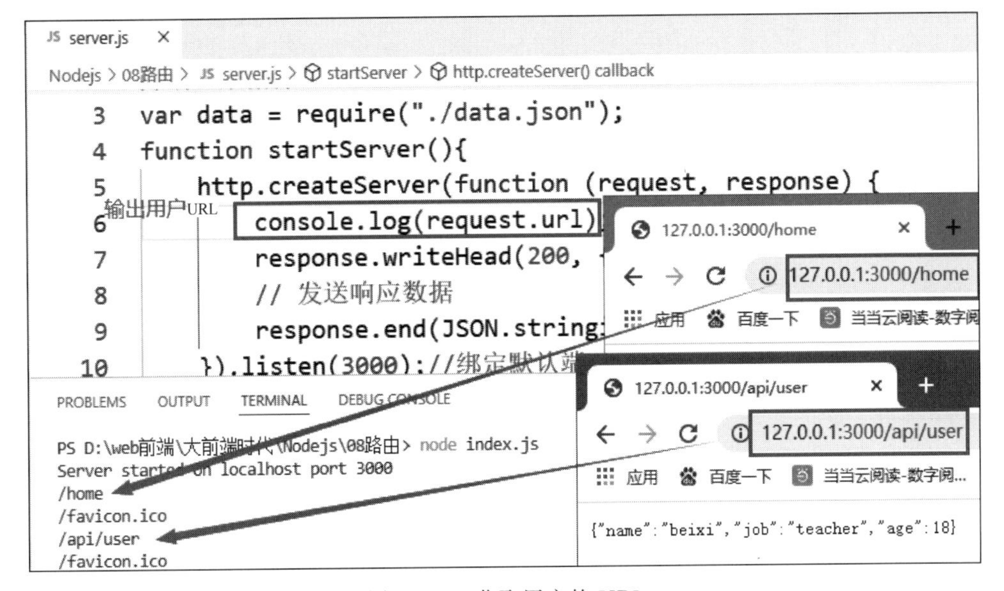

图 13-27 获取用户的 URL

(2) 解析 URL，得到具体的请求页面。

修改 server.js 文件中的代码，添加路由跳转，代码如下：

```
var http = require('http');
//引入数据源
var data = require("./data.json");
var fs = require("fs");

function startServer(){
    http.createServer(function (request, response) {
        console.log(request.url);
        //路由跳转设置
        if(request.url === "/"|| request.url === "/home"){
            response.writeHead(200, {'Content-Type': 'text/html'});
```

```
            fs.createReadStream(__dirname + '/home.html',
                                'utf8').pipe(response);
        }else if(request.url === "/api/user"){
            response.writeHead(200, {'Content-Type':
                               'application/json' });
            response.end(JSON.stringify(data));
        }else{
            response.writeHead(200, {'Content-Type': 'text/html' });
            fs.createReadStream(__dirname + '/404.html',
                                   'utf8').pipe(response);
        }
    }).listen(3000); //绑定默认端口 3000
}
//终端会打印如下信息
console.log('Server started on localhost port 3000');
//导出
module.exports = {
    startServer
}
```

(3) 测试路由访问能否成功。

使用 node 命令启动主程序,命令如下:

```
$ node index.js
```

打开浏览器,在网址栏中输入不同的路径返回不同的页面,如图 13-28 所示。

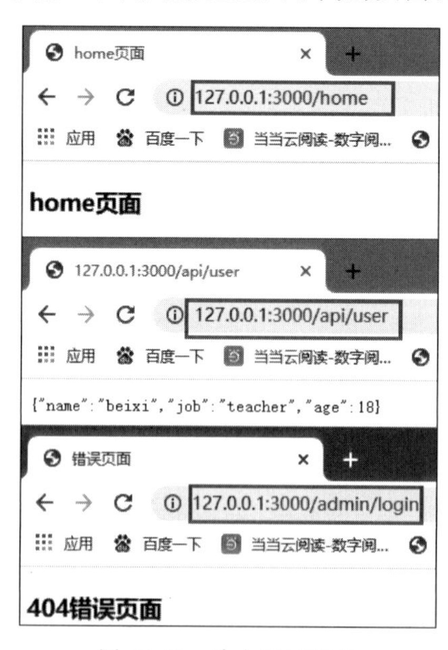

图 13-28　路由测试结果

13.2.4 重构路由代码

13.2.3 节利用 Node.js 模块化已经实现路由功能，但是代码结构很难维护及管理，所以需要重新整理代码结构。demo 结构如图 13-29 所示。

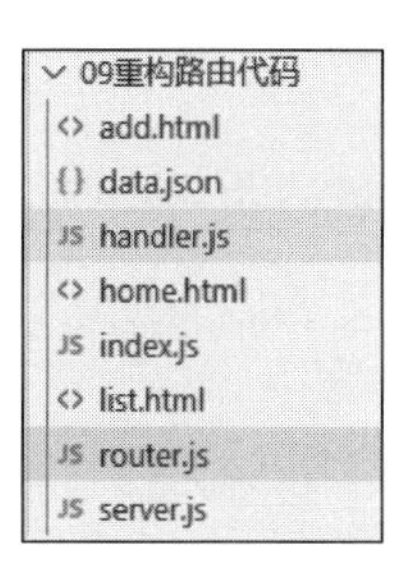

图 13-29 demo 结构

新建一个 server.js 模块，在这个模块中定义一个 startServer()函数，这个函数用于监听 3000 端口，函数执行时调用 route()方法。先将这个模块输出，代码如下：

```
//server.js
var http = require('http')                              //输入 Node.js 核心模块

function startServer(route,handle){
    var onRequest = function(req,res) {
        route(req.url,handle,res)                       //传入请求的路径
    }
    var server = http.createServer(onRequest)
server.listen(3000)                                     //监听一个端口
}

module.exports.startServer = startServer;               //输出模块
```

route()函数接收到了请求路径，我们希望它接收到不同的路径时调用不同的方法，因此可以先把要执行的方法作为属性值传给一个 handle 对象，它的键就等于 route 接收的请求路径。于是分别创建 route.js 和 handler.js 文件。

route.js 文件的代码如下：

```
//route.js
function route(pathname,handle,res){
    if(typeof handle[pathname] == "function"){
      handle[pathname](res)
    }else{
//未匹配到路径时,响应 404 页面
        res.end("404:connot find anything") }
  }
  module.exports.route = route;
```

handler.js 文件的代码如下：

```
//handler.js
var fs = require('fs');
function home (res){
    res.writeHead(200, { 'Content - Type': 'text/html' });
```

```
    fs.createReadStream(__dirname + '/home.html', 'utf8').pipe(res);
}
function list (res){
    res.writeHead(200, { 'Content-Type': 'text/html' });
    fs.createReadStream(__dirname + '/list.html', 'utf8').pipe(res);
}
function add(res){
    res.writeHead(200, { 'Content-Type': 'text/html' });
    fs.createReadStream(__dirname + '/add.html', 'utf8').pipe(res);
}
module.exports = {
    home:home,
    list: list,
    add:add
}
```

在 index.js 文件中把请求路径和 handle 对象传给 route()函数，代码如下：

```
//index.js 主入口
var server = require("./server");                    //输入./server 模块
var router = require('./router');                    //输入./router 模块
var handler = require("./handler")                   //输入./handler 模块
var handle = {};
handle["/"] = handler.home;
handle["/home"] = handler.home;
handle["/list"] = handler.list;
handle["/add"] = handler.add
server.startServer(router.route,handle);
```

我们希望在网址栏输入路径时，页面会响应应该响应的内容，所以要把响应参数 res 传递给 route()函数，它又会把这个参数传递给 handler 里的方法，这样就能很灵活地根据请求的地址响应想要的内容。

使用 node 命令启动主程序，命令如下：

```
$ node index.js
```

打开浏览器，在网址栏中输入不同的路径以便返回不同的页面。

13.2.5 使用 GET 和 POST 发送数据

在很多场景中，服务器需要跟用户的浏览器打交道，如表单提交。常用的请求方式有很多，其中 GET 和 POST 是最常用的。

在 13.2.4 节 demo 的基础上进行操作。

1. 获取 GET 请求内容

由于 GET 请求直接被嵌入在路径中，URL 是完整的请求路径，包括了"?"后面的部分，因此可以手动解析后面的内容并作为 GET 请求的参数。

在 Node.js 中 URL 模块中的 parse() 函数提供了这个功能，url.parse() 方法可以解析 URL 中的参数。修改 server.js 文件中的代码，修改后的代码如下：

```
//server.js
var http = require('http')
var url = require('url');                                //引入 url

function startServer(route,handle){
    var onRequest = function(req,res) {
     var params = url.parse(req.url, true).query;        //解析 URL 参数
     console.log(params);
     var pathname = url.parse(req.url).pathname;
     //pathname 替换 req.url,这样就不用读取网址栏中"?"后面的参数了,否则显示 404
     route(pathname,handle,res)
    }
    var server = http.createServer(onRequest)
server.listen(3000)                                      //监听一个端口
}

module.exports.startServer = startServer;                //输出模块
```

使用 node 命令启动主程序，命令如下：

```
$ node index.js
```

在浏览器中访问 http://127.0.0.1:3000/? name=admin&age=18，然后查看返回的结果，如图 13-30 所示。

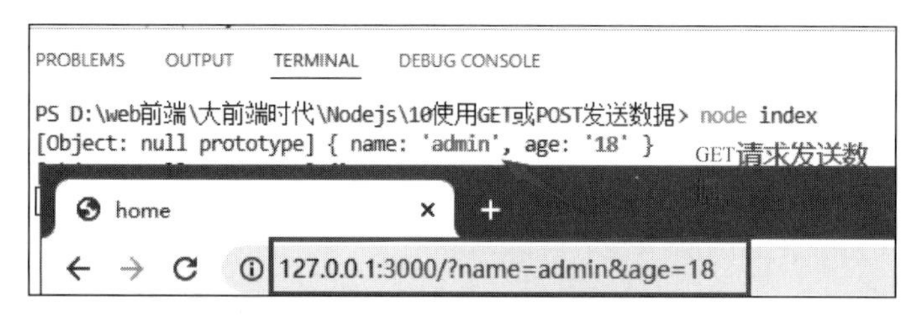

图 13-30 GET 请求发送数据

2. 获取 POST 请求内容

POST 请求的内容全部在请求体中，http.ServerRequest 并没有一个属性的内容为请求体，原因是等待请求体传输可能是一件耗时的工作，例如登录。

以下表单通过 POST 提交数据，修改 home.html 文件的代码，修改后的代码如下：

```
<!-- home.html -->
<!DOCTYPE html>
<html lang="en">
<head>
    <meta charset="UTF-8">
    <title>home</title>
</head>
<body>
    <h3>home</h3>
     <form action="/list" method="post">
        name: <input type="text" name="name">
        password: <input type="text" name="password">
        <input type="submit">
    </form>
</body>
</html>
```

修改 server.js 文件，用于接收 POST 请求发送的数据，代码如下：

```
//server.js
var http = require('http')
var url = require('url');                              //引入 url

function startServer(route,handle){
    var onRequest = function(req,res) {
      var data = [];
      req.on("error", function(err) {
          console.error(err);
      }).on("data", function(chunk) {
          data.push(chunk);
      }).on('end', function() {
          if (req.method === "POST") {                 //POST 请求
              data = Buffer.concat(data).toString();
              console.log(data);
          } else {                                     //GET 请求
              //解析 URL 参数
               var params = url.parse(req.url, true).query;
               console.log(params);
          }
      });
      var pathname = url.parse(req.url).pathname;
      //pathname 替换 req.url,这样就不用读取网址栏中"?"后面的参数了,否则显示 404
      route(pathname,handle,res)
    }
    var server = http.createServer(onRequest)
server.listen(3000)                                    //监听一个端口
}

module.exports.startServer = startServer;             //输出模块
```

使用 node 命令启动主程序,代码如下:

```
$ node index.js
```

在浏览器中访问 http://127.0.0.1:3000,然后查看返回的结果,如图 13-31 所示。

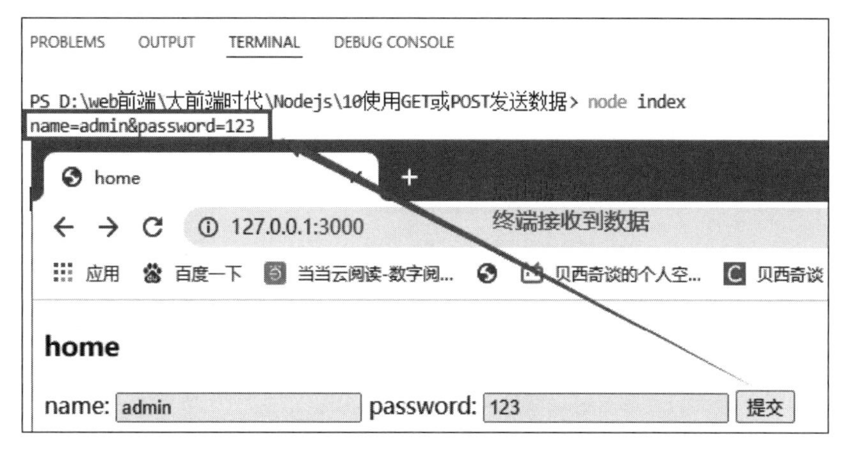

图 13-31　POST 请求发送数据

13.3　NPM 命令

NPM 是随同 Node.js 一起安装的包管理工具,能解决 Node.js 代码部署上的很多问题,常见的使用场景有以下几种:

(1) 允许用户从 NPM 服务器将别人编写的第三方包下载到本地使用。

(2) 允许用户从 NPM 服务器将别人编写的命令行程序下载并安装到本地使用。

(3) 允许用户将自己编写的包或命令行程序上传到 NPM 服务器供别人使用。

NPM 是 Node.js 的包管理和分发工具。同时 Node.js 已经集成了 NPM,所以 NPM 也一并安装好了。可以通过输入 npm -v 命令来测试是否成功安装。命令如下,如果出现版本提示,则表示安装成功:

```
$ npm -v
6.13.4
```

NPM (opens new window)为你和你的团队打开了连接整个 JavaScript 世界的一扇大门。它是世界上最大的软件注册表,每星期大约有 30 亿次的下载量,包含超过 600 000 个包(package,代码模块)。来自各大洲的开源软件开发者使用 NPM 互相分享和借鉴。包的结构使我们能够轻松地跟踪依赖项和版本。

我们使用 NPM 也避免了重复造轮子的问题。

13.3.1 使用 NPM 命令安装模块

使用 NPM 命令安装 Node.js 模块，语法格式如下：

```
$ npm install < Module Name >
```

以下示例使用 NPM 命令安装常用的 Node.js Web 框架模块 Express，如图 13-32 所示。

```
$ npm install express
```

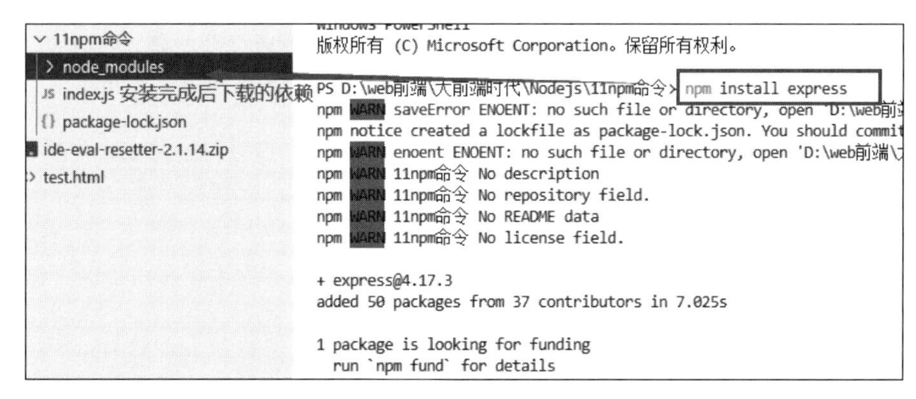

图 13-32 安装 Express

注意：NPM 通常可以从远程仓库下载，但它的仓库并不在国内。如果下载比较慢，则可以安装国内 CNPM 镜像，命令如下：

```
npm install -g cnpm --registry=https://registry.npm.taobao.org
```

但一般建议使用 NPM，有时 CNPM 下载的包可能会出问题。

13.3.2 package.json

创建模块，package.json 文件是必不可少的。因为 node_modules 文件依赖的文件很多，而且也不属于我们的源代码，所以在将项目上传到 git 或者给别人使用时并不会上传这个文件夹，那么别人怎么知道我们安装过了哪些包呢？这些信息需要从 package.json 文件中得知。

可以使用 NPM 命令生成 package.json 文件，生成的文件包含了基本的结构，命令如下：

```
$ npm init
```

生成的信息如下：

```
$ npm init
This utility will walk you through creating a package.json file.
It only covers the most common items, and tries to guess sensible defaults.

See `npm help json` for definitive documentation on these fields
and exactly what they do.

Use `npm install <pkg> --save` afterwards to install a package and
save it as a dependency in the package.json file.

Press ^C at any time to quit.
name: (node_modules) runoob                                    # 模块名
version: (1.0.0)
description: Node.js 测试模块(www.runoob.com)                  # 描述
entry point: (index.js)
test command: make test
git repository: https://github.com/runoob/runoob.git           # GitHub 地址
keywords:
author:
license: (ISC)
About to write to ……/node_modules/package.json:                # 生成地址
{
"name": "runoob",
"version": "1.0.0",
"description": "Node.js 测试模块(www.runoob.com)",
  ……}

Is this ok? (yes) yes
```

以上信息需要根据自己的情况输入。在最后输入 yes 后会生成 package.json 文件。然后在安装依赖时需要在命令行上加入--save 或者--sage-dev：

```
$ npm install --save express              # --save 是生产环境
$ npm install --save-dev gulp             # --save-dev 是开发环境
```

package.json 文件中的 dependencies 和 devDependencies 是笔者安装的依赖，如图 13-33 所示。

在 package.json 文件中还有一个 scripts 脚本可以使用，一个项目的入口文件不是固定的，之前如启动命令 $node index.js，所以如果别人获得了你的项目，而不知道入口文件，则

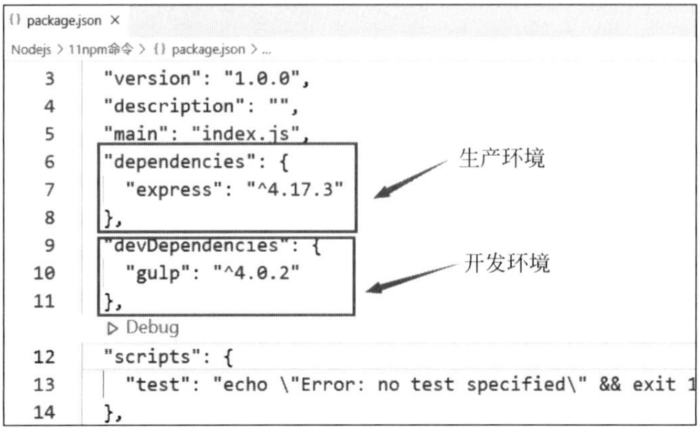

```
{} package.json ×
Nodejs > 11npm命令 > {} package.json > ...
 3   "version": "1.0.0",
 4   "description": "",
 5   "main": "index.js",
 6   "dependencies": {
 7     "express": "^4.17.3"
 8   },
 9   "devDependencies": {
10     "gulp": "^4.0.2"
11   },
     ▷ Debug
12   "scripts": {
13     "test": "echo \"Error: no test specified\" && exit 1
14   },
```

生产环境

开发环境

图 13-33　package.json 文件中的依赖

无法运行此项目，如下修改脚本可以有效地解决这个问题：

```
"scripts": {
    "dev": "node index.js" //如果你的入口文件是 index.js
  },
```

启动项目的命令就统一为

```
$ npm run dev
```

可以使用以下命令卸载 Node.js 模块：

```
$ npm uninstall <Module Name>
```

13.3.3 热部署

当在使用 Node.js 实现 Web 服务器时，每次更改服务器代码都必须重新启动服务器，这样会大大削减开发效率。nodemon 是一个热部署工具，安装后修改代码不需要再重新启动服务器。

nodemon 是一款非常实用的工具，用来监控 Node.js 源代码的任何变化和自动重启服务器。nodemon 是一款完美的开发工具，可以使用 NPM 安装，命令如下：

```
$ npm install -g nodemon
```

nodemon 一般只在开发时使用，它最大的长处在于 watch 功能，一旦文件发生变化，就自动重启进程。启动服务器，运行以下命令：

```
$ nodemon index.js
```

当然,nodemon 不仅有以上功能,它还有很多配置,但是对于目前的需求来讲不太需要,在这里不进行讲解。

13.4 Express 框架

Express 是一个保持最小规模的灵活的 Node.js Web 应用程序开发框架,为 Web 和移动应用程序提供一组强大的功能。

在 Express 的官网中可以看到 Express 具备中间件的使用、路由、模板引擎、静态文件服务、设置代理等主要能力。

13.4.1 Express 介绍

Express 是一个简洁而灵活的 Node.js Web 应用框架,提供了一系列强大特性帮助创建各种 Web 应用和丰富的 HTTP 工具。使用 Express 可以快速地搭建一个功能完整的网站。

Express 框架的核心特性如下:

(1) 提供了方便简洁的路由定义方式。

(2) 对获取 HTTP 请求参数进行了简化处理。

(3) 对模板引擎支持程度高,方便渲染动态 HTML 页面。

(4) 提供了中间件机制可有效控制 HTTP 请求。

(5) 拥有大量第三方中间件对功能进行扩展。

简单来说,Express 是一个封装了很多功能的包,而我们只需用简单的 Express 的专属的一些代码便可解决本来较为复杂的问题,方便我们使用。

13.4.2 Express 环境搭建

在应用下创建一个目录,然后进入此目录并将其作为当前工作目录,如 cd 目录。通过 npm init 命令为应用创建一个 package.json 文件,命令如下:

```
$ npm init
```

此命令将要求输入几个参数,例如此应用的名称和版本。可以直接按 Enter 键接受大部分默认设置即可,默认应用的入口文件是 index.js。

接下来在应用目录下安装 Express 并将其保存到依赖列表中,命令如下:

```
$ npm install express --save
```

如果只是临时安装 Express,而不想将它添加到依赖列表中,则可执行的命令如下:

```
$ npm install express --no-save
```

然后在工程文件中引入,代码如下:

```
var express = require("express");          //引入 Express 框架
var app = express();                       //创建网站服务器
```

框架中的目录结构如下。

(1) index.js:启动文件,或者入口文件。

(2) package.json:存储着工程的信息及模块依赖,当在 dependencies 中添加依赖的模块时,运行 npm install 命令,NPM 会检查当前目录下的 package.json 文件,并自动安装所有指定的模块。

(3) node_modules:存放 package.json 文件中安装的模块,当在 package.json 文件中添加依赖的模块并安装后,存放在这个文件夹下。

13.4.3 Express 初体验

在以下实例中引入 Express 模块并在浏览器发起请求后,响应 JSON 数据。

创建 index.js 文件,代码如下:

```
//index.js
const express = require('express');                //引入 Express 框架
const app = express();                             //创建网站服务器

//配置服务器访问地址(路由)
app.get('/', (req, res) => {
    res.send('Hello World!')
})
app.get('/list', (req, res) => {
    res.send({
        result:[
            {
                name:"beixi",
                age:20
            },
            {
                name:"admin",
                age:30
```

```
            }
        ]
    });
})
//监听端口
app.listen(3000,() =>{
    console.log("服务器运行在 3000 端口上")
})
```

Express 框架中的 send()方法有以下作用：

(1) send()方法内部会检测响应内容的类型。

(2) send()方法会自动设置 HTTP 状态码。

(3) send()方法会帮我们自动设置响应的内容类型及编码。

使用 node 命令启动主程序，命令如下：

```
$ node index.js
```

在浏览器中访问 http://127.0.0.1:3000/或 http://127.0.0.1:3000/list 路径，查看返回的结果，如图 13-34 所示。

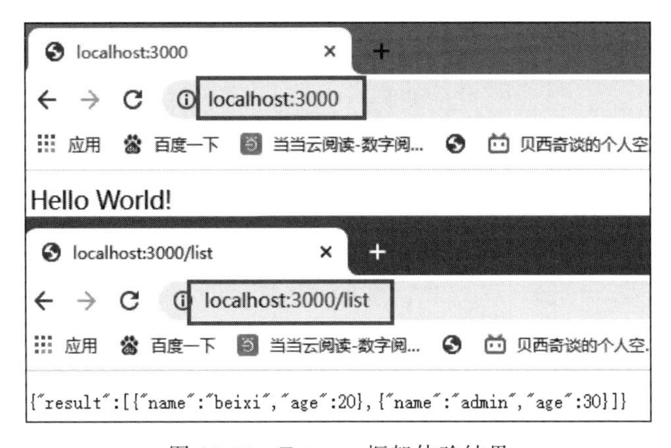

图 13-34　Express 框架体验结果

13.4.4　Express 路由

路由(Routing)是由一个 URI(路径)和一个特定的 HTTP 方法(GET、POST 等)组成的，涉及应用如何响应客户端对某个网站节点的访问。

原生 Node.js 与 Express 框架路由代码对比如图 13-35 所示。

```
app.on('request', (req, res) => {
    //获取客户端的请求路径
    let { pathname } = url.parse(req.url);
    //对请求路径进行判断 不同的路径地址响应不同的内容
    if (pathname == '/' || pathname == 'index') {
      res.end('欢迎来到首页');
    } else if (pathname == '/list') {
      res.end('欢迎来到列表页');
    } else if (pathname == '/about') {
      res.end('欢迎来到关于我们页面')
    } else {
      res.end('抱歉,您访问的页面出游了');
    }
});
```

```
// 当客户端以GET方式访问/时
app.get('/', (req, res) => {
    // 对客户端作出响应
    res.send('Hello Express');
});

// 当客户端以POST方式访问/add路由时
app.post('/add', (req, res) => {
   res.send('使用post方式请求了/add路由');
});
```

图 13-35　实现路由代码对比

以 13.4.3 节的 index.js 文件为基础，编写以下代码展示几个路由实例，代码如下：

```
//index.js
const express = require('express');                 //引入 Express 框架
const app = express();                              //创建网站服务器

//配置服务器访问地址(路由)
app.get('/', function(req, res) {                   //GET 请求
    res.send('接收 GET 请求');
});

app.post('/login', function(req, res) {             //接收 POST 请求
    res.send('接收 POST 请求');
});

app.put('/update', function(req, res) {             //接收 PUT 请求
    res.send('接收 PUT 请求');
});

app.delete('/del', function(req, res) {             //接收 DELETE 请求
    res.send('接收 DELETE 请求');
});
//监听端口
app.listen(3000,() =>{
    console.log("服务器运行在 3000 端口上")
})
```

使用 node 命令启动程序，命令如下：

```
$ node index.js
```

在测试 Express 中接收的 POST、PUT、DELETE 等请求需要借助第三方工具 Postman。Postman 工具下载并安装非常简单,这里不再赘述,安装成功后如图 13-36 所示。

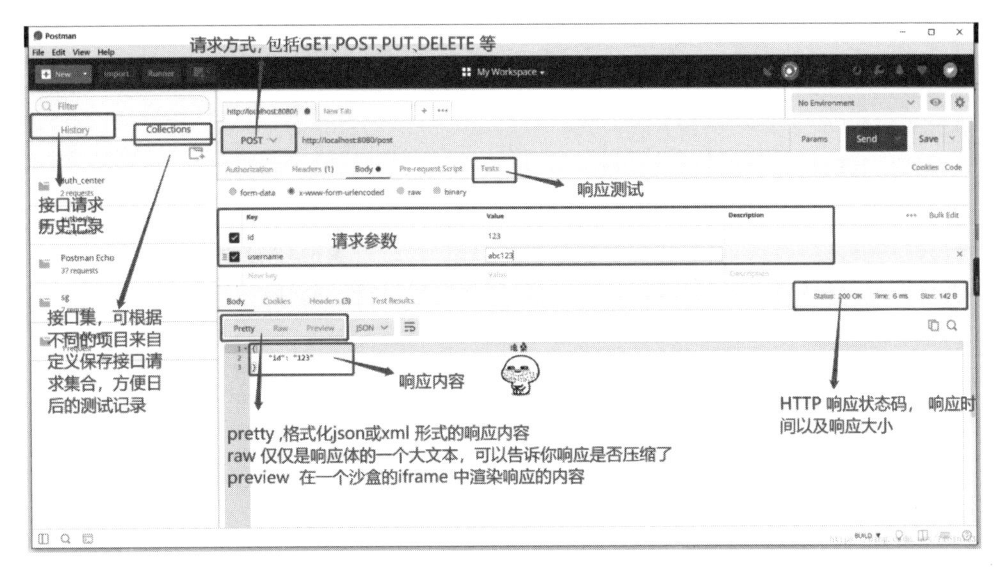

图 13-36　Postman 工具

使用 Postman 工具测试 Express 框架中的各个路由接口,如图 13-37 所示。

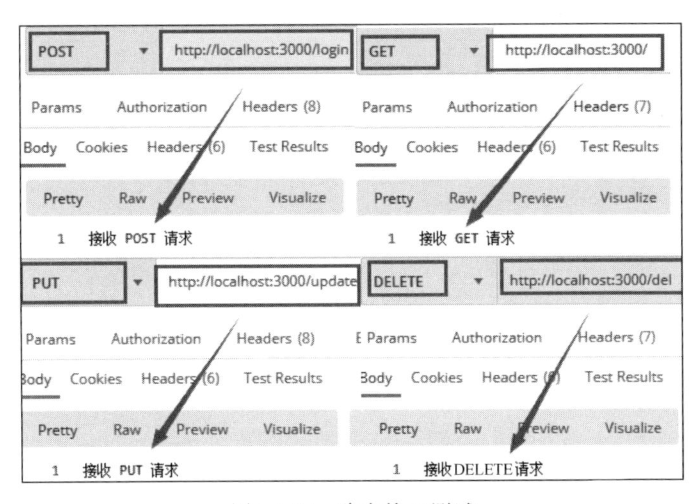

图 13-37　路由接口测试

从 index.js 文件可以看到这里写了很多路由。在实际开发中通常也有很多路由,如果都写到一起,则既臃肿也不好维护。

可以使用 express.Router 实现更优雅的解决方案。在项目的 routes/ 文件夹下创建 index.js 文件,把路由的定义写到这里,最终的效果如下。

routes/index.js 文件的代码如下：

```
var express = require('express');
var router = express.Router();

//路由
router.get('/', function(req, res) {                    //GET 请求
    res.send('接收 GET 请求');
});

router.post('/login', function(req, res) {              //接收 POST 请求
    res.send('接收 POST 请求');
});

router.put('/update', function(req, res) {              //接收 PUT 请求
    res.send('接收 PUT 请求');
});

router.delete('/del', function(req, res) {              //接收 DELETE 请求
    res.send('接收 DELETE 请求');
});
module.exports = router;
```

index.js 文件的代码如下：

```
const express = require('express');                     //引入 Express 框架
const app = express();                                  //创建网站服务器
var indexRouter = require('./routes/index');            //引入路由

app.use('/', indexRouter);                              //加载路由
//监听端口
app.listen(3000,() =>{
    console.log("服务器运行在 3000 端口上")
})
```

路由实例的目录结构如图 13-38 所示。

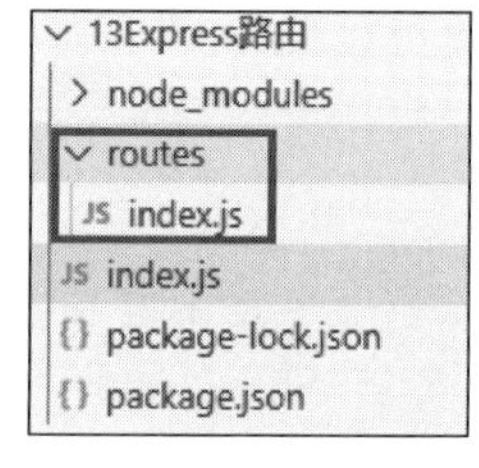

图 13-38 目录结构

13.4.5 GET 与 POST 传递参数

可以使用 routes/index.js 文件测试不同请求参数的获取方式。

1. GET 参数的获取

Express 框架中使用 req.query 即可获取 GET 参数，框架内部会将 GET 参数转换为对象并返回，示例代码如下：

```
//部分代码
//接收网址栏中问号后面的参数
 //例如 http://localhost:3000/?name = zhangsan&age = 30
router.get('/', function(req, res) {//GET 请求
    res.send({
        msg:req.query
    });
});
```

使用 node 命令启动程序：

```
$ node index.js
```

在 Postman 工具中测试 GET 参数的获取，如图 13-39 所示。

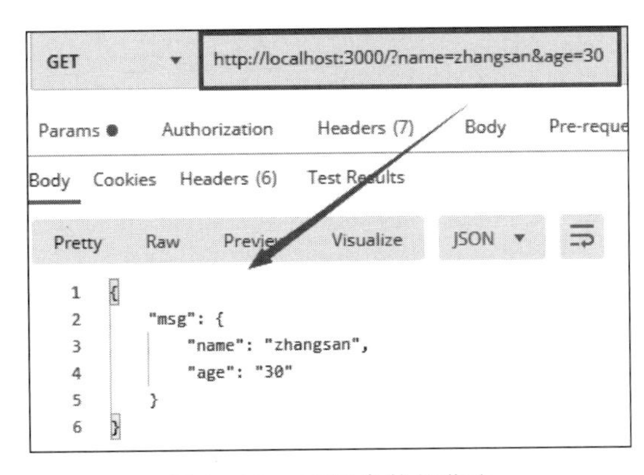

图 13-39 GET 参数的获取

2. POST 参数的获取

在 Express 中接收 POST 请求参数需要借助第三方包 body-parser，示例代码如下：

```
//部分代码
const bodyParser = require('body-parser');

//拦截所有请求
//extended: false 方法内部使用 querystring 模块处理请求参数的格式
```

```
//extended: true 方法内部使用第三方模块 qs 处理请求参数的格式
router.use(bodyParser.urlencoded({extended: false}))
router.post('/login', function(req, res) {//接收 POST 请求
    if(req.body.name === 'admin'&& req.body.password === '123'){
        res.send({
            msg:"登录成功"
        })
    }else{
        res.send({
            msg:"用户名或密码错误"
        })
    }
});
```

在 Postman 工具中测试 POST 参数的获取，如图 13-40 所示。

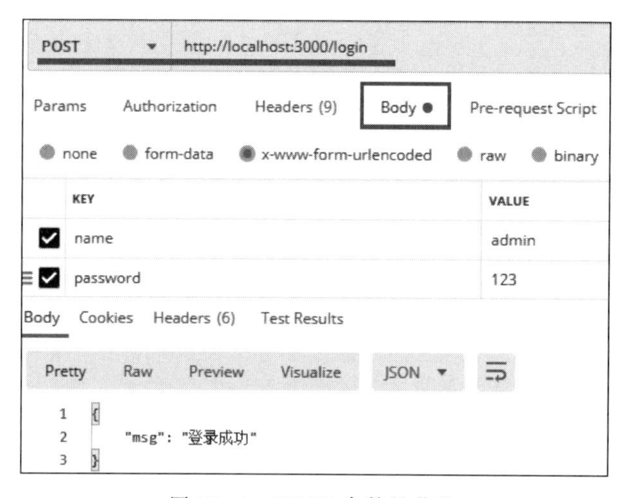

图 13-40　POST 参数的获取

13.4.6　托管静态资源

为了提供诸如图像、CSS 文件和 JavaScript 文件之类的静态文件，可使用 Express 中的 express.static 内置中间件函数。

此函数的特征如下：

```
express.static(root, [options])
```

通过如下代码就可以将 public 目录下的图片、CSS 文件、JavaScript 文件对外开放访问了：

```
app.use(express.static('public'))
```

例如，访问 public/images 目录下的图片，修改 routes/index.js 文件的代码，示例代码如下：

```
//部分代码
router.use(express.static('public'));                              //托管静态文件

router.get('/banner', function(req, res) {                         //GET 请求
    res.send({
        results:[
            {
                id:1001,
                name:"美女",
              //注意,在访问静态文件时,路径不需要加 public
                image:"http://localhost:3000/images/1.jpg"
            },
            {
                id:1002,
                name:"萌宠",
                image:"http://localhost:3000/images/2.jpg"
            }
        ]
    });
});
```

使用 node 命令启动程序，代码如下：

```
$ node index.js
```

托管静态资源在浏览器中的显示效果如图 13-41 所示。

图 13-41　托管静态资源测试效果

13.4.7 Express 中间件

Express 是一个自身功能极简，完全是由路由和中间件构成的 Web 开发框架，从本质上来讲，一个 Express 应用就是在调用各种中间件。

中间件(Middleware)是一个函数，它可以访问请求对象(request object (req))、响应对象(response object (res))和 Web 应用中处于请求-响应循环流程中的中间件。

中间件有 3 种，分别是自定义中间件、内置中间件和第三方中间件。

1) 自定义中间件

顾名思义，就是自己定义的中间件。在回调函数中写入自己需要的方法事件，例如自定义解析 POST 参数中间件，代码如下：

```
//POST 参数解析中间件
function bodyParser(req,res,next){
    let arr = [];
    req.on("data",chunk =>{
        arr.push(chunk);                    //将读取的数据存储到数组中
    })
    req.on("end",() =>{//POST 数据读取完毕
        let data = Buffer.concat(arr).toString();
//将读取的 POST 参数数据存储到 req 对象的 body 属性中
        req.body = qs.parse(data);
        next();                             //注意,一定要在数据读取完毕之后,再顺延(转发)
    })
}
//自定义 POST 参数解析中间件
app.use(bodyParser)
```

2) 内置中间件

内置中间件就是 Express 内部本来就有的中间件，无须下载，用时直接使用就可以了，代码如下：

```
//使用内置中间件
app.use(express.static('public'));          //将 public 目录中所有内容指定为静态资源
app.use(express.json());                    //能够处理 POST 请求中的 JSON 数据
app.use(express.urlencoded());              //能够处理 POST 请求中的 urlencoded 格式数据
```

3) 第三方中间件

第三方中间件需要下载，下载之后引入代码中才可以使用，几个常用的中间件如下。

(1) nodemon：服务器端代码一旦进行了修改，就需要重新将代码部署到服务器，这个操作非常频繁，可以通过 nodemon 进行一个自动化配置和部署(热更新)。

(2) svg-captcha：图形验证码的中间件，使用该中间件，可以生成一幅图形验证码。

(3) serve-favicon：用于服务器端设置 favicon 视觉提示，其实就是浏览器标签标题栏上的小图标。

(4) multer：multer 是一个 Node.js 文件中间件，用于处理大部分/表单数据，主要用于上传文件。

例如在实际项目中客户端在访问项目时，一般需进行登录、注册等操作。可以使用中间件 MySQL，将数据引入项目中，也就是数据库的连接。

使用 Express 框架构建项目，如图 13-42 所示。

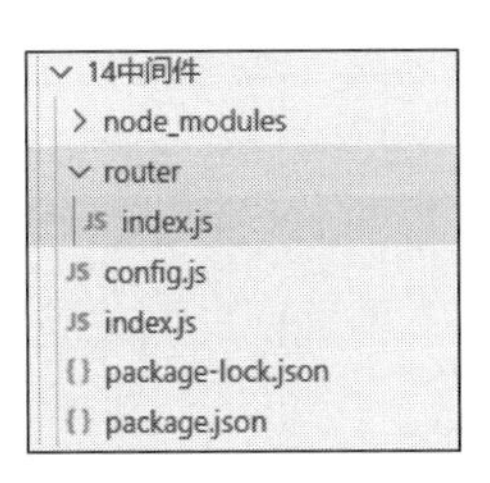

图 13-42　项目目录

在项目中引入 MySQL 中间件，如图 13-43 所示。

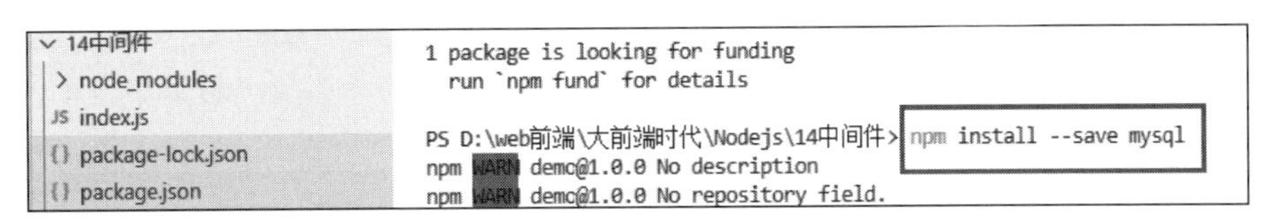

图 13-43　安装 MySQL 中间件

在 MySQL 中建立数据库及表结构，如图 13-44 所示。

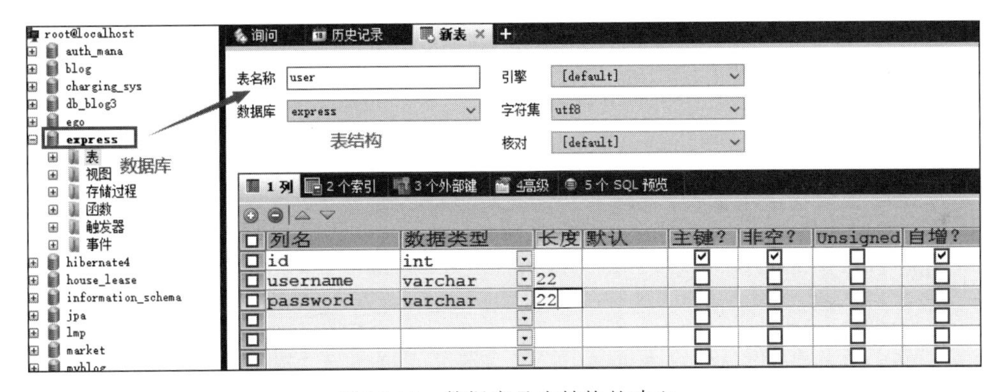

图 13-44　数据库及表结构的建立

在数据库中添加一条语句，以便管理员登录，代码如下：

```
INSERT INTO `express`.`user` (`id`, `username`, `password`) VALUES ('1', 'admin', '123');
```

在项目中创建 config.js 文件用于配置数据库的连接及 SQL 函数的执行，代码如下：

```
//index.js
const mysql = require("mysql");                    //引入 MySQL

const client = mysql.createConnection({            //连接数据库
    host:"localhost",                              //IP 地址
```

```
    user:"root",                        //用户名
    password:"root",                    //密码
    database:"express"                  //数据库名称
})

//封装 SQL 执行函数.sql: sql 语句;arr: 形参;callback: 回调函数
const sqlClient = (sql,arr,callback) =>{
    client.query(sql,arr,(error,result) =>{
        if(error){
            console.log(error);
            return;
        }
        callback(result)
    })
}

module.exports = sqlClient
```

创建路由文件 router/index. js，完成注册、登录等功能，代码如下：

```
//router/index.js
const express = require("express");
const router = express.Router();
const sqlClient = require("../config");

/**
 * 注册
 */
router.post("/register", (req, res) => {
    const { username, password} = req.body;
    const sql = "insert into user (username,password) values(?,?)";
    const arr = [username, password]
    sqlClient(sql, arr, result => {
        if (result.affectedRows > 0) {
            res.send({
                status: 200,
                msg: "注册成功"
            })
        } else {
            res.send({
                status: 401,
                msg: '注册失败'
            })
        }
    })
})
```

```
/**
 * 登录
 */
router.post("/login", (req, res) => {
    const { username, password } = req.body;
    const sql = "select * from user where username = ? and password = ?";
    const arr = [username, password];
    sqlClient(sql, arr, result => {
        if (result.length > 0) {
            res.send({
                status: 200,
                result
            })
        } else {
            res.send({
                status: 401,
                msg: "登录失败"
            })
        }
    })
})

module.exports = router;
```

在项目的根目录下建立主程序 index.js 文件，代码如下：

```
const express = require("express");
const app = express();
const bodyParser = require("body-parser");
const router = require("./router/index")

app.use(bodyParser.urlencoded({
    extended:true
}))
app.use("/",router);

app.listen(3000,() =>{
    console.log("服务器运行在 3000 端口");
})
```

使用 node 命令启动程序，命令如下：

```
$ node index.js
```

利用第三方工具 Postman 测试注册、登录等功能，如图 13-45 所示。

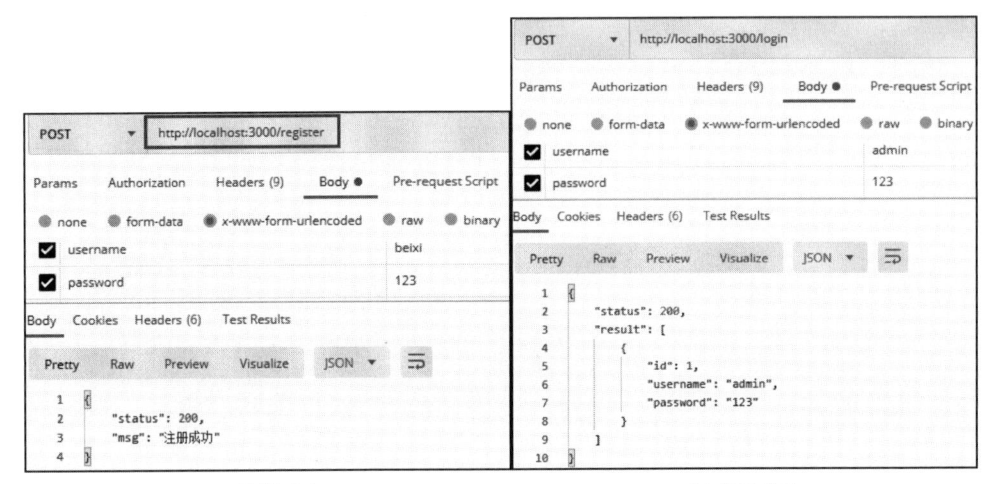

(a) 注册成功　　(b) 登录成功

图 13-45　Postman 测试注册、登录等功能

第14章 前端工程化

目前来讲，Web业务日益复杂化和多元化，前端开发从WebPage模式为主转变为WebApp模式为主了。前端工程化是使用软件工程的技术和方法使前端的开发流程、技术、工具、经验等规范化、标准化，其主要目的提高效率和降低成本，即提高在开发过程中的开发效率，减少不必要的重复工作，而前端工程本质上是软件工程的一种，因此应该从软件工程的角度来研究前端工程。

本章主要讲解以Webpack为主的构建工具，熟悉、构建整个项目环境。

本章思维导图如图14-1所示。

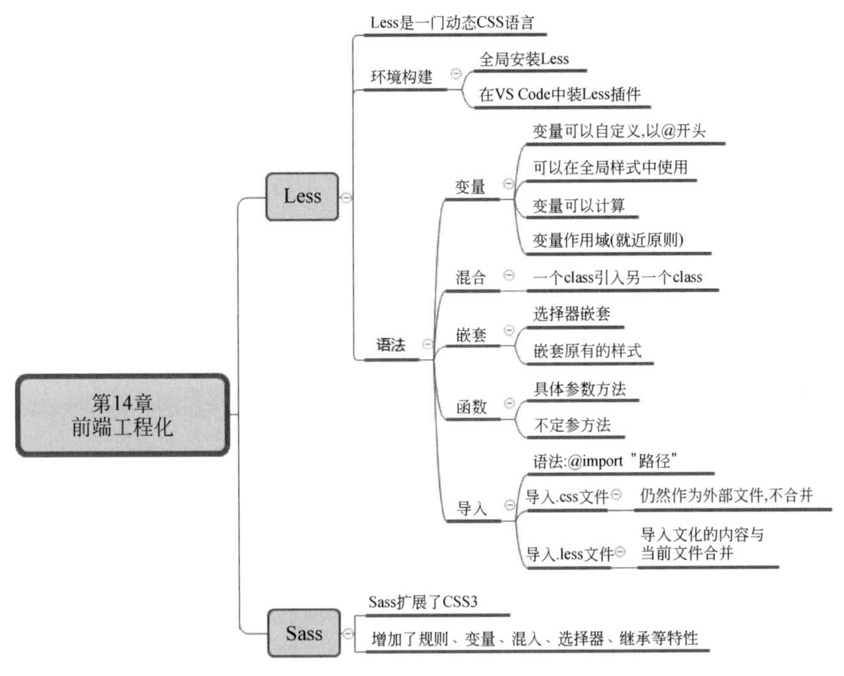

图14-1 思维导图

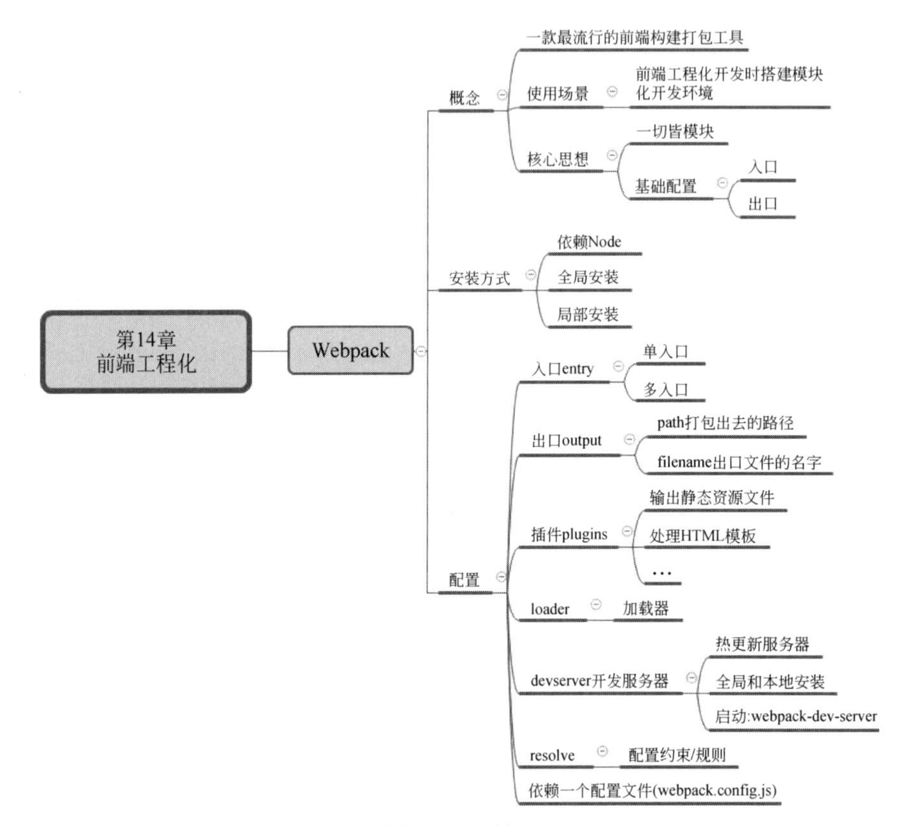

图 14-1 （续）

14.1 Less

Less(Leaner Style Sheets)是一门 CSS 预处理语言,它扩充了 CSS 语言,增加了诸如变量、混合(mixin)、函数等功能,让 CSS 更易维护、方便制作主题、扩充,可以构建动态 CSS。

Less 是一门向后兼容的 CSS 扩展语言,因为 Less 和 CSS 非常像,因此很容易学习。Less 可以运行在 Node 或浏览器端。

14.1.1 Less 介绍

Less 是一门动态 CSS 语言,使 CSS 样式可以更加灵活地作用于 HTML 标签。试想,如果没有 Less,我们要对样式做一些逻辑计算时只能依靠 JS 去实现,有了 Less 之后,可以方便地以动态的形式给 HTML 标签设置样式。Less 可以进行一些常见的条件和逻辑判断。总地来讲,Less 赋予了 CSS 逻辑运算的能力。

除此之外,动态 CSS 语法还有一个重要的作用就是提高样式代码的可维护性。例如一个最简单的应用,可以定义一个全局的颜色变量@color: #222,项目里所有的颜色默认使用@color，这个时候如果需要修改这个全局颜色，则只需修改@color变量的值就可以了，其他地方不用作任何修改。

使用Less的优势：

(1) Less支持创建更简洁，跨浏览器更友好的CSS，并且更快更容易。

(2) Less是用JavaScript设计的，并且创建在live中使用，其编译速度比其他CSS预处理器更快。

(3) Less保持了代码的模块化方式，这是非常重要的，使其可读性和易改性更强。

(4) 可以通过Less变量更快地维护。

14.1.2　Less环境构建及使用

在Node.js环境下，通过NPM(节点程序包管理器)在服务器上安装Less。打开控制台全局安装Less，如图14-2所示。

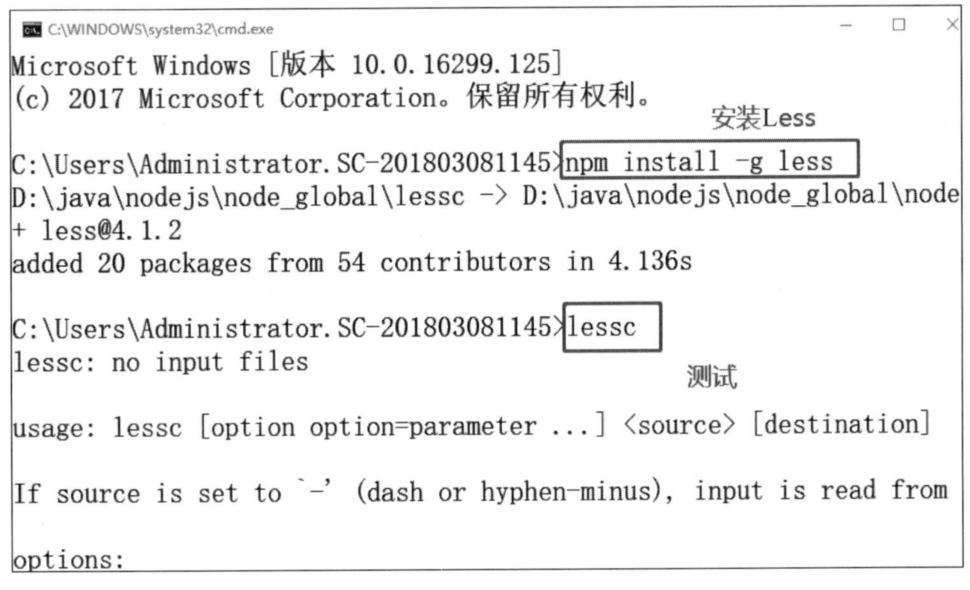

图14-2　安装Less

一般使用Less分为以下两种方式：

(1) 第1种方式是直接在HTML页面引用.less文件，然后借助less.js去编译Less文件以便动态生成CSS样式而存在于当前页面，这种方式适用于服务器开发模式。

(2) 第2种方式是首先写好.less文件的语法，然后借助工具生成对应的.css文件，然后客户端直接引用.css文件即可，这种方式更适合客户端运行开发环境(推荐)。

1. 服务器开发模式(了解)

浏览器不能直接解析Less、Sass等语言，这种方式必须在Node服务器下运行，http-server是一个简单的零配置命令行HTTP服务器，基于Node.js，在控制台安装http-server

服务器，如图 14-3 所示。

项目结构如图 14-4 所示。

```
C:\Users\Administrator.SC-201803081145>npm install http-server -g
D:\java\nodejs\node_global\http-server -> D:\java\nodejs\node_globa
+ http-server@14.1.0
added 39 packages from 43 contributors in 7.126s   安装http-server服务器

C:\Users\Administrator.SC-201803081145>
```

图 14-3　安装 http-server 服务器

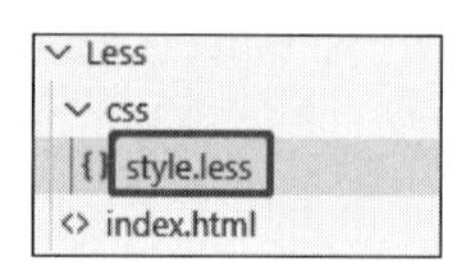

图 14-4　目录结构

首先在项目下新建一个 Less 文件，命名为 style. less，输入的简单语法代码如下：

```
//css/style.less
@width: 100px;                          //将变量@width 值定义为 100px
@height: @width + 10px;
@base: #f938ab;

#div {
  width: @width;                        //引入变量@width
  height: @height;
  background-color:@base;
}
```

然后在 index. html 页面< head >里面引用该 Less 文件，以及< div >容器，代码如下：

```
<!-- index.html -->
<!DOCTYPE html>
<html lang="en">
<head>
    <meta charset="UTF-8">
    <title>less</title>
    <link rel="stylesheet/less" type="text/css"
                                        href="./css/style.less" />
    <!-- 引入 less.js -->
    <script src="//cdn.jsdelivr.net/npm/less@3.13"></script>
</head>
<body>
    <div id="div"></div>
</body>
</html>
```

less. js 文件的作用是编译 less. less 文件，使它成为浏览器能读懂的 CSS 样式。

在项目的根目录下启动服务器，执行命令 http-server，在浏览器中输入访问路径进行测试。

2. 运行开发模式（推荐）

如果是运行环境，最好将 less. less 文件编译成. css 文件，然后直接把生成的. css 文件引入 HTML 页面即可。可以在 VS Code 开发工具中下载 Less 插件，如图 14-5 所示。

图 14-5　Less 插件

安装完成后，右击 style.less 文件中单击 Compile Files(编译)即可同步生成.css 文件，如图 14-6 所示。

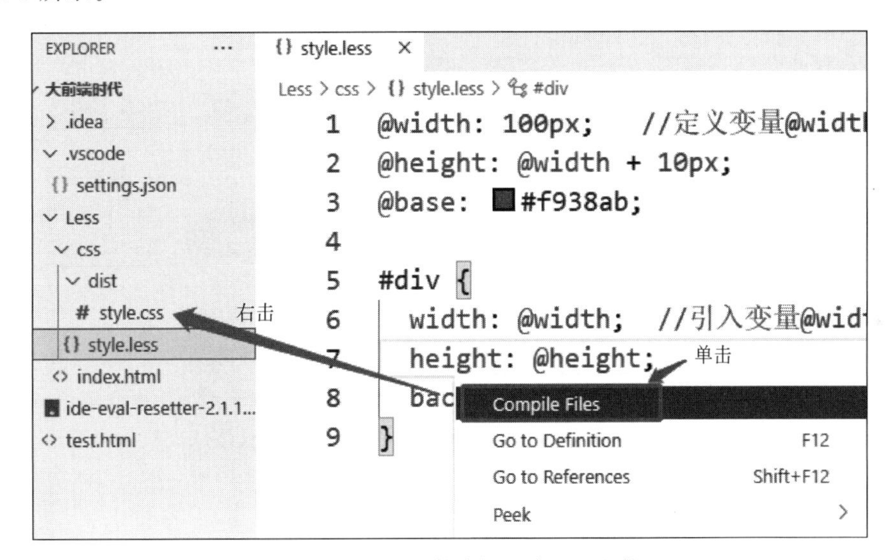

图 14-6　.less 文件编译生成.css 文件

最后直接在页面中引用这个.css 文件即可。

14.1.3　Less 语法

1. 变量

示例代码如下：

```
@base: #f938ab;
```

```
div{
    background-color:@base;
    padding:50px;
}
```

编译为

```
div {
  background-color: #f938ab;
  padding: 50px;
}
```

页面 HTML 的代码如下：

```
<body>
<div>
        第 1 个 Less 样式
    </div>
</body>
```

页面显示效果如图 14-7 所示。

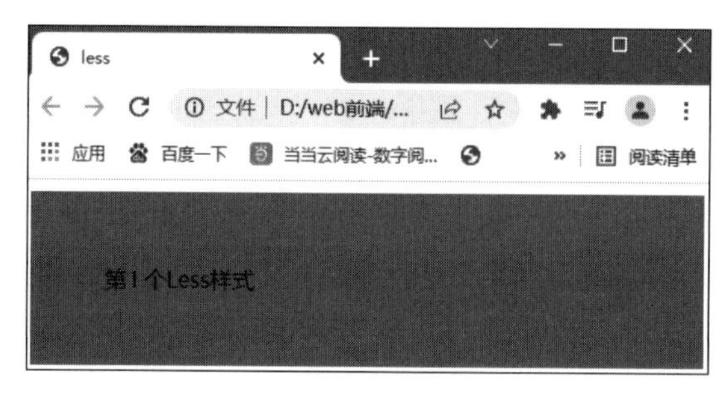

图 14-7 变量效果

以上是一个最基础的 Less 变量，在.less 文件里面定义一个全局的@base 变量，这样在该文件里的所有地方均可调用。

变量需要注意以下两点：

(1) Less 里面的变量都是以@作为变量的起始标识，变量名由字母、数字、_和-组成。

(2) 在一个文件里定义的同名变量存在全局变量和局部变量的区别。

2. 变量计算

示例代码如下：

```
@base: #f938ab;
@width: 100px;
```

```
@height: @width + 10px;

div{
    width: @width;
    height: @height;
    background-color:@base;
    padding:50px;
}
```

编译为

```
div {
  width: 100px;
  height: 110px;
  background-color: #f938ab;
  padding: 50px;
}
```

在 Less 里面,变量可以动态计算。

3. 变量混合

混合是一种将一组属性从一个规则集包含(或混入)到另一个规则集的方法,即一组属性会继承另一组规则集,示例代码如下:

```
.div {
   width:200px;
   height:100px;
   border:2px solid red;
}
#div1 {
   border-radius: 15px;
   .div
}

#div2 {
   border:2px solid blue;
   .div
}
```

编译为

```
.div {
   width: 200px;
   height: 100px;
   border: 2px solid red;
```

```
}
#div1 {
  border-radius: 15px;
  width: 200px;
  height: 100px;
  border: 2px solid red;
}
#div2 {
  border: 2px solid blue;
  width: 200px;
  height: 100px;
  border: 2px solid red;
}
```

页面 HTML 的代码如下：

```
<div id="div1">div1</div>
<div id="div2">div1</div>
```

4. 嵌套规则

在 CSS 里，经常可以见到标签样式嵌套的写法，在 Less 中提供了使用嵌套（nesting）代替层叠或与层叠结合使用的能力。来看下面的 Less 代码：

```
#div1 {
    h1 {
        font-size: 26px;
        font-weight: bold;
    }
    span {
        font-size: 12px;
        a {
            text-decoration: none;
            &:hover {
                border-width: 1px;
            }
        }
    }
}
```

编译为

```
#div1 h1 {
  font-size: 26px;
  font-weight: bold;
}
```

```
#div1 span {
  font-size: 12px;
}
#div1 span a {
  text-decoration: none;
}
#div1 span a:hover {
  border-width: 1px;
}
```

Less 的这种写法的好处是显而易见的，标签层级结构清晰可见，同时也可减少 CSS 代码量，并且模仿了 HTML 的组织结构。

5. 转义

转义(Escaping)允许我们使用任意字符串作为属性或变量值。任何~"anything" 或~'anything' 形式的内容都将按原样输出，除非插值(interpolation)，示例代码如下：

```
@min768: ~"(min-width: 768px)";.element {
  @media @min768 {
    font-size: 1.2rem;
  }}
```

编译为

```
@media (min-width: 768px) {
  .element {
    font-size: 1.2rem;
  }}
```

6. 函数

Less 内置了多种函数用于转换颜色、处理字符串、算术运算等。

函数的用法非常简单。下面这个例子将介绍如何利用 percentage() 函数将 0.5 转换为 50%，示例代码如下：

```
@width: 0.5;

.class {
  width: percentage(@width);              //返回 `50%`
}
```

7. 作用域

Less 中的作用域与 CSS 中的作用域非常类似。首先在本地查找变量和混合，如果找不到，则从“父”级作用域继承，示例代码如下：

```
@var: red;
#page {
  @var: white;
  #header {
    color: @var; //white
  }
}
```

与 CSS 自定义属性一样，混合和变量的定义不必在引用之前事先定义，因此，下面的 Less 代码示例和上面的代码示例的作用是相同的：

```
@var: red;
#page {
  #header {
    color: @var; //white
  }
  @var: white;
}
```

8. 导入

Less 里面使用 import 将外部的 Less 引入本地的 Less 文件里。可以导入一个.less 文件，此文件中的所有变量就可以使用了。如果导入的文件是 .less 扩展名，则可以将扩展名省略掉，示例代码如下：

```
@import "library"; //library.less
@import "typo.css";
```

14.2 Sass

Sass 扩展了 CSS3，增加了规则、变量、混入、选择器、继承等特性。Sass 可生成良好格式化的 CSS 代码，易于组织和维护。

Sass 是对 CSS3(层叠样式表)的语法的一种扩充，它可以使用巢状、混入、选择子继承等功能，可以更有效更有弹性地写出 Stylesheet。Sass 最后会编译出合法的 CSS 让浏览可以使用，也就是说它本身的语法并不太容易让浏览器识别(虽然它和 CSS 的语法几乎一样)，因为它不是标准的 CSS 格式，在它的语法内部可以使用动态变量等，所以它更像一种极简单的动态语言。它可以有两个扩展名：.sass 和.scss。

Sass 是世界上最成熟、最稳定、最强大的专业级 CSS 扩展语言之一！

1. 特别说明

因为 Sass 的环境安装比较复杂，而在日后的开发过程中不需要这样的环境，所以本节跳过 Sass 环境的安装步骤，大家可能好奇如何编译 Sass，这里可以使用其他方式编译 Sass，例如考拉软件、构建工具和编辑器等。笔者推荐使用 14.1.2 节 VS Code 开发工具中安装的 Less 插件，如图 14-5 所示。

如果大家希望安装一个 Sass 环境，则可以参考官网，网址为 https://www.sass.hk/install/。

2. 使用变量

Sass 让人们受益的一个重要特性就是它为 CSS 引入了变量。可以把反复使用的 CSS 属性值定义成变量，然后通过变量名来引用它们，而无须重复书写这一属性值。或者，对于仅使用过一次的属性值，可以赋予其一个易懂的变量名，让人一眼就知道这个属性值的用途。

Sass 使用 $符号来标识变量（老版本的 Sass 使用"!"来标识变量）。因为 $符号好认、更具美感，并且在 CSS 中并无他用，不会导致与现存或未来的 CSS 语法冲突。

新建 style.scss 文件，输入如下样式代码：

```
$ nav-color: #F90;
nav {
  $width: 100px;
  width: $width;
  color: $nav-color;
}
```

编译为

```
nav {
  width: 100px;
  color: #F90;
}
```

3. 嵌套 CSS 规则

在 CSS 中重复写选择器是非常麻烦的。当要写一大串指向页面中同一块的样式时，往往需要一遍又一遍地写同一个 ID，示例代码如下：

```
#content article h1 { color: #333 }
#content article p { margin-bottom: 1.4em }
#content aside { background-color: #EEE }
```

像这种情况，Sass 可以让我们只写一遍，并且使样式可读性更高。在 Sass 中，可以像俄罗斯套娃那样在规则块中嵌套规则块，示例代码如下：

```
#content {
    width: 200px;
    .article {
        width: 100px;
        ul{
            list-style: none;
            a{
                color: blue;
                &:hover { color: red }
            }
        }
    }
    .aside { background-color: #EEE }
}
```

Sass 在输出 CSS 时会帮我们把这些嵌套规则处理好，避免重复书写。以上代码可编译为

```
#content {
  width: 200px;
}
#content .article {
  width: 100px;
}
#content .article ul {
  list-style: none;
}
#content .article ul a {
  color: blue;
}
#content .article ul a:hover {
  color: red;
}
#content .aside {
  background-color: #EEE;
}
```

4. 导入 Sass 文件

CSS 有一个特别不常用的特性，即@import 规则，它允许在一个 CSS 文件中导入其他 CSS 文件，然而，后果是只有执行到@import 时，浏览器才会去下载其他 CSS 文件，这导致页面加载起来特别慢。

Sass 也有一个@import 规则，但不同的是，Sass 的@import 规则在生成 CSS 文件时就把相关文件导入进来。这意味着所有相关的样式被归纳到了同一个 CSS 文件中，而无须发起额外的下载请求，示例代码如下：

```
@import "./init.scss"
```

5. 混合器

如果整个网站中有几处小小的样式类似(例如一致的颜色和字体),则使用变量来统一处理这种情况是非常不错的选择,但是当样式变得越来越复杂且需要大段大段地重用样式的代码时,独立的变量就没有办法应付这种情况了。可以通过 Sass 的混合器实现大段样式的重用。

混合器使用@mixin 标识符定义。看上去很像其他的 CSS @标识符,例如@media 或者@font-face。这个标识符可以给一大段样式赋予一个名字,这样就可以轻易地通过引用这个名字重用这段样式。下边的这段 Sass 代码,定义了一个非常简单的混合器,其目的是添加跨浏览器的圆角边框,示例代码如下:

```
@mixin rounded-corners {
  -moz-border-radius: 5px;
  -webkit-border-radius: 5px;
  border-radius: 5px;
}
.notice {
  background-color: green;
  border: 2px solid #00aa00;
  @include rounded-corners;
}
```

这样就可以在样式表中通过@include 来使用这个混合器了,并且可以放在我们希望使用的任何地方。@include 调用会把混合器中的所有样式提取出来放在@include 被调用的地方,以上代码可编译为

```
.notice {
  background-color: green;
  border: 2px solid #00aa00;
  -moz-border-radius: 5px;
  -webkit-border-radius: 5px;
  border-radius: 5px;
}
```

6. 使用选择器继承来精简 CSS

使用 Sass 时,最后一个减少重复的主要方法就是选择器继承。基于面向对象的 CSS 的理念,选择器继承是指一个选择器可以继承另一个选择器所定义的所有样式。这个可通过@extend 语法实现,示例代码如下:

```
//通过选择器继承样式
.box{
  border: 1px solid red;
  background-color: #fdd;
}
.seriousError {
  @extend .box;
  border-width: 3px;
}
```

编译为

```
.box, .seriousError {
  border: 1px solid red;
  background-color: #fdd;
}

.seriousError {
  border-width: 3px;
}
```

14.3 Webpack 构建工具

Web 应用日益复杂，相关开发技术也百花齐放，这对前端构建工具提出了更高的要求。前端构建工具很多，如 Grunt、Gulp、Fis3 和 Webpack 等。Webpack 从众多构建工具中脱颖而出并成为目前最流行的构建工具，几乎成为目前前端开发的必备工具之一，因此每位紧跟时代的前端工程师都应该掌握 Webpack。

14.3.1 Webpack 简介

1. Webpack 是什么

Webpack 是一个现代 JavaScript 应用程序静态模块打包工具（Module Bundler），在 Webpack 里一切文件皆模块（例如，JavaScript、CSS、SCSS、图片、模板，在 Webpack 中都是一个个模块），通过 Loader 转换文件，通过 Plugin 注入钩子，最后输出由多个模块组合成的文件（Chunk）。Webpack 专注于构建模块化项目。

其官网的首页图很形象地画出了 Webpack 是什么，如图 14-8 所示。

一切文件（如 JavaScript、CSS、SCSS、图片、模板等）在 Webpack 中都是一个个模块，这样的好处是能清晰地描述出各个模块之间的依赖关系，以方便 Webpack 对模块进行组合和打包。经过 Webpack 处理后，最终会输出浏览器能使用的静态资源。

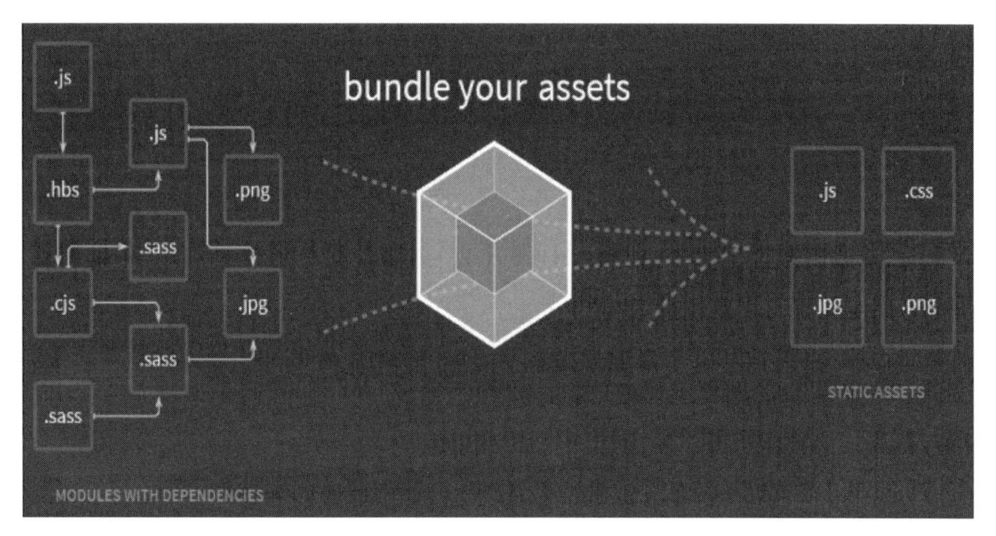

图 14-8 Webpack 构建工具

Webpack 具有很大的灵活性,能配置如何处理文件,大致使用如下:

```
const path = require('path');
const ExtractTextPlugin = require('extract-text-webpack-plugin');

module.exports = {
  //JavaScript 执行入口文件
  entry: './main.js',
  output: {
    //把所有依赖的模块合并输出到一个 bundle.js 文件
    filename: 'bundle.js',
    //把输出文件都放到 dist 目录下
    path: path.resolve(__dirname, './dist'),
  },
  module: {
    rules: [
      {
        //用正则去匹配要用该 Loader 转换的 CSS 文件
        test: /\.css$/,
        use: ExtractTextPlugin.extract({
          //转换 .css 文件需要使用的 Loader
          use: ['css-loader'],
        }),
      }
    ]
  },
  plugins: [
    new ExtractTextPlugin({
```

```
        //从 .js 文件中提取出来的 .css 文件的名称
        filename: `[name]_[contenthash:8].css`,
      }),
    ]
  };
```

2. 核心概念

Webpack 有以下几个核心概念。

(1) Entry：入口，Webpack 执行构建的第 1 步将从 Entry 开始，可抽象成输入。

(2) Module：模块，在 Webpack 里一切皆模块，一个模块对应着一个文件。Webpack 会从配置的 Entry 开始递归地找出所有依赖的模块。

(3) Chunk：代码块，一个 Chunk 由多个模块组合而成，用于代码合并与分割。

(4) Loader：模块转换器，用于把模块原内容按照需求转换成新内容。

(5) Plugin：扩展插件，在 Webpack 构建流程中的特定时机注入扩展逻辑来改变构建结果或做想要做的事情。

(6) Output：输出结果，在 Webpack 经过一系列处理并得出最终想要的代码后输出结果。

Webpack 启动后会从 Entry 里配置的 Module 开始递归解析 Entry 依赖的所有 Module。每找到一个 Module，就会根据配置的 Loader 去找出对应的转换规则，对 Module 进行转换后，再解析出当前 Module 依赖的 Module。这些模块会以 Entry 为单位进行分组，一个 Entry 和其所有依赖的 Module 被分到一个组也就是一个 Chunk。最后 Webpack 会把所有 Chunk 转换成文件输出。在整个流程中 Webpack 会在恰当的时机执行 Plugin 里定义的逻辑。

3. 优点和缺点

Webpack 的主要优点如下：

(1) 专注于处理模块化的项目及项目中模块之间的依赖关系，能做到开箱即用且一步到位。

(2) 通过 Plugin 扩展，完整性好用而又不失灵活。

(3) 使用场景不仅限于 Web 开发。

(4) 社区庞大活跃，经常引入紧跟时代发展的新特性，能为大多数场景找到已有的开源扩展。

(5) 良好的开发体验。

Webpack 的主要缺点是只能用于采用模块化开发的项目中。

14.3.2 安装 Webpack

在安装 Webpack 前，必须为本机安装 Node.js(前面章节已经安装)。接下来详细介绍 Webpack 安装配置及打包的过程。

1. 全局安装 Webpack

运行 cmd 命令，安装命令如下所示，其中，-g 是全局安装，并一起安装了 Webpack 和 Webpack-cli（Webpack-cli 是 Webpack 的脚手架）：

```
npm install webpack -g
npm install webpack-cli -g
```

安装完成后输入的命令如下

```
webpack -v
webpack-cli -v
```

测试是否安装成功，如图 14-9 所示。

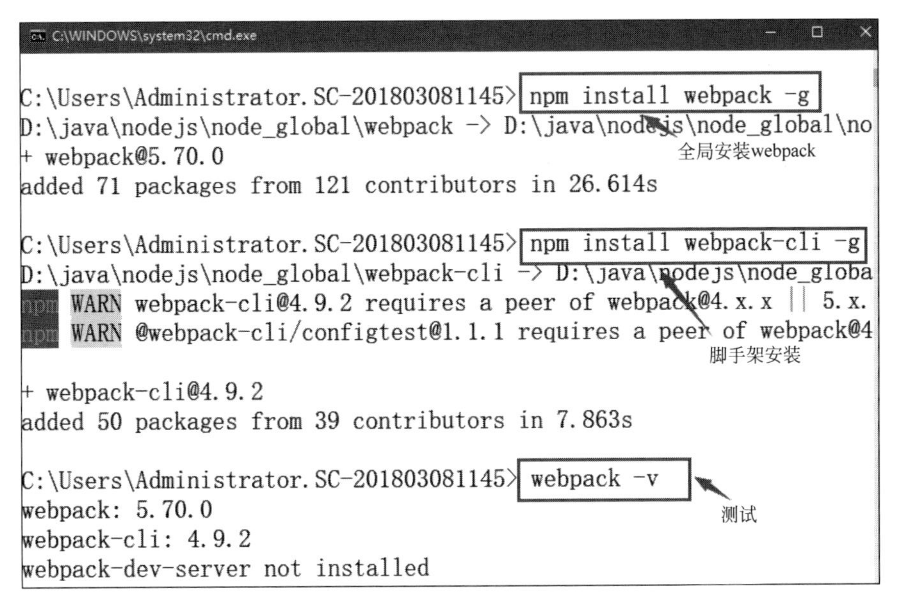

图 14-9　全局安装 Webpack

2. 本地创建 Webpack 项目

在 VS Code 开发工具中创建一个项目（如 webpack-demo），进入项目根目录局部安装 Webpack，其中，--save-dev 表示本地安装，如图 14-10 所示。

```
npm install webpack --save-dev
npm install webpack-cli --save-dev
```

3. 创建 package.json 文件

在项目目录中自动生成 package.json 文件，输入的命令如下：

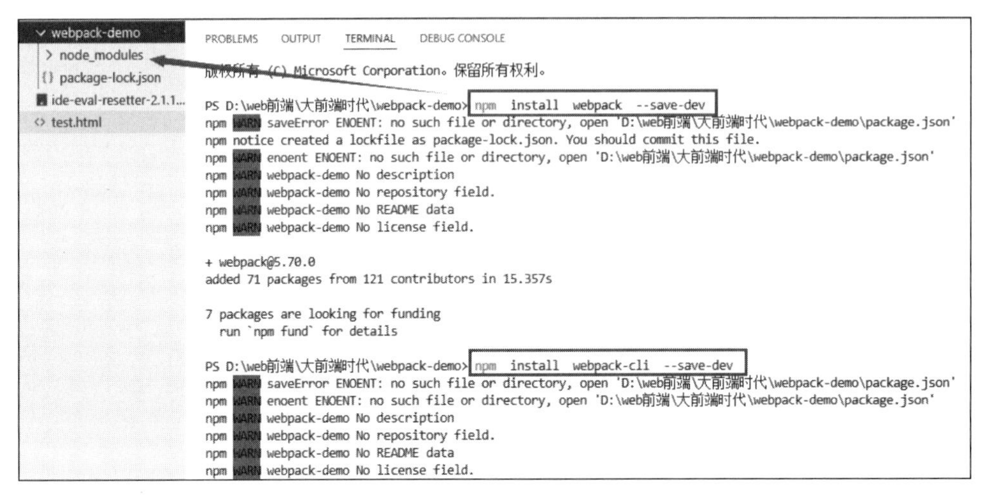

图 14-10 Webpack 项目下安装

```
npm init
```

4. 配置打包目录

在项目目录下，新建 webpack.config.js 文件夹，用于存放配置文件；src 文件夹用于存放源码文件；out 文件夹用于存放打包生成的文件；public 文件夹用于存放主页面文件，具体如图 14-11 所示。

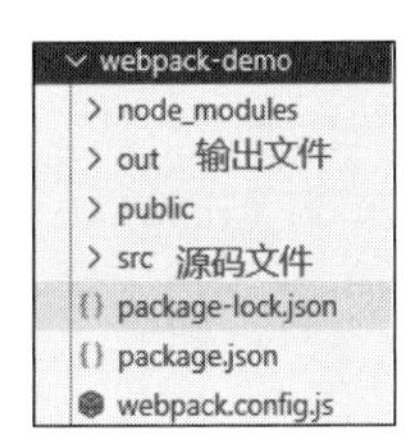

图 14-11 项目目录

在 src 下创建 show.js 文件，并写入以下代码：

```
function show(content) {
    //获取 id 为 root 的容器,添加文本内容
    window.document.getElementById('root').innerText = 'Hello,' + content;
}
module.exports = show
```

在 src 文件夹下创建 index.js 主文件(主入口)，并写入以下代码：

```
//通过 CommonJS 规范导入 show() 函数
const show = require('./show.js');
//执行 show() 函数
show('Webpack');
```

在项目的根目录下创建 webpack.config.js 文件并输入以下代码：

```
const path = require('path');

module.exports = {
  //JavaScript 执行入口文件
  entry: './src/index.js',
  output: {
    //把所有依赖的模块合并输出到一个 bundle.js 文件
    filename: 'bundle.js',
    //将输出文件都放到 out 目录下
    path: path.resolve(__dirname, './out'),
  }
};
```

5. Webpack 打包

在项目目录下，输入的命令如下，对项目进行打包，在 out 目录中会生成打包后的 bundle.js 文件，如图 14-12 所示。

```
webpack
```

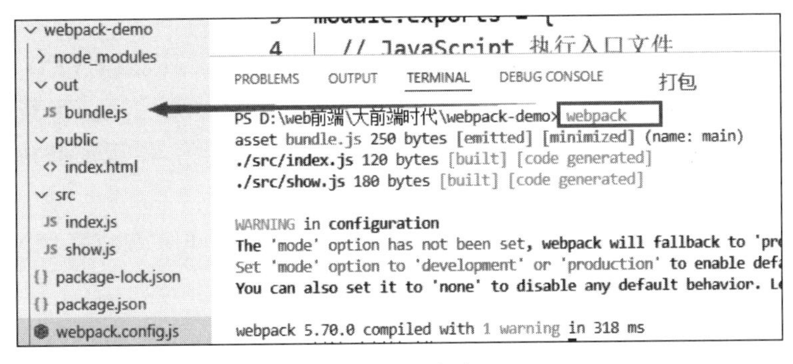

图 14-12　打包

6. 测试

在 public 文件夹下创建 index.html 文件并引入 bundle.js 文件，代码如下：

```
<!DOCTYPE html>
<html lang="en">
<head>
    <meta charset="UTF-8">
    <meta http-equiv="X-UA-Compatible" content="IE=edge">
    <meta name="viewport" content="width=device-width,
                                   initial-scale=1.0">
    <title>Webpack 初体验</title>
</head>
```

```
<body>
    <!-- 在 show.js 文件中被引用 -->
    <div id = "root"></div>
    <script src = "../out/bundle.js"></script>
</body>
</html>
```

在浏览器中打开 index.html 文件，查看运行效果，如图 14-13 所示。

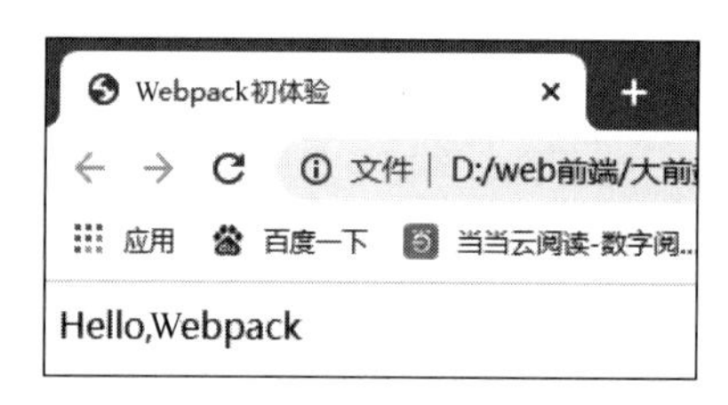

图 14-13 运行效果

至此，完成了 Webpack 安装、配置、打包等一系列操作。

14.3.3 Webpack 之 Loader 配置和使用

Webpack 通过 Loader 加载器来管理及使用各种插件和工具，因为在 Webpack 中一切皆模块。Webpack 本身只能打包 JavaScript 文件，对于其他资源(例如 CSS、图片或者其他的语法集)没有办法加载。这就需要对应的 Loader 将资源转化，然后加载进来。Webpack 会默认把所有依赖打包成 JS 文件。

在实际项目中，使用 Loader 的情况比较多，我们以优化 14.3.2 节案例网页为例，详细讲解 Loader 的配置和使用。

在 src 下创建 css/init.css 文件并输入以下代码：

```
//css/init.css
*{
    margin:0;
    padding: 0;
}
#root{
    margin: 0 auto; //居中
    width: 200px;
    height: 100px;
    border: 1px solid red;
}
```

在入口文件 src/index.js 里引入样式文件，引入 init.css 样式需要像引入 JavaScript 文件那样，代码如下：

```
//通过 CommonJS 规范导入 CSS 模块
require('./css/init.css');

//通过 CommonJS 规范导入 show() 函数
const show = require('./show.js');
//执行 show() 函数
show('Webpack');
```

修改完后去执行 Webpack，构建时会报错。因为 Webpack 不支持解析原生 CSS 文件，所以需要在项目根目录安装 style-loader 和 css-loader 去加载这个文件，安装命令如下：

```
npm i -D style-loader css-loader
```

打开 webpack.config.js 文件，进行如下配置：

```
const path = require('path');

module.exports = {
  //JavaScript 执行入口文件
  entry: './src/index.js',
  output: {
    //把所有依赖的模块合并输出到一个 bundle.js 文件
    filename: 'bundle.js',
    //输出文件都放到 out 目录下
    path: path.resolve(__dirname, './out'),
  },
  module: {
      rules: [
          {
              //用正则去匹配要用该 Loader 转换的 CSS 文件
              test: /\.css$/,
              //使用这两个 Loader 来加载样式文件
              use: ['style-loader', 'css-loader'],
 }
      ]
  }
};
```

module.rules 允许在 Webpack 配置中指定多个 Loader。这是展示 Loader 的一种简明方式，并且有助于使代码变得简洁。

上述 rules 的作用：Webpack 在打包过程中，凡是遇到后缀为 css 的文件，就会使用 style-loader 和 css-loader 去加载这个文件。

在项目根目录(webpack-demo)下执行打包命令，命令如下：

```
webpack
```

在浏览器里刷新 index.html 文件，我们会发现输出的文字被一个红框给圈了起来，并且居中显示，这就表明我们的样式文件已经生效了，如图 14-14 所示。

图 14-14 Loader 使用效果图

常用的几个 Loader。

1）样式

（1）css-loader：解析 CSS 文件中的代码。

（2）style-loader：将 CSS 模块作为样式导到 DOM 中。

（3）less-loader：加载和转义 Less 文件。

（4）sass-loader：加载和转义 Sass/SCSS 文件。

2）脚本转换编译

（1）script-loader：在全局上下文中执行一次 JavaScript 文件，不需要解析。

（2）babel-loader：加载 ES6 代码后使用 Babel 转义为 ES5 后浏览器才能解析。

3）Files 文件

（1）url-loader：多数用于加载图片资源，当超过文件大小时返回 data URL。

（2）raw-loader：加载文件原始内容（utf-8 格式）。

4）加载框架

（1）vue-loader：加载和转义 Vue 组件。

（2）react-hot-loader：动态刷新和转义 React 组件中修改的部分。

14.3.4 Webpack 之 Plugin 的使用

Plugin 是 Webpack 的核心功能，通过 Plugin（插件）Webpack 可以实现 Loader 所不能完成的复杂功能，使用 Plugin 丰富的自定义 API，可以控制 Webpack 编译流程的每个环节，实现对 Webpack 的自定义功能扩展，它给 Webpack 带来了很大的灵活性。

以下是两个在项目中常用的 Plugin 应用。

1. 对 CSS 文件的压缩和分离

在 14.3.3 节中通过 Loader 加载了 CSS 文件，但所有的 CSS 文件和 JS 文件都被压缩为 bundle.js 文件,本节将通过 Plugin 把注入 bundle.js 文件里的 CSS 提取到单独的文件中,并对单独的 CSS 文件进行压缩。

首先在项目根目录(webpack-demo)下安装 CSS 分离插件,命令如下:

```
npm install --save-dev mini-css-extract-plugin
```

在 webpack.config.js 文件中添加分离插件配置,代码如下:

```
const path = require('path');
//分离 CSS 代码
const MiniCssExtractPlugin = require("mini-css-extract-plugin");

module.exports = {
  //JavaScript 执行入口文件
  entry: './src/index.js',
  output: {
    //把所有依赖的模块合并输出到一个 bundle.js 文件
    filename: 'bundle.js',
    //输出文件都放到 out 目录下
    path: path.resolve(__dirname, './out'),
  },
  module: {
      rules: [
          {
              //用正则去匹配要用该 Loader 转换的 CSS 文件
              test: /\.css$/,
              //使用这两个 Loader 来加载样式文件
              //use: ['style-loader', 'css-loader'],
              use: [
                {
                    loader: MiniCssExtractPlugin.loader
                },
                "css-loader"
              ]
          }
      ]
  },
  plugins: [
    //单独提取 CSS 文件
    new MiniCssExtractPlugin({
       filename: "init.css", //单独分离出 CSS 名称
       //当文件多时,自动以自己的文件名称命名
       chunkFilename: "[id].css"
    }),
 ],
};
```

在根目录下执行打包命令 webpack，会发现在 out 目录下分离出 init.css 文件，如图 14-15 所示。

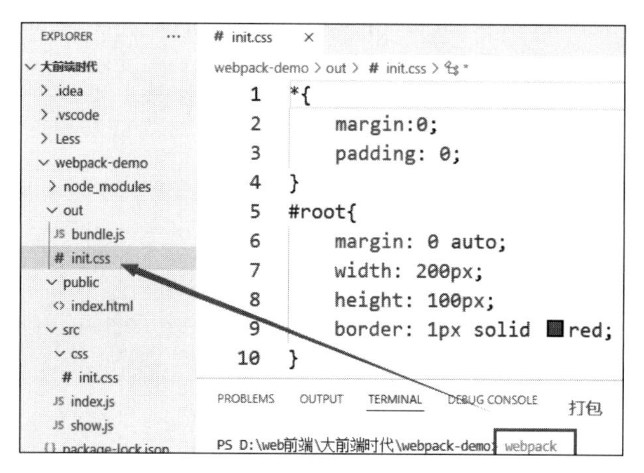

图 14-15 CSS 文件分离

此时 CSS 文件已经分离，需要在 HTML 文件中引入使用。观察 init.css 文件，代码没有被压缩。在项目根目录(webpack-demo)下安装 CSS 压缩插件，命令如下：

```
npm install --save-dev optimize-css-assets-webpack-plugin
```

在 webpack.config.js 文件中添加压缩配置信息，代码如下：

```
//部分代码
//压缩 CSS 代码
const optimizeCss = require('optimize-css-assets-webpack-plugin');

module.exports = {
  plugins: [
      //CSS 代码压缩
      new optimizeCss(),
    ]
}
```

再次执行打包命令 webpack，init.css 文件被压缩了，当项目文件比较大时，可以节省很大空间。

2. HTML 文件分离

在实际项目中可以使用 Html-Webpack-Plugin 插件，它可以帮助我们做以下几件事情：

(1) 在工程打包成功后会自动生成一个 HTML 模板文件。

(2) 同时所依赖的 CSS/JS 也都会被自动引入这个 HTML 模板文件中。

(3) 设置生成哈希并添加在引入文件地址的末尾，类似于常用的时间戳，以此来解决可能会遇到的缓存问题。

此时文件放在 out 文件夹中，而且 out 本来是动态生成的生产环境，所以也应该将 public/index.html 文件动态地分离到 out 文件下。

在项目根目录(webpack-demo)下安装 HTML 分离插件，命令如下：

```
npm install -D html-webpack-plugin
```

在 webpack.config.js 文件中添加 HTML 分离配置信息，代码如下：

```
//部分代码
const HTMLPlugin = require('html-webpack-plugin')

module.exports = {
  plugins: [
    //...
      new HTMLPlugin({
        template: './public/index.html'
      })
    ]
}
```

此时执行打包命令 webpack。在 out 文件夹下会动态生成 index.html 文件，并且会自动引入 JS、CSS 等文件。

使用浏览器打开 out/index.html 文件，结果如图 14-16 所示。

图 14-16 HTML 文件分离效果

这时就能体验到 Webpack 的魅力了，它把所有的文件都动态打包到 out 目录下。如果需要线上部署，则可直接使用 out 文件夹。

在 Webpack 中常用的插件如下。

(1) BannerPlugin：对所有的文件打包后添加一个版权声明。

(2) uglifyjs-webpack-plugin：对 JS 进行压缩混淆。

(3) HtmlWebpackPlugin：可以根据模板自动生成 HTML 代码，并自动引用 CSS 和

JS 文件。

(4) Hot Module Replacement：在每次修改代码保存后，浏览器会自动刷新，这样便可以实时预览修改后的效果。

(5) copy-webpack-plugin：通过 Webpack 来复制文件。

(6) extract-text-webpack-plugin：将 JS 文件和 CSS 文件分别单独打包，不混在一个文件中。

(7) DefinePlugin 编译时配置全局变量，这对在开发模式和发布模式的构建中允许不同的变量非常有用。

(8) optimize-css-assets-webpack-plugin 不同组件中重复的 CSS 可以快速去重。

14.3.5 使用 DevServer

前面的几节只是让 Webpack 正常运行起来，但在实际开发中可能需要以下几个功能：

(1) 提供 HTTP 服务而不是使用本地文件预览。

(2) 监听文件变化并自动刷新网页，做到实时预览。

(3) 支持 Source Map，以方便调试。

Webpack 原生支持上述第 2 和第 3 点内容，再结合官方提供的开发工具 DevServer 也可以很方便地做到第 1 点。DevServer 会启动一个 HTTP 服务器用于服务网页请求，同时会帮助启动 Webpack，并接收 Webpack 发出的文件变更信号，通过 Websocket 协议自动刷新网页做到实时预览。

Webpack 的 DevServer 服务安装。

1. 全局安装

运行 cmd 命令，执行如下命令全局安装 webpack-dev-server，如图 14-17 所示。

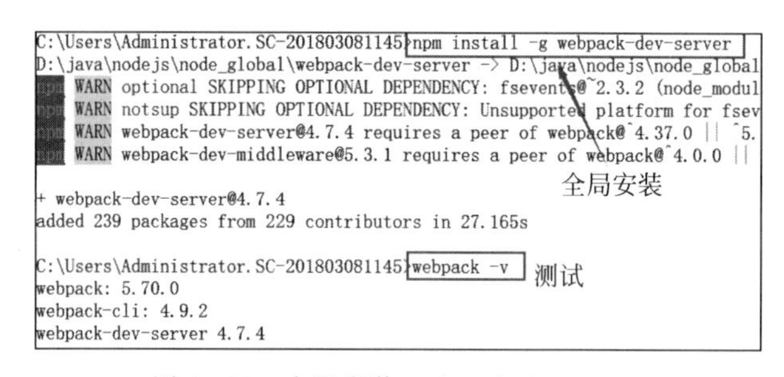

图 14-17 全局安装 webpack-dev-server

2. 本地安装

在项目根目录(webpack-demo)下安装 webpack-dev-server，执行的命令如下：

```
npm i -D webpack-dev-server
```

3. 添加配置

在 webpack. config. js 文件中增加相关服务器配置信息，代码如下：

```
//部分代码
module.exports = {
 mode : 'development',                    //development 开发环境

 devServer: {
  compress: true,                         //压缩
  port: 8080,                             //端口
  hot: true,                              //热部署
  open: true                              //自动打开浏览器
 },
}
```

4. DevServer 服务启动

在项目目录下，启动 DevServer，执行的命令如下：

```
webpack - dev - server
```

可以在控制台中看到的信息如下：

```
<i> [webpack - dev - server] Project is running at:
<i> [webpack - dev - server] Loopback: http://localhost:8080/
```

这意味着 DevServer 启动的 HTTP 服务监听在 http://localhost:8080/，DevServer 启动后会一直驻留在后台并保持运行，访问这个网址就能获取 index. html 信息，如图 14-18 所示。

图 14-18 DevServer 服务测试成功

DevServer 还有一种被称作模块热替换的刷新技术，即 DevServer 配置时带上--hot 参数。模块热替换能做到在不重新加载整个网页的情况下，用被更新过的模块替换老的模块。再重新执行一次便可实现实时预览。模块热替换相对于默认的刷新机制能提供更快的响应和更好的开发体验。大家可以修改内容进行测试。

5. 修改启动命令

在 package.json 文件配置"dev"："webpack-dev-server"，这样启动命令可以是 npm run dev，如图 14-19 所示。

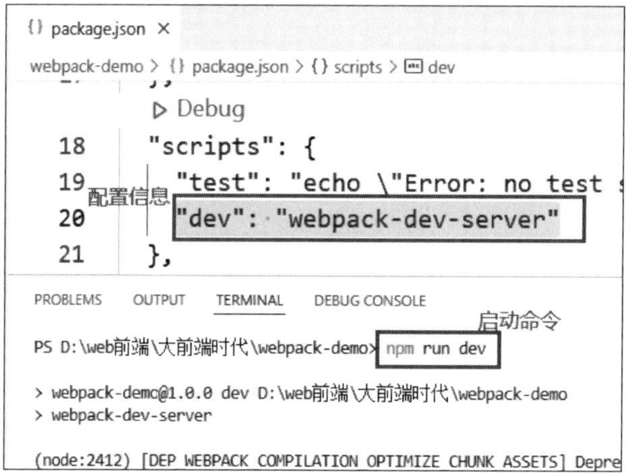

图 14-19　修改启动命令

14.3.6　更多配置

本节主要介绍 Webpack 的一些实用配置。可以为一个项目设置多个配置文件，以达到不同的配置文件完成不同的任务。

1. 入口分离

entry 是配置模块的入口，可抽象成输入，Webpack 执行构建的第 1 步是从入口开始搜寻及递归解析出所有入口依赖的模块。

entry 配置是必填的，若不填，则将导致 Webpack 报错退出。

常用的可能是多入口的配置，例如在一个项目中，可以存在多个入口地址，此时可以在 entry 中配置。

新增入口文件 src/login/login.js，代码如下：

```
//src/login/login.js
console.log("欢迎用户登录!")
```

在 webpack.config.js 文件中修改入口配置信息，代码如下：

```
//部分代码
module.exports = {
  entry: {
    index: "./src/index.js",
    login: "./src/login/login.js"
```

```
    },
    output: {
        //出口文件,按自己的文件命名
         filename: '[name].js',
         //输出文件都放到 out 目录下
         path: path.resolve(__dirname, './out'),
    }
}
```

在项目根目录下执行打包命令 webpack，在 out 目录下会输出 login.js 文件，接着在 out 目录下创建 login.html 文件，并将 login.js 文件引入，代码如下：

```
//out/login.html
<!DOCTYPE html>
<html lang="en">
<head>
    <meta charset="UTF-8">
    <meta http-equiv="X-UA-Compatible" content="IE=edge">
    <meta name="viewport" content="width = device-width,
                                          initial-scale=1.0">
    <title>登录</title>
</head>
<body>
    <h3>登录页面</h3>
    <script src="./login.js"></script>
</body>
</html>
```

执行如下命令启动项目：

```
npm run dev
```

运行之后，可以访问如下两个入口：

```
http://localhost:8080
http://localhost:8080/login
```

2. Resolve

Webpack 在启动后会从配置的入口模块出发找出所有依赖的模块，Resolve 用于配置 Webpack 如何寻找模块所对应的文件。Webpack 内置了 JavaScript 模块化语法解析功能，默认会采用模块化标准里约定好的规则去寻找，但也可以根据自己的需要修改默认的规则。

Resolve 有很多配置，这里介绍一个简单的，即取消添加后缀。在 webpack.config.js 文件中添加的代码如下：

```
//部分代码
module.exports = {
  resolve: {
    //取消添加后缀
    extensions: ['.js', '.json','.css','jsx']
  }
}
```

3. Babel

如今 ES6 语法在开发中已经非常普及,甚至也有许多开发人员用上了 ES7 或 ES8 语法,然而,浏览器对这些高级语法的支持并不是非常好,因此为了让我们的新语法能在浏览器中顺利运行,Babel 应运而生。

Babel 是一个 JavaScript 编译器,能够让我们放心的使用新一代 JS 语法,例如箭头函数:

```
() => console.log('Hello Babel')
```

经过 Babel 编译之后的代码如下:

```
(function(){
    return console.log('Hello Babel');
});
```

会编译成浏览器可识别的 ES5 语法。

在 Webpack 中使用 Babel,需要在项目目录下依次安装以下相关依赖:

```
npm install --save-dev @babel/core
#最新转码规则
npm install --save-dev @babel/preset-env
#Babel 依赖
npm install --save-dev babel-loader
```

在项目根目录下,创建.babelrc 文件,然后将这些规则加入.babelrc 文件中,代码如下:

```
//.babelrc
{
"presets": [
"@babel/env"
  ],
"plugins": []
}
```

在 webpack.config.js 文件中添加 ES6 转码成 ES5 的规则配置文件，代码如下：

```
//部分代码
module.exports = {
  module:{
    rules:[
      //...
     {//ES6 转码成 ES5 规则
       test: /\.js$/,
       use: ['babel-loader'],
     },
    ]
  }
}
```

接下来将代码修改为 ES6，index.js 文件修改后的代码如下：

```
//src/index.js
import "./css/init.css"
import show from "./show.js"
show("Babel 使用")
```

show.js 文件修改后的代码如下：

```
function show(content) {
   window.document.getElementById('root').innerText = 'Hello,' + content;
}

export default show
```

在项目根目录(webpack-demo)下启动项目，命令如下：

```
npm run dev
```

在浏览器中的显示效果，如图 14-20 所示。

图 14-20　Babel 使用效果

14.3.7 Webpack 和 Vue 结合使用

Vue 是一个渐进式的 MVVM 框架，相比于 React、Angular 更灵活轻量。它不会强制性地内置一些功能和语法，可以根据自己的需要一点点地添加功能。虽然采用 Vue 的项目能用可直接运行在浏览器环境里的代码编写，但为了方便编码大多数项目会采用 Vue 官方的单文件组件的写法去编写项目。

在 Vue 中实现组件化用到了 Vue 特有的文件格式. vue，每个. vue 文件就是一个组件，在组件中将 HTML、CSS、JS 全部写入，然后在 Webpack 中配置 vue-loader 就可以了。

1. 初始化工程

依然在前面节项目（webpack-demo）的基础上进行操作，精简一下项目目录，把不需要的文件删除，并在 src 目录下建立 components 文件夹，并在其中建立 hello. vue 文件，精简后项目的目录结构如下：

```
|-- node_modules              //项目的依赖所在的文件夹
|-- public
|    |-- index.html           //主 HTML 文件
|-- src                       //文件入口
|    |-- components           //组件存放文件夹
|         |-- app.vue         //组件
|    |-- index.js             //主入口文件
|-- .babelrc                  //ES6 转 ES5 规则
|-- package.json              //工程配置文件
|-- webpack.config.js         //Webpack 配置文件
```

在项目目录下，依次安装以下依赖：

```
#CSS 预处理器
npm i -D stylus stylus-loader
npm i -D postcss-loader
#预处理工具
npm i -D autoprefixer
#Vue 相关加载器
npm i -D vue vue-loader vue-style-loader vue-template-loader
npm i -Dvue-template-compiler
```

2. 修改配置文件

编写 webpack. config. js 配置文件，引入必要的插件和模块，代码如下：

```
const path = require('path');
//分离 CSS 代码
const MiniCssExtractPlugin = require("mini-css-extract-plugin");
```

```
//压缩 CSS 代码
const optimizeCss = require('optimize-css-assets-webpack-plugin');
const HTMLPlugin = require('html-webpack-plugin');

const VueLoaderPlugin = require('vue-loader/lib/plugin')
const webpack = require('webpack')

module.exports = {
  mode : 'development',//development 开发环境
  //JavaScript 执行入口文件
  entry: {
    index: "./src/index.js",
    login: "./src/login/login.js"
   },
  //entry:"./src/index.js",
  output: {
    //出口文件,按自己的文件命名
    filename: '[name].js',
    //输出文件都放到 out 目录下
    path: path.resolve(__dirname, './out'),
  },
  module: {
      rules: [
          {
              //用正则去匹配要用该 Loader 转换的 CSS 文件
              test: /\.css$/,
              //使用这两个 Loader 来加载样式文件
              //use: ['style-loader', 'css-loader'],
              use: [
                {
                    loader: MiniCssExtractPlugin.loader
                },
                "css-loader"
              ]
          },
          {//ES6 转码成 ES5 规则
            test: /\.js$/,
            use: ['babel-loader'],
          },
          {
            test: /\.vue$/,
            include:resolve('src'),
            use: ['vue-loader']
         },
         {
            test: /\.styl/,
            use: [
                'style-loader',
```

```
                    'css-loader',
                    'postcss-loader',
                    'stylus-loader'
                ]
            },
        ]
    },
    plugins: [
        //单独提取 CSS 文件
        new MiniCssExtractPlugin({
            filename: "init.css",                        //单独分离出 CSS 名称
            //当文件多时,自动以自己的文件名称命名
            chunkFilename: "[id].css"
        }),
        //CSS 代码压缩
        new optimizeCss(),
        new HTMLPlugin({
            filename: './public/index.html',
            template: './public/index.html'
        }),
        new VueLoaderPlugin(),
        new webpack.HotModuleReplacementPlugin()
    ],
    devServer: {
        compress: true,                                  //压缩
        port: 8080,                                      //端口
        hot: true,                                       //热部署
        open: true                                       //自动打开浏览器
    },
    resolve: {
        extensions: ['.js', '.json','.css','jsx']
    },
};
```

3. 增加.vue 组件

在 src 文件夹下创建 components/hello.vue 文件,代码如下:

```
//components/hello.vue
<template>
    <h1>{{ msg }}</h1>
</template>
<script>
export default {
    data() {
        return {
            msg: 'Hello App'
        }
```

```
    }
}
</script>
<style>
h1 {
    color: red;
}
</style>
```

4. 修改主入口文件 index.js

改变入口文件，引入 Vue，并挂载到 index.html 文件中 id 为 root 的根节点上，代码如下：

```
//index.js
import Vue from 'vue';
import App from './components/hello.vue';
new Vue({
  el: '#root',
  render: h => h(App)
});
```

5. 修改 index.html

给 public/index.html 文件添加一个 id 为 root 的 div 根节点，代码如下：

```
//public/index.html
<!DOCTYPE html>
<html lang="en">
<head>
    <meta charset="UTF-8">
    <meta name="viewport" content="width=device-width, initial-scale=1.0">
    <title>Document</title>
    <link rel="stylesheet" href="main.css">
</head>
<body>
    <div id="root"></div>
    <script src="./index.js"></script>
</body>
</html>
```

6. 创建 postcss.config.js

同时需要处理 CSS，在项目根目录下创建 postcss.config.js 文件，代码如下：

```
const autoprefixer = require('autoprefixer')
module.exports = {
    plugins:[
        autoprefixer()
    ]
}
```

在命令行中输入 npm run dev，在浏览器地址栏输入 localhost:8080 就可以看到网页了。

第五阶段

STAGE 5

Vue 技术栈

第 15 章

Vue 知识体系

Vue（读音为/vjuː/，类似于 view）是一套用于构建用户界面的渐进式框架。与其他大型框架不同的是，Vue 被设计为可以自底向上逐层应用。Vue 的核心库只关注视图层，不仅易于上手，还便于与第三方库或既有项目整合。

目前在前端众多的框架之中，Vue 是使用率最高的框架之一。

本章思维导图，如图 15-1 所示。

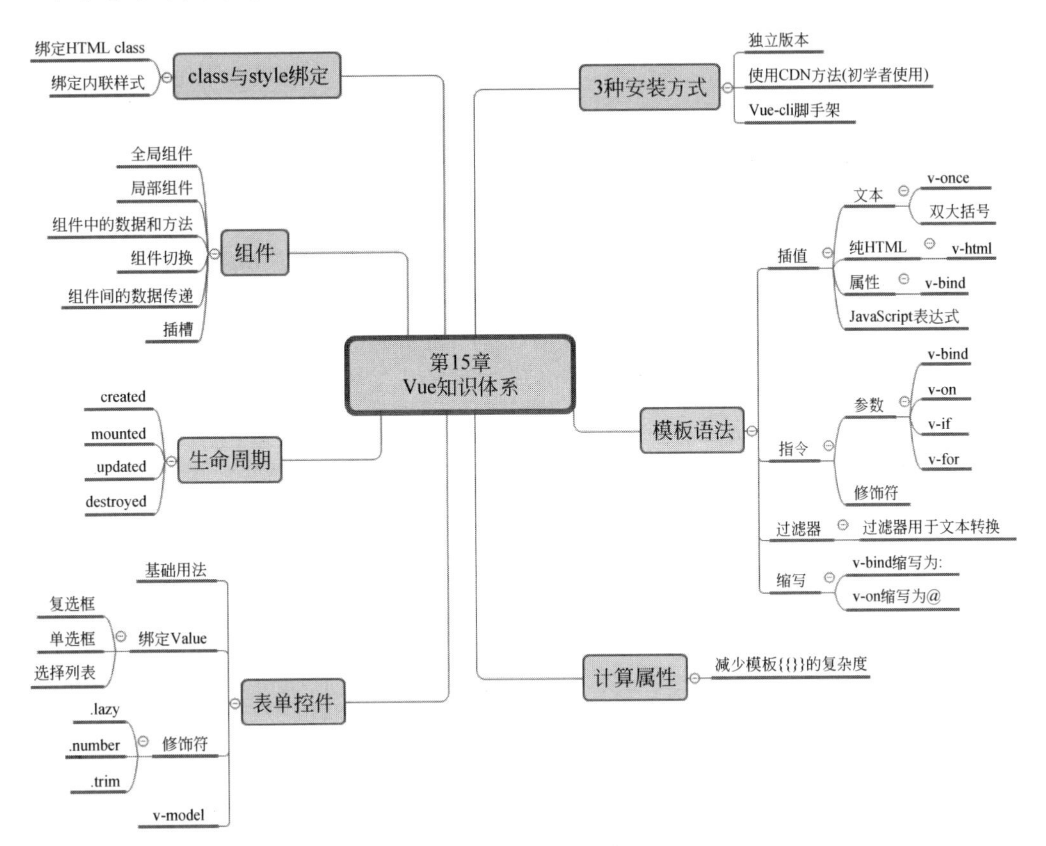

图 15-1　思维导图

15.1 Vue 简述及使用

Vue 在 JavaScript 前端开发库领域属于后来者，其他前端开发库有 jQuery、ExtJS、Anguals、React 等，但是对于当前主流 JavaScript 库的地位具有很大的威胁。

15.1.1 什么是 Vue

如前所述，Vue 是一套用于构建用户界面的渐进式框架。与其他大型框架不同的是，Vue 被设计为可以自底向上逐层应用。Vue 的核心库只关注视图层，不仅易于上手，还便于与第三方库或既有项目整合。另外，当与现代化的工具链及各种支持类库结合使用时，Vue 也完全能够为复杂的单页应用提供驱动。

Vue 的渐进式表现为声明式渲染→组件系统→客户端路由→大数据状态管理→构建工具。

前端框架 Vue.js 的作者是尤雨溪（Evan You），是一个美籍华人，现居美国新泽西，曾就职于 Google Creative Labs 和 Meteor Development Group。由于工作中大量接触开源的 Java 项目，最后自己也走上了开源之路，现在全职开发和维护 Vue.js。时至今日，Vue 已成为全世界三大前端框架之一，GitHub 上拥有 15 万 Star，领先于 React 和 Angular，在国内更是首选。

Vue 重要版本的发布：

(1) 2013 年，在谷歌工作的尤雨溪受到 Angular 的启发，开发出了一款轻量框架，最初命名为 Seed。

(2) 2013 年 12 月，更名为 Vue，图标颜色采用勃勃生机的绿色，版本号是 0.6.0。

(3) 2014 年 01 月 24 日，Vue 正式对外发布，版本号是 0.8.0。

(4) 2014 年 02 月 25 日，0.9.0 版本发布，有了自己的代号：Animatrix，此后，重要的版本都有自己的代号。

(5) 2015 年 06 月 13 日，0.12.0 版本发布，代号为 Dragon Ball，Laravel 社区（一款流行的 PHP 框架的社区）首次使用 Vue，Vue 在 JS 社区也打出了知名度。

(6) 2015 年 10 月 26 日，1.0.0 版本发布，代号为 Evangelion，这是 Vue 历史上的第 1 个里程碑。同年，Vue-router、Vuex、Vue-CLI 相继发布，标志着 Vue 从一个视图层库发展为一个渐进式框架。

(7) 2016 年 10 月 01 日，2.0.0 版本发布，这是第 2 个重要的里程碑，它吸收了 React 的虚拟 DOM 方案，还支持服务器端渲染。自从 Vue 2.0 发布之后，Vue 就成了前端领域的热门话题。

(8) 2019 年 02 月 05 日，Vue 发布了 2.6.0 版本，这是一个承前启后的版本，在它之后，将推出 3.0.0。

(9) 2019 年 12 月 05 日，在万众期待中，尤雨溪公布了 Vue 3 源代码，目前 Vue 3 处于

Alpha 版本。

本书以 Vue 框架的稳定版本 2.9.6 进行讲解。

现在的 Vue 跟运行初期相比,最大的区别就是框架涵盖的范围变大了许多。一开始 Vue 只有一个核心库,现在则包含了路由、状态管理、CLI 工具链、浏览器开发者插件、ESLint 插件等的全套设施。

Vue 的定位是为前端开发提供一个低门槛,高效率,但同时又能够伴随用户成长的框架。所谓的"伴随用户成长",就是当一个新手用户入门时,Vue 尽可能地让这个过程简单直接,而当用户开始做更复杂的应用并有更复杂的需求时,会发现 Vue 依然能够提供良好的支持。这样 Vue 可以在新手成长到进阶的开发者的一路上都提供支持。

15.1.2 为什么选择 Vue

由于近几年前端技术变革速度很快,Vue 不论针对 Web 项目开发、网站制作,还是 App、小程序开发都越来越流行,其便捷性及易用程度都让前端开发者不得不考虑去学习。如果开发的项目数据交互较多,并且前后端分离明显,则 Vue 将会是未来技术长足成长的不二选择。它之所以非常火,是因为它有以下几个突出的优点。

1. 轻量级框架

Vue 只关注视图层,是一个构建数据的视图集合,大小只有几十字节,Vue.js 通过简洁的 API 提供高效的数据绑定和灵活的组件系统。

2. 简单易学

Vue 提供中文文档,对前端开发者来讲不存在语言障碍,易于理解和学习。

3. 双向数据绑定

双向数据绑定也就是所谓的响应式数据绑定。这里的响应式不是@media 媒体查询中的响应式布局,而是指 Vue.js 会自动对页面中某些数据的变化做出同步的响应。

Vue.js 会自动响应数据的变化情况,并且根据用户在代码中预先写好的绑定关系,对所有绑定在一起的数据和视图内容都进行修改,而这种绑定关系是以 input 标签的 v-Model 属性声明的,因此在别的地方可能也会看到有人粗略地将 Vue.js 称为声明式渲染的模板引擎。

这是 Vue.js 最大的优点,通过 MVVM 思想实现数据的双向绑定,让开发者不用再操作 DOM 对象,有更多的时间去思考业务逻辑。

4. 组件化

在前端应用,我们是否也可以像编程一样把模块封装呢?这就引入了组件化开发的思想。

Vue.js 通过组件,把一个单页应用中的各种模块拆分到一个一个单独的组件(component)中,我们只要先在父级应用中写好各种组件标签,并且在组件标签中写好要传入组件的参数(就像给函数传入参数一样,这个参数叫作组件的属性),然后分别写好各种组件的实现,这样整个应用就算做完了。

5. 视图、数据和结构分离

使数据的更改更为简单，不需要进行逻辑代码的修改，只需操作数据就能完成相关操作。

6. 虚拟 DOM

现在的网速越来越快了，很多人家里使用的是几十甚至上百兆的光纤，手机也是 4G 起步了，按道理一个网页才几百 KB，而且浏览器本身还会缓存很多资源文件，那么通过几十兆的光纤为什么打开一个之前已经打开过且有缓存的页面还是感觉很慢呢？这是因为浏览器本身处理 DOM 有性能瓶颈，尤其是在传统开发中，用 jQuery 或者原生的 JavaScript DOM 操作函数对 DOM 进行频繁操作时，浏览器要不停地渲染新的 DOM 树，导致页面看起来非常卡顿。

而 Virtual DOM 则是虚拟 DOM 的英文，简单来讲，它就是一种可以预先通过 JavaScript 进行各种计算，把最终的 DOM 操作计算出来并优化，由于这个 DOM 操作属于预处理操作，并没有真实地操作 DOM，所以叫作虚拟 DOM。最后在计算完毕才真正将 DOM 操作提交，以便将 DOM 操作变化反映到 DOM 树上。

7. 运行速度更快

相比于 React 而言，同样都是操作虚拟 DOM，就性能而言，Vue 存在很大的优势。

15.1.3 Vue 的 3 种安装方式

1. 独立版本

可以在 Vue.js 的官网上直接下载 Vue.js 文件，在 Vue.js 官网提供了两个版本，一个是开发版本，另一个是生产版本，如图 15-2 所示。

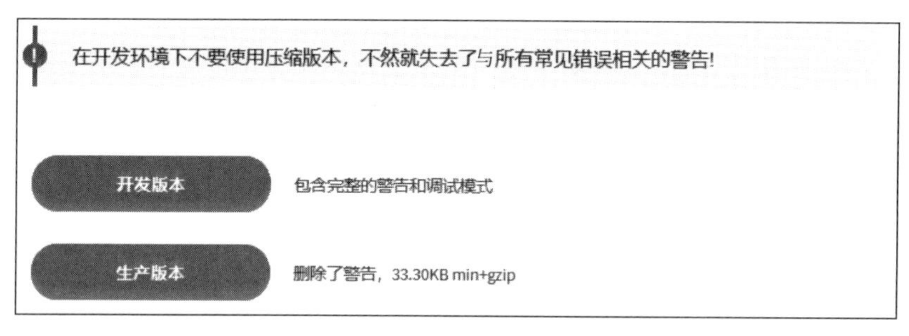

图 15-2 Vue 下载版本

注意：在开发中建议大家选用开发版本，在控制台有错误提示信息，方便调试程序。

单击开发版本，会下载到本地一个 Vue.js 文件，直接使用<script>标签引入即可，格式代码如下：

```
<script src = "文件路径/Vue.js"></script>
```

2. 使用 CDN 方法(初学者使用)

也可以直接使用 CDN 的方式引入,代码如下:

```
<script src="https://cdn.jsdelivr.net/npm/vue/dist/Vue.js"></script>
```

3. Vue-CLI 脚手架

利用 Vue-CLI 脚手架构建 Vue 项目,将在第 16 章详细讲解,在中大型项目中推荐使用。

15.1.4　第 1 个 Vue 程序

在使用 Vue 时需要通过构造函数 Vue()来创建一个 Vue 根实例,这个根实例是 View 和 Model 交互的桥梁,格式代码如下:

```
var App = new Vue({
    //编写选项代码
});
```

使用关键字 new 调用 Vue 构造器创建了一个新的 Vue 实例,在实例中需要传入一些选项对象,选项对象包括 el(挂载元素)、data(数据)、methods(方法)、template(模板)、生命周期钩子函数等。例 15-1 演示创建 Vue 实例的过程。

【例 15-1】　第 1 个 Vue 程序

```
//第 15 章/first.html
<!DOCTYPE html>
<html>
<head lang="en">
<meta charset="UTF-8">
<title></title>
<!--   使用 CDN 方式引入 Vue.js -->
<script src="https://cdn.jsdelivr.net/npm/vue/dist/Vue.js"></script>
</head>
<body>
    <!-- 创建了一个 id 为 App 的 div 标签 -->
    <div id="app">
    <!-- 用来输出 Vue 对象中的 message 值.如果 message 内容改变,这里的输出也会改
    变。 -->
        {{message}}
</div>
<script>
/* 在 script 标签内,创建了 Vue 实例对象,该对象中有两个属性: el 和 data.el 属性的
作用是将 Vue 实例绑定到 id 为 App 的 DOM 中,data 用于数据的存储 */
        var app = new Vue({
```

```
            el:'#app',
            data:{
                message:'Hello world'
            }
        })
</script>
</body>
</html>
```

在 Chrome 浏览器上运行第 1 个 Vue 应用程序，并按 F12 键进入开发者工具模式，如图 15-3 所示。

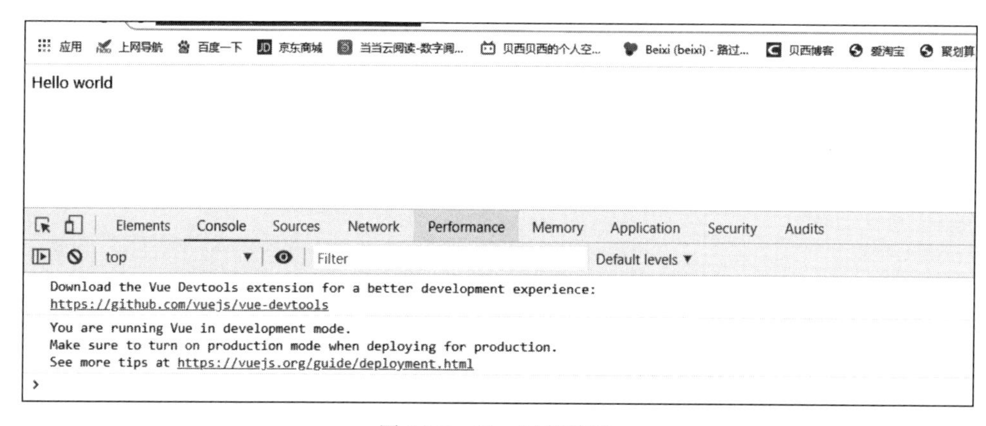

图 15-3 Vue 运行结果

在控制台输入 app. message = 'Hello Vue'，然后按 Enter 键，会发现浏览器中显示的内容直接变成了 Hello Vue，如图 15-4 所示。

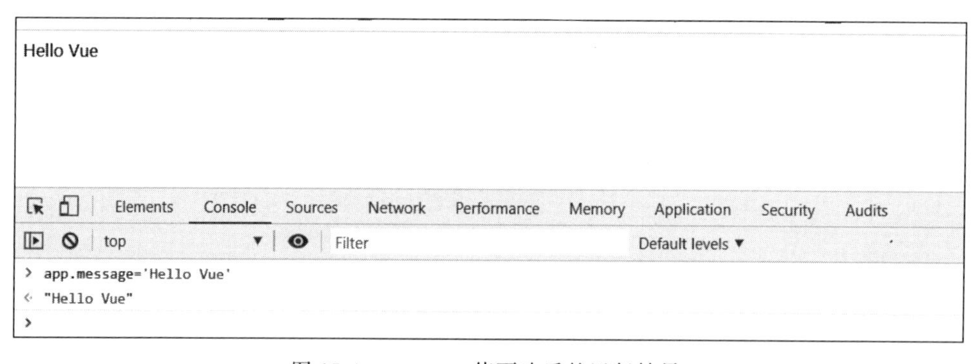

图 15-4 message 值更改后的运行结果

说明：此时可以在控制台直接输入 app. message 来修改值，中间是可以省略 data 的，在这个操作中，笔者并没有主动操作 DOM，就让页面的内容发生了变化，这是由 Vue 的数据绑定功能实现的；MVVM 模式中要求 ViewModel 层使用观察者模式实现数据的监听与绑定,以做到数据与视图的快速响应。

15.2 模板语法

Vue.js 使用了基于 HTML 的模板语法,允许开发者声明式地将 DOM 绑定至底层 Vue 实例的数据。所有 Vue.js 的模板都是合法的 HTML,所以能被遵循规范的浏览器和 HTML 解析器解析。

在底层的实现上,Vue 将模板编译成虚拟 DOM 渲染函数。结合响应系统,Vue 能够智能地计算出最少需要重新渲染多少组件,并把 DOM 操作次数减到最少。

注意: Vue 模板语法采用的是前端渲染,前端渲染就是把数据填充到 HTML 标签中。数据(来自服务器) + 模板(HTML 标签) = 前端渲染(产物是静态的 HTML 内容)。

15.2.1 插值

插值就是将数据插入 HTML 文档中,包含文本、HTML 元素、元素属性等。

1. 文本插值

文本插值中用得最多的形式是用双大括号的形式,如例 15-2 所示。

【例 15-2】 文本插值方式

```
//第 15 章/文本插值.html
<!DOCTYPE html>
<html>
<head lang="en">
    <meta charset="UTF-8">
    <title></title>
    <script src="https://cdn.jsdelivr.net/npm/vue/dist/Vue.js"></script>
</head>
<body>
  <div id="app">
  <!-- 会与实例中的 data 中的属性绑定在一起,并且数据实现同步 -->
      <h1>{{message}}</h1>
  </div>
  <script>
      //Vue 所做的工作是把数据填充到页面的标签里
      var vm = new Vue({
          el: "#app",
          //data 模型数据,值是一个对象
          data: {
              message: "I LOVE YOU"
          }
      })
  </script>
</body>
</html>
```

在上面的代码中当 data 中的值更新之后我们不需要操作 HTML，页面就会自动更新数据。也可以让数据只绑定一次，在以后更新 data 中的属性时不再更新页面数据，如例 15-3 所示。

【例 15-3】 使用 v-once 指令插值

```
//第 15 章/使用 v-once 指令插值.html
<!DOCTYPE html>
<html>
<head lang="en">
    <meta charset="UTF-8">
    <title></title>
    <script
src="https://cdn.jsdelivr.net/npm/vue/dist/Vue.js"></script>
</head>
<body>
  <div id="app">
      <!-- v-once 只编译一次。显示内容之后不再具有响应式功能。-->
    <!-- v-once 的应用场景，如果显示的信息后续不需要再修改，则可以使用 v-once 指令，可
以提高性能，因为 Vue 不需要去监听它的变化了。-->
      <h1 v-once>{{message}}</h1>
  </div></body>
  <script>
      //Vue 所做的工作是把数据填充到页面的标签里
      var vm = new Vue({
          el: "#app",
          //data 模型数据，值是一个对象
          data: {
              message: "I LOVE YOU"
          }
      })
  </script>
</body>
</html>
```

在上面的代码中页面只会呈现 I LOVE YOU，当改变 data 中的 message 属性值时，页面将不再刷新。

2. HTML 插值

双大括号会将数据解释为普通文本，而非 HTML 代码。为了输出真正的 HTML 代码，需要使用 v-html 指令，如例 15-4 所示。

【例 15-4】 使用 v-html 指令将数据解释成 HTML 代码

```
//第 15 章/v-html 指令.html
<!DOCTYPE html>
<html>
```

```
<head lang = "en">
    <meta charset = "UTF - 8">
    <title></title>
    <script
src = "https://cdn.jsdelivr.net/npm/vue/dist/Vue.js"></script>
</head>
<body>
  <div id = "app">
      <!-- 内容按普通 HTML 插入,不会作为 Vue 模板进行编译,在网站上动态渲染任
       意 HTML 是非常危险的,因为容易导致 XSS 攻击 -->
      <h1 v - html = "msg"></h1>
  </div>

  <script>
      var vm = new Vue({
          el: "#app",
          data: {
              /* 可以使用 v - html 标签展示 HTML 代码. */
                  msg: "<span style = 'color:blue'> BLUE </span>"
          }
      })
  </script>
</body>
</html>
```

上面代码将 msg 属性值作为 HTML 元素插入了 h1 标签的子节点中。

3. 属性插值

Mustache 语法不能作用在 HTML 属性上,遇到这种情况应该使用 v-bind 指令。

在开发时,有时候我们的属性不是写死的,有可能是根据一些数据动态地决定的,例如图片标签(<img>)的 src 属性,我们可能从后端请求了一个包含图片地址的数组,需要将地址动态地绑定到 src 上面,这时就不能简单地将 src 写死。还有一个例子就是 a 标签的 href 属性,这时可以使用 v-bind 指令,其中,指令 v-bind: 可以缩写成:,如例 15-5 所示。

【例 15-5】 使用 v-bind: 指令绑定属性

```
//第 15 章/使用 v - bind 指令.html
<!DOCTYPE html>
<html xmlns:v - bind = "http://www.w3.org/1999/xhtml">
<head lang = "en">
    <meta charset = "UTF - 8">
    <title></title>
    <script
     src = "https://cdn.jsdelivr.net/npm/vue/dist/Vue.js"></script>
</head>
<body>
  <div id = "app">
```

```
        <img v-bind:src="imgUrl" alt=""/>
        <a :href="searchUrl">百度一下</a>
    </div>
</body>
    <script>
        var vm = new Vue({
            el: "#app",
            data: {
                imgUrl:'images/1.jpg',
                searchUrl:'http://www.baidu.com'
            }
        })
    </script>
</html>
```

服务器请求过来的数据一般会在 data 那里中转，中转过后再把需要的变量绑定到对应的属性上面。

v-bind 除了可以在开发中用在有特殊意义的属性外（src、href 等），也可以绑定其他一些属性，如 class 与 style 绑定，如例 15-6 和例 15-7 所示。

【例 15-6】 v-bind 动态绑定属性 class

```
//第 15 章/v-bind 动态绑定属性.html
<!DOCTYPE html>
<html lang="en" xmlns:v-bind="http://www.w3.org/1999/xhtml">
<head>
    <meta charset="UTF-8">
    <title>v-bind 动态绑定属性 class</title>
    <script
src="https://cdn.jsdelivr.net/npm/vue/dist/Vue.js"></script>
</head>
<body>
  <div id="app">
    <p :class="{fontCol:isName, setBack:!isAge}"
       class="weight">{{name}}</p>
      <i :class="addClass">{{name}}真好看!</i>
  </div>
  <script>
      var vm = new Vue({
          el:"#app",
      //条件比较少
      data:{
          isName:true,
          isAge:false,
          name:"功守道"
      },
```

```
        /* 当 v-bind: class 的表达式过长或者逻辑复杂(一般当条件多于两个时)时,可以考虑采
        用计算属性的方式返回一个对象 */
        computed:{
            addClass:function(){
                return {
                    checked:this.isName&&!this.isAge
                }
            }
        }
    })
    </script>
</body>
</html>
```

既然是一个对象,那么该对象内的属性可能不唯一,但当某项为真时,对应的类名就会存在。通过 v-bind 更新的类名和元素本身存在的类名不冲突,可以优雅地共存,如图 15-5 所示。

图 15-5 v-bind 动态绑定属性 class

【例 15-7】 v-bind 动态绑定属性 style

```
//第 15 章/v-bind 动态绑定属性 style.html
<!DOCTYPE html>
<html lang="en" xmlns:v-bind="http://www.w3.org/1999/xhtml">
<head>
    <meta charset="UTF-8">
    <title>v-bind 动态绑定属性 style</title>
    <script
```

```
src = "https://cdn.jsdelivr.net/npm/vue/dist/Vue.js"></script>
</head>
<body>
  <div id = "app">
      <div :style = "{'color': color,'fontSize':fontSize + 'px'}">修饰文本</div>
  </div>
  <script>
      var vm = new Vue({
         el: "#app",
         data: {
             color: 'red',
             fontSize: 24
         }
      })
  </script>
</body>
</html>
```

大多情况下，在标签中直接写一长串的样式不便于阅读和维护，所以一般写在 dada 或 computed 里，代码如下：

```
<div id = "app">
  <div :style = "styles">修饰文本</div>
</div>
<script>
  var vm = new Vue({
  el: "#app",
    data: {
        styles:{
        color: 'red',
        fontSize: 14 + 'px'
        }
    }
  })
</script>
```

当应用多个样式对象时，可以使用数组语法，如例 15-8 所示。

【例 15-8】 v-bind 绑定多个 style 属性

```
//第 15 章/v-bind 绑定多个 style 属性.html
<!DOCTYPE html>
<html lang = "en" xmlns:v-bind = "http://www.w3.org/1999/xhtml">
<head>
    <meta charset = "UTF-8">
```

```
    <title>v-bind 动态绑定属性 style</title>
    <script
    src="https://cdn.jsdelivr.net/npm/vue/dist/Vue.js"></script>
</head>
<body>
  <div id="app">
      <div :style="[styleA,styleB]">文本</div>
  </div>
  <script>
      var vm = new Vue({
         el: "#app",
         data: {
             styleA:{
                 color: 'red',
                 fontSize: 24 + 'px'
             },
             styleB: {
                 width: 100 + 'px',
                 border: 1 + 'px ' + 'black ' + 'solid'
             }
         }
      })
  </script>
</body>
</html>
```

4. 在插值中使用 JavaScript 表达式

迄今为止，在模板中，一直都只绑定简单的 property 键值，但实际上，对于所有的数据绑定，Vue.js 都提供了完全的 JavaScript 表达式支持，如例 15-9 所示。部分表达式格式代码如下：

```
{{ number + 1 }}
{{ ok ? 'YES' : 'NO' }}
{{ message.split('').reverse().join('') }}
<div v-bind:id="'list-' + id"></div>
```

这些表达式会在所属 Vue 实例的数据作用域下作为 JavaScript 表达式被解析，但有个限制，每个绑定只能包含单个表达式，所以下面的表达式都不会生效，代码如下：

```
<!-- 这是语句,不是表达式 -->
{{ var a = 1 }}
<!-- 流控制也不会生效,应使用三元表达式 -->
{{ if (ok) { return message } }}
```

【例 15-9】 使用 JavaScript 表达式

```
//第 15 章/使用 JavaScript 表达式.html
<!DOCTYPE html>
<html lang="en" xmlns:v-bind="http://www.w3.org/1999/xhtml">
<head>
    <meta charset="UTF-8">
    <title></title>
    <script
     src="https://cdn.jsdelivr.net/npm/vue/dist/Vue.js"></script>
</head>
<body>
  <div id="app">
      <p>{{ number + 1 }}</p>
      <hr>
      <p>{{msg + '~~~~~'}}</p>
      <hr>
      <p>{{flag ? '条件为真' : '条件为假'}}</p>
      <hr>
  </div>
  <script>
      var vm = new Vue({
          el:'#app',
          data:{
              msg:'Hello beixi!',
              flag:true,
              number:2
          }
      })
  </script>
</body>
</html>
```

15.2.2 指令

其实在上面已经使用过了 v-bind 和 v-html 指令，指令是指这些带有 v-前缀的特殊属性。指令属性的值预期是单一了 JavaScript 表达式(除了 v-for)。指令的职责是当其表达式的值改变时相应地将某些行为应用到 DOM 上。

1. 参数

一些指令能够接收一个“参数”，在指令名称之后以冒号表示。如 v-bind 指令可以用于响应式地更新 HTML 属性，代码如下：

```
<a v-bind:href="url">...</a>
```

在这里 href 是参数，告知 v-bind 指令将该元素的 href 属性与表达式 url 的值绑定。

2. 动态参数

从版本 2.6.0 开始，可以将用方括号括起来的 JavaScript 表达式作为一个指令的参数，响应式地使 Vue 更加灵活多变，其动态参数也有其含义，代码如下：

```
<a v-bind:[attributeName] = 'url'>...</a>
```

这里的 attrbuteName 会被作为一个 JavaScript 表达式进行动态求值，求得的值将作为最终的参数来使用。例如，如果 Vue 实例有一个 data 属性 attributeName，其值为'href'，则这个绑定将等价于 v-bind:href。

同样地，可以使用动态参数作为一个动态的事件名绑定处理函数，格式代码如下：

```
<a v-on:[eventName] = 'doSomething'>...</a>
```

同样地，当 eventName 的值为'focus'时，v-on:[eventName]将等价于 v-on:focus。

当然动态参数的值也有约束，动态参数预期会求出一个字符串，异常情况下值为 null。这个特殊的 null 值可以被显式地用于移出绑定。任何其他非字符串类型的值都将触发一个警告。

3. 修饰符

修饰符(Modifiers)是以半角句号"."指明的特殊后缀，用于指出一个指令应该以特殊方式绑定。例如，.prevent 修饰符告诉 v-on 指令对于触发的事件调用 event.preventDefault()，代码如下：

```
<form v-on:submit.prevent = "onSubmit">...</form>
```

在后面章节对 v-on 和 v-for 等功能的探索中，会看到修饰符的其他例子。

15.2.3 过滤器

过滤器是对即将显示的数据做进一步的筛选处理，然后进行显示，值得注意的是过滤器并没有改变原来的数据，只是在原数据的基础上产生新的数据。

过滤器分全局过滤器和局部过滤器，全局过滤器在项目中的使用频率非常高。

1. 定义过滤器

全局过滤器的格式代码如下：

```
Vue.filter('过滤器名称', function (value1[,value2,...] ) {
//逻辑代码
})
```

局部过滤器的格式代码如下：

```
new Vue({
filters: {
    '过滤器名称': function (value1[,value2,...] ) {
        //逻辑代码
            }
        }
})
```

2. 过滤器使用的地方

Vue.js 允许自定义过滤器，可被用于一些常见的文本格式化。过滤器可以用在两个地方：双花括号插值和 v-bind 表达式（后者从版本 2.1.0+ 开始支持）。过滤器应该被添加在 JavaScript 表达式的尾部，由“管道”符号指示，格式代码如下：

```
<!-- 在双花括号中 -->
<div>{{数据属性名称 | 过滤器名称}}</div>
<div>{{数据属性名称 | 过滤器名称(参数值)}}</div>
<!-- 在 v-bind 中 -->
<div v-bind:id="数据属性名称 | 过滤器名称"></div>
<div v-bind:id="数据属性名称 | 过滤器名称(参数值)"></div>
```

3. 实例

局部过滤器在实例中的使用如例 15-10 所示。

【例 15-10】 在价格前面加上人民币符号(￥)

```
//第 15 章/局部过滤器.html
<!DOCTYPE html>
<html lang="en" xmlns:v-bind="http://www.w3.org/1999/xhtml">
<head>
    <meta charset="UTF-8">
    <title></title>
    <script src="https://cdn.jsdelivr.net/npm/vue/dist/Vue.js"></script>
</head>
<body>
  <div id="app">
      <!-- 文本后边需要添加管道符号( | )作为分隔,管道符号 | 后边是文本的处理函数,处理
        函数的第 1 个参数是管道符前边的文本内容,如果在处理函数上边传递参数,则从第 2 个参
        数开始依次往后是传递的参数。-->
      <p>计算机价格: {{price | addPriceIcon}}</p>
  </div>
  <script>
      var vm = new Vue({
```

```
            el:"#app",
            data:{
                price:200
            },
            filters:{
                //处理函数
                addPriceIcon(value){
                    console.log(value)//200
                    return '¥' + value;
                }
            }
        })
    </script>
</body>
</html>
```

传递多个参数的局部过滤器如例 15-11 所示。

【例 15-11】 在局部过滤器中传递多个参数

```
//第 15 章/在局部过滤器中传递多个参数.html
<!DOCTYPE html>
<html lang = "en" xmlns:v - bind = "http://www.w3.org/1999/xhtml">
<head>
    <meta charset = "UTF - 8">
    <title></title>
    <script src = "https://cdn.jsdelivr.net/npm/vue/dist/Vue.js"></script>
</head>
<body>
  <div id = "app">
      <!-- 过滤器接收多个参数 -->
      <span>{{value1|multiple(value2,value3)}}</span>
  </div>
  <script>
      var vm = new Vue({
              el: '#app',
                 data: {
                     msg: 'hello',
                     value1:10,
                     value2:20,
                     value3:30
                 },
           //局部过滤器
           filters: {
               'multiple': function (value1, value2, value3) {
                   return value1 * value2 * value3
               }
```

```
            }
        })
    </script>
</body>
</html>
```

全局过滤器在实例中的使用如例 15-12 所示。

【例 15-12】 全局过滤器的使用

```
//第 15 章/全局过滤器.html
<!DOCTYPE html>
<html lang="en" xmlns:v-bind="http://www.w3.org/1999/xhtml">
<head>
    <meta charset="UTF-8">
    <title></title>
    <script src="https://cdn.jsdelivr.net/npm/vue/dist/Vue.js"></script>
</head>
<body>
  <div id="app">
      <h3>{{viewContent | addNamePrefix}}</h3>
  </div>
  <script>
      /*addNamePrefix是过滤器的名字,也是管道符后边的处理函数; value是参数*/
      Vue.filter("addNamePrefix",(value)=>{
          return "my name is" + value
      })
      var vm = new Vue({
          el:"#app",
          data:{
              viewContent:"贝西"
          }
      })
  </script>
</body>
</html>
```

15.3 实例及选项

Vue 通过构造函数来实例化一个 Vue 对象：var vm=new Vue({})。在实例化时，会传入一些选项对象，包含数据选项、属性选项、方法选项、生命周期钩子等常用选项，而且 Vue 的核心是一个响应式的数据绑定系统，建立绑定后，DOM 将和数据保持同步，这样就无须手动维护 DOM 了，使代码能够更加简洁易懂，从而提升效率。

15.3.1 数据选项

一般地，当模板内容较简单时，使用 data 选项配合表达式即可，当涉及复杂逻辑时，需要用到 methods、computed、watch 等方法。

data 是 Vue 实例的数据对象。Vue 将会递归地将 data 的属性转换为 getter/setter，从而让 data 属性能响应数据变化，代码如下：

```
<!-- 部分代码省略 -->
<div id="app">
  {{ message }}
</div>
<script>
    var values = {message: 'Hello Vue!'}
    var vm = new Vue({
       el: '#app',
      data: values
    })
console.log(vm);
</script>
```

Vue 实例创建之后，可在控制台输入 vm. $data 访问原始数据对象，如图 15-6 所示。

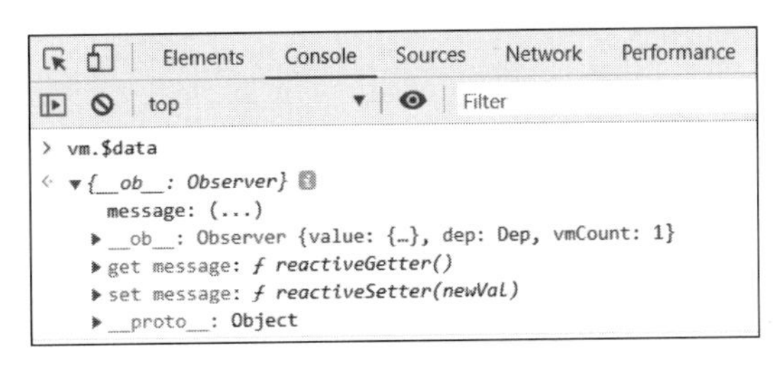

图 15-6 访问原始数据对象

在 script 标签中添加一些输出信息，查看控制台，观察 Vue 实例是否代理了 data 对象的所有属性，代码如下：

```
<script>
  console.log(vm. $data === values);        //true
  console.log(vm.message);                  //'Hello Vue!'
  console.log(vm. $data.message);           //'Hello Vue!'
</script>
```

被代理的属性是响应式的，也就是说值的任何改变都会触发视图重新渲染。设置属性也会影响原始数据，反之亦然。

但是，以_或 $开头的属性不会被 Vue 实例代理，因为它们可能和 Vue 内置的属性或方

法冲突。可以使用如 vm. $data. _property 的方式访问这些属性,代码如下:

```
<script>
    var values = {
        message: 'Hello Vue!',
        _name: 'beixi'
    }
    var vm = new Vue({
        el: '#app',
        data: values
    })
    console.log(vm._name);                //undefined
    console.log(vm.$data._name);          //'beixi'
</script>
```

15.3.2 属性选项

Vue 为组件开发提供了属性(props)选项,可以使用它为组件注册动态属性,以此来处理业务之间的差异性,使代码可以在相似的应用场景中复用。

props 选项可以是数组或者对象类型,用于接收从父组件传递过来的参数,并允许为其赋默认值、类型检查和规则校验等,如例 15-13 所示。

【例 15-13】 props 选项的使用

```
//第 15 章/props 选项的使用.html
<!DOCTYPE html>
<html>
<head>
    <title>Hello World</title>
    <script src='http://cdnjs.cloudflare.com/ajax/libs/
            vue/1.0.26/vue.min.js'></script>
</head>
<body>
  <div id="app">
      <message content='Hello World'></message>
  </div>
  </body>
  <!-- 测试组件 -->
  <script type="text/JavaScript">
      var Message = Vue.extend({
          props : ['content'],
          data : function(){
              return {
                  a: 'it worked'
              }
```

```
            },
            template : '< h1 >{{content}}</h1 >< h1 >{{a}}</h1 >'
        })
        Vue.component('message', Message)
        var vm = new Vue({
            el : '#app',
        })
    </script >
</html >
```

15.3.3 方法选项

可以通过选项属性 methods 对象来定义方法，并且使用 v-on 指令来监听 DOM 事件，如例 15-14 所示。

【例 15-14】 通过 methods 对象来定义方法

```
//第 15 章/通过 methods 对象来定义方法.html
<! DOCTYPE html >
< html xmlns:v - on = "http://www.w3.org/1999/xhtml">
< head >
    < title ></title >
    < meta charset = "utf - 8"/>
    < script src = 'http://cdnjs.cloudflare.com/ajax/libs/
            vue/1.0.26/vue.min.js'></
script >
</head >
< body >
  < div id = "app">
    < button v - on:click = "test">单击此处</button >
  </div >
  </body >
  <!-- 测试组件 -->
  < script type = "text/JavaScript">
      var vm = new Vue({
          el : '#app',
          methods:{
            /* 定义一个 test 函数 */
              test: function () {
                  console.log(new Date().toLocaleTimeString());
              }
          }
      })
  </script >
</html >
```

15.3.4 计算属性

在项目开发中，我们展示的数据往往需要处理。除了可以在模板中绑定表达式或利用过滤器外，Vue 还提供了计算属性方法，计算属性是当其依赖属性的值发生变化时，这个属性的值会自动更新，与之相关的 DOM 部分也会同步自动更新，从而减轻在模板中的业务的负担，保证模板的结构清晰和可维护性。

有时候可能需要在{{}}里先进行一些计算再将数据展示出来，如例 15-15 所示。

【例 15-15】 在页面中展示学生的成绩、总分和平均分

```
//第 15 章/学生成绩信息.html
<!DOCTYPE html>
<html xmlns:v-on="http://www.w3.org/1999/xhtml">
<head>
    <title></title>
    <meta charset="utf-8"/>
    <script src="https://cdn.jsdelivr.net/npm/
            vue/dist/Vue.js"></script>
</head>
<body>
  <div id="app">
      <table border="1">
          <thead>
          <th>学科</th>
          <th>分数</th>
          </thead>
          <tbody>
          <tr>
              <td>数学</td>
              <td><input type="text" v-model="Math"></td>
          </tr>
          <tr>
              <td>英语</td>
              <td><input type="text" v-model="English"></td>
          </tr>
          <tr>
              <td>语文</td>
              <td><input type="text" v-model="Chinese"></td>
          </tr>
          <tr>
              <td>总分</td>
              <td>{{Math + English + Chinese}}</td>
          </tr>
          <tr>
              <td>平均分</td>
              <td>{{(Math + English + Chinese)/3}}</td>
```

```
            </tr>
            </tbody>
        </table>
    </div>
      <script>
          var vm = new Vue({
              el:'#app',
              data:{
                  Math:66,
                  English:77,
                  Chinese:88
              }
          })
      </script>
  </body>
  </html>
```

执行结果如图 15-7 所示。

虽然通过{{ }}运算可以解决我们的需求问题，但是代码结构不清晰，特别是当运算比较复杂时，不能够复用功能代码。这时，大家不难想到 methods 来封装功能代码，但事实上，Vue 给我们提供了一个更好的解决方案，即计算属性。计算属性是 Vue 实例中的一个配置选项：computed，通常是与计算相关的函数，返回最后计算出来的值。也就是可以把这些计算的过程写到一个计算属性中去，然后让它动态地计算，如例 15-16 所示。

学科	分数
数学	66
英语	77
语文	88
总分	231
平均分	77

图 15-7 学生成绩、总分和平均分的展示

【例 15-16】 使用计算属性展示学生的成绩、总分和平均分

```
//第 15 章/使用计算属性展示学生成绩.html
<!DOCTYPE html>
<html xmlns:v-on="http://www.w3.org/1999/xhtml">
<head>
    <title></title>
    <meta charset="utf-8"/>
    <script src="https://cdn.jsdelivr.net/npm/vue/dist/Vue.js"></script>
</head>
<body>
  <div id="app">
      <table border="1">
          <thead>
          <th>学科</th>
          <th>成绩</th>
          </thead>
          <tbody>
```

```
            <tr>
                <td>数学</td>
                <td><input type="text" v-model.number="Math"></td>
            </tr>
            <tr>
                <td>英语</td>
                <td><input type="text" v-model.number="English"></td>
            </tr>
            <tr>
                <td>语文</td>
                <td><input type="text" v-model.number="Chinese"></td>
            </tr>
            <tr>
                <td>总分</td>
                <td>{{sum}}</td>
            </tr>
            <tr>
                <td>平均分</td>
                <td>{{average}}</td>
            </tr>
            </tbody>
        </table>
    </div>
    <script>
        var vm = new Vue({
            el:'#app',
            data:{
                Math:66,
                English: 77,
                Chinese:88
            },
            computed:{
              //一个计算属性的 getter
                sum:function(){
                    //this 指向 vm 实例
                    return this.Math +  this.English + this.Chinese;
                },
                    average:function(){
                return Math.round(this.sum/3);
                }
            }
        });
    </script>
</body>
</html>
```

计算属性一般通过其他的数据计算出一个新数据，而且它有一个好处，能把新的数据缓存下来，当其他的依赖数据没有发生改变时，它调用的是缓存的数据，这就极大地提高了程序的性能和数据的提取速度，而如果写在 methods 里，则数据不会缓存下来，所以每次都会重新计算。这也是为什么这里没用 methods 的原因，如例 15-17 所示。

【例 15-17】 计算属性和方法的比较

```
//第 15 章/计算属性和方法的比较.html
<!DOCTYPE html>
<html xmlns:v-on="http://www.w3.org/1999/xhtml">
<head>
    <title></title>
    <meta charset="utf-8"/>
    <script src="https://cdn.jsdelivr.net/npm/vue/dist/Vue.js"></script>
</head>
<body>
  <div id="app">
      <p>原始字符串: "{{ message }}"</p>
      <p>计算属性反向字符串: "{{ reversedMessage1 }}"</p>
      <p>methods 方法反向字符串: "{{ reversedMessage2() }}"</p>
  </div>
  <script>
      var vm = new Vue({
          el: '#app',
          data: {
              message: 'beixi'
          },
          computed:{
              reversedMessage1: function () {
                  return this.message.split('').reverse().join('')
              }
          },
          methods: {
              reversedMessage2: function () {
                  return this.message.split('').reverse().join('')
              }
          }
      })
  </script>
</body>
</html>
```

计算属性是基于它们的依赖进行缓存的，并且只有在它的相关依赖发生改变时才会重新求值。这就意味着只要 message 没有发生改变，多次访问 reversedMessage1 计算属性会立即返回之前的计算结果，而不必再次执行函数。相比而言，只要发生重新渲染，method 总会调用并执行该函数。

假设有一个性能开销比较大的计算属性 A，它需要遍历一个极大的数组和进行大量的计算。可能有其他的计算属性依赖于 A。如果没有缓存，则将不可避免地多次执行 A 的 getter，这样便极大地降低了数据的提取速度，对于用户来讲体验不佳。如果不希望有缓存，则用 methods 替代。

实例 15-16、例 15-17 只提供了 getter 读取值的方法，实际上除了 getter 还可以设置计算属性的 setter，如例 15-18 所示。

【例 15-18】 读取和设置值

```
//第 15 章/读取和设置值.html
<!DOCTYPE html>
<html xmlns:v-on="http://www.w3.org/1999/xhtml">
<head>
    <title></title>
    <meta charset="utf-8"/>
    <script src="https://cdn.jsdelivr.net/npm/vue/dist/Vue.js"></script>
</head>
<body>
  <script>
      var vm = new Vue({
         data: { a: 1 },
         computed: {
             //该函数只能读取数据，vm.aDouble 即可读取数据
             aDouble: function () {
                 return this.a * 2
             },
             //读取和设置数据
             aPlus: {
                 get: function () {
                     return this.a + 1
                 },
                 set: function (v) {
                     this.a = v - 1
                 }
             }
         }
      })
      console.log(vm.aPlus);                         //2
      vm.aPlus = 3;
      console.log(vm.a);                             //2
      console.log(vm.aDouble);                       //4
  </script>
</body>
</html>
```

15.3.5 表单控件

1. 基础用法

可以用 v-model 指令在表单 <input>、<textarea> 及 <select> 元素上创建双向数据绑定，如图 15-8 所示。它会根据控件类型自动选取正确的方法来更新元素。尽管有些神

奇，但 v-model 本质上不过是语法糖。它负责监听用户的输入事件以更新数据，并对一些极端场景进行一些特殊处理。

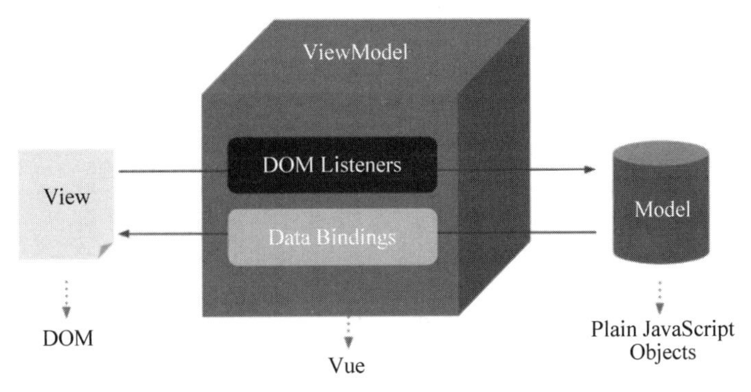

图 15-8　Vue 双向数据绑定

注意：v-model 会忽略所有表单元素的 value、checked、selected 属性的初始值而总是将 Vue 实例的数据作为数据来源。应该通过 JavaScript 在组件的 data 选项中声明初始值。

1）文本

在 input 元素中使用 v-model 实现双向数据绑定，代码如下：

```
<div id = "app" class = "demo">
    <input v-model = "message" placeholder = "请输入信息...">
    <p>Message is: {{ message }}</p>
</div>
<script>
    var vm = new Vue({
        el: '#app',
        data: {
            message: ''
        }
    })
</script>
```

2）多行文本

在 textarea 元素中使用 v-model 实现双向数据绑定，代码如下：

```
<div id = "example-textarea" class = "demo">
    <span>Multiline message is:</span>
    <p style = "white-space: pre">{{ message }}</p>
    <br>
    <textarea v-model = "message" placeholder = "add multiple lines"></textarea>
</div>
<script>
    new Vue({
```

```
        el: '#example-textarea',
        data: {
            message: ''
        }
    })
</script>
```

注意：在文本区域插值（<textarea></textarea>）并不会生效，应该用 v-model 来代替。

3）复选框

（1）将单个复选框绑定到布尔值，代码如下：

```
<div id="example-checkbox" class="demo">
    <input type="checkbox" id="checkbox" v-model="checked">
    <label for="checkbox">{{ checked }}</label>
</div>
<script>
    new Vue({
        el: '#example-checkbox',
        data: {
            checked: false
        }
    })
</script>
```

（2）将多个复选框绑定到同一个数组，代码如下：

```
<div id="example-checkboxs" class="demo">
    <input type="checkbox" id="jack" value="Jack" v-model="checkedNames">
    <label for="jack">Jack</label>
    <input type="checkbox" id="john" value="John" v-model="checkedNames">
    <label for="john">John</label>
    <input type="checkbox" id="mike" value="Mike" v-model="checkedNames">
    <label for="mike">Mike</label>
    <br>
    <span>Checked names: {{ checkedNames }}</span>
</div>
<script>
    new Vue({
        el: '#example-checkboxs',
        data: {
            checkedNames: []
        }
    })
</script>
```

4）单选按钮

单选按钮的双向数据绑定，代码如下：

```
<div id="example-radio">
    <input type="radio" id="runoob" value="Runoob" v-model="picked">
    <label for="runoob">Runoob</label>
    <br>
    <input type="radio" id="google" value="Google" v-model="picked">
    <label for="google">Google</label>
    <br>
    <span>选中值为 {{ picked }}</span>
</div>
<script>
    new Vue({
        el: '#example-radio',
        data: {
            picked : 'Runoob'
        }
    })
</script>
```

5）选择列表

下拉列表的双向数据绑定。

单选时，代码如下：

```
<div id="example-selected">
    <select v-model="selected">
        <option disabled value="">请选择</option>
        <option>A</option>
        <option>B</option>
        <option>C</option>
    </select>
    <span>Selected: {{ selected }}</span>
</div>
<script>
    new Vue({
        el: '#example-selected',
        data: {
            selected: ''
        }
    })
</script>
```

注意：如果 v-model 表达式的初始值未能匹配任何选项，则<select>元素将被渲染为“未选中”状态。在 iOS 中，这会使用户无法选择第 1 个选项。因为在这样的情况下，iOS 不会触发 change 事件，因此，更推荐像上面那样提供一个值为空的禁用选项。

多选列表(绑定到一个数组),代码如下:

```
<div id = "example - selected" class = "demo">
    <select v - model = "selected" multiple style = "width: 50px">
        <option> A </option>
        <option> B </option>
        <option> C </option>
    </select>
    <br>
    <span> Selected: {{ selected }}</span>
</div>
<script>
    new Vue({
      el: '#example - selected',
      data: {
          selected: []
      }
    })
</script>
```

动态选项,用 v-for 渲染,代码如下:

```
<div id = "example - selected" class = "demo">
    <select v - model = "selected">
        <option v - for = "option in options" v - bind:value = "option.value">
            {{ option.text }}
        </option>
    </select>
    <span> Selected: {{ selected }}</span>
</div>
<script>
    new Vue({
      el: '#example - selected',
      data: {
          selected: 'A',
          options: [
              { text: 'One', value: 'A' },
              { text: 'Two', value: 'B' },
              { text: 'Three', value: 'C' }
              ]
          }
})
</script>
```

2. 绑定 value

对于单选按钮、勾选框及选择列表选项,v-model 绑定的 value 通常是静态字符串,代码如下:

```
<div id = "app">
    <!-- 当选中时,picked 为字符串 "a" -->
    < input type = "radio" v - model = "picked" value = "a">
    <!-- 当选中时,toggle 为 true 或 false -->
    < input type = "checkbox" v - model = "toggle">
    <!-- 当选中时,selected 为字符串 "abc" -->
    < select v - model = "selected">
        < option value = "abc"> ABC </option >
    </select >
</div >
< script >
var vm = new Vue({
        el: '#app',
        data: {
            picked:'',
            toggle:'',
            selected:''
        }
    })
</script >
```

复选框：有时我们想将 value 绑定到 Vue 实例的一个动态属性上，这时可以用 v-bind 实现，并且这个属性的值可以不是字符串，代码如下：

```
< div id = "app">
    < input type = "checkbox" v - model = "toggle" v - bind:true - value = "a" v - bind:false -
    value = "b">
    {{toggle}}
</div >
< script >
var vm = new Vue({
        el: '#app',
        data: {
            toggle:'',
            a:'a',
            b:'b'
        }
    })
</script >
```

当选中时输出 a，当没有选中时输出 b。

单选按钮，代码如下：

```
< input type = "radio" v - model = "pick" v - bind:value = "a">
```

当选中时在页面控制台输 vm. pick 的值和 vm. a 的值相等。

选择列表设置，代码如下：

```
<select v-model="selected">
        <!-- 内联对象字面量 -->
    <option v-bind:value="{ number: 123 }">123</option>
</select>
```

当选中时在页面控制台输入 typeof vm. selected，则输出为'object'；当输入 vm. selected. number 时，输出值为 123。

3. 修饰符

1）.lazy

在默认情况下，v-model 在每次 input 事件触发后将输入框的值与数据进行同步（除了上述输入法组合文字时）。可以添加 lazy 修饰符，从而转换为在 change 事件之后进行同步，代码如下：

```
<!-- 在"change"时而非"input"时更新 -->
<input v-model.lazy="msg">
```

2）.number

如果想自动将用户的输入值转换为数值类型，则可以给 v-model 添加 number 修饰符，代码如下：

```
<input v-model.number="age" type="number">
```

这通常很有用，因为即使在 type="number" 时，HTML 输入元素的值也总会返回字符串。如果这个值无法被 parseFloat() 解析，则会返回原始值。

3）.trim

如果要自动过滤用户输入的首尾空白字符，则可以给 v-model 添加 trim 修饰符，代码如下：

```
<input v-model.trim="msg">
```

15.3.6 生命周期

Vue 实例有一个完整的生命周期，也就是从开始创建、初始化数据、编译模板、挂载 DOM、渲染→更新→渲染、卸载等一系列过程，我们称为 Vue 的生命周期。通俗地讲，Vue 实例从创建到销毁的过程就是生命周期，如图 15-9 所示。

可以看到在 Vue 整个的生命周期中会有很多钩子函数，这给了用户在不同阶段添加自己的代码的机会，首先列出所有的钩子函数，然后我们再一一详细讲解。

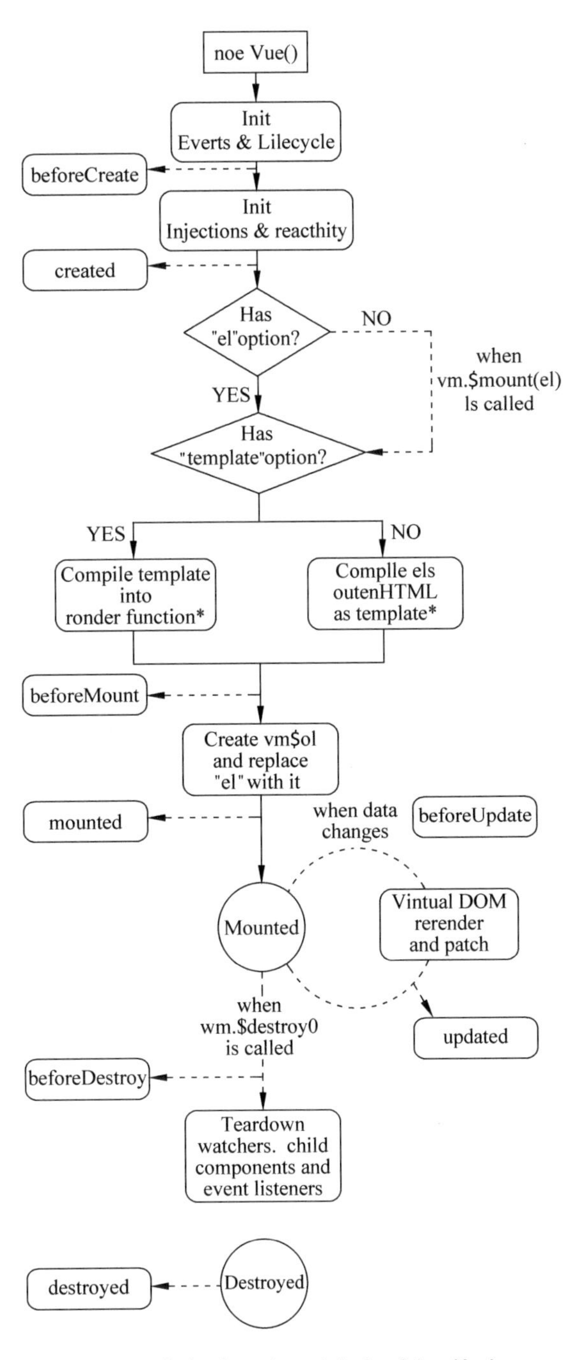

图 15-9　Vue 生命周期

(1) beforeCreate：在实例初始化之后，数据观测(Data Observer)和 event/watcher 事件配置之前被调用。

(2) Created：实例在已经创建完成之后被调用。在这一步，实例已完成以下的配置：数据观测，属性和方法的运算，watch/event 事件回调，然而，挂载阶段还没开始，$el 属性目前不可见。

(3) beforeMount：在挂载开始之前被调用，相关的 render()函数首次被调用。

(4) Mounted：el 被新创建的 vm. $el 替换，并挂载到实例上之后调用该钩子。

(5) beforeUpdate：数据更新时调用，发生在虚拟 DOM 重新渲染和打补丁之前。可以在这个钩子中进一步更改状态，这不会触发附加的重渲染过程。

(6) Updated：由于数据更改导致的虚拟 DOM 重新渲染和打补丁，在这之后会调用该钩子。

(7) 当这个钩子被调用时，组件 DOM 已经更新，所以现在可以执行依赖于 DOM 的操作。然而在大多数情况下，应该避免在此期间更改状态，因为这可能会导致更新无限循环。该钩子在服务器端渲染期间不被调用。

(8) beforeDestroy：实例销毁之前调用。在这一步，实例仍然完全可用。

(9) Destroyed：Vue 实例销毁后调用。调用后，Vue 实例指示的所有东西都会解绑定，所有的事件监听器会被移除，所有的子实例也会被销毁。该钩子在服务器端渲染期间不被调用。

下面通过示例代码来演示 Vue 实例在创建过程中调用的几个生命周期钩子，如例 15-19 所示。

【例 15-19】 生命周期钩子函数的演示

```
//第 15 章/生命周期钩子函数.html
<!DOCTYPE html>
<html xmlns:v-on="http://www.w3.org/1999/xhtml" xmlns:v-bind="http://www.w3.org/1999/xhtml">
<head>
    <title></title>
    <meta charset="utf-8"/>
    <script src="https://cdn.jsdelivr.net/npm/vue/dist/Vue.js"></script>
</head>
<body>
<div id="app">
    <h1>{{message}}</h1>
</div>
</body>
<script>
    var vm = new Vue({
        el: '#app',
        data: {
            message: 'Vue 的生命周期'
        },
        beforeCreate: function() {
```

```
        console.group('------ beforeCreate 创建前的状态 ------');
        console.log ("%c%s", "color:red" , "el : " +
                this.$el); //undefined
        console.log ("%c%s", "color:red","data : " +
                this.$data); //undefined
        console.log("%c%s", "color:red","message: " + this.message)
    },
    created: function() {
        console.group('------ created 创建完毕的状态 ------');
        console.log("%c%s", "color:red","el : " + this.$el);
        //undefined
        console.log("%c%s", "color:red","data : " + this.$data);
        //已被初始化
        console.log("%c%s","color:red","message: " + this.message);
        //已被初始化
    },
    beforeMount: function() {
        console.group('------ beforeMount 挂载前的状态 ------');
        console.log("%c%s" ,"color:red","el : " + (this.$el));
        //已被初始化
        console.log(this.$el);
        console.log("%c%s", "color:red","data : " + this.$data);
        //已被初始化
        console.log("%c%s", "color:red","message: " +
                  this.message);
        //已被初始化
    },
    mounted: function() {
        console.group('------ mounted 挂载结束的状态 ------');
        console.log("%c%s","color:red","el : " + this.$el);
        //已被初始化
        console.log(this.$el);
        console.log("%c%s", "color:red","data : " + this.$data);
        //已被初始化
        console.log("%c%s", "color:red","message: " +
                this.message);
       //已被初始化
    },
    beforeUpdate: function () {
        console.group('beforeUpdate 更新前的状态 ===============»');
        console.log("%c%s", "color:red","el : " + this.$el);
        console.log(this.$el);
        console.log("%c%s", "color:red","data : " + this.$data);
        console.log("%c%s", "color:red","message: " +
                this.message);
    },
    updated: function () {
        console.group('updated 更新完成的状态 ===============»');
        console.log("%c%s", "color:red","el : " + this.$el);
        console.log(this.$el);
```

```
            console.log("%c%s", "color:red","data : " + this.$data);
            console.log("%c%s", "color:red","message: " +
                        this.message);
        },
        beforeDestroy: function () {
            console.group('beforeDestroy 销毁前的状态===============»');
            console.log("%c%s", "color:red","el : " + this.$el);
            console.log(this.$el);
            console.log("%c%s", "color:red","data : " + this.$data);
            console.log("%c%s", "color:red","message: " +
                        this.message);
        },
        destroyed: function () {
            console.group('destroyed 销毁完成的状态===============»');
            console.log("%c%s", "color:red","el : " + this.$el);
            console.log(this.$el);
            console.log("%c%s", "color:red","data : " + this.$data);
            console.log("%c%s", "color:red","message: " + this.message)
        }
    })
</script>
</html>
```

运行后打开 console 可以看到打印出来的内容如图 15-10 所示。

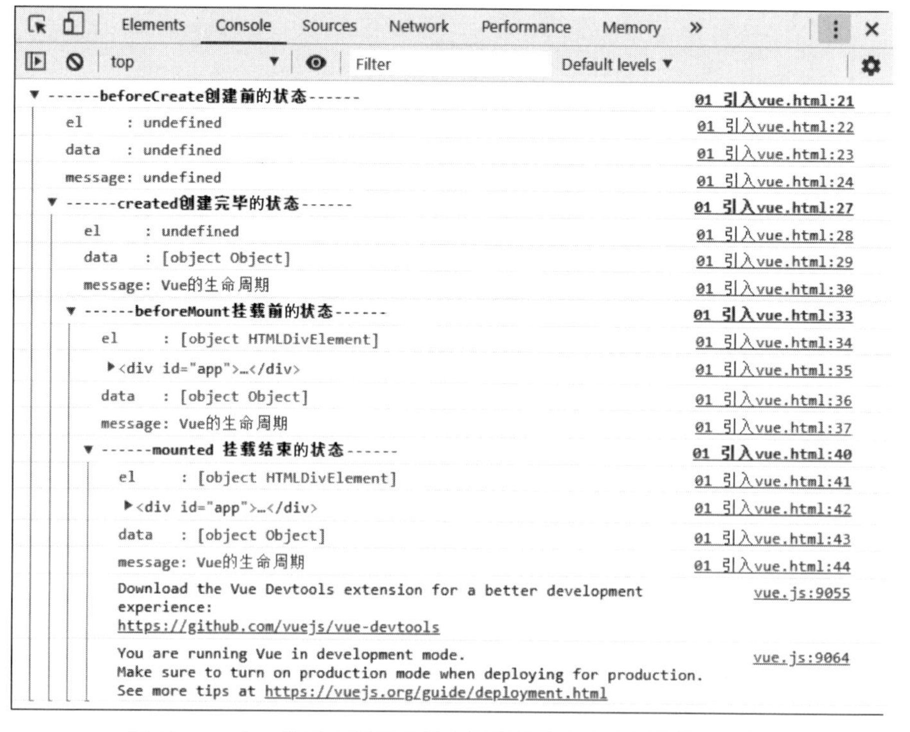

图 15-10 Vue 实例在创建过程中调用的几个生命周期钩子函数

接下来详细解释生命周期钩子的函数。

(1) 在 beforeCreate 和 created 钩子函数之间的生命周期。

在这个生命周期之间,进行初始化事件,进行数据的观测,可以看到在 created 时数据已经和 data 属性进行了绑定(放在 data 中的属性当值发生改变的同时,视图也会改变)。

注意:此时还是没有 el 选项。

(2) created 钩子函数和 beforeMount 间的生命周期,如图 15-11 所示。

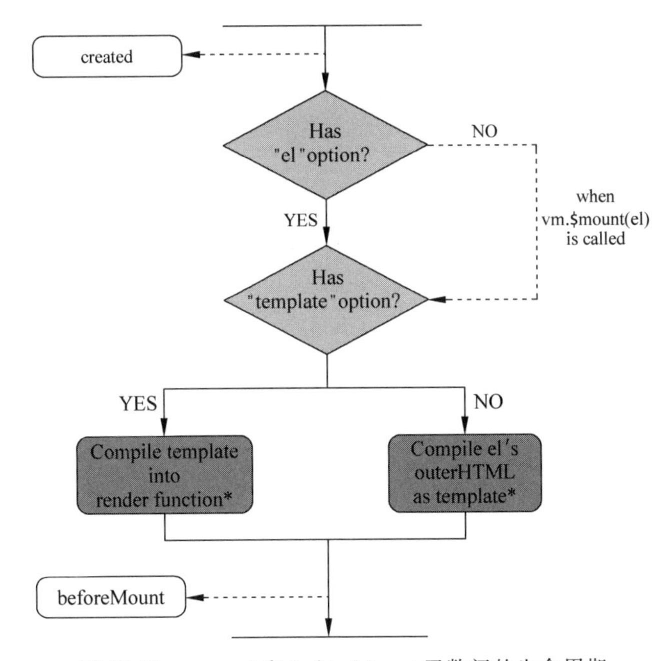

图 15-11 created 和 beforeMount 函数间的生命周期

在这一阶段发生的事情比较多。首先会判断对象是否有 el 选项。如果有就继续向下编译;如果没有 el 选项,则停止编译,也就意味着停止了生命周期,直到在该 Vue 实例上调用 vm. $mount(el)。

此时注释掉代码中的 el: '#app',然后可以看到运行到 created 时就停止了,如图 15-12 所示。

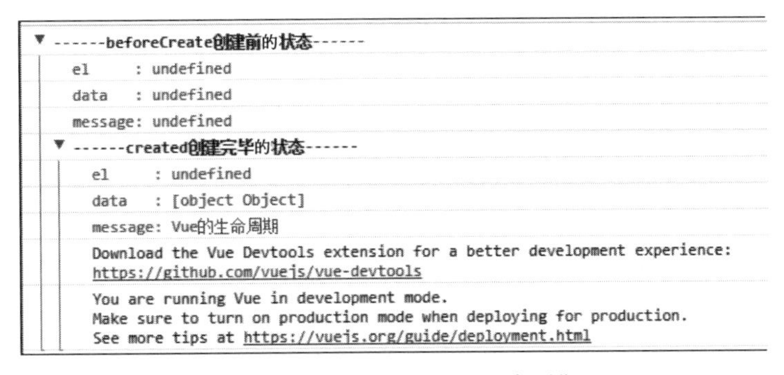

图 15-12 没有 el 选项的生命周期

如果在后面继续调用 vm. $mount(el)，则可以发现代码继续向下执行了，如图 15-13 所示。

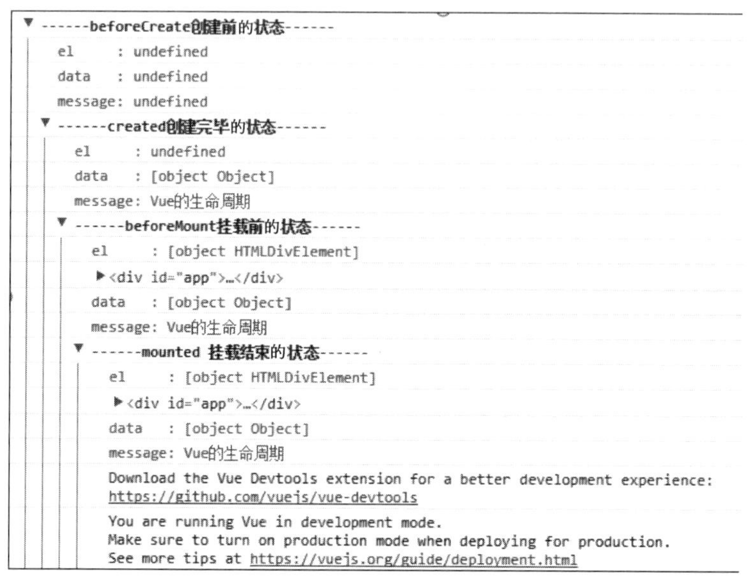

图 15-13 调用 vm. $mount(el)的生命周期

接着往下看，template 参数选项的有无对生命周期的影响，如例 15-20 所示。

(1) 如果 Vue 实例对象中有 template 参数选项，则将其作为模板编译成 render() 函数。

(2) 如果没有 template 选项，则将外部 HTML 作为模板编译。

(3) 可以看到 template 中的模板的优先级要高于外部 HTML 的优先级。

【例 15-20】 在 Vue 对象中增加了 template 选项

```
//第 15 章/在 Vue 对象中增加了 template 选项.html
<!DOCTYPE html>
<html lang="en">
<head>
    <meta charset="UTF-8">
    <meta name="viewport" content="width=device-width, initial-scale=1.0">
    <meta http-equiv="X-UA-Compatible" content="ie=edge">
    <title>Vue 生命周期学习</title>
    <script src="https://cdn.bootcss.com/vue/2.4.2/Vue.js"></script>
</head>
<body>
  <div id="app">
      <!-- 在 HTML 中修改 -->
      <h1>{{message + '这是在 outer HTML 中的'}}</h1>
  </div>
```

```
  </body>
  <script>
      var vm = new Vue({
        el: '#app',
        //在 Vue 配置项中修改
        template: "<h1>{{message + '这是在 template 中的'}}</h1>",
        data: {
            message: 'Vue 的生命周期'
          }
      })
  </script>
</html>
```

运行结果如图 15-14 所示。

将 Vue 对象中 template 的选项注释掉后显示的结果如图 15-15 所示。

Vue的生命周期这是在template中的

图 15-14 在 Vue 对象中增加了 template 选项

Vue的生命周期这是在outer HTML中的

图 15-15 在 Vue 对象中去掉 template 选项

注意：el 进行 DOM 绑定要在 template 之前，因为 Vue 需要通过 el 找到对应的 outer template。

在 Vue 对象中还有一个 render()函数，它是以 createElement 作为参数，然后进行渲染操作，而且可以直接嵌入 JSX，代码如下：

```
var vm = new Vue({
   el: '#app',
   render: function(createElement) {
      return createElement('h1', 'this is createElement')
   }
})
```

可以看到页面中渲染的结果如图 15-16 所示。

this is createElement

图 15-16 render()函数的渲染结果

所以综合排名优先级：render()函数选项→ template 选项→ outer HTML。

(1) beforeMount()和 mounted()钩子函数间的生命周期，如图 15-17 所示。

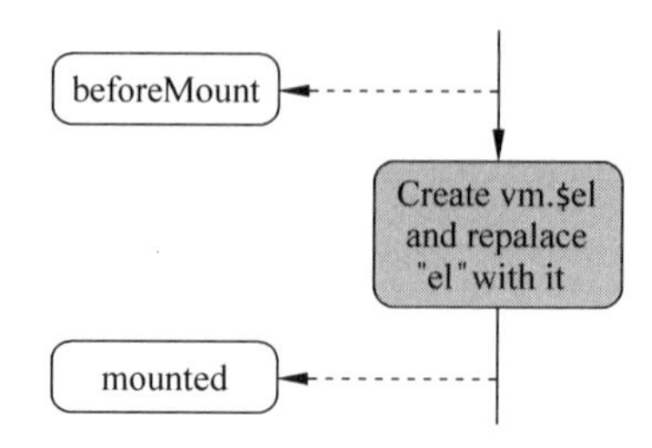

图 15-17　beforeMount 和 mounted 钩子函数间的生命周期

可以看到此时是给 Vue 实例对象添加 $el 成员，并且替换掉挂载的 DOM 元素。在之前 console 中打印的结果可以看到 beforeMount 之前 el 上还是 undefined。

（2）Mounted 钩子函数，在 mounted 之前 h1 中还是通过{{message}}进行占位的，因为此时还没有挂载到页面上，还是以 JavaScript 中的虚拟 DOM 形式存在的。在 mounted 之后可以看到 h1 中的内容发生了变化，如图 15-18 所示。

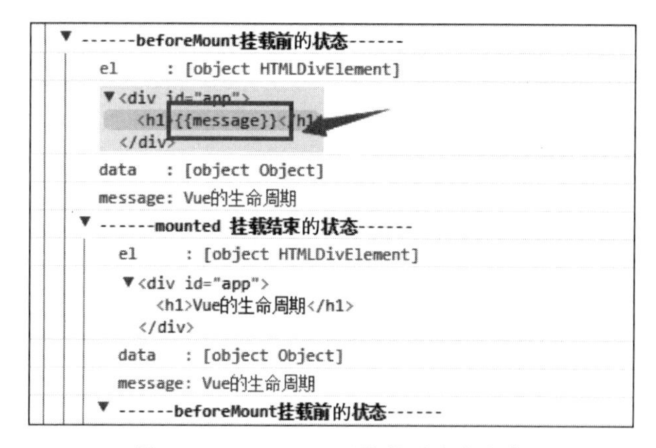

图 15-18　mounted 函数前后内容变化

（3）beforeUpdate()钩子函数和 updated()钩子函数间的生命周期，如图 15-19 所示。

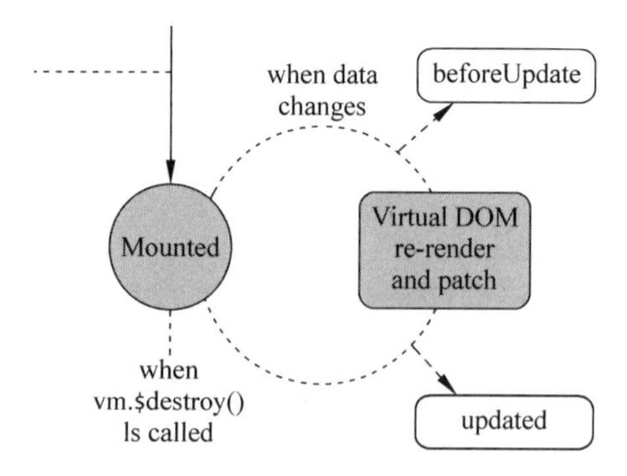

图 15-19　beforeUpdate 和 updated 钩子函数间的生命周期

当 Vue 发现 data 中的数据发生了改变时，会触发对应组件的重新渲染，先后调用 beforeUpdate()和 updated()钩子函数。我们在 console 中输入如下信息：

```
vm.message = '触发组件更新'
```

输入信息后会发现触发了组件的更新，如图 15-20 所示。

图 15-20　组件更新状态

(4) beforeDestroy()和 destroyed()钩子函数间的生命周期，如图 15-21 所示。

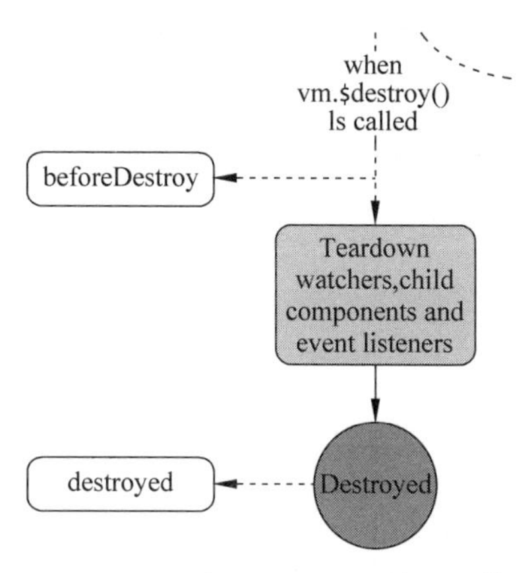

图 15-21　beforeDestroy()和 destroyed()钩子函数间的生命周期

beforeDestroy()钩子函数在实例销毁之前调用。在这一步，实例仍然完全可用。

destroyed()钩子函数在 Vue 实例销毁后调用。调用后，Vue 实例指示的所有东西都会解除绑定，所有的事件监听器会被移除，所有的子实例也会被销毁。

15.4 模板渲染

当获取后台数据之后，会按照一定的规则加载到前端写好的模板中，显示在浏览器中，这个过程称为渲染。

15.4.1 条件渲染

1. v-if、v-else-if 和 v-else

v-if、v-else-if、v-else 这 3 个指令后面跟的是表达式。Vue 的条件指令可以根据表达式的值在 DOM 中渲染或销毁元素/组件，如例 15-21 所示。

【例 15-21】 v-if、v-else-if 、v-else 应用

```
//第 15 章/条件指令.html
<!DOCTYPE html>
<html xmlns:v-on="http://www.w3.org/1999/xhtml"
          xmlns:v-bind="http://www.w3.org/1999/xhtml">
<head>
    <title></title>
    <meta charset="utf-8"/>
    <script src="https://cdn.jsdelivr.net/npm/vue/dist/Vue.js"></script>
</head>
<body>
  <div id="app">
      <!-- if、else 指令 -->
      <p v-if="status == 1">当 status 为 1 时，显示该行</p>
      <p v-else-if="status == 2">当 status 为 2 时，显示该行</p>
      <p v-else-if="status == 3">当 status 为 3 时，显示该行</p>
      <p v-else>否则显示该行</p>
  </div>
  <!-- script 脚本 -->
  <script>
      //创建 Vue 实例
      var vm = new Vue({
          el: '#app',
          data: {
              status: 2
          }
      });
  </script>
</body>
</html>
```

需要注意多个 v-if、v-else-if 和 v-else 之间需要紧挨着，如下面的代码：

```
< p v - if = "status == 1">当 status 为 1 时,显示该行</p>
< span ></span >
< p v - else - if = "status == 2">当 status 为 2 时,显示该行</p>
< p v - else - if = "status == 3">当 status 为 3 时,显示该行</p>
< p v - else>否则显示该行</p>
```

此时浏览器会报错，如图 15-22 所示。

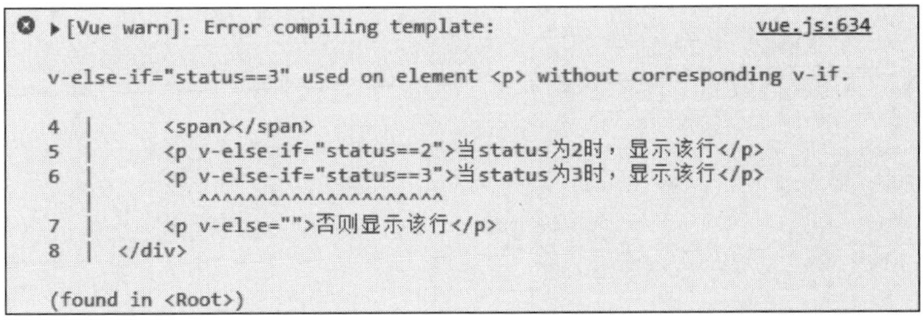

```
▸[Vue warn]: Error compiling template:                    vue.js:634

v-else-if="status==3" used on element <p> without corresponding v-if.

4  |      <span></span>
5  |      <p v-else-if="status==2">当status为2时，显示该行</p>
6  |      <p v-else-if="status==3">当status为3时，显示该行</p>
   |         ^^^^^^^^^^^^^^^^^^^^^
7  |      <p v-else="">否则显示该行</p>
8  |  </div>

(found in <Root>)
```

图 15-22　v-if、v-else-if 和 v-else 之间不挨着错误信息

2. v-show

实际上与 v-if 效果等同，只有当绑定事件的元素符合引号中的条件时，该元素才显示，代码如下：

```
< div id = "app">
    <!-- if、else 指令 -->
    < p v - show = "status == 1">当 status 为 1 时,显示该行</p>
    < p v - show = "status == 2">当 status 为 2 时,显示该行</p>
</div>
< script>
    //创建 Vue 实例
    var vm = new Vue({
        el: '#app',
        data: {
            status: 2
        }
    });
</script>
```

3. v-if 和 v-show 的区别

（1）控制显示的方法不同：该方法和 v-if 的区别在于，v-show 实际上是通过修改 DOM 元素的 display 属性实现节点的显示和隐藏的，而 v-if 则是通过添加/删除 DOM 节点实现的。

（2）编译条件：v-if 是惰性的，如果初始条件为假，则什么也不做，不会去渲染该元素；

只有在条件第 1 次变为 true 时才开始局部编译；v-show 是在不管初始条件是什么，都被编译，然后被缓存，而且 DOM 元素保留，只是简单地基于 CSS 进行切换；当 v-if 中为 true 时才会被加载渲染，为 false 时不加载。v-show 不管为 true 还是 false，都会加载渲染。

（3）性能消耗：v-if 有更高的切换消耗；v-show 有更高的初始渲染消耗。

（4）使用场景：如果需要非常频繁地切换，则使用 v-show 较好；如果在运行时条件很少改变，当只需一次显示或隐藏时，则使用 v-if 较好。

4. Key

Vue 会尽可能高效地渲染元素，通常会复用已有元素而不是从头开始渲染，如例 15-22 所示，因此可能造成下面这样的问题。

【例 15-22】 Vue 高效地渲染元素

```
//第 15 章/Vue 高效地渲染元素.html
<!DOCTYPE html>
<html xmlns:v-on="http://www.w3.org/1999/xhtml"
          xmlns:v-bind="http://www.w3.org/1999/xhtml">
<head>
    <title></title>
    <meta charset="utf-8"/>
    <script src="https://cdn.jsdelivr.net/npm/vue/dist/Vue.js"></script>
</head>
<body>
  <div id="app">
      <p v-if="ok">
          <label>Username</label>
          <input placeholder="Enter your username">
      </p>
      <p v-else>
          <label>Email</label>
          <input placeholder="Enter your Email address">
      </p>
      <button @click="ok=!ok">切换</button>
  </div>
  <script type="text/JavaScript">
      var vm = new Vue({
         el: '#app',
             data: {
                 ok: true,
             }
      })
  </script>
</body>
</html>
```

当在页面中输入信息后单击切换按钮时，文本框里的内容并没有清空。

Vue 提供了一种方式声明“这两个元素是完全独立的，不要复用它们”。只需添加一个具有唯一值的 key 属性，代码如下：

```
<div id = "app">
    <p v - if = "ok">
        <label> Username </label>
        <input placeholder = "Enter your username" key = "username - input">
    </p>
    <p v - else>
        <label> Email </label>
        <input placeholder = "Enter your Email address" key = "email - input">
    </p>
    <button @click = "ok = !ok">切换</button>
</div>
```

15.4.2　列表渲染

1. v-for 循环用于数组

v-for 指令根据一组数组的选项列表进行渲染。

可以用 v-for 指令基于一个数组来渲染一个列表。v-for 指令需要使用 item in items 形式的特殊语法，其中 items 是源数据数组，而 item 则是被迭代的数组元素的别名（为当前遍历的元素提供别名，可以任意起名），如例 15-23 所示。

【例 15-23】　对数组选项进行列表渲染

```
//第 15 章/数组选项列表渲染.html
<!DOCTYPE html>
<html xmlns:v - on = "http://www.w3.org/1999/xhtml"
            xmlns:v - bind = "http://www.w3.org/1999/xhtml">
<head>
<title></title>
<meta charset = "utf - 8"/>
<script src = "https://cdn.jsdelivr.net/npm/vue/dist/Vue.js"></script>
</head>
<body>
    <ul id = "app">
        <li v - for = "item in items">
            {{ item.name }}
        </li>
    </ul>
<script type = "text/JavaScript">
    var vm = new Vue({
        el: '#app',
            data: {
```

```
                items: [
                    { name: 'beixi' },
                    { name: 'jzj' }
                ]
            }
        })
</script>
</body>
</html>
```

定义一个数组类型的数据 items，用 v-for 将< li >标签循环渲染，效果如图 15-23 所示。

v-for 还支持一个可选的第 2 个参数为当前项的索引，索引从 0 开始，代码如下：

```
<ul id="app">
    <li v-for="(item,index) in items">
        {{index}} -- {{ item.name }}
    </li>
</ul>
```

分隔符 in 前的语句使用括号，第 2 项就是 items 当前项的索引，渲染后的结果如图 15-24 所示。

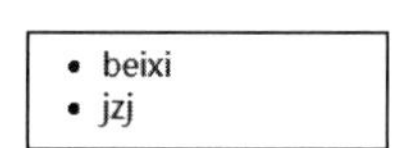

图 15-23　列表循环结果

• 0-- beixi
• 1-- jzj

图 15-24　含有 index 选项的列表渲染结果

注意：可以用 of 代替 in 作为分隔符。

2. v-for 用于对象

v-for 通过一个对象的属性来遍历输出，如例 15-24 所示。

【例 15-24】　v-for 用来遍历对象

```
//第 15 章/v-for 用来遍历对象.html
<!DOCTYPE html>
<html xmlns:v-on="http://www.w3.org/1999/xhtml"
        xmlns:v-bind="http://www.w3.org/1999/xhtml">
<head>
    <title></title>
    <meta charset="utf-8"/>
    <script src="https://cdn.jsdelivr.net/npm/vue/dist/Vue.js"></script>
</head>
<body>
  <ul id="app">
```

```
        <li v-for="value in object">
            {{ value }}
        </li>
    </ul>
    <script type="text/JavaScript">
        var vm = new Vue({
            el: '#app',
                data: {
                    object: {
                        name: 'beixi',
                        gender: '男',
                        age: 30
                    }
                }
        })
    </script>
</body>
</html>
```

渲染后的结果如图 15-25 所示。

遍历对象属性时，有两个可选参数，分别是键名和索引，代码如下：

```
<ul id="app">
    <li v-for="(value, key, index) in object">
        {{ index }}-- {{ key }}: {{ value }}
    </li>
</ul>
```

渲染后的结果如图 15-26 所示。

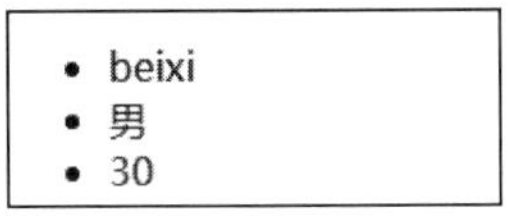

- beixi
- 男
- 30

图 15-25　遍历对象结果

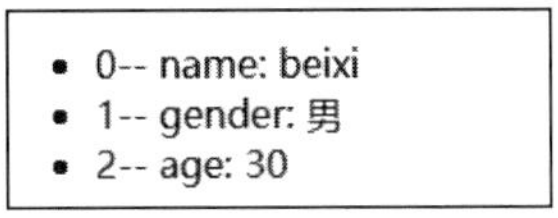

- 0-- name: beixi
- 1-- gender: 男
- 2-- age: 30

图 15-26　遍历对象的渲染结果

3. v-for 用于整数

v-for 还可以迭代整数，代码如下：

```
<ul id="app">
    <li v-for="n in 10">
        {{n}}
    </li>
</ul>
<script type="text/JavaScript">
```

```
        var vm = new Vue({
            el: '#app',
        })
</script>
```

15.4.3 template 标签用法

在上述例子中，v-if 和 v-show 指令都包含在一个根元素中，是否有方法可以将指令作用于多个兄弟 DOM 元素上呢？Vue 提供了内置标签< template >，可以将多个元素进行渲染，代码如下：

```
<div id = "app">
    <div v - if = "ok">
        <p>这是第一段代码</p>
        <p>这是第二段代码</p>
        <p>这是第三段代码</p>
    </div>
</div>
<script type = "text/JavaScript">
    var vm = new Vue({
        el: '#app',
        data:{
            ok:true
        }
    })
</script>
```

同样，< template >标签也支持使用 v-for 指令，用来渲染同级的多个兄弟元素，代码如下：

```
<ul id = "app">
    <template v - for = "item in items">
        {{ item.name }}
        {{ item.age }}
    </template>
</ul>
<script type = "text/JavaScript">
    var vm =  new Vue({
        el: '#app',
        data: {
            items: [
                { name: 'beixi' },
                { age: 18 }
            ]
```

```
        }
    })
</script>
```

15.5　事件绑定

Vue 提供了 v-on 指令来监听 DOM 事件，在事件绑定上，类似原生 JavaScript 的 onclick 事件写法，也是在 HTML 上进行监听。

15.5.1　基本用法

Vue 中的事件绑定，使用 v-on：事件名 ＝ 函数名来完成，这里的函数名定义在 Vue 实例的 methods 对象中，Vue 实例可以直接访问其中的方法。

语法规则如下：

```
v-on:事件名.修饰符 = 方法名() | 方法名 | 简单的 JS 表达式
简写: @事件名.修饰符 = 方法名() | 方法名 | 简单的 JS 表达式
事件名: click|keydown|keyup|mouseover|mouseout|自定义事件名
```

1. 直接使用

直接在标签中书写 JS 方法，代码如下：

```
<div id="app">
    单击次数{{count}}
    <button @click="count++">单击+1</button>
</div>
<script type="text/JavaScript">
    var vm = new Vue({
       el: '#app',
      data:{
          count:0
      }
    })
</script>
```

注意：@click 等同于 v-on:click，是一个语法糖。

2. 调用 methods 的办法

通过 v-on 绑定实例选项属性 methods 中的方法作为事件的处理器，如例 15-25 所示。

【例 15-25】 v-on 绑定事件

```
//第 15 章/v-on 绑定事件.html
<!DOCTYPE html>
<html xmlns:v-on="http://www.w3.org/1999/xhtml"
             xmlns:v-bind="http://www.w3.org/1999/xhtml">
<head>
    <title></title>
    <meta charset="utf-8"/>
    <script src="https://cdn.jsdelivr.net/npm/vue/dist/Vue.js"></script>
</head>
<body>
  <div id="app">
      <button @click="say">单击</button>
  </div>
  <script type="text/JavaScript">
      var vm = new Vue({
          el: '#app',
        data:{
            msg:'Say Hello'
        },
          methods:{
              say: function () {
                  alert(this.msg)
              }
          }
      })
  </script>
</body>
</html>
```

单击 button 按钮，即可触发 say()函数，弹出 alert 框'Say Hello'。

方法传参，方法直接在调用时在方法内传入参数，代码如下：

```
<div id="app">
    <button @click="say('Hello beixi')">单击</button>
</div>
<script type="text/JavaScript">
    var vm = new Vue({
        el: '#app',
      data:{
          msg:'Say Hello'
      },
       methods:{
           say: function (val) {
               alert(val)
```

```
            }
        }
    })
</script>
```

传入事件对象，代码如下：

```
<div id="app">
    <button data-aid='123' @click="eventFn($event)">事件对象</button>
</div>
<script type="text/JavaScript">
    var vm = new Vue({
        el: '#app',
        methods:{
            eventFn:function(e){
                console.log(e);
                //e.srcElement DOM 节点
                e.srcElement.style.background = 'red';
                console.log(e.srcElement.dataset.aid); /* 获取自定义属性的值 */
            }
        }
    })
</script>
```

15.5.2 修饰符

Vue 为指令 v-on 提供了多个修饰符，方便我们处理一些 DOM 事件的细节，Vue 主要的修饰符如下。

(1) .top 用于阻止事件继续传播，即阻止它的捕获和冒泡过程，代码如下：

```
@click.stop = 'handle()'   //只要在事件后面加.stop 就可以阻止事件冒泡
```

如例 15-26 所示单击“内部单击”，阻止了冒泡过程，即只执行 inner 方法，如果不加.stop，则先执行 inner 方法，后执行 outer 方法，即通过了冒泡这个过程。

【例 15-26】 .stop 修饰符应用

```
//第 15 章/stop 修饰符应用.html
<!DOCTYPE html>
<html xmlns:v-on="http://www.w3.org/1999/xhtml"
          xmlns:v-bind="http://www.w3.org/1999/xhtml">
<head>
    <title></title>
    <meta charset="utf-8"/>
```

```
        <script src = "https://cdn.jsdelivr.net/npm/vue/dist/Vue.js"></script>
    </head>
    <body>
      <div id = "app">
          <div style = "background - color: aqua;width: 100px;height: 100px"
              v - on:click = "outer">
              外部单击
              <div style = "background - color: red;width: 50px;height:
                  50px" v - on:click.stop = "inner">内部单击</div>
          </div>
      </div>
      <script type = "text/JavaScript">
          var vm =  new Vue({
              el: '#app',
              methods:{
                  outer: function () {
                      console.log("外部单击")
                  },
                  inner: function () {
                      console.log("内部单击")
                  }
              }
          })
      </script>
    </body>
    </html>
```

（2）.prevent 用于阻止默认事件，代码如下：

```
@click.prevent = 'handle()'   //只要在事件后面加.prevent 就可以阻止默认事件
```

如下阻止了 a 标签的默认刷新：

```
<a href = "" v - on:click.prevent >单击</a>
```

（3）.capture 用于在添加事件监听器时使用事件捕获模式，即在捕获模式下触发，代码如下：

```
@click.capture = 'handle()'
```

如下实例在单击最里层的“单击 6”时，outer()方法先执行，因为 outer()方法是在捕获模式执行的，先于冒泡事件。下列执行顺序 outer→set→inner，因为后两个还是冒泡模式下触发的事件，代码如下：

```
<div v-on:click.capture="outer">外部单击 5
    <div v-on:click="inner">内部单击 5
        <div v-on:click="set">单击 6</div>
    </div>
</div>
```

(4) .self：当前元素自身是触发处理函数时才会触发函数。

原理是根据 event.target 确定是否是当前元素本身，以此来决定是否触发事件/函数。

如下示例，如果单击"内部单击"，冒泡不会执行 outer()方法，因为 event.target 指的是内部单击的 DOM 元素，不是外部单击的，所以不会触发自己的单击事件，代码如下：

```
<div v-on:click.self="outer">
    外部单击
    <div v-on:click="inner">内部单击</div>
</div>
```

(5) .once：只触发一次，代码如下：

```
<div id="app">
    <div v-on:click.once="once">单击 once</div>
</div>
<script type="text/JavaScript">
    var vm = new Vue({
        el: '#app',
        methods:{
            once: function () {
                console.log("单击 once")
            }
        }
    })
</script>
```

(6) 键盘事件。

方式一：@keydown='show($event)'

```
<div id="app">
    <input type="text" @keydown='show($event)' />
</div>
<script type="text/JavaScript">
    var vm = new Vue({
        el: '#app',
        methods:{
            show: function (ev) {
                /* 在函数中获取 ev.keyCode */
                console.log(ev.keyCode);
```

```
                if(ev.keyCode == 13){
                    alert('你按了 Enter 键!')
                }
            }
        }
    })
</script>
```

方式二：

```
<input type = "text" @keyup.enter = "show()">              //回车执行
<input type = "text" @keydown.up = 'show()'>               //上键执行
<input type = "text" @keydown.down = 'show()'>             //下键执行
<input type = "text" @keydown.left = 'show()'>             //左键执行
<input type = "text" @keydown.right = 'show()'>            //右键执行
```

15.6 基础 demo 案例

前面几节介绍了一些 Vue 的基础知识，结合以上知识可以来做个小 demo：图书管理系统，图书管理系统主要实现数据的添加、删除、列表渲染等功能。最终实现的效果如图 15-27 所示。

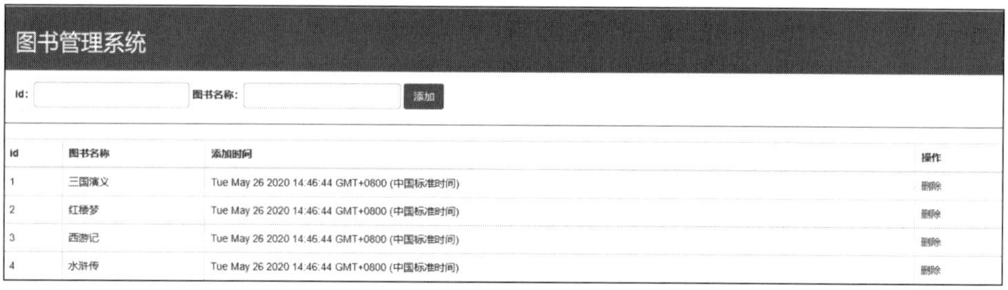

图 15-27 图书管理系统效果图

这个 demo 是基于 Bootstrap 来快速搭建的，所以对 Bootstrap 不是很了解的读者，可以先自行到官网 http://www.bootcss.com/进行学习。开始 demo 之前大家需下载 Bootstrap 文件，这里采用的是 bootstrap-3.3.7.css。

15.6.1 列表渲染

代码如下：

```
<!DOCTYPE html>
<html xmlns:v-on = "http://www.w3.org/1999/xhtml"
```

```
              xmlns:v-bind="http://www.w3.org/1999/xhtml">
<head>
    <title></title>
    <meta charset="utf-8"/>
    <script src="https://cdn.jsdelivr.net/npm/vue/dist/Vue.js"></script>
    <!-- 引入 bootstrap -->
    <link rel="stylesheet" href="./lib/bootstrap-3.3.7.css">
</head>
<body>
<div class="app">
    <div class="panel panel-primary">
        <div class="panel-heading">
            <h2>图书管理系统</h2>
        </div>
        <div class="panel-body form-inline">
            <label for=""> id: <input type="text" class="form-control"
                          v-model="id"></label>
            <label for="">图书名称: <input type="text"
                          class="form-control" v-model="name"></label>
            <input type="button" value="添加" class="btn btn-primary"
                         @click="add">
        </div>
    </div>
    <table class="table table-bordered table-hover">
        <thead>
        <tr>
            <th> id</th>
            <th>图书名称</th>
            <th>添加时间</th>
            <th>操作</th>
        </tr>
        </thead>
        <tbody>
        <tr v-for="item in arr" :key="item.id">
            <td v-text="item.id"></td>
            <td v-text="item.name"></td>
            <td v-text="item.time"></td>
            <td><a href="" @click.prevent="del(item.id)">删除</a></td>
        </tr>
        </tbody>
    </table>
</div>
<script>
    var vm = new Vue({                          //创建 Vue 实例
        el:'.app',
            data:{
                arr:[
```

```
                    {'id':1,'name':'三国演义','time':new Date()},
                    {'id':2,'name':'红楼梦','time':new Date()},
                    {'id':3,'name':'西游记','time':new Date()},
                    {'id':4,'name':'水浒传','time':new Date()}
            ],//创建一些初始数据与格式
                id:'',
                name:''
            },
    })
</script>
</body>
</html>
```

15.6.2 功能实现

添加功能的代码如下：

```
add(){
        this.arr.push({'id':this.id,'name':this.name,'time':new Date()});
         this.id = this.name = '';
    }
```

删除功能的代码如下：

```
del(id){
     var index = this.arr.findIndex(item => {
      if(item.id == id) {
              return true;
            }
         })
      //findIndex()方法查找索引,实现列表的删除功能
     this.arr.splice(index,1)
}
```

完整示例代码如下：

```
<!DOCTYPE html>
<html xmlns:v-on="http://www.w3.org/1999/xhtml"
                        xmlns:v-bind="http://www.w3.org/1999/xhtml">
<head>
    <meta charset="utf-8"/>
    <script src="https://cdn.jsdelivr.net/npm/vue/dist/Vue.js"></script>
    <link rel="stylesheet" href="./lib/bootstrap-3.3.7.css">
</head>
```

```
<body>
<div class="app">
    <div class="panel panel-primary">
        <div class="panel-heading">
            <h2>图书管理系统</h2>
        </div>
        <div class="panel-body form-inline">
            <label for=""> id: <input type="text" class="form-control"
                          v-model="id"></label>
            <label for="">图书名称: <input type="text"
                          class="form-control" v-model="name"></label>
            <input type="button" value="添加" class="btn btn-primary"
                          @click="add">
        </div>
    </div>
    <table class="table table-bordered table-hover">
        <thead>
        <tr>
            <th> id</th>
            <th>图书名称</th>
            <th>添加时间</th>
            <th>操作</th>
        </tr>
        </thead>
        <tbody>
        <tr v-for="item in arr" :key="item.id">
            <td v-text="item.id"></td>
            <td v-text="item.name"></td>
            <td v-text="item.time"></td>
            <td><a href="" @click.prevent="del(item.id)">删除</a></td>
        </tr>
        </tbody>
    </table>
</div>
<script>
    var vm = new Vue({                              //创建 Vue 实例
        el:'.app',
        data:{
            arr:[
                {'id':1,'name':'三国演义','time':new Date()},
                {'id':2,'name':'红楼梦','time':new Date()},
                {'id':3,'name':'西游记','time':new Date()},
                {'id':4,'name':'水浒传','time':new Date()}
        ],                                          //创建一些初始数据与格式
            id:'',
            name:''
        },
        methods:{
```

```
                add(){
                    this.arr.push ({'id':this.id,'name':this.name,'time':
                                    new Date()});
                    this.id = this.name = '';
                },                               //add()方法实现列表的输入功能
                del(id){
                    var index = this.arr.findIndex(item => {
                        if(item.id == id) {
                            return true;
                        }
                    })
                  /* findIndex()方法查找索引,实现列表的删除功能 */
                    this.arr.splice(index,1)
                  }
            }
        })
</script>
</body>
</html>
```

15.7 自定义指令

除了核心功能可以采用默认的内置指令（v-model 和 v-show)外,Vue 允许注册自定义指令。注意,在 Vue 2.0 中,代码复用和抽象的主要形式是组件(将在 15.8 节讲解),然而,有的情况下,仍然需要对普通 DOM 元素进行底层操作,这时就会用到自定义指令。

15.7.1 指令的注册

自定义指令的注册分为全局注册和局部注册,例如注册一个 v-focus 指令用于< input >、< textarea >元素在页面加载时自动获得焦点,即只要在打开这个页面后还没单击过任何内容,这个输入框就应当处于聚焦状态。

语法:Vue.directive(id,definition)。id 是指令的唯一标识,definition 定义对象则是指令的相关属性及钩子函数,格式如下:

```
//注册一个全局自定义指令 v-focus
Vue.directive('focus', {
//定义对象
})
```

也可以注册局部指令,组件或 Vue 构造函数中接受一个 directives 的选项,格式如下:

```
var vm = new Vue({
  el: '#app',
  directives:{
    focus:{
//定义对象
    }
  }
})
```

15.7.2 指令的定义对象

上面只是注册了自定义指令 v-focus，并没有赋予这个指令任何功能，可以传入 definition 定义对象，对指令赋予具体的功能。

一个指令定义对象可以提供以下几个钩子函数（均为可选）。

（1）bind：只调用一次，指令第 1 次绑定到元素时调用，在这里可以进行一次性的初始化设置。

（2）inserted：被绑定元素插入父节点时调用（父节点存在即可调用，不必存在于 ocument 中）。

（3）update：被绑定元素所在的模板更新时调用，而不论绑定值是否变化。通过比较更新前后绑定的值，可以忽略不必要的模板更新。

（4）componentUpdated：被绑定元素所在模板完成一次更新周期时调用。

（5）unbind：只调用一次，指令与元素解绑时调用。

根据需求在不同的钩子函数内完成逻辑代码，如上面的 v-focus，我们希望元素插入父节点时调用，比较好的钩子函数是 inserted，如例 15-27 所示。

【例 15-27】 自定义 v-focus 指令

```
//第 15 章/自定义 v-focus 指令.html
<!DOCTYPE html>
<html xmlns:v-on="http://www.w3.org/1999/xhtml"
                          xmlns:v-bind="http://www.w3.org/1999/xhtml">
<head>
    <title></title>
    <meta charset="utf-8"/>
    <script src="https://cdn.jsdelivr.net/npm/vue/dist/Vue.js"></script>
</head>
<body>
  <div id="app">
      <p>页面载入时，input 元素自动获取焦点：</p>
      <input v-focus>
  </div>
```

```
    <script>
        //注册一个全局自定义指令 v-focus
      /* Vue.directive('focus', {
            //当绑定元素插入 DOM 中时
            inserted: function (el) {
                //聚焦元素
                el.focus()
            }
        }) */
        //创建根实例
        var vm = new Vue({
            el: '#app',
            directives: {
                //注册一个局部的自定义指令 v-focus
                focus: {
                    //指令的定义
                    inserted: function (el) {
                        //聚焦元素
                        el.focus()
                    }
                }
            }
        })
    </script>
  </body>
  </html>
```

在浏览器中的效果如图 15-28 所示。

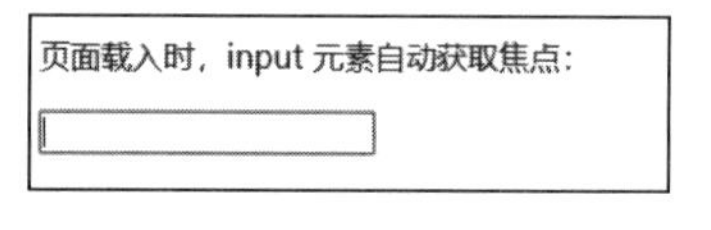

图 15-28　v-focus 渲染后的效果

当打开页面时，input 输入框就会自动获得焦点，成为可输入状态。

15.7.3　指令实例属性

除了指令的生命周期外，大家还需知道指令中能调用的相关属性，以便对相关 DOM 进行操作。在指令的钩子函数内，可以通过 this 来调用指令实例。下面详细说明指令的实例属性。

(1) el：指令所绑定的元素，可以用来直接操作 DOM。

(2) binding：一个对象，包含以下属性。

- name：指令名，不包括 v- 前缀；
- value：指令的绑定值，例如，v-my-directive="1 + 1" 中，绑定值为 2；

- oldValue：指令绑定的前一个值，仅在 update 和 componentUpdated 钩子中可用。无论值是否改变都可用；
- expression：字符串形式的指令表达式。例如 v-my-directive="1 + 1" 中，表达式为 "1 + 1"；
- arg：传给指令的参数，可选。例如 v-my-directive:foo 中，参数为"foo"；
- modifiers：一个包含修饰符的对象。例如，v-my-directive. foo. bar 中，修饰符对象为 { foo：true，bar：true }。

(3) vnode：Vue 编译生成的虚拟节点。移步 VNode API 来了解更多详情。

(4) oldVnode：上一个虚拟节点，仅在 update 和 componentUpdated 钩子中可用。

例 15-28 演示了这些参数的使用。

【例 15-28】 指令实例属性应用

```
//第 15 章/指令实例属性应用.html
<!DOCTYPE html>
<html xmlns:v-on="http://www.w3.org/1999/xhtml"
            xmlns:v-bind="http://www.w3.org/1999/xhtml"
      xmlns:v-demo="http://www.w3.org/1999/xhtml">
<head>
    <title></title>
    <meta charset="utf-8"/>
    <script src="https://cdn.jsdelivr.net/npm/vue/dist/Vue.js"></script>
</head>
<body>
  <div id="app" v-demo:msg.a.b="message"></div>
  <script>
      Vue.directive('demo', {
         bind: function (el, binding, vnode) {
             var s = JSON.stringify
             el.innerHTML =
                 'name: ' + s(binding.name) + '<br>' +
                 'value: ' + s(binding.value) + '<br>' +
                 'expression: ' + s(binding.expression) + '<br>' +
                 'argument: ' + s(binding.arg) + '<br>' +
                 'modifiers: ' + s(binding.modifiers) + '<br>' +
                 'vnode keys: ' + Object.keys(vnode).join(', ')
         }
      })
      new Vue({
         el: '#app',
         data: {
             message: 'hello!'
         }
      })
  </script>
```

```
</body>
</html>
```

页面的显示结果,如图 15-29 所示。

```
name: "demo"
value: "hello!"
expression: "message"
argument: "msg"
modifiers: {"a":true,"b":true}
vnode keys: tag, data, children, text, elm, ns, context, fnContext, fnOptions, fnScopeId, key,
componentOptions, componentInstance, parent, raw, isStatic, isRootInsert, isComment, isCloned,
isOnce, asyncFactory, asyncMeta, isAsyncPlaceholder
```

图 15-29 指令实例属性执行结果

从输出的结果可以看出,在自定义指令中能接收到传入的参数和元素等。

有时候不需要其他钩子函数,可以简写函数,指令函数可接受所有合法的 JavaScript 表达式,以下实例传入了 JavaScript 对象,代码如下:

```
<div id = "app">
    <div v - demo = "{ color: 'green', text: '自定义指令!' }"></div>
</div>
<script>
    Vue.directive('demo', function (el, binding) {
       //以简写方式设置文本及背景颜色
       el.innerHTML = binding.value.text
       el.style.backgroundColor = binding.value.color
    })
    new Vue({
       el: '#app'
    })
</script>
```

Vue 2.0 之后移除了大量 Vue 1.0 自定义指令的配置。在使用自定义指令时,应该充分理解业务需求,因为很多时候需要的可能并不是自定义指令,而是组件。在第 16 章将详细讲解组件。

15.7.4 案例:下拉菜单

网页中有很多常见的下拉菜单,单击下拉按钮时,会弹出一个下拉菜单,如例 15-29 所示。

【例 15-29】 下拉菜单

```
//第 15 章/下拉菜单.html
<!DOCTYPE html>
<html>
```

```
<head>
    <title></title>
    <meta charset="utf-8"/>
    <script src="https://cdn.jsdelivr.net/npm/vue/dist/Vue.js"></script>
</head>
<body>
<div id="app">
    <!-- 自定义指令 v-clickoutside 绑定 handleHide 函数 -->
    <div class="main" v-clickoutside="handleHide">
        <button @click="show = !show">单击显示下拉菜单</button>
        <div class="dropdown" v-show="show">
            <div class="item"><a href="#">选项 1</a></div>
            <div class="item"><a href="#">选项 2</a></div>
            <div class="item"><a href="#">选项 3</a></div>
        </div>
    </div>
</div>
<script>
    /* 自定义指令 v-clickoutside */
    Vue.directive('clickoutside', {
        /* 在 document 上绑定 click 事件,所以在 bing 钩子函数内声明了一个函数
        documentHandler,并将它作为句柄绑定在 document 的 click 事件上。
        documentHandler 函数做了两个判断。
        * */
        bind(el, binding) {
            function documentHandler(e) {
                /* 第 1 个是判断单击的区域是否是指令所在的元素内部,如果是,
                就跳转函数而不往下继续执行。
                * contains 方法用来判断元素 A 是否包含了元素 B,如果包含,则返回值为 true。
                * */
                if (el.contains(e.target)) {
                  return false
                }
                /* 第 2 个判断的是当前的指令 v-clickoutside 有没有表达式,在该自定义
                指令中表达式应该是一个函数,在过滤了内部元素后,单击外面任何区
                域应该执行用户表达式中的函数,所以 binding.value()
                * 可用来执行当前上下文 methods 中指定的函数。
                * */
                if (binding.expression) {
                  binding.value(e)
                }
            }
            /* 与 Vue 1.0 不同的是,在自定义指令中,不能再使用 this.xxx 的形式在上下
            文中声明一个变量,所以用了 el.__vueMenuHandler__引用
            documentHandler,这样就可以在 unbind 钩子里移除对 document 的 click
            事件监听。如果不移除,当组建或元素销毁时它仍然存在于内存中。
            * */
```

```
            el.__vueMenuHandler__ = documentHandler;
            document.addEventListener('click', el.__vueMenuHandler__)
        },
        unbind(el) {
            document.removeEventListener('click',
            el.__vueMenuHandler__)
            delete el.__vueMenuHandler__
        }
    })
    new Vue({
        el: '#app',
        data: {
            show: false
        },
        methods: {
            handleHide() {
                this.show = false
            }
        }
    })
</script>
</body>
</html>
```

页面最终呈现的效果如图 15-30 所示。

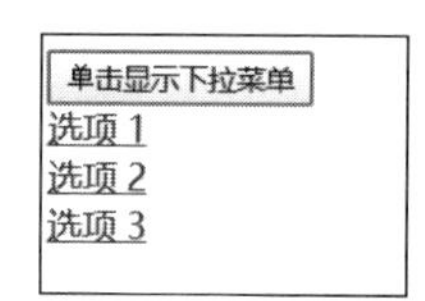

图 15-30　下拉菜单示例最终效果

示例中的逻辑很简单,单击按钮时显示 class 为 dropdown 的 div 元素。自定义指令 v-clickoutside 绑定了 handleHide 函数,用来关闭菜单。

15.7.5 案例:相对时间转换

在很多社区网站,例如朋友圈、微博等,发布的动态有一个相对本机时间转换后的相对时间,如图 15-31 中圈出的时间。

一般在服务器的存储时间格式是 UNIX 时间戳,例如 2018-01-17 06:00:00 的时间戳是 1516140000。前端在获得数据后,将它转换为可持续的时间格式再显示出来。为了显示出实时性,在一些社交类产品中,甚至会实时转换为几秒前、几分钟前、几小时前等不同的格式,因为这样比直接转换为年、月、日、时、分、秒,显得对用户更加友好,体验更人性化。

我们实现这样一个 Vue 自定义指令 v-time,将表达式传入的时间戳实时转换为相对时

图 15-31 相对本机时间转换后的相对时间

间。为了便于演示，初始化时定义了两个时间。

index.html 页面的代码如下：

```
<!DOCTYPE html>
<html>
<head>
    <title>时间转换指令</title>
    <meta charset = "utf - 8"/>
    <script
src = "https://cdn.jsdelivr.net/npm/vue/dist/Vue.js"></script>
</head>
<body>
  <div id = "app">
      <div v - time = "timeNow"></div>
      <div v - time = "timeBefore"></div>
  </div>
  <script src = "./time.js"></script>
  <script src = "./index.js"></script>
</body>
</html>
```

index.js 文件的代码如下：

```
var vm = new Vue({
   el: '#app',
   data: {
      timeNow: (new Date()).getTime(),
```

```
        timeBefore: 1580503571085
    }
})
```

timeNow 是当前的时间，timeBefore 是一个写死的时间：2020-02-01。

分析一下时间转换的逻辑：

(1) 1 分钟以前，显示“刚刚”。

(2) 1 分钟～1 小时之间，显示“xx 分钟前”。

(3) 1 小时～1 天之间，显示“xx 小时前”。

(4) 1 天～1 个月(31 天)之间，显示“xx 天前”。

(5) 大于 1 个月，显示“xx 年 xx 月 xx 日”。

这样罗列出来，逻辑就一目了然了。为了使判断更简单，这里统一使用时间戳进行大小判断。在写指令 v-time 之前，需要先写一系列与时间相关的函数，并且声明一个对象 Time，把它们都封装到里面。

time.js 文件的代码如下：

```
var Time = {
    //获取当前时间戳
    getUNIX: function() {
        var date = new Date();
        return date.getTime();
    },
//获取今天 0 点 0 分 0 秒的时间戳
getTodayUNIX: function() {
    var date = new Date();
    date.setHours(0);
    date.setMinutes(0);
    date.setSeconds(0);
    date.setMilliseconds(0);
    return date.getTime();
},
//获取今年 1 月 1 日 0 点 0 秒的时间戳
getYearUNIX: function() {
    var date = new Date();
    date.setMonth(0);
    date.setDate(1);
    date.setHours(0);
    date.setMinutes(0);
    date.setSeconds(0);
    date.setMilliseconds(0);
    return date.getTime();
},
//获取标准年、月、日
```

```
    getLastDate: function(time) {
        var date = new Date(time);
        var month = date.getMonth() + 1 < 10 ? '0' + (date.getMonth() + 1) : date.getMonth() + 1;
        var day = date.getDate() < 10 ? '0' + date.getDate() : date.getDate();
        return date.getFullYear() + '-' + month + '-' + day;
    },
    //转换时间
    getFormateTime: function(timestamp) {
        var now = this.getUNIX();
        var today = this.getTodayUNIX();
        var year = this.getYearUNIX();
        var timer = (now - timestamp) / 1000;
        var tip = '';
        if (timer <= 0) {
            tip = '刚刚';
        } else if (Math.floor(timer / 60) <= 0) {
            tip = '刚刚';
        } else if (timer < 3600) {
            tip = Math.floor(timer / 60) + '分钟前';
        } else if (timer >= 3600 && (timestamp - today >= 0)) {
            tip = Math.floor(timer / 3600) + '小时前';
        } else if (timer / 86400 <= 31) {
            tip = Math.ceil(timer / 86400) + '天前';
        } else {
            tip = this.getLastDate(timestamp);
        }
        return tip;
    }
}
```

Time.getFormatTime()方法是自定义指令 v-time 所需要的，参数为毫秒级时间戳，返回已经整理好的时间格式的字符串。

最后在 time.js 文件里补全剩余的代码，代码如下：

```
Vue.directive('time', {
    bind: function(el,binding) {
        el.innerHTML = Time.getFormateTime(binding.value);
        el.__timeout__ = setInterval(() => {
            el.innerHTML = Time.getFormateTime(binding.value);
        },60000);
    },
    unbind: function() {
        clearInterval(el.__timeout__);
        delete el.__timeout__;
    }
})
```

在 bind 钩子里，将指令 v-time 表达式的值 binding. value 作为参数传入 Time. getFormatTime()方法中得到格式化时间，再通过 el. innerHTML 写入指令所在元素。定时器 el. __timeout__每分钟触发一次，更新时间，并且在 unbind 钩子里清除掉。

总结：在编写自定义指令时，给 DOM 绑定一次性事件等初始动作，建议在 bind 钩子内完成，同时要在 unbind 内解除相关绑定。

15.8 组件

组件(Component)是 Vue 最核心的功能，也是整个框架设计最精彩的地方，当然也是比较难掌握的部分。每个开发者都想在软件开发过程中使用之前写好的代码，但又担心引入这段代码对现有的程序产生影响。Web Components 的出现提供了一种新的思路，可以自定义 tag 标签，并拥有自身的模板、样式和交互。

15.8.1 什么是组件

在正式介绍组件前，先看一个 Vue 组件的简单示例，让大家先感受一下，代码如下：

```
//定义一个名为 button - counter 的新组件
Vue.component('button - counter', {
  data: function () {
    return {
      count: 0
    }
  },
  template: '< button v - on:click = "count++"> You clicked me {{ count }} times.</button >'
})
```

组件是可复用的 Vue 实例，并且带有一个名字，在这个示例中是< button-counter >。可以在一个通过 new Vue 创建的 Vue 根实例中把这个组件作为自定义标签来使用，代码如下：

```
< div id = "components - demo">
    < button - counter ></button - counter >
    < button - counter ></button - counter >
</div >
new Vue({ el: '#components - demo' })
```

完整的示例代码如下：

```
//第 15 章/自定义组件.html
<! DOCTYPE html >
< html >
```

```
<head>
    <title></title>
    <meta charset = "utf - 8"/>
    <script src = "https://cdn.jsdelivr.net/npm/vue/dist/Vue.js"></script>
</head>
<body>
  <div id = "components - demo">
      <button - counter></button - counter>
      <button - counter></button - counter>
  </div>
  <script>
      //定义一个名为 button - counter 的新组件
      Vue.component('button - counter', {
          data: function () {
              return {
                  count: 0
              }·
          },
          template: '<button v - on:click = "count++"> You clicked me
              {{ count }} times.</button>'
      })
      new Vue({ el: '#components - demo' })
  </script>
</body>
</html>
```

这些类似于<button-counter>但没见过的标签就是组件，每个标签代表一个组件，这样就可以将组件进行任意次数的复用了。

Web 的组件其实就是页面组成的一部分，好比计算机中的每个组成部分（如硬盘、键盘、鼠标等），它具有独立的逻辑、功能或界面，同时又能根据规定的接口规则进行相互融合，变成一个完整的应用。

Web 页面就是由一个个类似这样的部分组成的，例如导航、列表、弹窗、下拉菜单等。页面只不过是这些组件的容器，组件自由组合形成功能完整的界面，当不需要某个组件或者想要替换某个组件时，可以随时进行替换和删除，而不影响整个应用的运行。

前端组件化的核心思路就是将一个巨大复杂的任务分成粒度合理的小任务。

使用组件的好处：

(1) 提高开发效率。

(2) 方便重复使用。

(3) 简化调试步骤。

(4) 提升整个项目的可维护性。

(5) 便于协同开发。

组件是 Vue.js 最强大的功能之一。

组件可以扩展 HTML 元素，封装可重用的代码。在较高层面上，组件是自定义元素，Vue.js 的编译器为它添加特殊功能。在有些情况下，组件也可以采用原生 HTML 元素的形式，以 is 特性进行扩展。组件系统可以用独立可复用的小组件来构建大型应用，几乎任意类型的应用界面可以抽象为一棵组件树，如图 15-32 所示。

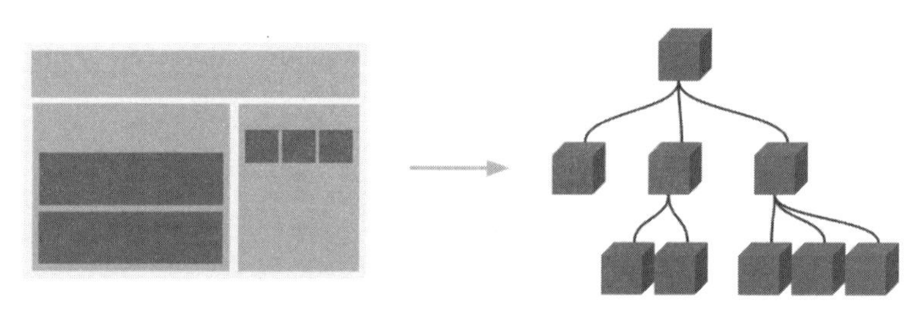

图 15-32 Vue 组件树

15.8.2 组件的基本使用

为了能在模板中使用，组件必须先注册以便 Vue 能够识别。这里有两种组件的注册类型：全局注册和局部注册。

1. 全局注册

全局注册需要确保在根实例初始化之前注册，这样才能使组件在任意实例中被使用，全局注册有 3 种方式。

(1) 要注册一个全局组件，可以使用 Vue.component(tagName,options)注册，代码如下：

```
Vue.component('my-component', {
  //选项
})
```

my-component 是注册的组件的自定义标签名称，推荐使用小写加分隔符的形式命名。组件在注册之后，便可以在父实例的模块中以自定义元素的形式使用，示例代码如下：

```
<div id="app">
    <my-component></my-component>
</div>
<script>
    Vue.component('my-component', {
       template: '<h1>注册</h1>'
    });
    var vm = new Vue({
       el:'#app'
    })
</script>
```

注意：

① template 的 DOM 结构必须被一个而且唯一的根元素包含，如果直接引用，则不被 <div></div>包裹是无法被渲染的。

② 模板(template)用于声明数据和最终展现给用户的 DOM 之间的映射关系。

除了 template 选项外，组件中还可以像 Vue 实例那样使用其他的选项，例如 data、computed、methods 等，但是在使用 data 时和实例不同，data 必须是函数，然后将数据利用 return 返回去，代码如下：

```
<div id = "app">
    <my-component></my-component>
</div>
<script>
    Vue.component('my-component', {
       template: '<h1>{{message}}</h1>',
       data:function () {
           return{
               message:'注册'
           }
       }
    });
    var vm = new Vue({
       el:'#app'
    })
</script>
```

Vue 组件中 data 值不能为对象，因为对象是引用类型，组件可能会被多个实例同时引用。如果 data 值为对象，则将导致多个实例共享一个对象，其中一个组件改变 data 属性值，其他实例也会受到影响。

上面解释了 data 不能为对象的原因，这里简单说明 data 为函数的原因。data 为函数，通过 return 返回对象的复制，致使每个实例都有自己独立的对象，实例之间可以互不影响地改变 data 属性值。

(2) 使用 Vue.extend 配合 Vue.component 方法注册，代码如下：

```
<div id = "app">
    <my-list></my-list>
</div>
<script>
    var list = Vue.extend({
       template:'<h1>this is a list</h1>',
    });
    Vue.component("my-list",list);
    //根实例
new Vue({
```

```
        el:"#app",
    })
</script>
```

(3) 将模板字符串定义到 script 标签中注册,代码如下:

```
<script id="tmpl" type="text/x-template">
    <div><a href="#">登录</a> | <a href="#">注册</a></div>
</script>
```

同时,需要使用 Vue.component 定义组件,代码如下:

```
Vue.component('account', {
      template: '#tmpl'
    });
```

示例代码如下:

```
//第 15 章/全局注册.html
//部分代码
<div id="app">
    <account></account>
</div>
<template id="tmpl">
    <div><a href="#">登录</a> | <a href="#">注册</a></div>
</template>
<script>
    Vue.component('account', {
        template: '#tmpl'
    });
    new Vue({
        el:"#app",
    })
</script>
```

2. 局部注册

如果不需要全局注册,或者让组件在其他组件内使用,可以用选项对象的 components 属性实现局部注册,示例代码如下:

```
//第 15 章/局部注册.html
//部分代码
<div id="app">
    <account></account>
```

```
</div>
<script>
    //创建 Vue 实例,得到 ViewModel
    var vm = new Vue({
        el: '#app',
        data: {},
        methods: {},
        components: {                                   //定义子组件
            account: {                                  //account 组件
                template: '<div><h1>这是 Account 组
                </h1><login></login></div>',
                 //在这里使用定义的子组件
                components: {                           //定义子组件的子组件
                    login: {                            //login 组件
                        template: "<h3>这是登录组件</h3>"
                    }
                }
            }
        }
    });
</script>
```

可以使用 flag 标识符结合 v-if 和 v-else 切换组件,如例 15-30 所示。

【例 15-30】 使用标识符切换组件

```
//第 15 章/使用标识符切换组件.html
<!DOCTYPE html>
<html>
<head>
    <title></title>
    <meta charset="utf-8"/>
    <script src="https://cdn.jsdelivr.net/npm/vue/dist/Vue.js"></script>
</head>
<body>
<div id="app">
    <input type="button" value="toggle" @click="flag=!flag">
    <account v-if="flag"></account>
    <login v-else="flag"></login>
</div>
<script>
  //创建 Vue 实例,得到 ViewModel
  var vm = new Vue({
      el: '#app',
      data: {
          flag: true
      },
      methods: {},
```

```
        components: {                           //定义子组件
            account: {                          //account 组件
              //在这里使用定义的子组件
                template: '<div><h1>这是 Account 组件</h1></div>',
            },
            login: {                            //login 组件
                template: "<h3>这是登录组件</h3>"
            }
        }
    });
</script>
</body>
</html>
```

15.8.3 DOM 模板解析说明

当使用 DOM 作为模板时(例如，将 el 选项挂载到一个已存在的元素上)，会受到 HTML 的一些限制，因为 Vue 只有在浏览器解析和标准化 HTML 后才能获取模板内容。尤其像元素 <ul>、<ol>、<table>、<select>限制了能被它包裹的元素，而一些像 <option> 这样的元素只能出现在某些其他元素内部。

在自定义组件中使用这些受限制的元素时会导致一些问题，示例代码如下：

```
<table>
    <my-row>...</my-row>
</table>
```

自定义组件被认为是无效的内容，因此在渲染时会导致错误。这是因为使用特殊的 is 属性来挂载组件，代码如下：

```
<table>
    <tr is="my-row"></tr>
</table>
```

也就是说，在标准 HTML 中，一些元素中只能放置特定的子元素，另一些元素只能存在于特定的父元素中。例如 table 中不能放置 div，tr 的父元素不能放置 div 等，所以当使用自定义标签时，标签名还是那些标签的名字，但是可以在标签的 is 属性中填写自定义组件的名字，如例 15-31 所示。

【例 15-31】 DOM 模板解析示例

```
//第 15 章/DOM 模板解析.html
<!DOCTYPE html>
```

```
<html>
<head>
    <title></title>
    <meta charset="utf-8"/>
    <script
src="https://cdn.jsdelivr.net/npm/vue/dist/Vue.js"></script>
</head>
<body>
  <div id="app">
      <table border="1" cellpadding="5" cellspacing="0">
          <my-row></my-row>
          <tr is="my-row"></tr>
      </table>
  </div>
  <script type="text/JavaScript">
      new Vue({
          el:'#app',
          components:{
              myRow:{
                  template:'<tr><td>123456</td></tr>'
              }
          }
      });
  </script>
</body>
</html>
```

示例的执行效果如图 15-33 所示。

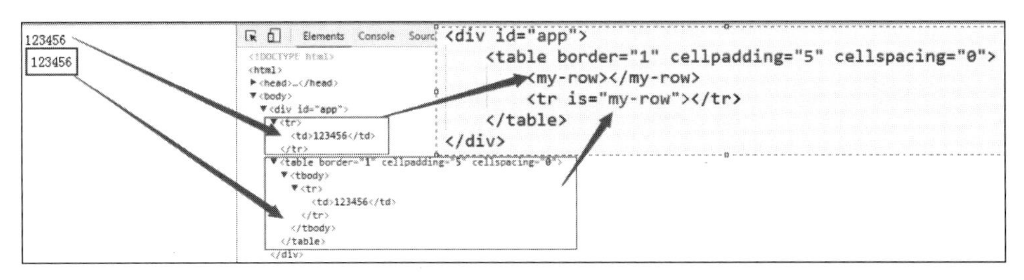

图 15-33 DOM 模板解析效果图

从图 15-33 中不难发现直接引用<my-row>组件标签并没有被<table>标签包裹，而用 is 特殊属性挂载的组件可以达到效果。

注意： 如果使用的是字符串模板，则不受限制。

15.8.4 组件选项

Vue 的组件可以理解为预先定义好行为的 ViewModel 类。一个组件可以预先定义很多选项，但是最核心的是以下几个。

（1）模板（template）：用于声明数据和最终展现给用户的 DOM 之间的映射关系。

（2）初始数据（data）：一个组件的初始数据状态。对于可复用的组件来讲，通常是私有的状态。

（3）接收的外部参数（props）：组件之间通过参数进行数据的传递和共享。参数默认为单向绑定（由上至下），但也可以显式地声明为双向绑定。

（4）方法（methods）：对数据的改动操作一般在组件的方法内进行。可以通过 v-on 指令将用户输入事件和组件方法进行绑定。

（5）生命周期钩子函数（Lifecycle Hooks）：一个组件会触发多个生命周期钩子函数，例如 created、attached、destroyed 等。在这些钩子函数中，可以封装一些自定义的逻辑。和传统的 MVC 相比，这可以理解为 Controller 的逻辑被分散到了这些钩子函数中。

组件接收的选项大部分与 Vue 实例一样，相同的部分就不再赘述了。我们重点讲解一下二者不同的选项 data 和 props，data 在前面章节中已经讲解过了，所以本节主要讲解 props，它用于接收父组件传递的参数。

1. 组件 props

上述在使用组件时主要把组件模板的内容进行复用，如下面的代码：

```
//父组件
<div id = "app">
    <my-component></my-component>
</div>
<script>
    //子组件
   Vue.component('my-component', {
      template: '<h1>注册</h1>'
   });
   var vm = new Vue({
      el:'#app'
   })
</script>
```

但是组件中更重要的应用是组件间进行通信，选项 props 是组件中非常重要的一个选项，起到父子组件间桥梁的作用。

1）静态 props

组件实例的作用域是孤立的。这意味着不能（也不应该）在子组件的模板内直接引用父组件的数据，代码如下：

```
<div id = "app">
    <my-componet message = "来自父组件的数据!!"></my-componet>
</div>
<script type = "text/JavaScript">
    Vue.component('my-componet', {
```

```
        template: '< span >{{ message }}</span >'
    })
    new Vue({
        el:'#app'
    });
</script >
```

这样子组件无法接收到父组件的 message 数据，而且会报错，如图 15-34 所示。

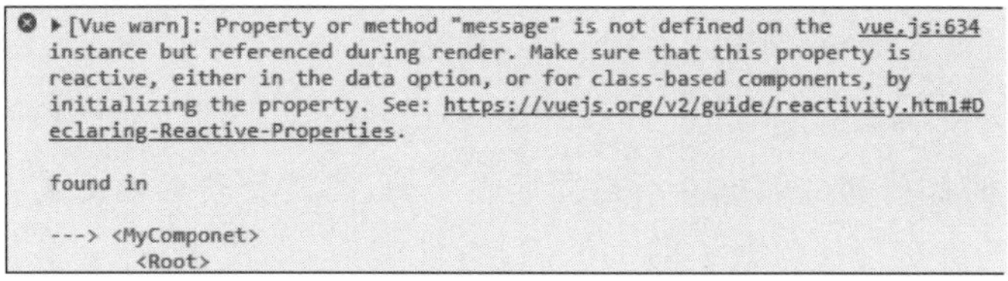

```
▸[Vue warn]: Property or method "message" is not defined on the  vue.js:634
instance but referenced during render. Make sure that this property is
reactive, either in the data option, or for class-based components, by
initializing the property. See: https://vuejs.org/v2/guide/reactivity.html#D
eclaring-Reactive-Properties.

found in

---> <MyComponet>
       <Root>
```

图 15-34　直接引用父组件 message 后的错误信息

要想让子组件使用父组件的数据，需要通过子组件的 props 选项实现。子组件要显式地用 props 选项声明它期待获得的数据，如例 15-32 所示。

【例 15-32】 子组件使用父组件的数据

```
//第 15 章/子组件使用父组件的数据.html
//部分代码
< div id = "app">
    < my - componet message = "来自父组件的数据!!"></my - componet >
</div >
< script type = "text/JavaScript">
    Vue.component('my - componet', {
        //声明 props
        props: ['message'],
        //就像 data 一样,props 可以用在模板内
        //同样也可以在 vm 实例中像 this.message 这样使用
        template: '< span >{{ message }}</span >'
    })
    new Vue({
        el:'#app'
    });
</script >
```

页面显示结果为来自父组件的数据!

由于 HTML 特性不区分大小写，所以当使用的不是字符串模板时，camelCased（驼峰式）命名的 props 需要转换为相对应的 kebab-case（短横线隔开式）命名，代码如下：

```
< div id = "app">
    < my - componet my - message = "来自父组件的数据!"></my - componet >
```

```
</div>
<script type="text/JavaScript">
    Vue.component('my-componet',{
        props: ['myMessage'],
        template: '<span>{{ myMessage }}</span>'
    })
    new Vue({
        el:'#app'
    });
</script>
```

2）动态 props

在模板中，有时候传递的数据并不是固定不变的，而是要动态地将父组件的数据绑定到子模板的 props，与绑定到任何普通的 HTML 特性类似，也使用 v-bind 指令。当父组件的数据变化时，该变化也会传导给子组件，如例 15-33 所示。

【例 15-33】 子组件动态地接收父组件的数据

```
//第 15 章/动态 props.html
<!DOCTYPE html>
<html>
<head>
    <title></title>
    <meta charset="utf-8"/>
    <script src="https://cdn.jsdelivr.net/npm/vue/dist/Vue.js"></script>
</head>
<body>
<div id="app">
    <input type="text" v-model="parentMessage">
    <my-componet :message="parentMessage"></my-componet>
</div>
<script type="text/JavaScript">
    Vue.component('my-componet', {
        props: ['message'],
        template: '<span>{{ message }}</span>'
    })
    new Vue({
        el:'#app',
        data:{
            parentMessage:''
        }
    });
</script>
</body>
</html>
```

页面的显示效果如图 15-35 所示。

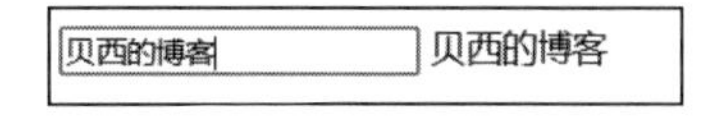

图 15-35 动态地接收父组件数据效果图

这里使用 v-model 绑定了父组件数据 parentMessage，当在输入框中输入数据时，子组件接收的 props" 'message' "也会实时响应，并更新组件模板。

如果在父组件中直接传递数字、布尔值、数组、对象，则它所传递的值均为字符串。如果想传递一个实际的值，则需要使用 v-bind 指令，从而让它的值被当作 JavaScript 表达式计算，代码如下：

```
<div id = "app">
    <my - componet message = "1 + 1"></my - componet><br>
    <my - componet :message = "1 + 1"></my - componet>
</div>
<script type = "text/JavaScript">
    Vue.component('my - componet', {
       props: ['message'],
       template: '<span>{{ message }}</span>'
    })
    new Vue({
       el:'#app'
    });
</script>
```

如果不使用 v-bind 指令，则页面显示的结果是字符串“1+1”。如果使用 v-bind 指令，则会当作 JavaScript 表达式计算结果，即数值 2。

2. props 验证

前面介绍的 props 选项的值都是数组，除了数组，还可以是对象。可以为组件的 props 指定验证规格，如果传入的数据不符合相应的格式，Vue 则会发出警告。当 prop 需要验证时，就需要对象写法。

当组件给其他人使用时，推荐进行数据验证。以下是一些 prop 的示例代码：

```
Vue.component('example', {
      props: {
         //基础类型检测 (null 的意思是任何类型都可以)
         propA: Number,
    //多种类型
    propB: [String, Number],
    //必传且是字符串
    propC: {
       type: String,
      required: true
    },
    //数字,有默认值
    propD: {
```

```
        type: Number,
    default: 100
    },
    //数组和对象的默认值应当由一个工厂函数返回
    propE: {
        type: Object,
    default: function () {
            return { message: 'hello' }
        }
    },
    //自定义验证函数
    propF: {
        validator: function (value) {
            return value > 10
        }
    }
    }
    })
```

验证的 type 类型可以是 String、Number、Boolean、Function、Object、Array 等，type 也可以是一个自定义构造器函数，使用 instanceof 检测。

当 prop 验证失败时，Vue 会抛出警告（如果使用的是开发版本）。props 会在组件实例创建之前进行校验，所以在 default 或 validator 函数里，诸如 data、computed 或 methods 等实例属性无法使用。

【例 15-34】 如果传入子组件的 message 不是数字，则抛出警告

```
//第 15 章/prop 验证.html
<!DOCTYPE html>
<html>
<head>
    <title></title>
    <meta charset = "utf - 8"/>
    <script src = "https://cdn.jsdelivr.net/npm/vue/dist/Vue.js"></script>
</head>
<body>
<div id = "example">
    <parent></parent>
</div>
<script>
    var childNode = {
        template: '<div>{{message}}</div>',
        props:{
            'message':Number
        }
```

```
    }
    var parentNode = {
        template:'< div
            class = "parent">< child :message = "msg"></child></div >',
        components: {
            'child': childNode
        },
        data(){
        return{
            msg: '123'
        }
    }
    };
    new Vue({ //创建根实例
        el: '#example',
        components: {
            'parent': parentNode
        }
    })
</script >
</body >
</html >
```

传入数字 123 时,无警告提示。传入字符串"123"时,控制台会发出警告,如图 15-36 所示。

```
▸[Vue warn]: Invalid prop: type check failed for prop "message". vue.js:634
Expected Number with value 123, got String with value "123".

found in

---> <Child>
       <Parent>
         <Root>
```

图 15-36 prop 验证失败时的警告信息

3. 单向数据流

所有的 prop 都使其父子 prop 之间形成了一个单向下行绑定:父级 prop 的更新会向下流动到子组件中,但是反过来则不行。之所以这样设计,是尽可能地将父子组件解耦,避免子组件无意中修改了父组件的状态。

额外地,每次父级组件发生变更时,子组件中所有的 prop 都会刷新为最新的值。这意味着不应该在一个子组件内部改变 prop。如果这样做了,Vue 则会在浏览器的控制台中发出警告,如例 15-35 所示。

【例 15-35】 单向数据传递

```
//第 15 章/单向数据传递.html
<! DOCTYPE html >
```

```
<html>
<head>
    <title></title>
    <meta charset = "utf - 8"/>
    <script src = "https://cdn.jsdelivr.net/npm/vue/dist/Vue.js"></script>
</head>
<body>
<div id = "example">
    <parent></parent>
</div>
<script>
    var childNode = {
        template:
          '<div class = "child"><div><span>子组件数据</span>' +
          '<input v - model = "childMsg"></div>
              <p>{{childMsg}}</p></div>',
        props:['childMsg']
    }
    var parentNode = {
        template:
          '<div class = "parent"><div><span>父组件数据</span>' +
          '<input v - model = "msg"></div><p>{{msg}}</p>
          <child :child - msg = "msg"></child></div>',
        components: {
            'child': childNode
        },
        data(){
          return {
              'msg':'match'
          }
        }
    };
    new Vue({//创建根实例
      el: '#example',
      components: {
          'parent': parentNode
      }
    })
</script>
</body>
</html>
```

页面的显示效果如图 15-37 所示。

父组件数据变化时，子组件数据会相应地变化，而子组件数据变化时，父组件数据不变，并在控制台显示警告，如图 15-38 所示。

业务中经常会遇到需要修改 prop 中的数据，通常有以下两种原因。

(1) prop 作为初始值传入后，子组件想把它当作局部数据来使用。

(2) prop 作为初始值传入，由子组件处理成其他数据后输出。

注意：JS 中对象和数组是引用类型，指向同一个内存空间，如果 prop 是一个对象或数组，则在子组件内部改变它会影响父组件的状态。

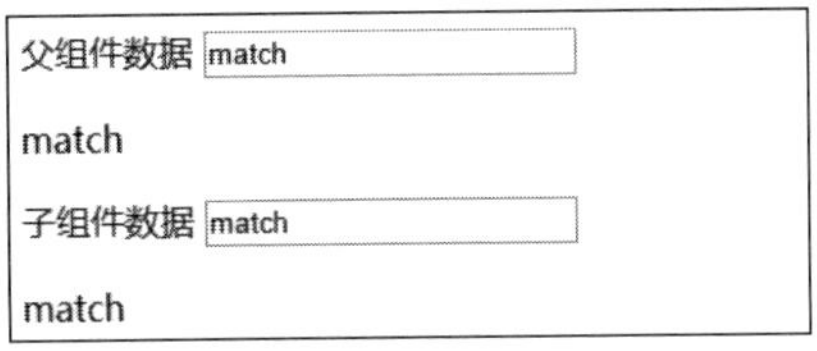

父组件数据 match

match

子组件数据 match

match

图 15-37　单向数据传递页面显示效果

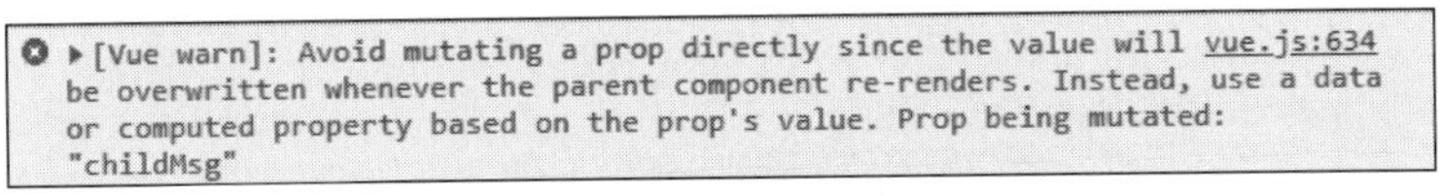

```
▶ [Vue warn]: Avoid mutating a prop directly since the value will vue.js:634
be overwritten whenever the parent component re-renders. Instead, use a data
or computed property based on the prop's value. Prop being mutated:
"childMsg"
```

图 15-38　修改子组件时的警告信息

对于这两种情况，正确的应对方式如下：

(1) 定义一个局部变量，并用 prop 的值初始化它，代码如下：

```
props: ['initialCounter'],
data: function () {
  return { counter: this.initialCounter }
}
```

但是，定义的局部变量 counter 只能接收 initialCounter 的初始值，当父组件要传递的值发生变化时，counter 无法接收到最新值，示例代码如下：

```
<!DOCTYPE html>
<html lang="en">
<head>
    <meta charset="UTF-8">
    <title>Title</title>
</head>
<body>
<div id="example">
    <parent></parent>
</div>
<script>
    var childNode = {
        template:
            '<div class="child"><div><span>子组件数据</span>' +
            '<input v-model="temp"></div><p>{{temp}}</p></div>',
        props:['childMsg'],
        data(){
                return{
                    temp:this.childMsg
                }
```

```
            },
        };
        var parentNode = {
            template:
              '<div class="parent"><div><span>父组件数据</span><input
              v-model="msg">' +
              '</div><p>{{msg}}</p><child :child-msg="msg"></child></div>',
            components: {
                'child': childNode
            },
            data(){
                return {
                    'msg':'match'
                }
            }
        };
        new Vue({ //创建根实例
            el: '#example',
            components: {
            'parent': parentNode
            }
        })
    </script>
    </body>
    </html>
```

我们可以发现在示例中除初始值外,父组件的值无法更新到子组件中。

(2) 定义一个计算属性,处理 prop 的值并返回,代码如下:

```
props: ['size'],
computed: {
  normalizedSize: function () {
    return this.size.trim().toLowerCase()
  }
}
```

但是,由于是计算属性,所以只能显示值,而不能设置值,示例代码如下:

```
<script>
    var childNode = {
        template:
          '<div class="child"><div><span>子组件数据</span>' +
          '<input v-model="temp"></div><p>{{temp}}</p></div>',
        props:['childMsg'],
        computed:{
            temp(){
```

```
                    return this.childMsg
                }
            },
        };
        var parentNode = {
            template:'<div class="parent"><div><span>父组件数据</span> ' +
                '<input v-model="msg"></div><p>{{msg}}</p>' +
                '<child :child-msg="msg"></child></div>',
            components: {
                'child': childNode
            },
        data(){
            return {
                'msg':'match'
            }
        }
        };
        new Vue({//创建根实例
            el: '#example',
            components: {
                'parent': parentNode
            }
        })
</script>
```

我们可以发现在示例中由于子组件使用的是计算属性,所以子组件的数据无法手动修改。

(3) 更加妥当的方案是使用变量存储 prop 的初始值,并使用 watch 来观察 prop 的值的变化。当发生变化时,更新变量的值,代码如下:

```
<div id="example">
    <parent></parent>
</div>
<script>
    var childNode = {
        template:
            '<div class="child"><div><span>子组件数据</span>' +
            '<input v-model="temp"></div><p>{{temp}}</p></div>',
        props:['childMsg'],
        data(){
            return{
                temp:this.childMsg
            }
        },
        watch:{
            childMsg(){
```

```
            this.temp = this.childMsg
        }
    }
};
var parentNode = {
    template:
     '< div class = "parent">< div >< span >父组件数据</span >' +
     '< input v - model = "msg"></div >< p >{{msg}}</p >' +
     '< child :child - msg = "msg"></child ></div >',
    components: {
        'child': childNode
    },
    data(){
            return {
                'msg':'match'
            }
        }
};
new Vue({ //创建根实例
    el: '#example',
    components: {
        'parent': parentNode
    }
})
</script >
```

15.8.5 组件通信

在 Vue 组件通信中最常见的通信方式是父子组件之间的通信，而父子组件的设定方式在不同情况下又各不相同，归纳起来，组件之间的通信如图 15-39 所示。最常见的方式是父组件为控制组件而子组件为视图组件。父组件传递数据给子组件使用，遇到业务逻辑操作时子组件触发父组件的自定义事件。

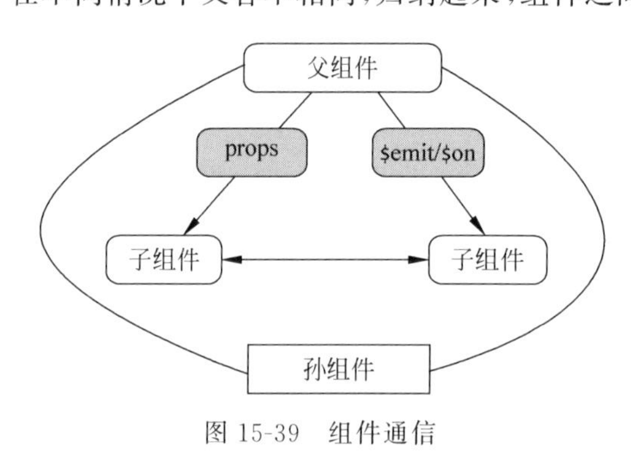

图 15-39 组件通信

作为一个 Vue 初学者不得不了解的是组件间的数据通信(暂且不谈 Vuex，后面章节会讲到)。通信方式根据组件之间的关系有所不同。组件关系有 3 种：父→子、子→父、非父子。

已经知道，父组件与子组件通信是通过 props 传递数据的，就好像方法的传参一样，父组件调用子组件并传入数据，子组件接收到父组件传递的数据进行验证使用。

props 可以是数组或对象，用于接收来自父组件的数据。props 可以是简单的数组，或者使用对象作为替代,对象允许配置高级选项,如类型检测、自定义校验和设置默认值。

1. **自定义事件**

当子组件需要向父组件传递数据时,需要用到自定义事件。v-on 指令除了可以监听 DOM 事件外,还可以用于组件之间的自定义事件。

在子组件中用 $emit()来触发事件以便将内部的数据报告给父组件,如例 15-36 所示。

【例 15-36】 子组件向父组件传递数据

```
//第 15 章/子组件向父组件传递数据.html
<!DOCTYPE html>
<html>
<head>
    <title></title>
    <meta charset="utf-8"/>
    <script src="https://cdn.jsdelivr.net/npm/vue/dist/Vue.js"></script>
</head>
<body>
<div id="app">
    <my-component v-on:myclick="onClick"></my-component>
</div>
<script>
    Vue.component('my-component', {
        template:'<div><button type="button" @click="childClick">单击
                    此处触发自定义事件</button></div>',
        methods: {
            childClick () {
                this.$emit('myclick', '这是暴露出去的数据 1', '这是暴露出
                            去的数据 2')
            }
        }
    })
    new Vue({
        el: '#app',
        methods: {
            onClick () {
                console.log(arguments)
            }
        }
    })
</script>
</body>
</html>
```

解析上面示例中代码的执行步骤。

(1) 子组件在自己的方法中将自定义事件及需要发出的数据通过以下代码发送出去:

```
this. $emit('myclick','这是暴露出去的数据 1'', '这是暴露出去的数据 2')
```

- 第 1 个参数是自定义事件的名字。
- 后面的两个参数是依次想要发送出去的数据。

(2) 父组件利用 v-on 指令为事件绑定处理器,代码如下:

```
<my-component v-on:myclick="onClick"></my-component>
```

这样,在 Vue 实例的 methods 方法中就可以调用传进来的参数了。

2. $emit/ $on

这种方法通过一个空的 Vue 实例作为中央事件总线(事件中心),用它来触发事件和监听事件,巧妙而轻量地实现了任何组件间的通信,包括父子、兄弟、跨级。当我们的项目比较大时,可以选择更好的状态管理解决方案 Vuex(后面章节会讲解)。

实现方式如下:

```
var Event = new Vue();
   Event. $emit(事件名,数据);
   Event. $on(事件名,data => {});
```

假设兄弟组件有 3 个,分别是 A、B、C 组件,接下来演示 C 组件如何获取 A 或者 B 组件的数据,如例 15-37 所示。

【例 15-37】 组件之间的通信

```
//第 15 章/ $emit- $on. html
<!DOCTYPE html>
<html>
<head>
    <title></title>
    <meta charset="utf-8"/>
    <script
src="https://cdn. jsdelivr. net/npm/vue/dist/Vue. js"></script>
</head>
<body>
<div id="app">
    <my-a></my-a>
    <my-b></my-b>
    <my-c></my-c>
</div>
<template id="a">
  <div>
    <h3>A 组件: {{name}}</h3>
```

```
      <button @click="send">将数据发送给 C 组件</button>
    </div>
  </template>
  <template id="b">
    <div>
      <h3>B 组件: {{age}}</h3>
      <button @click="send">将数组发送给 C 组件</button>
    </div>
  </template>
  <template id="c">
    <div>
      <h3>C 组件: {{name}},{{age}}</h3>
    </div>
  </template>
  <script>
      var Event = new Vue();                    //定义一个空的 Vue 实例
      var A = {
        template: '#a',
        data() {
          return {
              name: 'beixi'
          }
        },
        methods: {
            send() {
                Event.$emit('data-a', this.name);
            }
        }
      }
      var B = {
        template: '#b',
        data() {
          return {
              age: 18
          }
        },
        methods: {
          send() {
              Event.$emit('data-b', this.age);
          }
        }
      }
      var C = {
        template: '#c',
        data() {
          return {
            name: '',
            age: ""
```

```
            }
        },
        mounted() {//在模板编译完成后执行
          Event. $on('data - a',name => {
              this.name = name;
              //箭头函数内部不会产生新的 this,如果这边不用 =>,则 this 指代 Event
          })
          Event. $on('data - b',age => {
              this.age = age;
          })
        }
      }
      var vm = new Vue({
        el: '#app',
        components: {
          'my - a': A,
          'my - b': B,
          'my - c': C
        }
      });
</script>
</body>
</html>
```

页面的显示效果如图 15-40 所示。

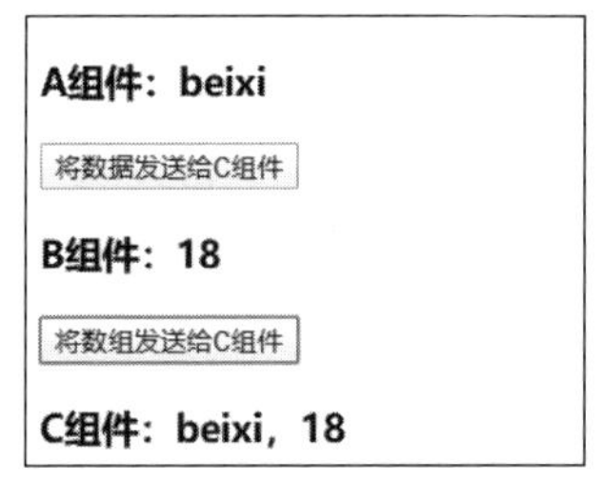

图 15-40 组件间通信效果图

$on 监听了自定义事件 data-a 和 data-b，因为有时不确定何时会触发事件，一般会在 mounted 或 created 钩子中监听。

15.8.6 内容分发

在实际项目开发中，时常会把父组件的内容与子组件自己的模板混合起来使用，而这样的一个过程在 Vue 中被称为内容分发，也常常被称为 slot（插槽）。其主要参照了当前 Web Components 规范草案，使用特殊的< slot >元素作为原始内容的插槽。

1. 基础用法

由于 slot 是一块模板，因此对于任何一个组件，从模板种类的角度来分，其实都可分为非插槽模板和插槽模板，其中非插槽模板指的是 HTML 模板（HTML 的一些元素，例如 div、span 等），其显示与否及怎样显示完全由插件自身控制，但插槽模板（slot）是一个空壳子，它的显示与否及怎样显示完全由父组件来控制。不过，插槽显示的位置由子组件自身决定，slot 写在组件 template 的哪块，父组件传过来的模板将来就显示在哪块。

一般定义子组件的代码如下：

```
<div id = "app">
<child>
  <span> 123456 </span>
</child>
</div>
  <script>
    new Vue({
       el:'#app',
       components:{
           child:{
               template:"<div>这是子组件内容</div>"
               }
         }
    });
</script>
```

页面显示结果：这是子组件内容。<span> 123456 </span>中的内容并不会显示。

注意：虽然<span>标签被子组件的 child 标签所包含，但由于它不在子组件的 template 属性中，因此不属于子组件。

在 template 中添加<slot></slot>标签，代码如下：

```
<div id = "app">
       <child>
           <span> 123456 </span>
       </child>
</div>
<script>
    new Vue({
       el:'#app',
       components:{
           child:{
               template:"<div><slot></slot>这是子组件内容</div>"
           }
       }
    });
</script>
```

页面显示结果：123456 这是子组件内容。

我们分步解析内容分发，现在看一个架空的例子，帮助理解刚刚讲过的严谨而难懂的定义。假设有一个组件，名为 my-component，其使用上下文如下：

```
<my-component>
    <p>hi,slots</p>
</my-component>
```

再假设此组件的模板为

```
<div>
    <slot></slot>
<div>
```

那么注入后的组件 HTML 相当于

```
<div>
    <p>hi,slots</p>
<div>
```

标签<slot>会把组件使用上下文的内容注入此标签所占据的位置。组件分发的概念简单而强大，因为它意味着对一个隔离的组件除了可以通过属性、事件交互外，还可以注入内容。

将此案例变成可以执行的代码，代码如下：

```
//部分代码省略
<div class="" id="app">
    <my-component>
        <p>hi,slots</p>
    </my-component>
</div>
<script>
    Vue.component('my-component', {
          template:'<div><slot></slot><div>'
    });
    new Vue({
       el: "#app"
});
</script>
```

当一个组件需要从外部传入简单数据（如数字、字符串等）时，可以使用 property，如果需要传入 JS 表达式或者对象，则可以使用事件。如果希望传入的是 HTML 标签，则使用内容分发就再好不过了，所以尽管内容分发这个概念看起来极为复杂，但实际上可以简化理解为把 HTML 标签传入组件的一种方法，所以归根结底，内容分发是一种为组件传递参数的方法。

2. 编译作用域

在深入理解内容分发 API 之前，先明确内容在哪个作用域里编译。假定模板为

```
<child-component>
  {{ message }}
</child-component>
```

这里的 message 应该绑定到父组件的数据，还是绑定到子组件的数据？答案是 message 就是一个 slot，它绑定的是父组件的数据，而不是组件<child-component>的数据。

组件作用域可简单地理解为父组件模板的内容在父组件作用域内编译；子组件模板的内容在子组件作用域内编译，如例 15-38 所示。

【例 15-38】 组件作用域

```
//第 15 章/组件作用域.html
<!DOCTYPE html>
<html>
<head>
    <title></title>
    <meta charset="utf-8"/>
    <script
src="https://cdn.jsdelivr.net/npm/vue/dist/Vue.js"></script>
</head>
<body>
  <div id="app">
    <child-component v-show="someChildProperty"></child-component>
  </div>
  <script>
      Vue.component('child-component', {
        template: '<div>这是子组件内容</div>',
        data: function () {
            return {
                someChildProperty: true
            }
        }
      })
      new Vue({
         el:'#app'
      })
  </script>
</body>
</html>
```

这里 someChildProperty 绑定的是父组件的数据，所以是无效的，获取不到数据。如果想在子组件上绑定，则实现的代码如下：

```
<div id="app">
    <child-component></child-component>
</div>
<script>
    Vue.component('child-component', {
        //有效,因为是在正确的作用域内
        template: '<div v-show="someChildProperty">这是子组件内容</div>',
        data: function () {
            return {
                someChildProperty: true
            }
        }
    })
    new Vue({
        el:'#app'
    })
</script>
```

因此,slot 分发的内容是在父作用域内编译。

3. 默认 slot

如果要使父组件在子组件中插入内容,则必须在子组件中声明 slot 标签,如果子组件模板不包含<slot>插口,则父组件的内容将会被丢弃,如例 15-39 所示。

【例 15-39】 默认 slot

```
//第 15 章/默认 slot.html
<!DOCTYPE html>
<html>
<head>
    <title></title>
    <meta charset="utf-8"/>
    <script src="https://cdn.jsdelivr.net/npm/vue/dist/Vue.js"></script>
</head>
<body>
  <div id="app">
      <!-- 组件 innerHTML 位置以后不管有任何代码都会被放进插槽里 -->
      <index>
          <span>首页</span>
          <span>首页</span>
          <span>首页</span>
          <h1>手机</h1>
      </index>
  </div>
  <script>
```

```
        //插槽的作用就是从组件外部取代码片段后放到组件内部
        /*默认插槽通过 slot 组件定义，定义好了之后就相当于一个插口，可以把它理解
        为计算机上 USB 插口 */
        Vue.component('index', {
            template:'<div> index </div>'
        })
        var vm = new Vue({
           el: '#app',
        })
    </script>
</body>
</html>
```

页面的显示结果为 index。所有子组件中的内容都不会被显示，即被丢弃。要想父组件在子组件中插入内容，必须在子组件中声明 slot 标签，示例代码如下：

```
<script>
    Vue.component('index', {
       template:'<div><slot></slot> index </div>'
    })
    var vm = new Vue({
       el: '#app',
    })
</script>
```

4. 具名 slot

slot 元素可以用一个特殊的属性 name 来配置如何分发内容。多个 slot 标签可以有不同的名字，如例 15-40 所示。

使用方法如下：

(1) 父组件要在分发的标签中添加属性"slot=name 名"。

(2) 子组件在对应分发位置上的 slot 标签中添加属性"name=name 名"。

【例 15-40】 多个 slot 应用

```
//第 15 章/多个 slot 应用.html
<!DOCTYPE html>
<html>
<head>
    <title></title>
    <meta charset = "utf - 8"/>
    <script src = "https://cdn.jsdelivr.net/npm/vue/dist/Vue.js"></script>
</head>
<body>
    <div id = "app">
```

```
        <child>
            <span slot = "one"> 123456 </span>
            <span slot = "two"> abcdef </span>
        </child>
    </div>
    <script>
      new Vue({
        el:'#app',
        components:{
            child:{
                template:"<div><slot name = 'two'></slot>这是子组件<slot
                name = 'one'></slot></div>"
            }
        }
      });
    </script>
</body>
</html>
```

页面的显示结果为“abcdef 这是子组件 123456”。

总结：slot 分发其实就是父组件需要在子组件内放一些 DOM，它负责这些 DOM 是否显示，以及在哪个地方显示。

5. 作用域插槽

插槽分为单个插槽、具名插槽和作用域插槽，前两种比较简单，前面已经讲解过，本节的重点是讨论作用域插槽。

简单来讲，前两种插槽的内容和样式皆由父组件决定，也就是说显示什么内容和怎样显示都由父组件决定，而作用域插槽的样式由父组件决定，内容却由子组件控制，即前两种插槽不能绑定数据，而作用域插槽是一个带绑定数据的插槽。

作用域插槽更具代表性的应用是列表组件，允许组件自定义应该如何渲染列表每一项，示例代码如下：

```
<div id = "app">
    <child></child>
</div>
<script>
  Vue.component('child', {
     data(){
        return {
            list:[1,2,3,4]
        }
     },
     template: '<div><ul>' +
        '<li v-for = "item of list">{{item}}</li></ul></div>',
```

```
    })
    var vm = new Vue({
        el: '#app'
    })
</script>
```

在上面的示例代码中，如果需要 child 组件在很多地方被调用，并且希望在不同的地方调用 child 的组件时这个列表按要求实现循环。列表的样式不是由 child 组件控制的，而是由外部 child 模板占位符告诉组件的每一项该如何渲染，也就是说这里不用 li 标签，而是要用 slot 标签，示例代码如下：

```
<div id="app">
    <child>
        <template slot-scope="props"><!-- 固定写法,属性值可以自定义 -->
            <li>{{props.item}}</li><!-- 用插值表达式就可以直接使用 -->
        </template>
    </child>
</div>
<script>
    Vue.component('child', {
        data(){
            return {
                list:[1,2,3,4]
}
        },
        template: '<div><ul>' +
            '<slot v-for="item of list" :item=item></slot></ul></div>',
    })
    var vm = new Vue({
        el: '#app'
    })
</script>
```

<slot v-for="item of list" :item=item ></slot>这段代码的意思是 child 组件去实现一个列表的循环，但是列表项中的每一项怎么显示并不用关心，具体怎么显示由外部决定。

<template slot-scope="props"></template>是一个固定写法，属性值可以自定义。它的意思是当子组件用 slot 时，会往子组件里传递一个 item，从子组件接收的数据都放在了 props 上。

什么时候使用作用域插槽呢？当子组件循环或某一部分的 DOM 结构应该由外部传递进来时需要用作用域插槽。使用作用域插槽，子组件可以向父组件的作用域插槽里传递数据，父组件如果想接收这个数据，必须在外层使用 template 模板占位符，同时通过 slot-scope 对应的属性名字来接收传递过来的数据，如上面的代码，item 一个一个地传递过来，这样在父组件的作用域插槽里面就可以接收到这个 item 并可以使用它了。

15.8.7 动态组件

让多个组件使用同一个挂载点,并动态切换,这就是动态组件。通过保留的 <component> 元素,动态地绑定到它的 is 特性,可以实现动态组件,它常常应用在路由控制或者 Tab 切换场景中。

1. 基本用法

通过一个切换页面的例子来说明动态组件的基本用法,如例 15-41 所示。

【例 15-41】 切换页面

```
//第 15 章/切换页面.html
<!DOCTYPE html>
<html>
<head>
    <title></title>
    <meta charset = "utf - 8"/>
    <script
src = "https://cdn.jsdelivr.net/npm/vue/dist/Vue.js"></script>
</head>
<body>
    <div id = "app">
        <button @click = "change">切换页面</button>
        <component :is = "currentView"></component>
    </div>
    <script>
        new Vue({
            el: '#app',
            data:{
                index:0,
                arr:[
                    {template:'<div>这是主页</div>'},
                    {template:'<div>这是提交页</div>'},
                    {template:'<div>这是存档页</div>'}
                ],
                },
            computed:{
                currentView(){
                    return this.arr[this.index];
                }
            },
            methods:{
                change(){
                    this.index = (++this.index) % 3;
                }
            }
        })
    </script>
```

```
</body>
</html>
```

component 标签中 is 属性决定了当前采用的子组件，:is 是 v-bind 的简写，绑定了父组件中 data 的 currentView 属性。单击“切换页面”按钮时，会更改数组 arr 的索引值，同时会修改子组件的内容。

2. keep-alive

动态切换的组件(非当前显示的组件)是被移除了，如果把切换出去的组件保留在内存中，则可以保留它的状态或避免重新渲染。当<keep-alive>包裹动态组件时，会缓存不活动的组件实例，而不是销毁它们，以便提高提取效率。和<transition>相似，<keep-alive>是一个抽象组件，它自身不会渲染一个 DOM 元素，也不会出现在父组件链中，如例 15-42 所示。

【例 15-42】 keep-alive 基础用法

```
//第 15 章/ keep-alive 基础用法.html
<!DOCTYPE html>
<html>
<head>
    <title></title>
    <meta charset="utf-8"/>
    <script
src="https://cdn.jsdelivr.net/npm/vue/dist/Vue.js"></script>
</head>
<body>
<div id="app">
    <button @click="change">切换页面</button>
    <keep-alive>
        <component :is="currentView"></component>
    </keep-alive>
</div>
<script>
    new Vue({
        el: '#app',
        data:{
            index:0,
            arr:[
                {template:'<div>这是主页</div>'},
                {template:'<div>这是提交页</div>'},
                {template:'<div>这是存档页</div>'}
            ],
        },
        computed:{
            currentView(){
                return this.arr[this.index];
```

```
            }
        },
        methods:{
            change(){
                /* ES6 新增了 let 命令,用于声明变量。它的用法类似于 var,但是所声
                明的变量只在 let 命令所在的代码块内有效。*/
                let len = this.arr.length;
                this.index = (++this.index) % len;
            }
        }
        })
</script>
</body>
</html>
```

如果有多个条件性的子元素,当<keep-alive>要求同时只有一个子元素被渲染时可以使用条件判断,如例 15-43 所示。

【例 15-43】 利用条件判断缓冲子元素

```
//第 15 章/利用条件判断缓冲子元素.html
<!DOCTYPE html>
<html>
<head>
    <title></title>
    <meta charset="utf-8"/>
    <script src="https://cdn.jsdelivr.net/npm/vue/dist/Vue.js"></script>
</head>
<body>
<div id="app">
    <button @click="change">切换页面</button>
    <keep-alive>
        <home v-if="index === 0"></home>
        <posts v-else-if="index === 1"></posts>
        <archive v-else></archive>
    </keep-alive>
</div>
<script>
    new Vue({
        el: '#app',
        components:{
            home:{template:'<div>这是主页</div>'},
            posts:{template:'<div>这是提交页</div>'},
            archive:{template:'<div>这是存档页</div>'},
        },
        data:{
```

```
            index:0,
        },
        methods:{
            change(){
                //在 data 外面定义的属性和方法通过 $options 可以获取和调用
                let len = Object.keys(this.$options.components).length;
                this.index = (++this.index) % len;
            }
        }
    })
</script>
</body>
</html>
```

3. activated 钩子函数

Vue 给组件提供了 activated()钩子函数，作用于动态组件切换或者静态组件初始化的过程中。activated 是和 template、data 等属性平级的一个属性，其形式是一个函数，函数里默认有一个参数，而这个参数是一个函数，执行这个函数时才会切换组件，即可延迟执行当前的组件，如例 15-44 所示。

【例 15-44】 activated()钩子函数

```
//第 15 章/activated 钩子函数.html
<!DOCTYPE html>
<html>
<head>
    <title></title>
    <meta charset="utf-8"/>
    <script src="https://cdn.jsdelivr.net/npm/vue/dist/Vue.js"></script>
</head>
<body>
<div id="app">
    <button @click='toShow'>单击显示子组件</button>
    <!----或者<component v-bind:is="which_to_show"
        keep-alive></component>----->
    <keep-alive>
        <component v-bind:is="which_to_show"></component>
    </keep-alive>
</div>
<script>
    var vm = new Vue({                          //创建根实例
        el: '#app',
        data: {
            which_to_show: "first"
        },
```

```
        methods: {
            toShow: function () {                               //切换组件显示
                var arr = ["first", "second", "third", ""];
                var index = arr.indexOf(this.which_to_show);
                if (index < 2) {
                    this.which_to_show = arr[index + 1];
                } else {
                    this.which_to_show = arr[0];
                }
                console.log(this.$children);
            }
        },
        components: {
            first: {                                            //第 1 个子组件
                template: "<div>这是子组件 1</div>"
            },
            second: {                                           //第 2 个子组件
                template: "<div>这是子组件 2,这里是延迟后的内容:
                    {{hello}}</div>",
                data: function () {
                    return {
                        hello: ""
                    }
                },
                activated: function (done) {                    //当执行这个参数时才会切换组件
                    console.log('beixi')
                    var self = this;
                    //get the current time
                    var startTime = new Date().getTime();
                    //两秒后执行
                    while (new Date().getTime() < startTime + 2000){
                        self.hello = '这是延迟后的内容';
                    }
                }
            },
            third: {                                            //第 3 个子组件
                template: "<div>这是子组件 3</div>"
            }
        }
    });
</script>
</body>
</html>
```

当切换到第 2 个组件时，会先执行 activated 钩子函数，在两秒后显示组件 2，从而起到了延迟加载的作用。

4. 异步组件

在大型应用中，可能需要将应用分割成小一些的代码块，并且只在需要时才从服务器加载一个模块。为了简化，Vue 允许以一个工厂函数的方式定义组件，这个工厂函数会异步解析组件定义。Vue 只有在这个组件需要被渲染时才会触发该工厂函数，并且会把结果缓存起来供未来重渲染，代码如下：

```
<div id = "app">
    <async - example></async - example>
</div>
<script>
    Vue.component('async - example', function (resolve, reject) {
        setTimeout(function () {
            //向 resolve 回调传递组件定义
            resolve({
                template: '<div>这是异步渲染的内容!</div>'
            })
        }, 1000)
    })
    new Vue({
        el:'#app'
    })
</script>
```

这个工厂函数会收到一个 resolve 回调，这个回调函数会在从服务器得到组件定义时被调用。也可以调用 reject(reason) 来表示加载失败。这里的 setTimeout 是为了演示异步，如何获取组件取决于开发者自己。例如把组件配置成一个对象配置，通过 Ajax 来请求，然后调用 reslove 传入配置选项。

5. ref 和 $refs

在 Vue 中一般很少会用到直接操作 DOM，但有时候不可避免地需要用到，这时可以通过 ref 和 $refs 实现。

(1) ref：ref 被用来给元素或子组件注册引用信息，引用信息将会注册在父组件的 $refs 对象上，如果在普通的 DOM 元素上使用，则引用指向的就是 DOM 元素，如果在子组件上使用，则引用就指向组件的实例。

(2) $refs：$refs 是一个对象，持有已注册过 ref 的所有的子组件。

1) 普通获取 DOM 的方式

先通过 getElementById()方法获取，代码如下：

```
<div id = "app">
    <input type = "button" value = "获取 h3 的值" @click = "getElement">
    <h3 id = "myh3">这是 h3 </h3>
</div>
```

```
<script>
    var vm = new Vue({
        el:"#app",
        data:{},
        methods:{
            getElement(){
                //通过 getElementById 方式获取 DOM 对象
                console.log(document.getElementById("myh3").innerHTML);
            }
        }
    })
</script>
```

2）ref 使用

接下来通过 ref 属性来获取，代码如下：

```
<div id = "app">
    <input type = "button" value = "获取 h3 的值" @click = "getElement">
    <h3 id = "myh3" ref = "myh3">这是 h3 </h3>
</div>
```

然后在控制台查看 vm 实例对象，如图 15-41 所示。

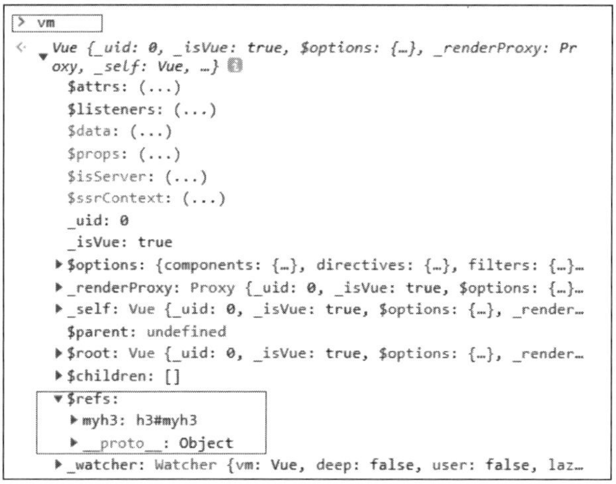

图 15-41　vm 实例对象信息

通过上面的示例可以发现，在 vm 实例上有一个 $refs 属性，而且该属性有通过 ref 注册的 DOM 对象，于是可以通过以下方式获取 DOM 对象，代码如下：

```
<script>
    var vm = new Vue({
```

```
        el:"#app",
        data:{},
        methods:{
            getElement(){
               console.log(this.$refs.myh3.innerHTML);
            }
        }
    })
</script>
```

3）ref 在组件中使用

在子组件中使用 ref 属性，会将子组件添加到父组件的 $refs 对象中，代码如下：

```
<div id="app">
    <input type="button" value="获取 h3 的值" @click="getElement">
    <h3 id="myh3" ref="myh3">这是 h3 </h3>
    <hr>
    <login ref="mylogin"></login>
</div>
```

在控制台输入 vm，查看 vm 对象，如图 15-42 所示。

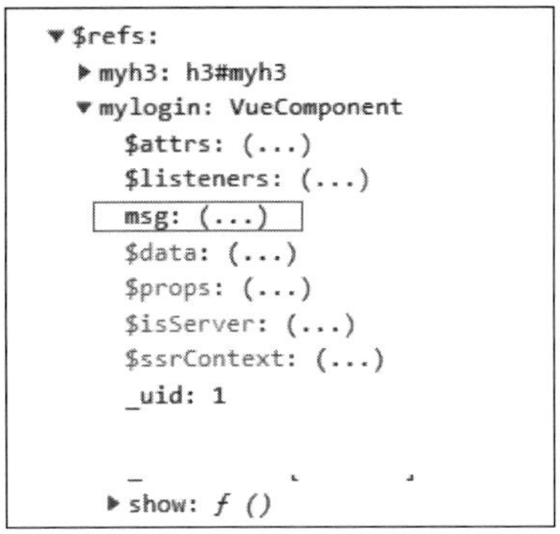

```
▼ $refs:
  ▶ myh3: h3#myh3
  ▼ mylogin: VueComponent
      $attrs: (...)
      $listeners: (...)
      msg: (...)
      $data: (...)
      $props: (...)
      $isServer: (...)
      $ssrContext: (...)
      _uid: 1

    ▶ show: f ()
```

图 15-42 vm 实例对象信息

通过 vm 实例查看，发现 $refs 中绑定了 login 组件，而且还看到了对应组件中的 msg 属性和 show()方法，这样就可以调用了，代码如下：

```
var vm = new Vue({
    el:"#app",
    data:{},
    methods:{
        getElement(){
            //通过 getElementById 方式获取 DOM 对象
```

```
            //console.log(this.$refs.myh3.innerHTML);
            console.log(this.$refs.mylogin.msg);
            this.$refs.mylogin.show();
        }
    },
components:{
login
}
})
```

完整的实例代码如例 15-45 所示。

【例 15-45】 ref 在组件中的应用

```
//第 15 章/ ref 在组件中的应用.html
<!DOCTYPE html>
<html lang="en">
<head>
    <meta charset="UTF-8">
    <title>Document</title>
    <!-- 引入 Vue -->
    <script src="https://cdn.jsdelivr.net/npm/vue/dist/Vue.js"></script>
</head>
<body>
<div id="app">
    <input type="button" value="获取 h3 的值" @click="getElement">
    <h3 id="myh3" ref="myh3">这是 h3 </h3>
    <hr>
    <login ref="mylogin"></login>
</div>
<script>
    var login = {
        template: "<h3>这是 login 子组件</h3>",
        data(){
            return {
                msg: "ok"
            }
        },
        methods:{
            show(){
                console.log("show()方法执行了...")
            }
        }
    }
    var vm = new Vue({
        el:"#app",
        data:{},
```

```
        methods:{
            getElement(){
                //通过 getElementById 方式获取 DOM 对象
                //console.log(this.$refs.myh3.innerHTML);
                console.log(this.$refs.mylogin.msg);
                this.$refs.mylogin.show();
            }
        },
      components:{
         login
      }
    })
</script>
</body>
</html>
```

15.8.8 综合案例

组件添加好后,通过单击"发表评论"按钮将内容添加到评论列表中,如例5-46所示。实现的逻辑如下:

(1) 通过单击"发表评论"按钮触发单击事件调用组件在methods中定义的方法。

(2) 在methods中定义的方法中将保存在localStorage中的列表数据加载到list中。

(3) 将录入的信息添加到list中,然后将数据保存到localStorage中。

(4) 调用父组件中的方法来刷新列表数据。

【例15-46】 综合案例

```
//第15章/综合案例.html
<!DOCTYPE html>
<html lang="en">
<head>
    <meta charset="UTF-8">
    <meta name="viewport" content="width=device-width,
     initial-scale=1.0">
    <meta http-equiv="X-UA-Compatible" content="ie=edge">
    <title>Document</title>
    <!-- 引入 Vue -->
    <script src="https://cdn.jsdelivr.net/npm/vue/dist/Vue.js"></script>
    <!-- 引入 Bootstrap -->
    <link rel="stylesheet" href="./lib/bootstrap-3.3.7.css">
</head>
<body>
<div id="app">
    <cmt-box @func="loadComments"></cmt-box>
```

```
    <ul class = "list - group">
        <li class = "list - group - item" v - for = "item in
            list" :key = "item.id">
            <span class = "badge">评论人：{{ item.user }}</span>
            {{ item.content }}
        </li>
    </ul>
</div>
<template id = "tmpl">
    <div>
        <div class = "form - group">
            <label>评论人：</label>
            <input type = "text" class = "form - control" v - model = "user">
        </div>
        <div class = "form - group">
            <label>评论内容：</label>
            <textarea class = "form - control"
                      v - model = "content"></textarea>
        </div>
        <div class = "form - group">
            <input type = "button" value = "发表评论" class = "btn btn - primary"
                   @click = "postComment">
        </div>
    </div>
</template>
<script>
    var commentBox = {
      data() {
        return {
          user: '',
          content: ''
        }
      },
      template: '#tmpl',
      methods: {
        postComment() {                       //发表评论的方法
          var comment = { id: Date.now(), user: this.user, content:
                    this.content }
          //从 localStorage 中获取所有的评论
          var list = JSON.parse(localStorage.getItem('cmts') ||
                    '[]')
          list.unshift(comment)
          //重新保存最新的评论数据
          localStorage.setItem('cmts', JSON.stringify(list))
          this.user = this.content = ''
          this.$emit('func')
        }
      }
```

```
        }
        //创建 Vue 实例,得到 ViewModel
        var vm = new Vue({
            el: '#app',
            data: {
                list: [
                    { id: Date.now(), user: 'beixi', content: '这是我的网名'},
                    { id: Date.now(), user: 'jzj', content: '这是我的真名'},
                    { id: Date.now(), user: '贝西奇谈', content: '有任何问题
                    可以关注公众号'}
                ]
            },
            /* 注意: 这里不能调用 loadComments()方法,因为在执行这个钩子函数的时
             候 data 和 methods 都还没有被初始化好 */
            beforeCreate(){
            },
            created(){
                this.loadComments()
            },
            methods: {
                loadComments() { //从本地的 localStorage 中加载评论列表
                    var list = JSON.parse(localStorage.getItem('cmts') ||
                        '[]')
                    this.list = list
                }
            },
            components: {
                'cmt-box': commentBox
            }
        });
    </script>
    </body>
    </html>
```

页面的显示效果如图 15-43 所示。

评论人:

评论内容:

发表评论

图 15-43　综合案例实现效果

15.9 过渡与动画

过渡是 Vue 为 DOM 动画效果提供的一个特性，Vue 在插入、更新或者移除 DOM 时，提供了多种不同方式的应用过渡效果，包括以下工具：

(1) 在 CSS 过渡和动画中自动应用 class。

(2) 可以配合使用第三方 CSS 动画库，如 Animate.css。

(3) 在过渡钩子函数中使用 JavaScript 直接操作 DOM。

(4) 可以配合使用第三方 JavaScript 动画库，如 Velocity.js。

15.9.1 元素/组件过渡

Vue 提供了 transition 的封装组件，在下列情形中，可以给任何元素和组件添加进入/离开过渡。

(1) 条件渲染(使用 v-if)。

(2) 条件展示(使用 v-show)。

(3) 动态组件。

(4) 组件根节点。

语法格式如下：

```
<transition name = "nameoftransition">
    <div></div>
</transition>
```

可以通过例 15-47 来简单理解 Vue 的过渡是如何实现的。

【例 15-47】 组件过渡应用

```
//第 15 章/组件过渡应用.html
<!DOCTYPE html>
<html lang = "en">
<head>
    <meta charset = "UTF - 8">
    <title>Document</title>
    <!-- 引入 Vue -->
    <script src = "https://cdn.jsdelivr.net/npm/vue/dist/Vue.js"></script>
</head>
<body>
    <div id = "demo">
        <button v - on:click = "show = !show">
            单击此处
        </button>
```

```
        <transition name = "fade">
            <p v-if = "show">动画实例</p>
        </transition>
    </div>
    <script>
        new Vue({
            el: '#demo',
            data: {
                show: true
            }
        })
    </script>
</body>
</html>
```

实例中通过单击“单击此处”按钮将变量 show 的值从 true 变为 false。如果值为 true，则显示子元素 p 标签的内容。

下面这段代码用于展示 transition 标签包裹了 p 标签：

```
<transition name = "fade">
    <p v-if = "show">动画实例</p>
</transition>
```

当插入或删除包含在 transition 组件中的元素时，Vue 将会进行以下处理：

(1) 自动嗅探目标元素是否应用了 CSS 过渡或动画，如果是，则在恰当的时机添加/删除 CSS 类名。

(2) 如果过渡组件提供了 JavaScript 钩子函数，这些钩子函数将在恰当的时机被调用。

(3) 如果没有找到 JavaScript 钩子并且也没有检测到 CSS 过渡/动画，DOM 操作(插入/删除)在下一帧中立即执行(注意：此处指浏览器逐帧动画机制，和 Vue 的 nextTick 概念不同)。

15.9.2 使用过渡类实现动画

过渡实现的是一个淡入淡出的效果。Vue 在元素显示与隐藏的过渡中，提供了 6 个 class 来切换。

(1) v-enter：定义进入过渡的开始状态。在元素被插入之前生效，在元素被插入之后的下一帧移除。

(2) v-enter-active：定义进入过渡生效时的状态。在整个进入过渡的阶段中应用，在元素被插入之前生效，在过渡/动画完成之后移除。这个类可以被用来定义进入过渡的过程时间、延迟和曲线函数。

(3) v-enter-to：2.1.8 版及以上，用于定义进入过渡的结束状态。在元素被插入之后的下一帧生效（与此同时 v-enter 被移除），在过渡/动画完成之后移除。

(4) v-leave：定义离开过渡的开始状态。在离开过渡被触发时立刻生效，下一帧被移除。

(5) v-leave-active：定义离开过渡生效时的状态。在整个离开过渡的阶段中应用，在离开过渡被触发时立刻生效，在过渡/动画完成之后移除。这个类可以被用来定义离开过渡的过程时间、延迟和曲线函数。

(6) v-leave-to：2.1.8 版及以上，用于定义离开过渡的结束状态。在离开过渡被触发之后的下一帧生效（与此同时 v-leave 被删除），在过渡/动画完成之后移除。

原理如图 15-44 所示。

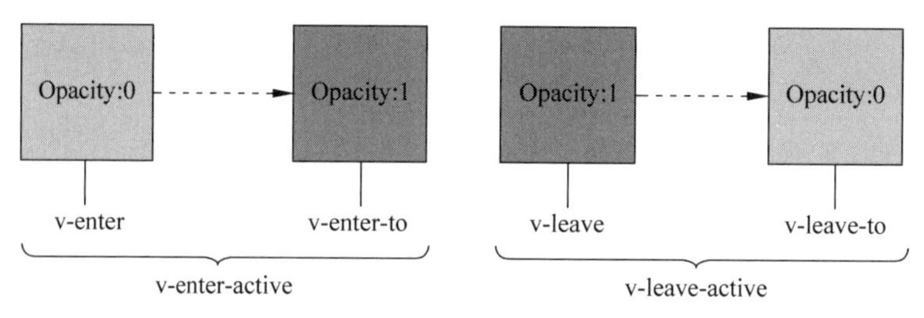

图 15-44 过渡类原理

对于这些在过渡中切换的类名来讲，如果使用一个没有名字的 <transition>，则 v- 是这些类名的默认前缀。如果使用了 <transition name="my-transition">，则 v-enter 会被替换为 my-transition-enter。

v-enter-active 和 v-leave-active 可以控制进入/离开过渡的不同的缓和曲线，在下面章节会有个示例说明。

1. CSS 过渡

常用的 Vue 过渡效果使用 CSS 过渡 transition。首先看一个简单的切换显示按钮，代码如下：

```
<div id = "app">
    <button @click = "show = !show">单击此处</button>
    <div v-if = "show"> Hello world </div>
</div>
<script>
    new Vue({
        el: '#app',
        data: {
            show: true
        }
    })
</script>
```

现在希望 Hello world 能有一个渐隐渐现的效果，需要在 div 外层包裹一个 transition

标签，代码如下：

```
<div id = "app">
    <button @click = "show = !show">单击此处</button>
    <transition name = "fade">
        <div v - if = "show"> Hello world </div>
    </transition>
</div>
```

当然这样也无法形成过渡效果，仍需要在 transition 标签中添加 class 样式，只不过 class 样式不需要手动添加，Vue 在运行中会自动地构建一个动画的流程，如图 15-45 所示。

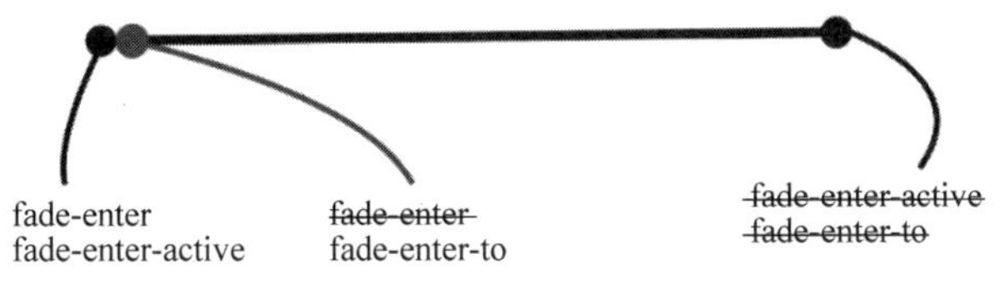

图 15-45 Vue 动画过渡图

当动画执行的一瞬间，会自动在 div 上增加两个 class 名字，分别是 fade-enter 和 fade-enter-active，因为 transiton 标签的 name 是 fade。

当动画运行到第二帧时，Vue 又会把 fade-enter 删除，然后添加一个 fade-enter-to，再当动画执行到结束的一瞬间，又把 fade-enter-active 和 fade-enter-to 删除。

动画原理是不是这样，可以看下面的示例，代码如下：

```
<head>
<style>
        .fade - enter{
            opacity: 0;
        }
        .fade - enter - active{
            transition: opacity 3s;
        }
</style>
</head>
<body>
<div id = "app">
    <button @click = "show = !show">单击此处</button>
    <transition name = "fade">
        <div v - if = "show"> Hello world </div>
    </transition>
</div>
<script>
    new Vue({
        el: '#app',
```

```
        data: {
            show: true
        }
    })
</script>
</body>
```

上面示例会有明显的过渡效果了。

在图15-45的Vue动画过渡图中，我们发现fade-enter-active是全程存在的，它的作用是，如果监听到元素opacity发生了变化，就让这个变化在3s内完成。

fade-enter在第一帧时存在，在第二帧时被删除。首先在第一帧时，fade-enter-active和fade-enter同时存在，并且opacity=0，在第二帧时，fade-enter被删除，opacity恢复到原来的初始状态，也就是1，在这个过程中，opacity发生了变化，所以fade-enter-active就让这个变化在3s内完成。

如果在transiton标签中不添加name属性，则默认自动会加name="v"，此时class样式的代码如下：

```
<style>
    .v-enter{
        opacity: 0;
    }
    .v-enter-active{
        transition: opacity 3s;
    }
</style>
```

再来看Vue元素从显示到隐藏的动画效果，代码如下：

```
<style>
    .v-enter{
        opacity: 0;
    }
    .v-enter-active{
        transition: opacity 3s;
    }
    .v-leave-to{
        opacity: 0;
    }
    .v-leave-active{
        transition: opacity 3s;
    }
</style>
```

和上面 enter 的原理基本一致，完整的示例代码如例 15-48 所示。

【例 15-48】 CSS 过渡

```
//第 15 章/css 过渡.html
<!DOCTYPE html>
<html lang = "en">
<head>
    <meta charset = "UTF - 8">
    <title>Document</title>
    <!-- 引入 Vue -->
    <script src = "https://cdn.jsdelivr.net/npm/vue/dist/Vue.js"></script>
    <style>
        .v - enter{
            opacity: 0;
        }
        .v - enter - active{
            transition: opacity 3s;
        }
        .v - leave - to{
            opacity: 0;
        }
        .v - leave - active{
            transition: opacity 3s;
        }
    </style>
</head>
<body>
    <div id = "app">
        <button @click = "show = !show">单击此处</button>
        <transition>
            <div v - if = "show">Hello world</div>
        </transition>
    </div>
    <script>
        new Vue({
            el: '#app',
            data: {
                show: true
            }
        })
    </script>
</body>
</html>
```

2. CSS 动画

CSS 动画 animation 的用法同 CSS 过渡 transition，其区别是在动画中 v-enter 类名在节点插入 DOM 后不会立即删除，而是在 animationend 事件触发时删除，如例 15-49 所示。

【例 15-49】 在元素 enter 和 leave 时都增加缩放 scale 效果

```
//第 15 章/CSS 动画.html
<!DOCTYPE html>
<html lang = "en">
<head>
    <meta charset = "UTF - 8">
    <title>Document</title>
    <!-- 引入 Vue -->
    <script src = "https://cdn.jsdelivr.net/npm/vue/dist/Vue.js"></script>
    <style>
        .bounce - enter - active{
            animation:bounce - in .5s;
        }
        .bounce - leave - active{
            animation:bounce - in .5s reverse;
        }
        @keyframes bounce - in{
            0 % {transform:scale(0);}
            50 % {transform:scale(1.5);}
            100 % {transform:scale(1);}
        }
    </style>
</head>
<body>
    <div id = "app">
        <button v - on:click = "show = !show">单击此处</button>
        <transition name = "bounce">
            <p v - if = "show">Hello World</p>
        </transition>
    </div>
    <script>
        new Vue({
            el: '#app',
            data: {
                show: true
            }
        })
    </script>
</body>
</html>
```

Vue 为了知道过渡的完成,必须设置相应的事件监听器。它可以是 transitionend 或 animationend,这取决于给元素应用的 CSS 规则。如果使用其中任何一种,则 Vue 能自动识别类型并设置监听。

但是,在一些场景中,需要给同一个元素同时设置两种效果,例如 animation 很快地被触发并完成了，而 transition 效果还没结束。在这种情况下就需要使用 type 特性并设置 animation 或 transition 来明确声明需要 Vue 监听的类型，如例 15-50 所示。

【例 15-50】 CSS 过渡和动画同时使用

```
//第 15 章/CSS 过渡和动画同时使用.html
<!DOCTYPE html>
<html lang="en">
<head>
    <meta charset="UTF-8">
    <title>Document</title>
    <!-- 引入 Vue -->
    <script src="https://cdn.jsdelivr.net/npm/vue/dist/Vue.js"></script>
    <style>
        .fade-enter,.fade-leave-to{
            opacity:0;
        }
        .fade-enter-active,.fade-leave-active{
            transition:opacity 1s;
            animation:bounce-in 5s;
        }
        @keyframes bounce-in{
            0%{transform:scale(0);}
            50%{transform:scale(1.5);}
            100%{transform:scale(1);}
        }
    </style>
</head>
<body>
    <div id="app">
        <button v-on:click="show = !show">单击此处</button>
        <transition name="fade" type="transition">
            <p v-if="show">Hello World</p>
        </transition>
    </div>
    <script>
        new Vue({
            el: '#app',
            data: {
                show: true,
            },
        })
    </script>
</body>
</html>
```

3. 自定义过渡的类名

可以通过以下特性来自定义过渡类名：

- enter-class；
- enter-active-class；
- leave-class；
- leave-active-class。

它们的优先级高于普通的类名，这对于 Vue 的过渡系统和其他第三方 CSS 动画库（如 Animate.css）结合使用十分有用，如例 15-51 所示。

【例 15-51】 自定义过渡类应用

```
//第 15 章/自定义过渡类应用.html
<!DOCTYPE html>
<html lang="en">
<head>
    <meta charset="UTF-8">
    <title>Document</title>
    <!-- 引入 Vue -->
    <script src="https://cdn.jsdelivr.net/npm/vue/dist/Vue.js"></script>
    <style>
        .fade-in-active, .fade-out-active{
            transition: all 1.5s ease
        }
        .fade-in-enter, .fade-out-active{
            opacity: 0
        }
    </style>
</head>
<body>
    <div id="app">
        <button @click="show = !show">
            单击此处
        </button>
        <transition
                name="fade"
                enter-class="fade-in-enter"
                enter-active-class="fade-in-active"
                leave-class="fade-out-enter"
                leave-active-class="fade-out-active">
            <p v-show="show">hello</p>
        </transition>
    </div>
    <script>
        new Vue({
            el: '#app',
```

```
            data: {
                show: true
            }
        })
    </script>
</body>
</html>
```

在上面的代码中，原来默认的 fade-enter 类对应 fade-in-enter，fade-enter-active 类对应 fade-in-active，以此类推。

4. CSS 过渡钩子函数

除了可以用 CSS 过渡的动画实现 Vue 的组件过渡，还可以用 JavaScript 的钩子函数实现，在钩子函数中直接操作 DOM。可以在属性中声明 JavaScript 钩子，代码如下：

```
<transition v-on:before-enter="beforeEnter" v-on:enter="enter"
    v-on:after-enter="afterEnter" v-on:enter-cancelled="enterCancelled"
    v-on:before-leave="beforeLeave" v-on:leave="leave"
    v-on:after-leave="afterLeave"
    v-on:leave-cancelled="leaveCancelled"><!-- ... -->
</transition>
```

JS 代码块如下：

```
...
methods: {
   //--------
   //进入中
//--------
   beforeEnter: function (el) {
      ...
   },
   //当与 CSS 结合使用时
   //回调函数 done 是可选的
   enter: function (el, done) {
      ...
      done()
   },
   afterEnter: function (el) {
      ...
   },
   enterCancelled: function (el) {
      ...
   },

   //--------
   //离开时
```

```
//--------

    beforeLeave: function (el) {
        ...
    },
    //当与 CSS 结合使用时
    //回调函数 done 是可选的
    leave: function (el, done) {
        ...
        done()
    },
    afterLeave: function (el) {
        ...
    },
    //leaveCancelled 只用于 v - show 中
leaveCancelled: function (el) {
        ...
    }
}
```

这些钩子函数可以结合 CSS transitions/animations 使用，也可以单独使用。

注意：

(1) 当只用 JavaScript 过渡时，在 enter 和 leave 中必须使用 done 进行回调。否则，它们将被同步调用，过渡会立即完成。

(2) 推荐对于仅使用 JavaScript 过渡的元素添加 v-bind:css="false"，Vue 会跳过 CSS 的检测。这可以避免过渡过程中 CSS 的影响。

Vue.js 也可以和一些 JavaScript 动画库配合使用，这里只需调用 JavaScript 钩子函数，而不需要定义 CSS 样式。transiton 接受选项 css.false，将直接跳过 CSS 检测，避免 CSS 规则干扰过渡，而且需要在 enter()和 leave()钩子函数中调用 done()函数，明确过渡结束时间。此处将引入 Velocity.js 来配合使用 JavaScript 过渡，如例 15-52 所示。

【例 15-52】 一个使用 Velocity.js 的简单例子

```
//第 15 章/CSS 过渡钩子函数.html
<!DOCTYPE html>
<html lang = "en">
<head>
    <meta charset = "UTF - 8">
    <title>Document</title>
    <!-- 引入 Vue -->
    <script src = "https://cdn.jsdelivr.net/npm/vue/dist/Vue.js"></script>
    <!--
    Velocity 和 jQuery.animate 的工作方式类似，也是用来实现 JavaScript 动
    画的一个很棒的选择 -->
    <script src = "https://cdnjs.cloudflare.com/ajax/libs/
```

```
                velocity/1.2.3/velocity.min.js"></script>
</head>
<body>
<div id="app">
    <button @click="show = !show">
        单击此处
    </button>
    <transition
            v-on:before-enter="beforeEnter"
            v-on:enter="enter"
            v-on:leave="leave"
            v-bind:css="false">
        <p v-if="show">
            Hello
        </p>
    </transition>
</div>
<script>
    new Vue({
        el: '#app',
        data: {
            show: false
        },
        methods: {
            beforeEnter: function (el) {
                el.style.opacity = 0
                el.style.transformOrigin = 'left'
            },
            enter: function (el, done) {
                Velocity(el, { opacity: 1, fontSize: '1.4em' },
                                { duration: 300 })
                Velocity(el, { fontSize: '1em' }, { complete: done })
            },
            leave: function (el, done) {
                Velocity(el, { translateX: '15px', rotateZ: '50deg' },
                                { duration: 600 })
                Velocity(el, { rotateZ: '100deg' }, { loop: 2 })
                Velocity(el, {
                    rotateZ: '45deg',
                    translateY: '30px',
                    translateX: '30px',
                    opacity: 0
                }, { complete: done })
            }
        }
    })
</script>
</body>
</html>
```

第 16 章

Vue 工程化

高效地进行开发离不开基础工程的搭建。本章主要介绍如何使用 Vue 进行实际 SPA 项目的开发，这里使用的是目前热门的 JavaScript 应用程序模块打包工具 Webpack，进行模块化开发、代码编译和打包。

本章思维导图如图 16-1 所示。

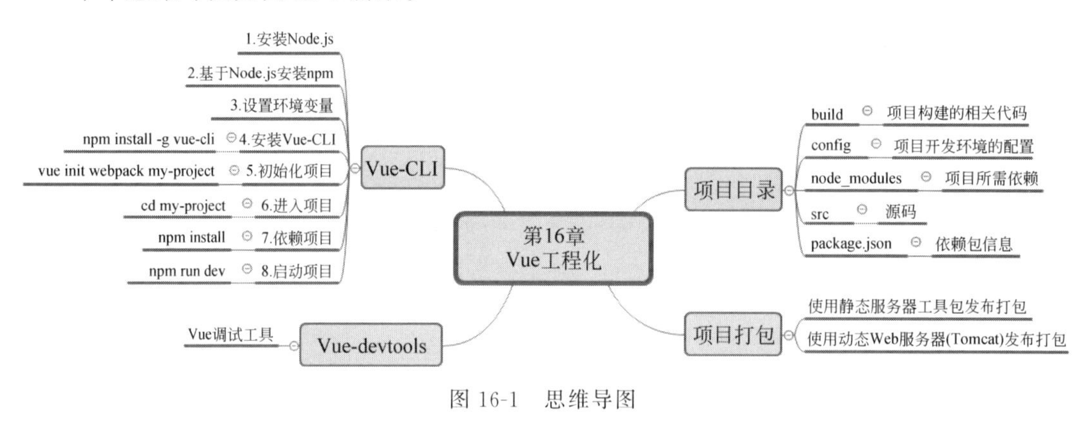

图 16-1　思维导图

16.1　Vue-CLI

Vue 脚手架指的是 Vue-CLI，它是一个专门为单页面应用快速搭建的脚手架，它可以轻松地创建新的应用程序而且可用于自动生成 Vue 和 Webpack 的项目模板。

Vue-CLI 是一个基于 Vue.js 进行快速开发的完整系统：

(1) 通过 @vue/cli 实现的交互式的项目脚手架。

(2) 通过 @vue/cli + @vue/cli-service-global 实现的零配置原型开发。

(3) 一个运行时依赖 (@vue/cli-service)，该依赖：

- 可升级；
- 基于 Webpack 构建，并带有合理的默认配置；

- 可以通过项目内的配置文件进行配置；
- 可以通过插件进行扩展。

(4) 一个丰富的官方插件集合，集成了前端生态中最好的工具。

(5) 一套完全图形化的创建和管理 Vue.js 项目的用户界面。

Vue-CLI 致力于将 Vue 生态中的工具基础标准化。它确保了各种构建工具能够基于智能的默认配置即可平稳衔接，这样可以专注在撰写应用上，而不必花好几天时间去纠结配置的问题。使用 Vue-CLI 可以快速搭建一个完整的 Vue.js 应用，相较于人工操作，具有安全、高效的特点。

利用 Vue-CLI 脚手架来构建 Vue 项目需要先安装 Node.js 和 NPM 环境。

16.1.1 Node.js

1. 什么是 Node.js

Node.js 是一个基于 Chrome V8 引擎的 JavaScript 运行环境。Node.js 使用了一个事件驱动、非阻塞式 I/O 的模型。

Node 是一个让 JavaScript 运行在服务器端的开发平台，它让 JavaScript 成为与 PHP、Python、Perl、Ruby 等服务器端语言平起平坐的脚本语言。发布于 2009 年 5 月，由 Ryan Dahl 开发，实际上是对 Chrome V8 引擎进行了封装。

Node 对一些特殊用例进行优化，提供替代的 API，使 V8 在非浏览器环境下运行得更好。V8 引擎执行 JavaScript 的速度非常快，性能非常好。Node 是一个基于 Chrome JavaScript 运行时建立的平台，用于方便地搭建响应速度快、易于扩展的网络应用。Node 使用事件驱动，非阻塞 I/O 模型而得以轻量和高效，非常适合在分布式设备上运行数据密集型的实时应用。

2. Node.js 的安装

Node.js 的安装比较简单（前面章节安装过的可以跳过本节），大家需要在 Node.js 官网（https://nodejs.org/en/download/）下载并安装 Node.js 环境，Windows 系统推荐下载 Windows Installer (.msi)。同时，大家会得到一个附送的 NPM 工具。

(1) 安装 Node.js，双击下载好的 Node 文件，如图 16-2 所示。

node-v12.15.0-x64.msi

图 16-2 Node.js 安装文件

安装过程比较简单，一直单击“下一步”按钮即可。

(2) 环境变量配置：安装完成后需要设置环境变量，即在 Path 中添加安装目录（例如，D:\java\node js），如图 16-3 所示。

(3) 单击“开始”→“运行”，输入 cmd 命令，然后输入 node-v 命令，如图 16-4 所示，验证安装是否成功。

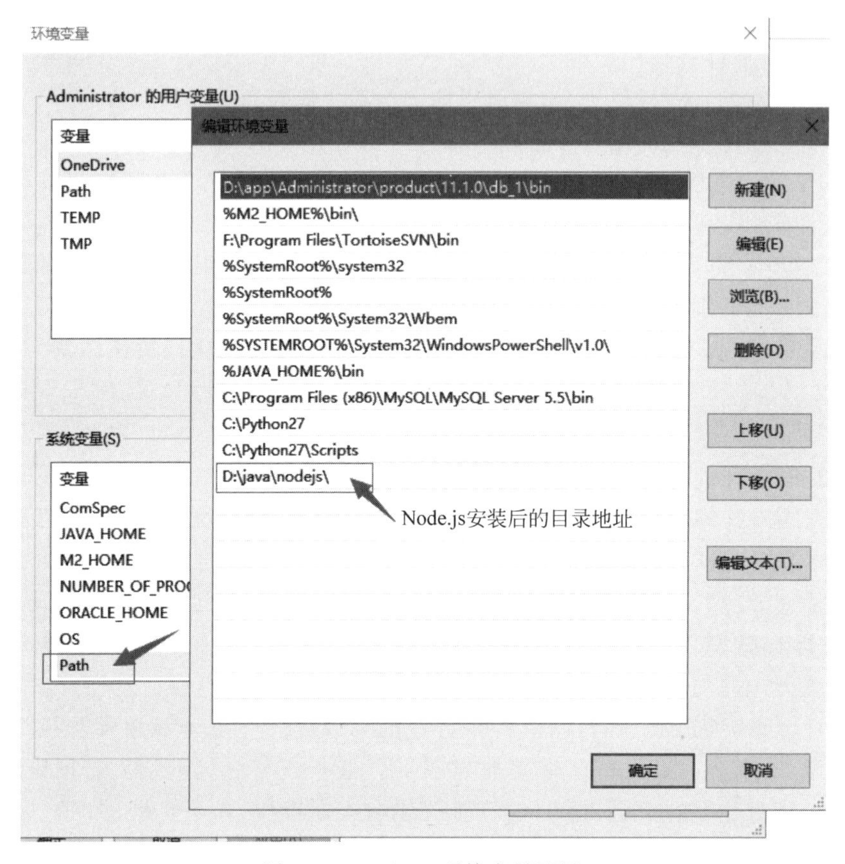

图 16-3 Node.js 环境变量配置

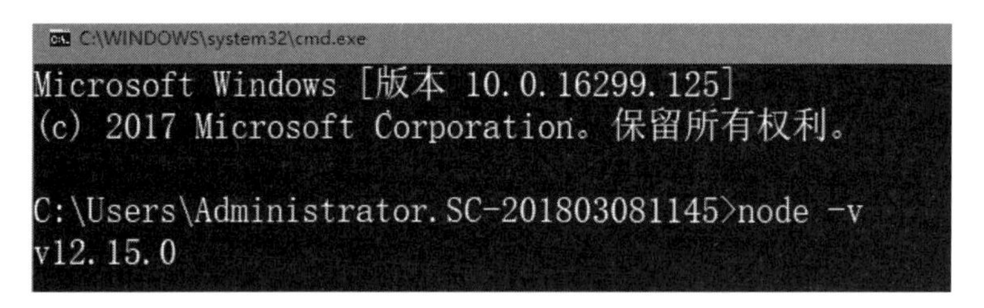

图 16-4 验证 Node.js 是否安装成功

16.1.2 NPM

1. 什么是 NPM

NPM 代表 npmjs.com 这个网站，这个站点存储了很多 Node.js 的第三方功能包。

NPM 的全称是 Node Package Manager，是一个 Node.js 包管理和分发工具，已经成为非官方的发布 Node 模块(包)的标准。它可以让 JavaScript 开发者更加轻松地共享代码和共用代码片段,并且通过 NPM 管理分享的代码也很方便快捷和简单。

NPM 最初用于管理和分发 Node.js 的依赖,它自动化的机制使层层嵌套的依赖管理变得十分简单,因此后来被广泛应用于前端依赖的管理中。

NPM 是随同 Node.js 一起安装的包管理工具,能解决 Node.js 代码部署上的很多问题,常见的使用场景有以下几种:

(1) 允许用户从 NPM 服务器将别人编写的第三方包下载到本地使用。

(2) 允许用户从 NPM 服务器将别人编写的命令行程序下载并安装到本地使用。

(3) 允许用户将自己编写的包或命令行程序上传到 NPM 服务器供别人使用。

2. NPM 安装

由于 Node.js 已经集成了 NPM,所以安装 Node.js 时 NPM 也一并安装好了,可以在命令行终端输入 npm -v 命令来测试是否安装成功。命令如图 16-5 所示,出现版本提示表示安装成功。

```
C:\Users\Administrator.SC-201803081145>npm -v
6.13.4
```

图 16-5 验证 NPM 是否安装成功

注意:由于 NPM 的仓库源部署在国外,资源传输速度较慢且可能受限制,大家可以直接使用 NPM 安装其他依赖,也可以使用淘宝的镜像源 CNPM(CNPM 是淘宝团队在国内开发的一个相当于 NPM 的镜像,可以用 CNPM 代替 NPM 来安装依赖包)。

安装 CNPM,可以通过打开命令行工具(Win+R)安装,输入的命令如下:

```
npm install -g cnpm --registry=http://registry.npm.taobao.org
```

这样就可以使用淘宝定制的 CNPM(gzip 压缩支持) 命令行工具代替默认的 NPM,当然大家也可以选择不安装,不代替 NPM。

16.1.3 基本使用

在用 Vue 构建大型应用时推荐使用 NPM 安装。NPM 能很好地和诸如 Webpack 或 Browserify 模块打包器配合使用。在 16.1.1 节中将 Vue 环境搭建完成后,本节可以利用 Vue 提供的 Vue-CLI 脚手架快速建立项目,步骤如下:

(1) 搭建第 1 个完整的 Vue-CLI 脚手架构建的项目。

Vue-CLI 是用 Node 编写的命令行工具,需要进行全局安装。打开命令行终端,输入的命令如下:

```
npm install -g Vue-CLI
```

等待安装完成,如图 16-6 所示。

注意:只需第 1 次构建脚手架项目时执行上述命令,以后的 Vue 项目构建从第 3 步开始。

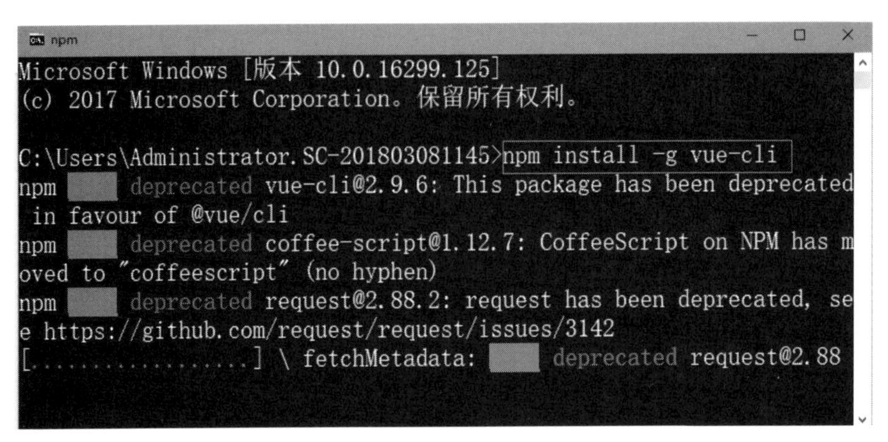

图 16-6　安装脚手架 Vue-CLI

(2) 安装完成后，输入 vue -V 命令，如果出现相应的版本号，则说明安装成功，如图 16-7 所示。

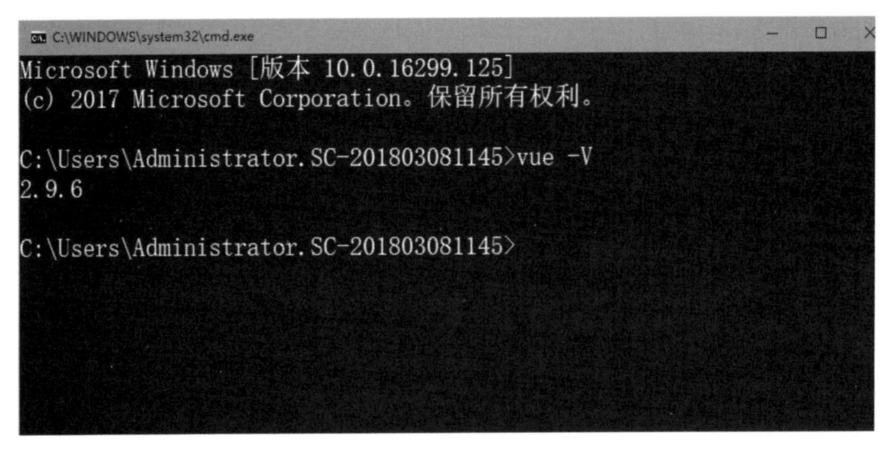

图 16-7　Vue-CLI 安装成功

(3) 可以使用 Vue-CLI 来快速生成一个基于 Webpack 模板构建的项目，如图 16-8 所示，项目名为 vue-project。

首先需要在命令行中进入项目目录，然后输入的命令如下：

```
//cd $自定义路径$( 如 D:\web 前端\VueCode)
vue init webpack vue - project
```

(4) 配置完成后，可以看到目录下多出了一个项目文件夹，里面就是 Vue-CLI 创建的一个基于 Webpack 的 Vue.js 项目。

进入项目目录(如 cd vue-project)，使用 npm install 命令安装依赖，如图 16-9 所示。

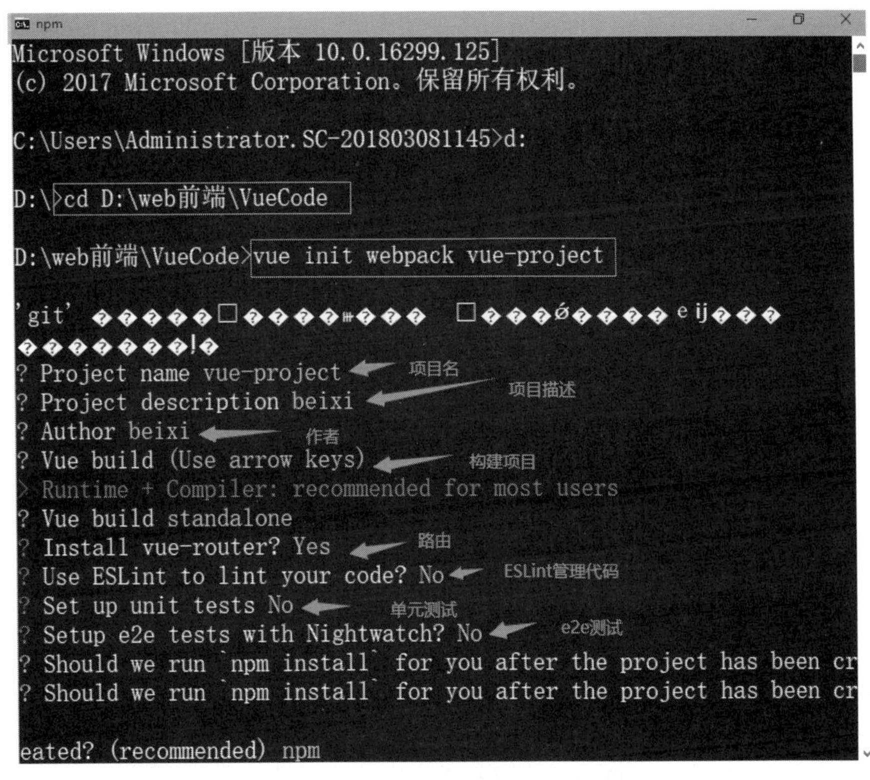

图 16-8 使用 Webpack 模板创建项目

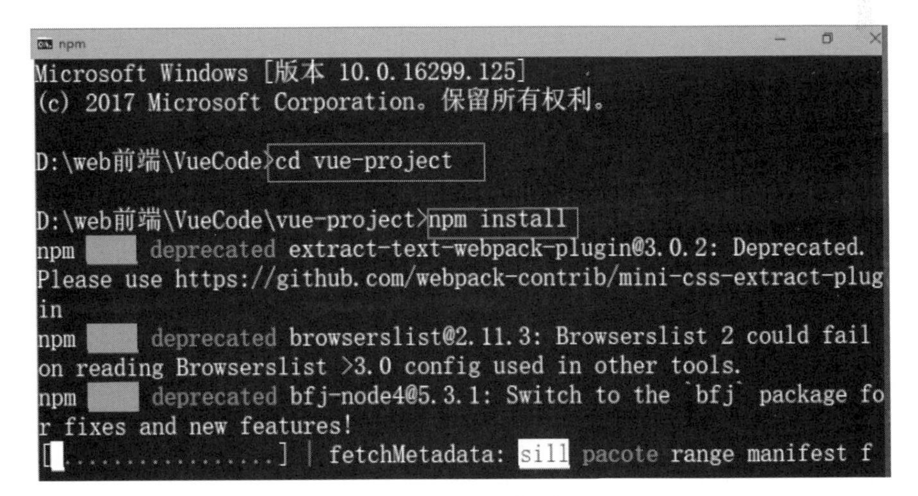

图 16-9 安装依赖

依赖安装完成后，项目的目录结构如下：

```
|-- build                              //项目构建(Webpack)相关代码
|     |-- build.js                     //生产环境构建代码
|     |-- check-version.js             //检查 Node、NPM 等版本
|     |-- dev-client.js                //与热重载相关
|     |-- dev-server.js                //构建本地服务器
|     |-- utils.js                     //与构建工具相关
|     |-- webpack.base.conf.js         //Webpack 基础配置
|     |-- webpack.dev.conf.js          //Webpack 开发环境配置
|     |-- webpack.prod.conf.js         //Webpack 生产环境配置
|-- config                             //项目开发环境配置
|     |-- dev.env.js                   //开发环境变量
|     |-- index.js                     //项目配置的一些变量
|     |-- prod.env.js                  //生产环境变量
|     |-- test.env.js                  //测试环境变量
|-- node_modules                       //所需的依赖资源
|-- src                                //源码目录
|     |-- assets                       //存放资产文件
|     |-- components                   //Vue 公共组件
|     |-- router                       //存放路由 JS 文件,用于页面的跳转
|     |-- App.vue                      //页面入口文件
|     |-- main.js                      //程序入口文件,加载各种公共组件
|-- static                             //静态文件,例如一些图片、JSON 数据等
|     |-- data                         //群聊分析得到的数据,用于数据可视化
|-- .babelrc                           //ES6 语法编译配置
|-- .editorconfig                      //定义代码格式
|-- .gitignore                         //Git 上传需要忽略的文件格式
|-- README.md                          //项目说明
|-- favicon.ico
|-- index.html                         //入口页面
|-- package.json                       //项目基本信息
.
```

对于开发者来讲更多操作的是 src 目录：

```
|-- src                        //源码目录
|     |-- assets               //存放资产文件
|     |-- components           //Vue 公共组件
|     |-- router               //存放路由 JS 文件,用于页面的跳转
|     |-- App.vue              //页面入口文件
|     |-- main.js              //程序入口文件,加载各种公共组件
```

main.js 文件的解释如下：

```
/* 在 main.js 文件中导入 Vue 对象 */
import Vue from 'vue'
```

```
/* 导入 App.vue 组件,并且命名为 App */
import App from './App'
/* 导入 router 路由 */
import router from './router'
Vue.config.productionTip = false
/* 所有导入成功后创建 Vue 对象,设置被绑定的节点是'#app','#app'是 index.html
文件中的一个 div */
new Vue({
 el: '#app',
   /* 将 router 设置到 Vue 对象中 */
  router,
  /* 声明一个组件 App,App 这个组件在一开始已经导入项目中了,但是无法直接使用,必
  须声明 */
  components: { App },
  /* template 中定义了页面模板,即在 App 组件中的内容渲染到'#app'这个 div 中 */
  template: '<App/>'
})
```

App.vue 文件解释：App.vue 是一个 Vue 组件,包含三部分内容,即页面模板、页面脚本、页面样式。App.vue 的代码如下：

```
<!-- 页面模板 -->
<template>
    <div id="app">
      <!-- 在页面模板中定义了一张图片 -->
      <img src="./assets/logo.png">
      <!-- router-view 可简单地理解为路由占位符,用来挂载所有的路由组件 -->
      <router-view/>
   </div>
</template>
  <!-- 页面脚本:页面脚本用来实现数据初始化、事件处理等 -->
<script>
    export default {
        name: 'App'
    }
</script>
  <!-- 页面样式 -->
<style>
  #app {
     font-family: 'Avenir', Helvetica, Arial, sans-serif;
     -webkit-font-smoothing: antialiased;
     -moz-osx-font-smoothing: grayscale;
     text-align: center;
     color: #2c3e50;
     margin-top: 60px;
  }
</style>
```

index.js 文件的解释如下：

```
import Vue from 'vue'
import Router from 'vue-router'
import HelloWorld from '@/components/HelloWorld'
Vue.use(Router)
export default new Router({
/* 路由文件,path路径,对应的组件为HelloWorld,即在浏览器网址为/时,在
router-view 位置显示 HelloWorld 组件 */
  routes: [
    {
      path: '/',
      name: 'HelloWorld',
      component: HelloWorld
    }
  ]
})
```

(5) 输入 npm run dev 命令启动项目，如图 16-10 所示。

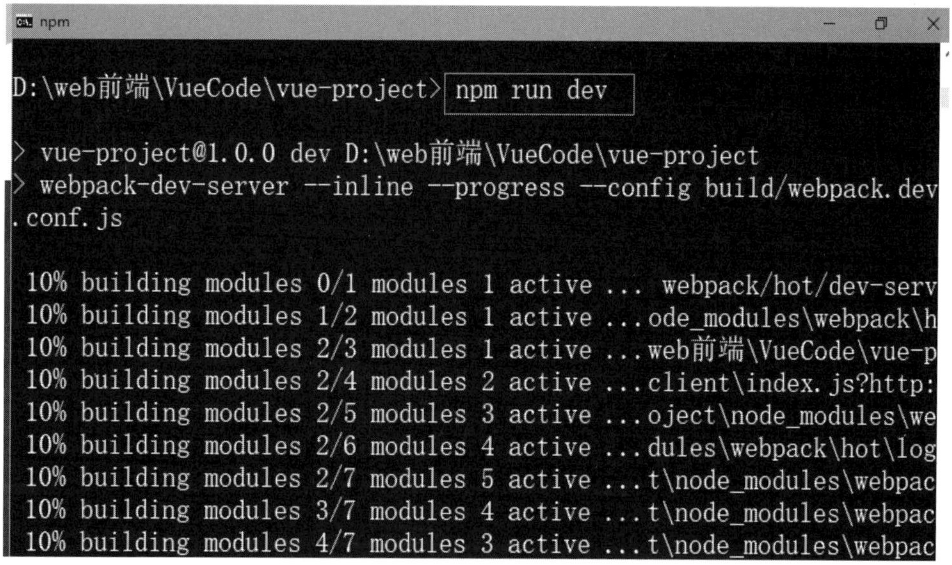

```
npm
D:\web前端\VueCode\vue-project>npm run dev

> vue-project@1.0.0 dev D:\web前端\VueCode\vue-project
> webpack-dev-server --inline --progress --config build/webpack.dev
.conf.js

 10% building modules 0/1 modules 1 active ... webpack/hot/dev-serv
 10% building modules 1/2 modules 1 active ...ode_modules\webpack\h
 10% building modules 2/3 modules 1 active ...web前端\VueCode\vue-p
 10% building modules 2/4 modules 2 active ...client\index.js?http:
 10% building modules 2/5 modules 3 active ...oject\node_modules\we
 10% building modules 2/6 modules 4 active ...dules\webpack\hot\log
 10% building modules 2/7 modules 5 active ...t\node_modules\webpac
 10% building modules 3/7 modules 4 active ...t\node_modules\webpac
 10% building modules 4/7 modules 3 active ...t\node_modules\webpac
```

图 16-10 启动项目

运行成功后在浏览器地址栏输入 http://localhost:8080，访问项目的结果如图 16-11 所示。

注意：

(1) Vue 项目自带热部署。

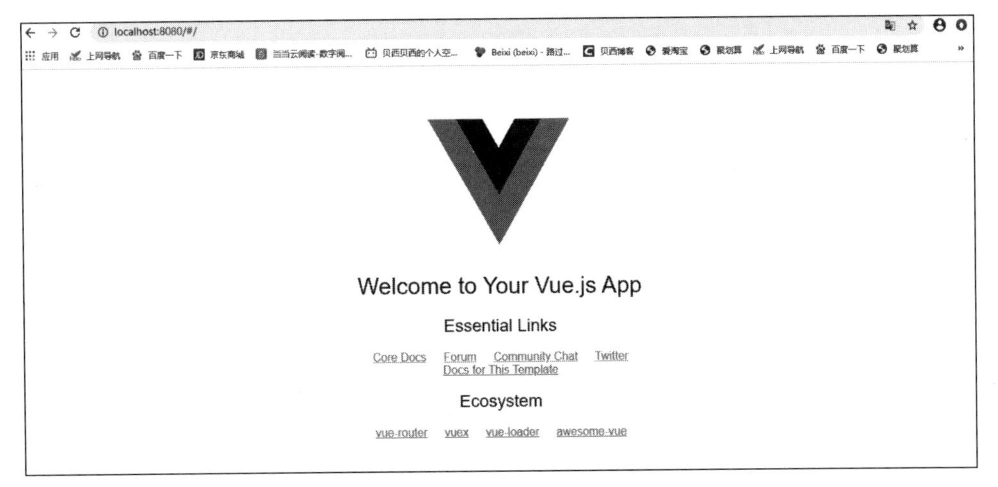

图 16-11　Vue 单页面显示效果

(2) 如果浏览器打开之后没有加载出页面，则有可能是本地的 8080 端口被占用，需要修改一下配置文件 config→index.js，如图 16-12 所示。如果正常显示，则可忽略此操作。

```
module.exports = {
  dev: {

    // Paths
    assetsSubDirectory: 'static',
    assetsPublicPath: './',
    proxyTable: {},

    // Various Dev Server settings
    host: 'localhost', // can be overwritten by process.env.HOST
    port: 8080, // can be overwritten by process.env.PORT, if port is in use, a free one will
    autoOpenBrowser: false,
    errorOverlay: true,
    notifyOnErrors: true,
    poll: false, // https://webpack.js.org/configuration/dev-server/#devserver-watchoptions-
```

图 16-12　index.js 配置文件

(3) 修改端口号是为了防止端口号被占用。

(4) 把 assetsPublicPath 属性前缀修改为“./”(原本为“/”)，这是因为打包之后，外部引入 JS 和 CSS 文件时，如果路径以“/ ”开头，则在本地是无法找到对应的文件(服务器上没问题)，所以如果需要在本地打开打包后的文件，就得修改文件路径。

16.2　项目打包与发布

在控制台中输入 npm run build 命令。对当前 Vue 项目进行打包，如图 16-13 所示。

打包完成后，会输出 Build complete 并且在 Vue 项目中会生成一个 dist 的打包文件夹，如图 16-14 所示。

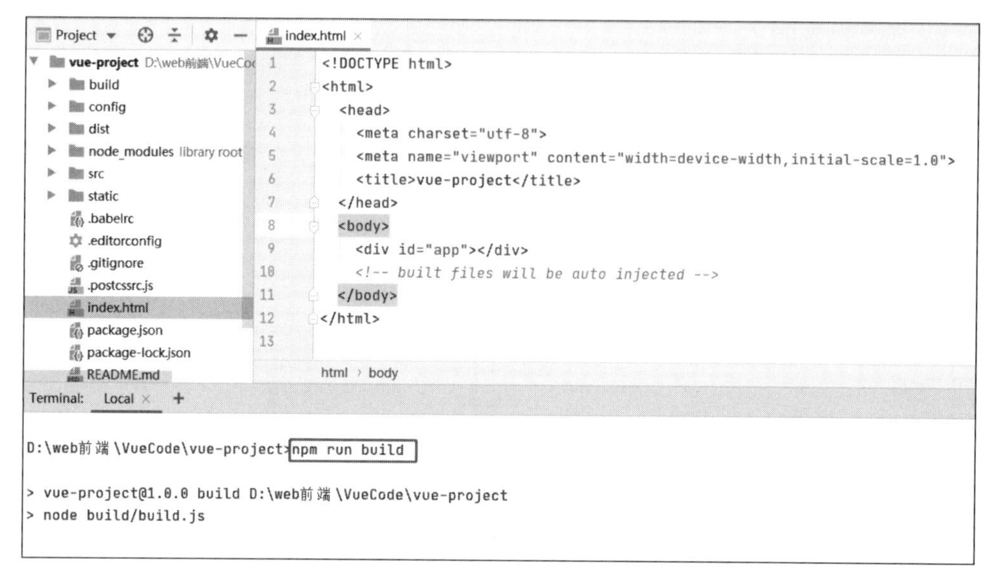

图 16-13　Vue 项目进行打包

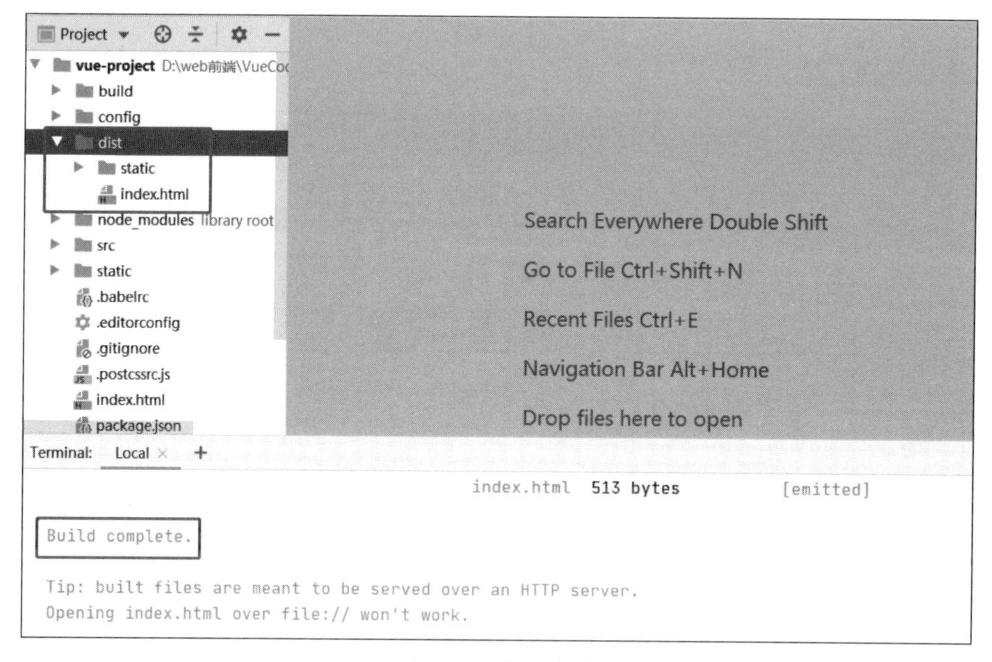

图 16-14　打包完成

16.2.1　使用静态服务器工具包发布打包

使用静态服务器工具发布打包的步骤如下：

(1) 首先安装全局的 serve，输入命令 npm install -g serve，如图 16-15 所示。

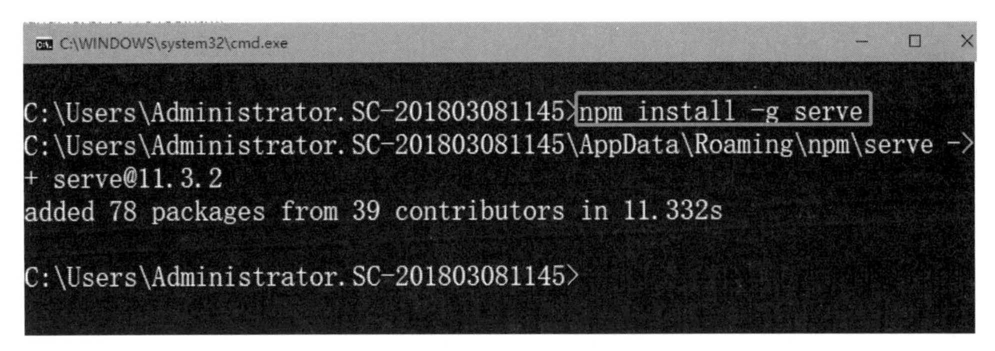

图 16-15 安装全局的 serve

(2) 在 VS Code 控制台输入的命令如下：

```
serve dist //serve + 打包文件名
```

效果如图 16-16 所示。

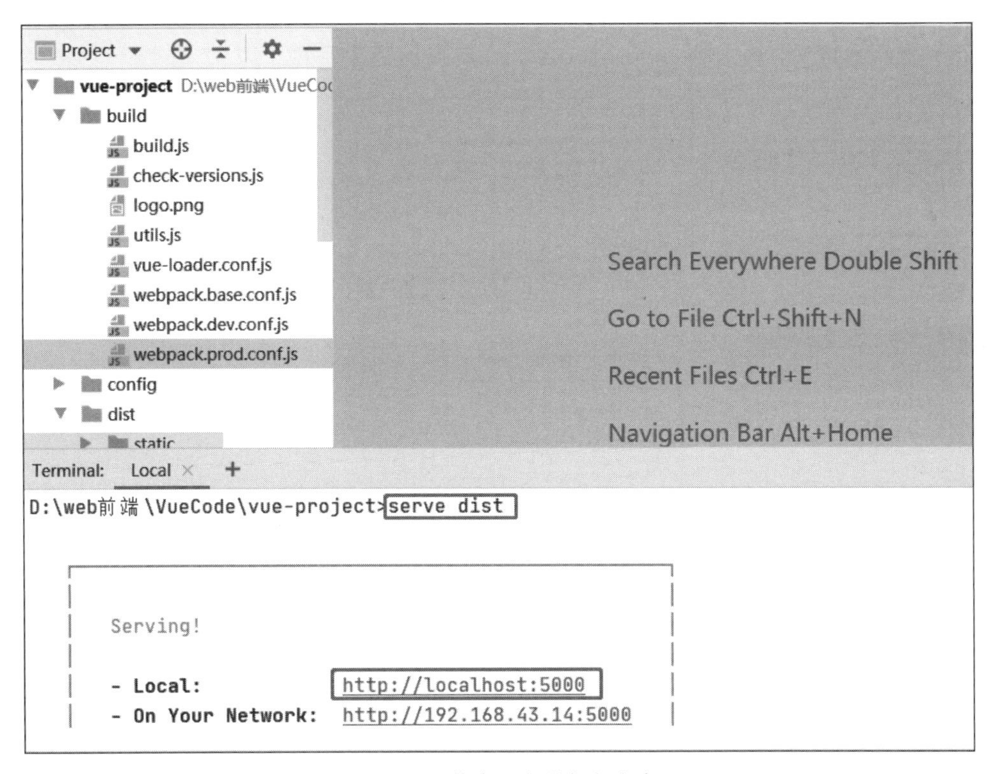

图 16-16 静态服务器打包发布

(3) 使用浏览器访问图 16-16 中输出的地址，效果如图 16-17 所示。

图 16-17 页面显示效果

16.2.2 使用动态 Web 服务器(Tomcat)发布打包

使用动态 Web 服务器发布打包的步骤如下：

(1) 修改配置文件 webpack.prod.conf.js，如图 16-18 所示。

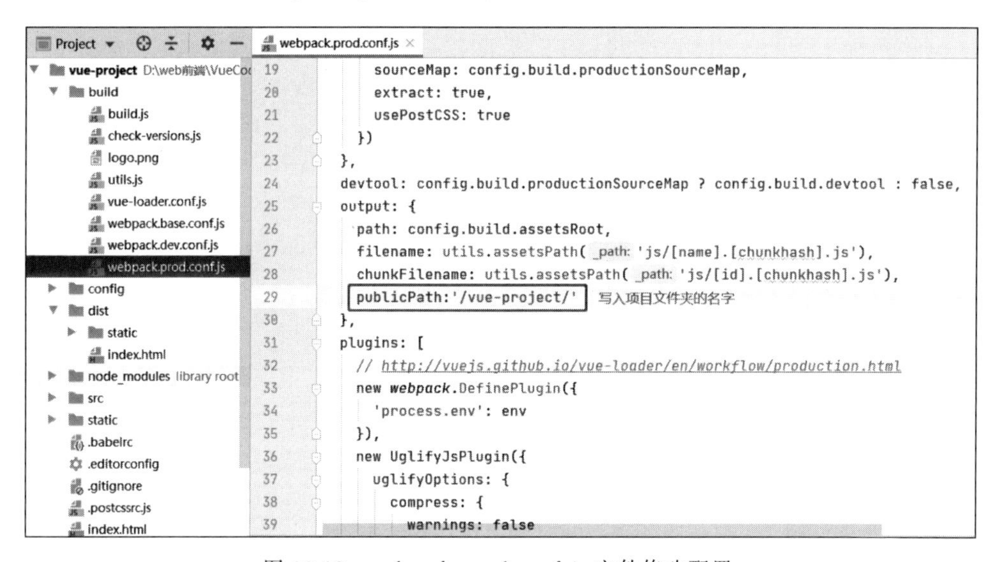

图 16-18 webpack.prod.conf.js 文件修改配置

(2) 重新打包，如图 16-19 所示。

(3) 将 dist 文件夹复制到运行的 Tomcat 的 webapps 目录下，将 dist 文件夹修改为项目名称(本例中为 vue-projectt)，如图 16-20 所示。

(4) 启动 Tomcat，使用浏览器访问 localhost:8080/vue-project 效果如图 16-21 所示。

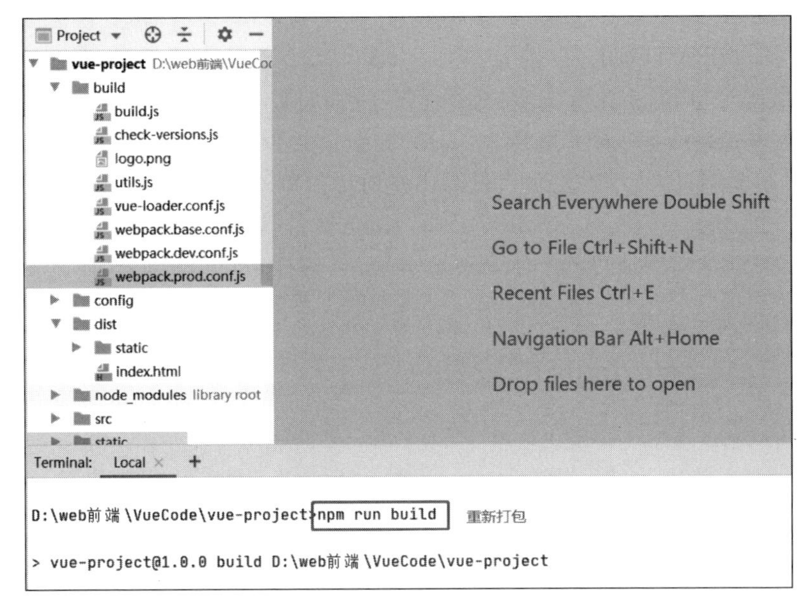

图 16-19 重新打包

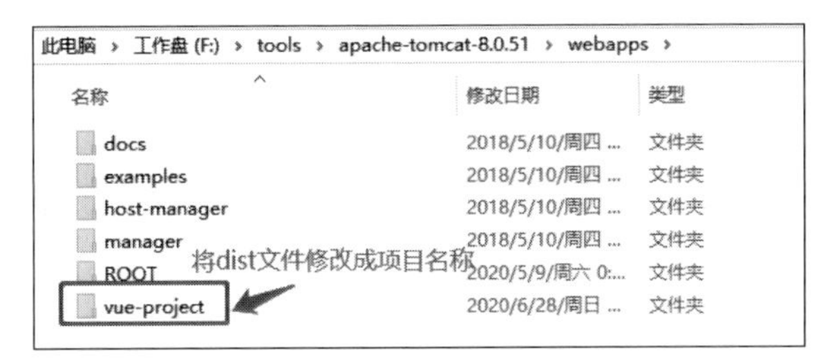

图 16-20 将 dist 文件夹复制到运行的 Tomcat 下

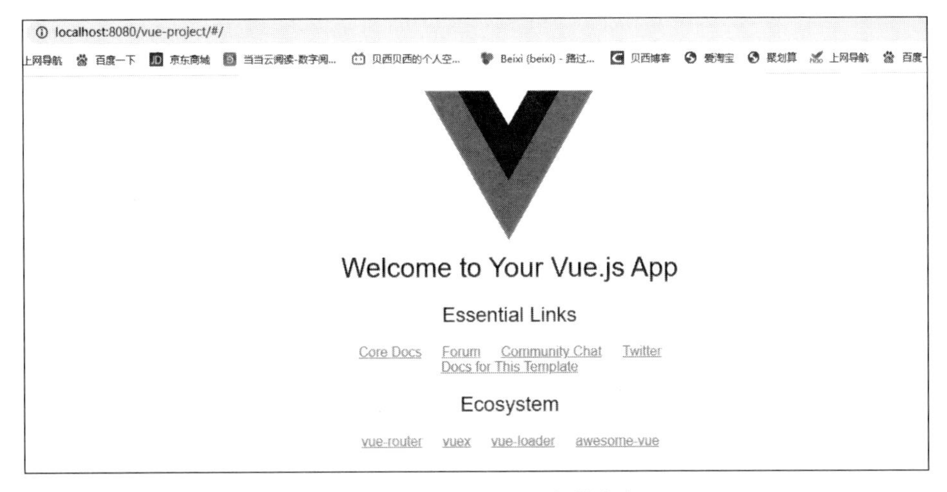

图 16-21 动态 Web 服务器发布

16.3 Vue-devtools

在开发时经常要观察组件实例中 data 属性的状态，方便进行调试，但一般组件实例并不会暴露在 window 对象上，因此无法直接访问内部的 data 属性，若只通过 Debugger 进行调试，则效率太低，所以 Vue 官方推出一款 Chrome 插件 Vue-devtools。Vue-devtools 是一款基于 Chrome 浏览器的插件，用于调试 Vue 应用，此插件可以极大地提高调试效率。本节主要介绍 Vue-devtools 的安装和使用。

16.3.1 Vue-devtools 的安装

Vue-devtools 的安装步骤如下：

（1）通过 GitHub 下载 Vue-devtools 库，网址为 https://github.com/vuejs/vue-devtools/tree/v5.1.1。使用 git 下载，命令如下：

```
git clone https://github.com/vuejs/vue - devtools
```

（2）在 vue-devtools 目录下安装依赖包，命令如下：

```
cd vue - devtools                    //进入文件目录
npm install                          //如果安装太慢,则可以用 CNPM 代替
```

（3）编译项目文件，命令如下：

```
npm run build
```

（4）修改 manifest.json 文件，把"persistent":false 改成 true。一般所在路径是：自定义路径\vue-devtools-5.1.1\shells\Chrome\manifest.json。

（5）使用谷歌浏览器输入 Chrome://extensions/进入插件界面。

单击“加载已解压的扩展程序”按钮，选择 Vue-devtools→shells→Chrome 放入，安装成功后如图 16-22 所示。

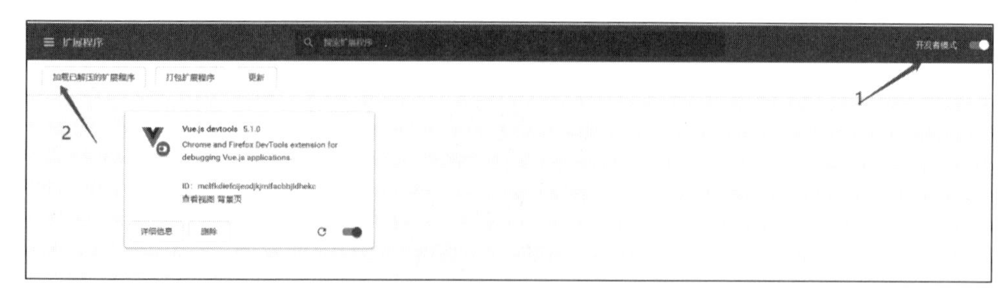

图 16-22 Vue-devtools 安装成功

16.3.2 Vue-devtools 使用

当添加完 Vue-devtools 扩展程序之后，在调试 Vue 应用时，按 F12 键，在 Chrome 开发者工具中会看一个 Vue 的一栏，单击之后就可以看见当前页面 Vue 对象的一些信息，如图 16-23 所示。Vue 是由数据驱动的，这样就能看到对应的数据了，方便进行调试。Vue-devtools 使用起来比较简单，上手非常容易。

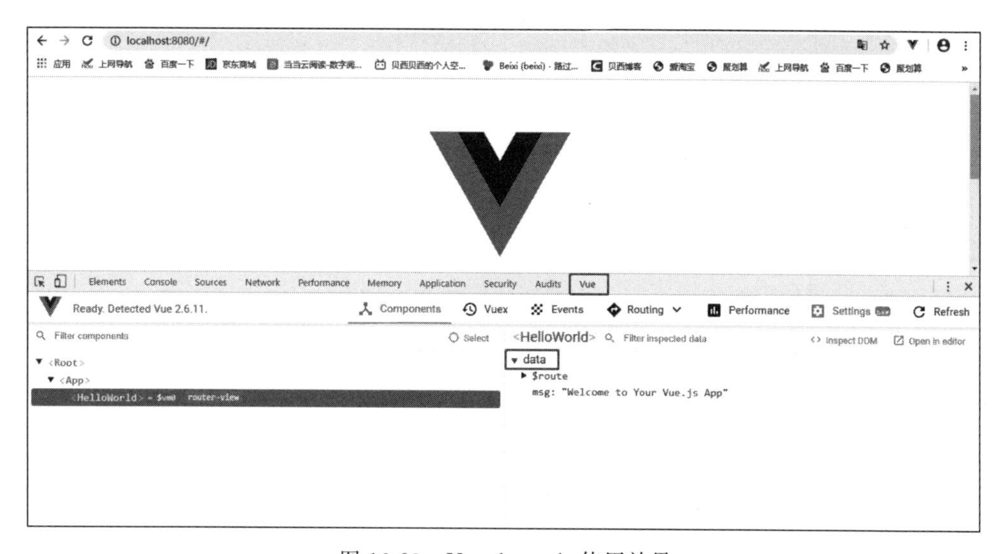

图 16-23 Vue-devtools 使用效果

第 17 章

UI 组件库和常用插件

Vue 的组件库可选择的面就广阔许多，而对于现在前端的开发来讲，我们并不需要编写太多 Vue 框架应用本身的代码，取而代之的是使用类似组件半成品的一些组件库，例如当年首先采用响应式的 Bootstrap，或是如今饿了么开源的基于移动端 Mint UI 和 PC 端 element-ui 组件库等，这些成熟、可定制的组件库让开发者可以将更多的精力放在产品的构建上。

常用插件大部分来自第三方开发者，是他们为 Vue 社区提供了大量的技术支持和解决方案，本章主要为 Vue 开发者讲解编写 Vue 插件的方法和步骤，通过理论与实践相结合的方式来加深大家对 Vue 插件编写的认识。

本章思维导图如图 17-1 所示。

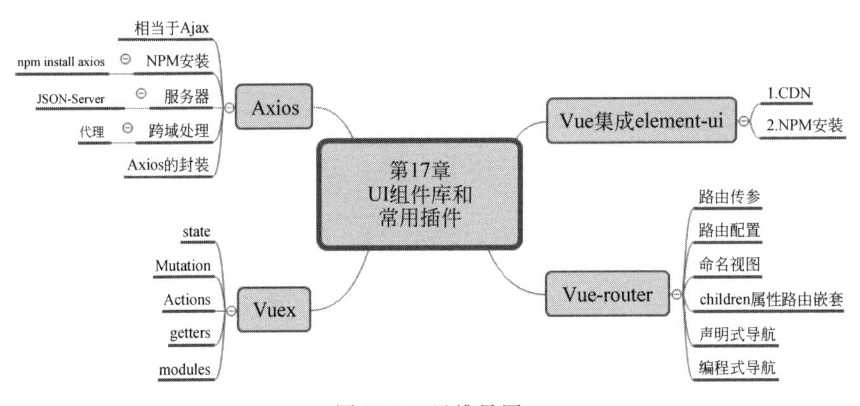

图 17-1　思维导图

17.1　element-ui

Vue 的核心思想是组件和数据驱动，但是每个组件都自己编写模板、样式、添加事件、数据等比较麻烦，所以饿了么推出了基于 Vue 2.0 的组件库，它的名称为 element-ui，提供了丰富的 PC 端组件。

element-ui 组件库有以下四大优势。

(1) 丰富的 feature：丰富的组件，自定义主题，国际化。

(2) 文档 &demo：提供友好的文档和 demo，维护成本低，支持多语言。

(3) 安装 & 引入：支持 NPM 方式和 CDN 方式安装，并支持按需引入。

(4) 工程化：开发、测试、构建、部署和持续集成。

Vue 项目中引入 element-ui 组件库有两种方式。

1. CDN

可以通过在线方式直接在页面上引入 element-ui 的 JS 和 CSS 文件即可开始使用，代码如下：

```
<!-- 引入样式 -->
<link rel = "stylesheet" href = "https://unpkg.com/element-ui/lib/theme-chalk/index.css">
<!-- 引入组件库 -->
<script src = "https://unpkg.com/element-ui/lib/index.js"></script>
```

2. NPM 安装

推荐使用 NPM 的方式安装，它能更好地和 Webpack 打包工具配合使用，后面章节中笔者以 NPM 的方式安装，命令如下：

```
npm install element-ui -S
```

Vue 项目中集成 element-ui 的步骤如下：

(1) 在控制台输入命令进行安装，如图 17-2 所示。

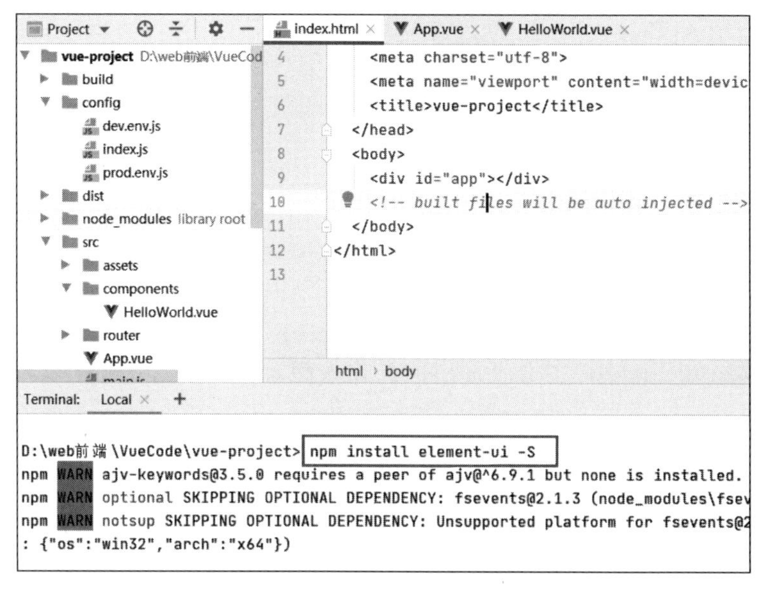

图 17-2 element-ui 的安装

（2）查看配置文件 package.json 是否有 element-ui 组件的版本号，如图 17-3 所示。

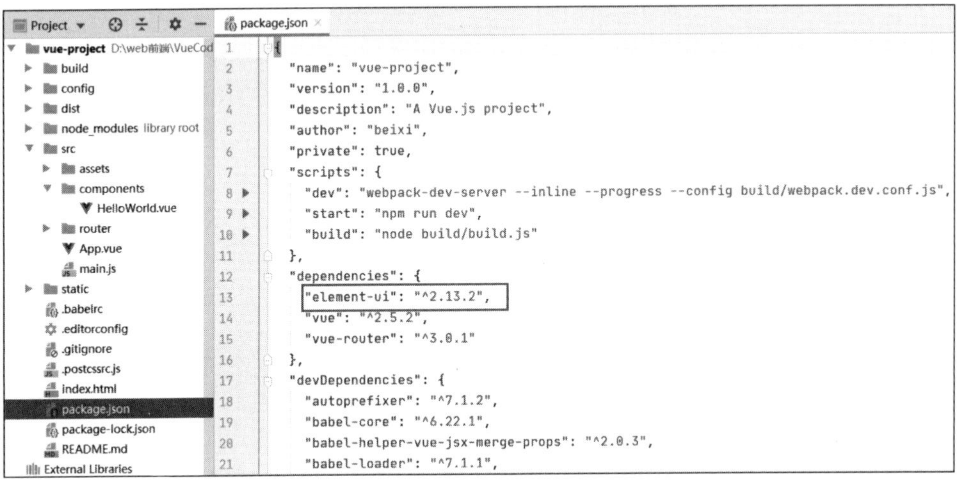
Project
package.json
vue-project D:\web前端\VueCod
build
config
dist
node_modules library root
src
assets
components
HelloWorld.vue
router
App.vue
main.js
static
.babelrc
.editorconfig
.gitignore
.postcssrc.js
index.html
package.json
package-lock.json
README.md
External Libraries
{
"name": "vue-project",
"version": "1.0.0",
"description": "A Vue.js project",
"author": "beixi",
"private": true,
"scripts": {
"dev": "webpack-dev-server --inline --progress --config build/webpack.dev.conf.js",
"start": "npm run dev",
"build": "node build/build.js"
},
"dependencies": {
"element-ui": "^2.13.2",
"vue": "^2.5.2",
"vue-router": "^3.0.1"
},
"devDependencies": {
"autoprefixer": "^7.1.2",
"babel-core": "^6.22.1",
"babel-helper-vue-jsx-merge-props": "^2.0.3",
"babel-loader": "^7.1.1",

图 17-3　element-ui 组件的版本号

（3）在 main.js 文件中完整地引入 element-ui 组件库，如图 17-4 所示。

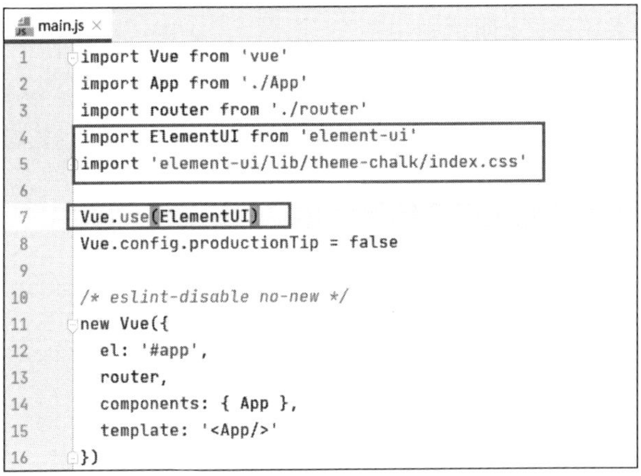
main.js
import Vue from 'vue'
import App from './App'
import router from './router'
import ElementUI from 'element-ui'
import 'element-ui/lib/theme-chalk/index.css'
Vue.use(ElementUI)
Vue.config.productionTip = false
/* eslint-disable no-new */
new Vue({
el: '#app',
router,
components: { App },
template: '<App/>'
})

图 17-4　在 main.js 文件中完整地引入 element-ui 组件库

（4）从 element-ui 官网将示例代码复制到 HelloWorld.vue 文件，体验 element-ui 组件。

在 HelloWorld.vue 文件中引入常用的操作按钮、下拉列表、Table 表格等组件，代码如下：

```
//HelloWorld.vue
<template>
    <div id = "app">
```

```
    <h1>{{msg}}</h1>
    <!-- 1.常用按钮 -->
    <el-button type="primary">主要按钮</el-button>
    <el-button plain type="warning">警告按钮</el-button>
    <!-- 2.下拉列表 -->
    <el-dropdown split-button size="small" trigger="click">
      个人中心
      <el-dropdown-menu>
        <el-dropdown-item>退出系统</el-dropdown-item>
        <el-dropdown-item divided>修改密码</el-dropdown-item>
        <el-dropdown-item divided>联系管理员</el-dropdown-item>
      </el-dropdown-menu>
    </el-dropdown>
    <br>
    <!-- 3.Table 表格 -->
    <el-table :data="tableData" stripe>
      <el-table-column prop="date" label="日期"></el-table-column>
      <el-table-column prop="name" label="姓名"></el-table-column>
      <el-table-column prop="address" label="地址">
      </el-table-column>
      <el-table-column label="操作" align="center">
        <!--
            slot-scope: 作用域插槽,可以获取表格数据
            scope: 代表表格数据,可以通过 scope.row 获取表格的当前行数据,
                   scope 不是固定写法
        -->
        <template slot-scope="scope">
          <el-button type="primary" size="mini"
                   @click="handleUpdate(scope.row)">编辑</el-button>
          <el-button type="danger" size="mini"
                   @click="handleDelete(scope.row)">删除</el-button>
        </template>
      </el-table-column>
    </el-table>
  </div>
</template>
<script>
  export default {
    name: 'HelloWorld',
    /* 在 Vue 组件中 data 只能为函数,这是 Vue 的特性。必须由 return 返回数据,
    否则页面模板接收不到值. */
    data () {
    return {
        tableData: [{
        date: '2016-05-02',
        name: '王小虎',
        address: '上海市普陀区金沙江路 1518 弄'
        }, {
```

```
                date: '2016-05-04',
                name: '王小虎',
                address: '上海市普陀区金沙江路 1517 弄'
                }, {
                date: '2016-05-01',
                name: '王小虎',
                address: '上海市普陀区金沙江路 1519 弄'
                }]
            }
            },
            methods:{
            handleUpdate(row){
                alert(row.date);
            },
            handleDelete(row){
                alert(row.date);
            }
            }
        }
    </script>
```

页面的显示效果如图 17-5 所示。

图 17-5　常用组件的效果展示

17.2　Vue-router

这里的路由并不是指我们平时所讲的硬件路由器，这里的路由指 SPA(单页应用)的路径管理器。再通俗地讲，Vue-router 是 WebApp 的链接路径管理系统。

Vue-router 是 Vue.js 官方的路由插件，它和 Vue.js 深度集成，适合用于构建单页面应用。Vue 的单页面应用基于路由和组件，路由用于设定访问路径，并将路径和组件映射起来。传统的页面应用用一些超链接实现页面切换和跳转。在 Vue-router 单页面应用中，则采用路径之间的切换，也就是组件的切换。路由模块的本质就是建立起 URL 和页面之间的映射关系。这样也有助于前后端分离，前端不用依赖于后端的逻辑，只需后端提供数据接口。

那么为什么不能用 a 标签？这是因为用 Vue 开发的应用都是单页应用（当项目准备打包并运行 npm run build 命令时，就会生成 dist 文件夹，这里面只有静态资源和一个 index.html 页面），所以所写的<a></a>标签是不起作用的，必须使用 Vue-router 进行管理。

17.2.1 基本用法

回顾 16.1.3 节，在使用 Vue-CLI 构建项目时选择官方推荐的自动安装 Vue-router，这样能使初学者在初次接触脚手架项目时更容易理解，能直观地体验项目的全貌。自动安装 Vue-router 项目的 src 目录下会多出一个 router 文件夹，并且 App.vue 的内容会多出一对<router-view></router-view>标签，router-view 标签主要用于将路由路径所指定的组件渲染到页面中，此时可以将所有的路由路径写在 router 文件夹里的 index.js 文件里，实现在 URL 上输入不同的路径从而渲染不同的组件。

现在使用 Webpack 模板构建项目，如 vue-project2，如图 17-6 所示，选择不安装 Vue-router。

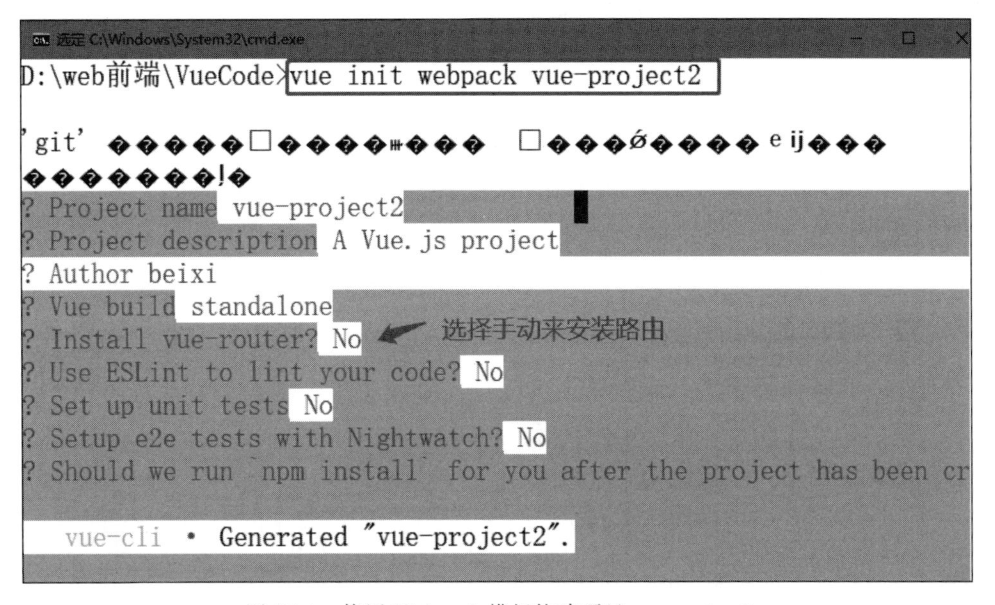

图 17-6 使用 Webpack 模板构建项目 vue-project2

通过 npm install 命令安装完依赖后，项目的目录结构如图 17-7 所示。

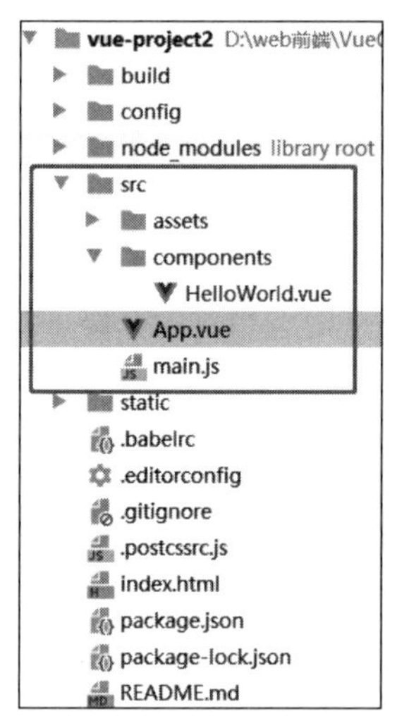

图 17-7 项目的目录结构

通过 NPM 命令来安装 vue-router，命令如下：

```
npm install -- save vue - router    //进入项目根目录进行安装路由依赖
```

通过上述命令安装完路由依赖后，使用步骤如下：

(1) 在 src 目录下创建 router/index.js 文件，此文件专门用于管理路由核心文件。使用 Vue.use()加载路由插件，代码如下：

```
//引入 Vue 框架
import Vue from 'vue'
//引入 Vue - router 路由依赖
import Router from 'vue - router'
//引入页面组件，命名为 HelloWorld。@代表绝对路径
import HelloWorld from '@/components/HelloWorld'
//Vue 全局使用 Router
Vue.use(Router)
//定义路由配置，注意用 export 导出，只有导出了别的文件才能用 import 导入
export default new Router({
  routes: [                         //配置路由，这里是个数组
    {                               //每个链接都是一个对象
     //链接路径，当浏览器路径是 localhost:8080/ 时，链接到 HelloWorld.vue 组件
      path: '/',
      name: 'HelloWorld',       //路由名称
      component: HelloWorld     //对应的组件模板
    }
  ]
})
```

(2) 在系统入口文件 main.js 中导入 router，代码如下：

```
import Vue from 'vue'
import App from './App'
//引入路由,会自动寻找 index.js 文件
import router from './router'
//关闭生产模式下给出的提示
Vue.config.productionTip = false
/* eslint-disable no-new */
new Vue({
  el: '#app',
  router, //注入框架中,此处是简写,key 和 value 一致,等价于 router:router
  components: { App },
  template: '<App/>'
})
```

(3) 用 router-view 占位符定义路由出口，路由匹配到的组件内容将渲染到这里，具体在 App.vue 组件中的用法的代码如下：

```
<template>
  <div id="app">
    <img src="./assets/logo.png">
    <!-- 路由占位符：将路由路径所指定的组件渲染到页面中 -->
    <router-view/>
  </div>
</template>
<script>
  /* 注释掉 */
//import HelloWorld from './components/HelloWorld'
export default {
name: 'App'
}
</script>
<style>
#app {
  font-family: 'Avenir', Helvetica, Arial, sans-serif;
  -webkit-font-smoothing: antialiased;
  -moz-osx-font-smoothing: grayscale;
  text-align: center;
  color: #2c3e50;
  margin-top: 60px;
}
</style>
```

（4）简化 HelloWorld.vue 组件的内容，代码如下：

```
<template>
    <div id="hello">
      <h1>HelloWorld.vue 组件</h1>
    </div>
  </template>
<script>
  export default {
    name: 'HelloWorld',
    data () {  //在组件中必须为 data()函数，这是 Vue 的特性
      return {
        msg: 'Welcome to Your Vue.js App'
      }
    }
  }
</script>
```

（5）运行 npm run dev 命令启动服务，访问 http://localhost:8080/，页面的显示效果如图 17-8 所示。

图 17-8 效果运行效果

Vue 提供了一个属性 mode:"history"，可以去掉网址栏中的#，代码如下：

```
//index.js
//省略部分代码
export default new Router({
  mode:'history',                       //去掉路由地址中的#
  routes: [                             //配置路由，这里是个数组
    {                                   //每个链接都是一个对象
    //跳转路径，当浏览器路径是 localhost:8080/时，跳转到 HelloWorld.vue 组件
```

```
      path: '/',
      name: 'HelloWorld',                        //路由名称
      component: HelloWorld                      //对应的组件模板
    }
  ]
})
```

将 mode 设置为 history 会开启 HTML5 的 History 路由模式,通过"/"设置路径。如果不设置 mode,就会使用"#"设置路径。

每个页面对应一个组件,也就是对应一个.vue 文件。在 components 目录下创建 Hi.vue 文件,代码如下:

```
<template>
    <div id="hi">
      <h1>Hi.vue 组件</h1>
    </div>
</template>
<script>
    export default {
        name: "Hi"
    }
</script>
```

再回到 index.js 文件里,完成路由的配置,完整代码如下:

```
//引入 Hi 组件
import Hi from '../components/Hi'
//Vue 全局使用 Router
Vue.use(Router)
//定义路由配置,注意用 export 导出,只有导出了别的文件才能用 import 导入
export default new Router({
  mode:'history',                          //去掉路由地址中的#
  routes: [                                //配置路由,这里是个数组
   //...
    {
      path: '/hi',
      name: 'Hi',
      component: Hi
    }
  ]
})
```

启动服务,在浏览器中访问 http://localhost:8080/和 http://localhost:8080/hi 就可以分别访问 HelloWorld.vue 和 Hi.vue 组件页面。

ES6 新增了 let 和 const 命令，这两个命令用于声明变量，代替了 var。它们的用法类似于 var，但是所声明的变量只在代码块内有效，示例代码如下：

```
{
  let a = 123;
  var b = 234;
}
console.log(a);           //报错 a is not defined
console.log(b);           //234
```

let 和 const 的主要区别是 const 用于声明一个只读的常量。一旦声明，常量的值就不能改变了。

17.2.2 跳转

在 components 目录下创建 Home.vue（首页）和 News.vue（新闻页）两个文件，代码如下：

```
//Home.vue
<template>
    <div id = "Home">
      <h1>这是首页</h1>
    </div>
</template>
<script>
    export default {
        name: "Home"
    }
</script>
//------------------------------
//News.vue
<template>
    <div id = "News">
      <h3>{{title}}</h3>
      <ul class = "ulnews">
        <li v-for = "(data, index) in newslist">{{data}}</li>
      </ul>
    </div>
</template>
<script>
    export default {
        name: "News",
        data(){
          return{
            title:'新闻栏目',
```

```
            newslist:[
              '新闻 1',
              '新闻 2',
              '新闻 3'
            ]
          }
        }
    }
</script>
<style scoped>
  .ulnews li{
    display: block;
  }
</style>
```

接着在 index.js 文件中完成路由配置，代码如下：

```
//router/index.js 部分代码省略
import Home from '@/components/Home'                    //导入 Home.vue
import News from '@/components/News'                    //导入 News.vue
export default new Router({
  mode:'history',
  routes: [                                             //配置路由匹配列表
    //...
    {
      path: '/home',
      name: 'Home',
      component: Home
    },
    {
      path: '/news',
      name: 'News',
      component: News
    }
  ]
})
```

这样可以在网址栏输入不同的路径访问对应的页面，但一般页面上需要有个导航链接，只要单击导航链接就可以实现页面内容的变化。在 components 目录下创建 Nav.vue 导航页面，代码如下：

```
//Nav.vue
<template>
    <div id="box">
        <ul>
```

```
            <li>首页</li>
            <li>新闻</li>
        </ul>
    </div>
    </template>
    <script>
        export default {
            name: "nav"
        }
    </script>
    <style scoped>
      *{
        padding: 0;
        margin: 0;
      }
      ul{
        list-style: none;
        overflow: hidden;
      }
      #box{
        width: 600px;
        margin: 100px auto;
      }
      #box ul{
        padding: 0 100px;
        background-color: #2dc3e8;
      }
      #box ul li {
        display: block;
        width: 100px;
        height: 50px;
        background-color: #2dc3e8;
        color: #fff;
        float: left;
        line-height:50px;
        text-align: center;
      }
      #box ul li:hover{
        background-color: #00b3ee;
      }
    </style>
```

导航页面构建完成后，在根实例 App.vue 组件中导入，这样在直接访问 http://localhost:8080/路径时就会显示导航栏，代码如下：

```
//App.vue
<template>
```

```
  <div id = "app">
    <Nav></Nav>
      <router-view/> <!-- 路由占位符：将路由路径所指定的组件渲染到页面中 -->
  </div>
</template>
<script>
    import Nav from '@/components/Nav'
    export default {
        name: 'App',
        components:{
            Nav
        }
    }
</script>
```

页面的显示效果如图 17-9 所示。

图 17-9 导航栏效果

接着介绍 Vue.js 通过路由跳转页面的不同方式。

1）<router-link>标签跳转

使用内置的<router-link>标签跳转，它会被渲染成<a>标签，使用方式如下：

```
//Nav.vue
<template>
  <div id = "box">
    <ul>
      <li><router-link to = "/home">首页</router-link></li>
      <li><router-link to = "/news">新闻</router-link></li>
    </ul>
  </div>
</template>
```

<router-link> 标签中的属性介绍如下。

(1) to：表示目标路由的链接。当被单击后，内部会立刻把 to 的值传到 router. push()，所以这个值可以是一个字符串或者描述目标位置的对象。当然也可以用 v-bind 动态地设置链接路径，代码如下：

```
<li><router-link to="/home">首页</router-link></li>
<!-- v-bind 动态设置 -->
<li><router-link v-bind:to="home">首页</router-link></li>
<!-- 同上 -->
<li><router-link :to="{ path: 'home' }">首页</router-link></li>
```

(2) replace：使用 replace 属性导航后不会留下 history 记录，所以导航后不能用后退键返回上一个页面，如<router-link to="/home" replace>。

(3) tag：有时想要将<router-link>渲染成某种标签，例如<li>。可以使用 tag 属性指定标签，同样它还会监听单击，触发导航，代码如下：

```
<router-link to="/foo" tag="li">foo</router-link>
```

渲染结果为<li>foo</li>。

(4) active-class：当<router-link>对应的路由匹配成功时，会自动给当前元素设置一个名为 router-link-active 的 class 值，如图 17-10 所示。

```
▼<div data-v-65af85a3 id="box">
  ▼<ul data-v-65af85a3>
    ▼<li data-v-65af85a3>
        <a data-v-65af85a3 href="/home" class="router-link-exact-active router-link-
        active" aria-current="page">首页</a> == $0
      </li>
```

图 17-10 自动设置名为 router-link-active 的 class 值

设置 router-link-active 的 CSS 样式。在单击导航栏时，可以使用该功能高亮显示当前页面对应的导航菜单项。

当访问 http://localhost:8080/路径时，希望在页面中显示首页的内容，而不是 HelloWorld. vue 组件的内容。这时可以使用路由的重新定向 redirect 属性。在路由配置文件中设置 redirect 参数即可，代码如下：

```
//router/index.js 部分代码省略
export default new Router({
  routes: [
    {
      path: '/',
      redirect:'/home',
      name: 'HelloWorld',
```

```
      component: HelloWorld
    }
    //...
  ]
})
```

2）JS代码内部跳转

在实际项目中，很多时候在JS代码内部实现导航的跳转，使用方式如下：

```
this.$router.push('/xxx')
```

具体的步骤如下。

（1）在页面中添加单击事件，代码如下：

```
<button @click="goHome">首页</button>
```

（2）在<script>模块里加入goHome()方法，并用this.$router.push('/')导航到首页，代码如下：

```
//部分代码省略
export default {
    name: 'app',
    methods: {
        goHome(){
            this.$router.push('/home');
        }
    }
}
```

其他常用方法：

```
//后退一步记录，等同于 history.back()
this.$router.go(-1)
//在浏览器记录中前进一步，等同于 history.forward()
this.$router.go(1)
```

17.2.3 路由嵌套

子路由，也叫路由嵌套，一般应用会出现二级导航情况，这时就得使用路由嵌套写法，采用在children后跟路由数组实现，数组里和其他配置路由基本相同，需要配置path和component，然后在相应部分添加<router-view/>展现子页面信息，相当于嵌入iframe，具体实现如下面的示例。

（1）src/components/Home.vue（父页面），代码如下：

```
<template>
    <div id="Home">
      <h1>这是首页：</h1>
      <ul>
          <!-- 路径要写完整路径：父路径 + 子路径 -->
        <span><router-link to="/home/one">子页面 1</router-link></span>
        <span><router-link to="/home/two">子页面 2</router-link></span>
      </ul>
      <!-- 子页面展示部分 -->
      <router-view/>
    </div>
</template>
<script>
    export default {
        name: "Home"
    }
</script>
<style scoped>
  .router-link-active{
    color: red;
  }
</style>
```

（2）src/pages/One.vue（子页面 1），代码如下：

```
<template>
    <div id="one">
      <h3>{{msg}}</h3>
    </div>
</template>
<script>
    export default {
      name: "One",
      data(){
        return {
          msg:'这是第 1 个子页面'
        }
      }
    }
</script>
```

(3) src/pages/Two.vue(子页面 2),代码如下:

```
<template>
    <div id="two"><h3>{{msg}}</h3></div>
</template>
<script>
    export default {
        name: "Two",
        data(){
          return {
            msg:'这是第 2 个子页面'
          }
        }
    }
</script>
```

(4) src/router/index.js(路由配置),代码如下:

```
//部分代码省略
/* 导入页面 1 和页面 2 */
import One from '@/pages/One'
import Two from '@/pages/Two'
export default new Router({
    routes: [
        //...
        {
        path: '/home',
        name: 'Home',
        component: Home,
        children:[                          //嵌套子路由
            {
            path:'one',                     //子页面 1
            component:One
            },
            {
            path:'two',                     //子页面 2
            component:Two
            },
        ]
        }
    ]
})
```

(5) 页面的显示效果如图 17-11 所示。

注意:子页面显示的位置是在其父级页面中,所以一定要在父级页面中添加<router-view/>标签。

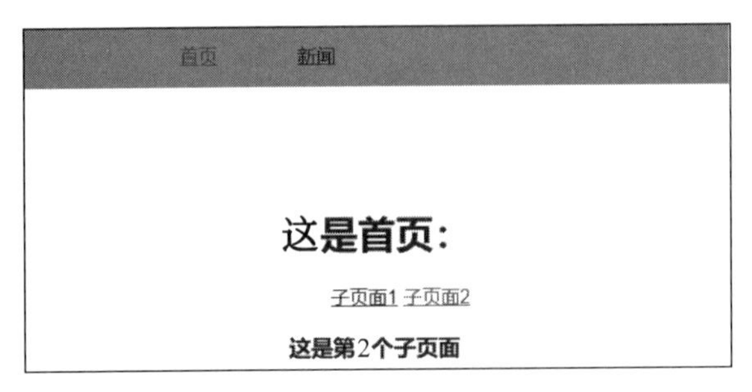

图 17-11 路由嵌套效果

17.2.4 路由参数传递

路由传递参数有以下 3 种方式。

1. 通过< router-link > 标签中的 to 传参

基本语法如下：

```
<router-link :to="{name:xxx,
params: {key:value}}"> valueString </router-link>
```

上面 to 的前面带冒号，值为对象形式的字符串。

(1) name：对应的是路由配置文件中所起的 name 值，叫作路由名称。

(2) params：要传的参数，它采用对象的形式，在对象里可以传递多个值。

具体实例如下：

(1) 在 src/components/Home.vue 里的导航中添加的代码如下：

```
<router-link :to="{name: 'One', params:{username:'beixi'}}">
子页面 1 </router-link>
```

(2) 在 src/router/indes.js 文件中添加的代码如下：

```
{
  path:'one',                    //子页面 1
  name:'One',                    //name 属性不能少
  component:One
}
```

(3) 在 src/pages/One.vue 里接收参数，代码如下：

```
<h2>{{ $route.params.username}}</h2>
```

2. 在 URL 中传递参数

(1) 在路由中以冒号形式传递，在 src/router/index.js 文件中添加的代码如下：

```
{
  path:'two/:id/:name', //子页面 2
  component:Two
}
```

(2) 接收参数，在 src/pages/Two.vue 文件中添加的代码如下：

```
<p>ID: {{ $route.params.id}}</p>
<p>名称: {{ $route.params.name}}</p>
```

(3) 路由跳转，在 src/components/Home.vue 文件中添加的代码如下：

```
<router-link to="/home/two/666/贝西奇谈">子页面 2</router-link>
```

3. 编程式导航 params 传递参数

(1) 在 src/router/index.js 页面添加的代码如下：

```
{
  path:'three/:id/:name', //子页面 3
  name: 'three',
  component:Three
}
```

(2) 在 src/pages/Three.vue 页面添加的代码如下：

```
<p>ID: {{ $route.params.id}}</p>
<p>名称: {{ $route.params.name}}</p>
```

(3) 在 src/components/Home.vue 文件中添加的代码如下：

```
//template 部分代码省略
<button @click="toThreePage">页面 3</button>
//script
methods: {
   toThreePage() {
       this.$router.push({name: 'three', params: {id: 1, name:'beixi'}})
   }
}
```

代码说明：

动态路由使用 params 传递参数，在 this. $router. push()方法中 path 不能和 params 一起使用，否则 params 将无效，需要用 name 来指定页面。

以上方式参数不会显示到浏览器的网址栏中，如果刷新一次页面，就获取不到参数了，改进方式如下：

```
{
    path:'/home/three/:id/:name', //子页面 3
    name: 'three',
    component:Three
}
```

路由中 router 和 route 的区别：

(1) router 是 VueRouter 的一个对象，通过 Vue. use(VueRouter)和 VueRouter 构造函数得到一个 router 的实例对象，这个对象是一个全局的对象，它包含了所有的路由并且也包含了许多关键的对象和属性，代码如下：

```
$router.push({path:'home'});                //切换路由,有历史记录
$router.replace({path:'home'});             //替换路由,没有历史记录
```

(2) route 是一个跳转的路由对象，每个路由都会有一个 route 对象，是一个局部的对象，可以获取对应的 name、path、params、query 等。

$route. path、$route. params、$route. name、$route. query 这几个属性很容易理解，主要用于接收路由传递的参数。

17.3 Axios

Axios 是一个基于 Promise 的 HTTP 库，是一个简洁、易用且高效的代码封装库。通俗地讲，它是目前比较流行的一种 Ajax 框架，可以使用它发起 HTTP 请求接口功能，它是基于 Promise 的，相比较 Ajax 的回调函数能够更好地管理异步操作。

Axios 的特点如下：

(1) 从浏览器中创建 XMLHttpRequests。

(2) 从 Node. js 创建 HTTP 请求。

(3) 支持 Promise API。

(4) 拦截请求和响应。

(5) 转换请求数据和响应数据。

(6) 取消请求。

(7) 自动转换 JSON 数据。

(8) 客户端支持防御 XSRF。

17.3.1 基本使用

首先使用 NPM 来安装 Axios 的依赖,命令如下:

```
npm install axios
```

如果要全局使用 Axios,就需要在 main.js 文件中设置,然后在组件中通过 this 调用,代码如下:

```
import axios from 'axios'
Vue.prototype.$axios = axios;                //加载到原型上
```

Axios 提供了很多请求方式,例如在组件中直接发起 GET 或 POST 请求,代码如下:

```
//为给定 ID 的 user 创建 GET 请求
this.$axios.get('/user?ID=12345').then(res=>{console.log('数据
是:', res);})
//也可以把参数提取出来
 this.$axios.get('/user',{
     params: {
       ID: 12345
     }
   })
   .then(res => {                            //响应数据
     console.log('数据是:', res);
   })
   .catch((e) => {                           //请求失败
     console.log('获取数据失败');
   });
//POST 请求
this.$axios.post('/user',{
     firstName: 'Fred',
     lastName: 'Flintstone'
     })
   .then(function(res){
     console.log(res);
   })
   .catch(function(err){
     console.log(err);
   });
```

分别写两个请求函数,利用 Axios 的 all()方法接收一个由每个请求函数组成的数组,可以一次性发送多个请求,如果全部请求成功,则在 axios.spread()方法接收一个回调函

数,该函数的参数就是每个请求返回的结果,代码如下:

```
function getUserAccount(){
  return axios.get('/user/12345');
}
function getUserPermissions(){
  return axios.get('/user/12345/permissions');
}
this.$axios.all([getUserAccount(),getUserPermissions()])
  .then(axios.spread(function(res1,res2){
    //当这两个请求都完成时会触发这个函数,两个参数分别代表返回的结果
}))
```

以上通过 Axios 直接发起对应的请求其实是 Axios 为了方便起见给不同的请求提供了别名方法。我们完全可以通过调用 Axios 的 API 传递一个配置对象来发起请求。

(1) 发送 POST 请求,参数写在 data 属性中,代码如下:

```
axios({
  url: 'http://rap2api.taobao.org/app/mock/121145/post',
  method: 'post',
  data: {
    name: '小月'
  }}).then(res => {
  console.log('请求结果: ', res);});
```

(2) 发送 GET 请求,默认就是 GET 请求,直接用第 1 个参数写路径,用第 2 个参数写配置对象,参数通过 params 属性设置,代码如下:

```
axios('http://rap2api.taobao.org/app/mock/121145/get', {
  params: {
    name: '小月'
  }}).then(res => {
  console.log('请求结果: ', res);});
```

Axios 为所有请求方式都提供了别名,代码如下:

```
axios.request(config)
axios.get(url, [config])
axios.delete(url, [config])
axios.head(url, [config])
axios.options(url, [config])
axios.post(url, [data], [config])
axios.put(url, [data], [config])
axios.patch(url, [data], [config])
```

注意：在使用别名方法时，url、method、data 这些属性都不必在配置中指定。

17.3.2 JSON-Server 的安装及使用

JSON-Server 是一个 Node 模块，运行 Express 服务器，可以指定一个 JSON 文件作为 API 的数据源。简单理解为在本地创建了数据接口，使用 Axios 访问数据，使用步骤如下：

(1) 首先输入 cmd 命令进入终端，在根目录下全局安装 JSON-Server，命令如下：

```
npm install -g json-server
```

(2) 在任意盘符中创建一个文件夹用于存放 JSON 数据文件，终端切换到该文件目录下，执行初始化命令(一直按 Enter 键即可)，命令如下：

```
npm init
```

(3) 在初始化的项目中安装 JSON-Server，执行的命令如下：

```
npm install json-server --save
```

(4) 安装成功后在项目文件夹下就会看到一个 package.json 文件，然后在当前目录下新建一个 db.json 文件，在本文件下编写自己的 JSON 数据，示例数据如下：

```
{
  "users":[
    {
      "name":"beixi",
      "phone":"1553681223*",
      "email":"635498720@qq.com",
      "id":1,
      "age":18,
      "companyId":1
    },{
      "name":"jzj",
      "phone":"1553681223*",
      "email":"jzj@email.com",
      "id":2,
      "age":34,
      "companyId":2
    },{
      "name":"beixiqitan",
      "phone":"1553681223*",
      "email":"beixiqitan@email.com",
      "id":3,
      "age":43,
```

```
        "companyId":3
      }
    ],"companies":[
      {
        "id":1,
        "name":"Alibaba",
        "description":"Alibaba is good"
      },{
        "id":2,
        "name":"Miciosoft",
        "description":"Miciosoft is good"
      },{
        "id":3,
        "name":"Google",
        "description":"Google is good"
      }
    ]
  }
```

（5）修改 package.json 数据，设置快捷启动 JSON-Server 的命令如下：

```
{
  "name": "jsondemo",
  "version": "1.0.0",
  "description": "",
  "main": "index.js",
  "scripts": {
    "json:server": "json-server --watch db.json"
  },
  "author": "",
  "license": "ISC",
  "dependencies": {
    "json-server": "^0.16.1"
  }
}
```

（6）运行 JSON-Server，命令如下：

```
npm run json:server
```

接着利用 Axios 访问 JSON-Server 服务器中的数据，对数据列表进行增、删、查操作。完整示例代码如下：

```
//src/components/jsonDemo.vue
<template>
```

```
    <div id="jsonDemo" v-cloak>
      <div class="add">
       用户信息:
        <input type="text" v-model="name">
        <input type="button" value="添加" @click=addItem()>
      </div>
      <div>
        <table class="tb">
          <tr>
            <th>编号</th>
            <th>用户名称</th>
            <th>操作</th>
          </tr>
          <tr v-for="(v,i) in list" :key="i">
            <td>{{i+1}}</td>
            <td>{{v.name}}</td>
            <td>
              <a href="#" @click.prevent="deleItem2(v.id)">删除</a>
            </td>
          </tr>
          <!-- v-if="条件表达式" -->
          <tr v-if="list.length===0">
            <td colspan="4">没有数据</td>
          </tr>
        </table>
      </div>
    </div>
  </template>
  <script>
      export default {
        name: "jsonDemo",
        data(){
          return{
            name:'',
            list: []
          }
        },
        created(){
          this.$axios.get("http://localhost:3000/users").then(res =>{
              this.list = res.data
              console.log(res)
            })
            .catch(error =>{
              console.log(error);
            })
```

```
        },
        methods:{
          getData() {                              //获取数据
            this.$axios.get('http://localhost:3000/users').then((res) => {
                const { status, data } = res;
                if (status === 200) {
                  this.list = data;
                }
              })
              .catch((err) => {
              })
          },
          deleItem2(ID) {                          //删除
            console.log(ID)
             if (confirm("确定要删除吗?")) {
              //this.list.splice(index, 1);
              this.$axios.delete('http://localhost:3000/users/' + ID)
                .then((res) => {
                  console.log(res);
                  this.getData()
                })
             }
          },
          addItem() {                              //增加
            this.$axios.post('http://localhost:3000/users', {
                name: this.name
              })
              .then((res) => {
                const { status } = res;
                if (status === 201) {
                  this.getData()
                }
              })
            this.list.unshift({
              name: this.name,
            });
            this.name = "";
          }
        }
      }
</script>
<style scoped>
  #app {
    width: 600px;
    margin: 10px auto;
```

```
    }
    .tb {
      border-collapse: collapse;
      width: 100%;
    }
    .tb th {
      background-color: #0094ff;
      color: white;
    }
    .tb td,
    .tb th {
      padding: 5px;
      border: 1px solid black;
      text-align: center;
    }
    .add {
      padding: 5px;
      border: 1px solid black;
      margin-bottom: 10px;
    }
</style>
```

17.3.3 跨域处理

跨域是指浏览器不能执行其他网站的脚本,它是由浏览器的同源策略造成的,是浏览器对 JavaScript 实施的安全限制。

同源策略是指协议、域名、端口都要相同,其中有一个不同都会产生跨域。

如调用百度音乐的接口,获取音乐数据列表,这必然会出现跨域问题。百度音乐接口的完整网址为 http://tingapi.ting.baidu.com/v1/restserver/ting?method=baidu.ting.billboard.billList&type=1&size=10&offset=0,如图 17-12 所示。

在 Vue 中使用本地代理的方式进行跨域处理。首先在配置文件 config/index.js 里设置代理,在 proxyTable 中添加的代码如下:

```
//config/index.js 部分代码省略
module.exports = {
  dev: {
    proxyTable: {
      '/api': {
      //目标路径,别忘了添加 HTTP 和端口号
        target: 'http://tingapi.ting.baidu.com',
        changeOrigin: true,                    //是否跨域,true 为跨域
        pathRewrite: {
```

```
            '^/api': ''                //重写路径
          }
        }
      }
    }};
```

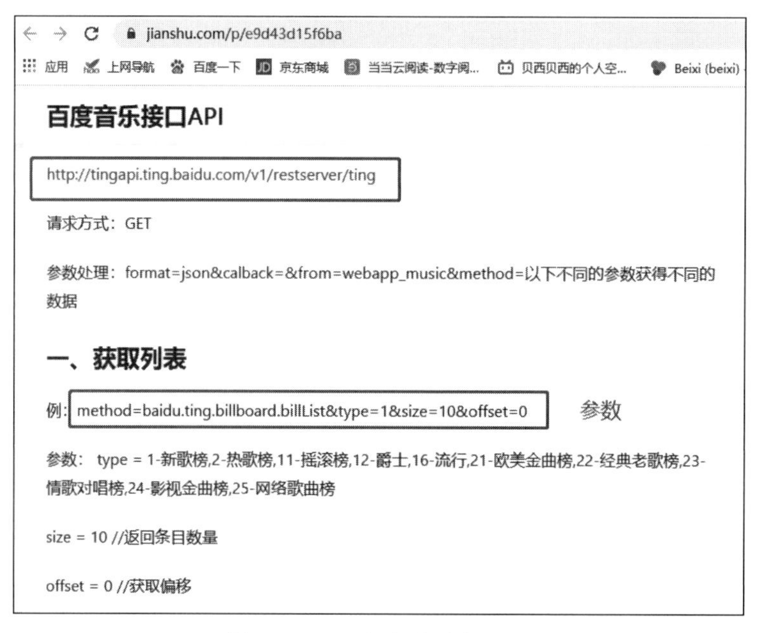

图 17-12　百度音乐列表网址

在 main.js 文件中，配置访问的 URL 前缀，这样每次发送请求时都会在 URL 前自动添加/api 的路径，代码如下：

```
//全局设置基本路径/api 代表 http://tingapi.ting.baidu.com 路径
axios.defaults.baseURL = '/api'
```

在 src/components/baidu.vue 建立组件页面，发送 URL 请求，代码如下：

```
<template lang = "html">
    <div class = "">
      <h3>百度音乐</h3>
      <ul>
        <!-- 音乐集合          获取音乐标题 -->
        <li v - for = "(item, index) in
              music.song_list">{{ item.album_title}}</li>
      </ul>
    </div>
```

```
</template>
  <script>
    export default {
        name:"baidu",
        data(){
        return{
            music:{
            song_list:[]
            },
        }
        },
        created(){
        //网络请求
        var url
         = "/v1/restserver/ting?method = baidu.ting.billboard.billList
        &type = 1&size = 10&offset = 0";
        this.$axios.get(url)
        .then(res => {
            this.music = res.data
            console.log(res)
        })
        .catch(error => {
            console.log(error);
        })
        },
    }
  </script>
  <style>
  </style>
```

在 src/router/index.js 文件中配置路由，代码如下：

```
//src/router/index.js    部分代码省略
import baidu from '@/components/baidu'
export default new Router({
   routes: [
    {
      path: '/baidu',
      name: 'baidu',
      component: baidu
    }
  ]
})
```

重启服务，运行结果如图 17-13 所示。

图 17-13　页面显示效果

17.3.4　Vue 中 Axios 的封装

1. Axios 的封装

在项目中新建 api/index.js 文件，用以封装配置 Axios，代码如下：

```
let http = axios.create({
   baseURL: 'http://localhost:8080/',
   withCredentials: true,
   headers: {
     'Content - Type':
     'application/x - www - form - urlencoded;charset = utf - 8'
   },
   transformRequest: [function (data) {
     let newData = '';
     for (let k in data) {
       if (data.hasOwnProperty(k) === true) {
         newData += encodeURIComponent(k) + '=' +
         encodeURIComponent(data[k]) + '&';
       }
     }
     return newData;
   }]
  });
  function apiAxios(method, url, params, response) {
   http({
     method: method,
     url: url,
     data: method === 'POST' || method === 'PUT' ? params : null,
     params: method === 'GET' || method === 'DELETE' ? params : null,
```

```
    }).then(function (res) {
      response(res);
    }).catch(function (err) {
      response(err);
    })
  }
  export default {
    get: function (url, params, response) {
      return apiAxios('GET', url, params, response)
    },
    post: function (url, params, response) {
      return apiAxios('POST', url, params, response)
    },
    put: function (url, params, response) {
      return apiAxios('PUT', url, params, response)
    },
    delete: function (url, params, response) {
      return apiAxios('DELETE', url, params, response)
    }
  }
```

这里配置了 POST、GET、PUT、DELETE 方法，并且自动将 JSON 格式数据转换为 URL 拼接的方式。同时配置了跨域，如果不需要，则可将 withCredentials 设置为 false，并且将默认前缀地址设置为 http://localhost:8080/，这样调用时只需写目标后缀路径。

注意：PUT 请求默认会发送两次请求，第 1 次预检请求不含参数，所以后端不能对 PUT 请求地址做参数限制。

2. 使用

首先在 main.js 文件中引入方法，代码如下：

```
//main.js 部分代码省略
import Api from './api/index.js';
Vue.prototype.$api = Api;
```

然后在需要的地方调用，代码如下：

```
this.$api.post('user/login.do(地址)', {
"参数名": "参数值"}, response => {
    if (response.status >= 200 && response.status < 300) {
      console.log(response.data);           \\请求成功,response 为成功信息参数
    } else {
      console.log(response.message);        \\请求失败,response 为失败信息参数
    }});
```

17.4 Vuex

Vuex 是一个专为 Vue.js 应用程序开发的状态管理工具。它采用集中式存储管理应用的所有组件的状态，并以相应的规则保证状态以一种可预测的方式发生变化。

在学习 Vue.js 时，大家一定知道在 Vue 中各个组件之间传值的痛苦，在 Vue 中可以使用 Vuex 来保存需要管理的状态值，值一旦被修改，所有引用该值的地方都会自动更新。

17.4.1 初识 Vuex

Vuex 是适用于在 Vue 项目开发时使用的状态管理工具。试想一下，如果在一个项目开发中频繁地使用组件传参的方式同步 data 中的值，则一旦项目变得很庞大，管理和维护这些值将是相当棘手的工作。为此，Vue 为这些被多个组件频繁使用的值提供了一个统一管理的工具——Vuex。在具有 Vuex 的 Vue 项目中，我们只需把这些值定义在 Vuex 中便可以在整个 Vue 项目的组件中使用。

Vuex 也被集成到 Vue 的官方调试工具 Devtools Extension 中，提供了诸如零配置的 time-travel 调试、状态快照导入导出等高级调试功能。

状态管理：简单理解就是统一管理和维护各个 Vue 组件的可变化状态（可以理解成 Vue 组件里的某些 data）。

从一个简单的 Vue 计数应用开始，代码如下：

```
//src/components/count.vue
<template>
    <div>
        <!-- view -->
        <div>{{ count }}</div>
        <button @click="increment">increment</button>
    </div>
</template>
<script>
export default {
    //state
    data () {
        return {
            count: 0
        }
    },
    //actions
    methods: {
        increment () {
            this.count++
        }
}}
</script>
```

这种状态管理应用包含以下几部分。

(1) State：驱动应用的数据源，通常用在 data。

(2) View：以声明方式将 state 映射到视图，通常用在 template。

(3) Actions：响应在 view 上的用户输入导致的状态变化，即通过方法对数据进行操作，通常用 methods。

以下是一个表示"单向数据流"理念的极简示意，如图 17-14 所示。

这里的数据 count 和方法 increment 只有在 count.vue 组件里可以访问和使用，其他的组件无法读取和修改 count，但是，当我们的应用遇到多个组件共享状态时，单向数据流的简洁性很容易被破坏。

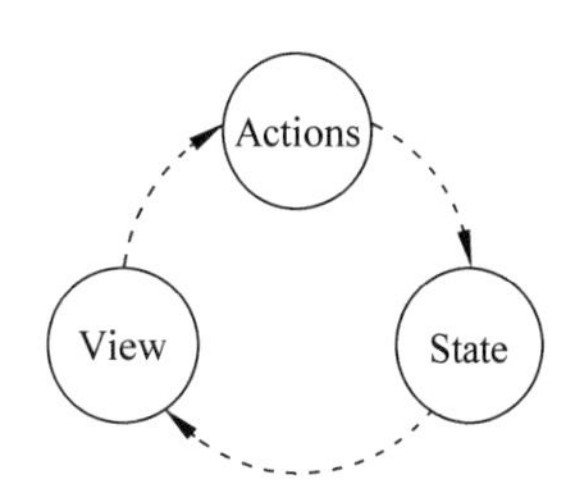

图 17-14 单向数据流

1. 多个视图依赖于同一状态

传参的方法对于多层嵌套的组件将会非常烦琐，并且对于兄弟组件间的状态传递无能为力。

2. 来自不同视图的行为需要变更同一状态

我们经常会采用父子组件直接引用或者通过事件来变更和同步状态的多份复制。以上的这些模式非常脆弱，通常会产生无法维护的代码。

因此，为什么不把组件的共享状态抽取出来，以一个全局单例模式管理呢？在这种模式下，我们的组件树构成了一个巨大的"视图"，不管在树的哪个位置，任何组件都能获取状态或者触发行为。

另外，通过定义和隔离状态管理中的各种概念并强制遵守一定的规则，我们的代码将会变得更结构化且易维护。

这就是 Vuex 背后的基本思想，借鉴了 Flux、Redux 和 The Elm Architecture。与其他模式不同的是，Vuex 是专门为 Vue.js 设计的状态管理工具，以利用 Vue.js 的细粒度数据响应机制进行高效的状态更新，如图 17-15 所示。

示意图说明如下。

(1) Vue Components：Vue 组件。在 HTML 页面上，负责接收用户操作等交互行为，执行 dispatch()方法触发对应 action 进行回应。

(2) Dispatch：操作行为触发方法，是唯一能执行 action 的方法。

(3) Actions：操作行为处理模块。负责处理 Vue Components 接收的所有交互行为，包含同步/异步操作，支持多个同名方法，按照注册的顺序依次触发。向后台 API 请求的操作就在这个模块中进行，包括触发其他 action 及提交 mutation 的操作。该模块提供了 Promise 的封装，以支持 action 的链式触发。

(4) Commit：状态改变提交操作方法。对 mutation 进行提交，是唯一能执行 mutation 的方法。

(5) Mutations：状态改变操作方法。是 Vuex 修改 state 的唯一推荐方法，其他修改方式在严格模式下将会报错。该方法只能进行同步操作，并且方法名只能全局唯一。操作之

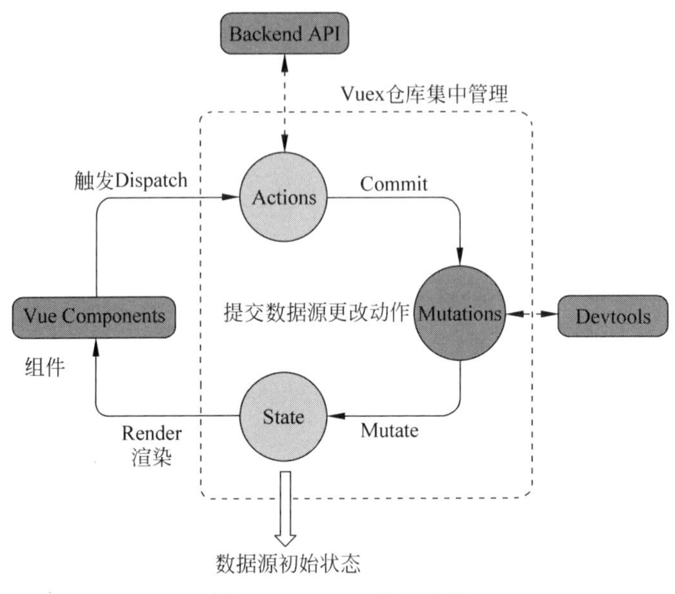

图 17-15 Vuex 核心流程

中会有一些 hook 暴露出来，以进行 state 的监控等。

(6) State：页面状态管理容器对象。集中存储 Vue Components 中 data 对象的零散数据，全局唯一，以进行统一的状态管理。页面显示所需的数据从该对象中进行读取，利用 Vue 的细粒度数据响应机制进行高效的状态更新。

(7) Getters：state 对象读取方法。图中没有单独列出该模块，应该被包含在 render 中，Vue Components 通过该方法读取全局 state 对象。

使用 Vuex 会有一定的门槛和复杂性，它的主要使用场景是大型单页应用，更适合多人协同开发，如果项目不是很复杂，或者希望短期内见效，则需要认真考虑是否真的有必要使用 Vuex，也许 bus 方法就能很简单地解决问题。当然，并不是所有大型多人协同开发的 SPA 项目都必须使用 Vuex，事实上，我们在一些生产环境中只使用 bus 方法也能实现得很好，用与否主要取决于团队和技术储备。

17.4.2 基本用法

1. 安装

首先通过 NPM 安装 Vuex 依赖，命令如下：

```
npm install vuex -- save
```

2. 使用

(1) 在项目根目录创建 store 文件夹，在该文件夹下创建 index.js 文件，代码如下：

```
//store/index.js
import Vue from 'vue'
import Vuex from 'vuex'
//挂载 Vuex
Vue.use(Vuex)
//创建 Vuex 对象
const store = new Vuex.Store({
   state:{
       //存放的键-值对就是所要管理的状态
       name:'这是 Vuex 的第 1 条数据'
}})
//导出 store
export default store
```

（2）在 main.js 文件中将 store 挂载到当前项目的 Vue 实例中，代码如下：

```
//main.js 部分代码省略
import store from './store'//导入 store,会自动寻找 index.js 文件
new Vue({
  el: '#app',
  router,
//store:store 和 router 一样,将我们创建的 Vuex 实例挂载到这个 Vue 实例中
  store,
  components: { App },
  template: '<App/>'
})
```

（3）在组件中使用 Vuex，如在 HelloWorld.vue 文件中，我们要将 state 中定义的 name 的值在 h1 标签中显示，代码如下：

```
<template>
    <div id="hello">
      name:
      <h1>{{ $store.state.name }}</h1><!-- 获取 state 中的值 -->
    </div>
</template>
```

或者在组件方法中使用，代码如下：

```
//...
methods:{
     add(){
       console.log(this.$store.state.name)
}},
```

3. Vuex 中的核心内容

在 Vuex 对象中，其实不止有 state，还有用来操作 state 中数据的方法集，以及当需要对 state 中的数据进行加工的方法集等成员，成员列表如下。

(1) State：数据源存放状态。

(2) Mutations state：成员操作。

(3) Getters：加工 state 成员供外界使用。

(4) Actions：异步操作。

(5) Modules：模块化状态管理。

Mutations：Mutations 是操作 state 数据的方法的集合，例如对该数据的修改、增加、删除等。

mutations()方法有默认的形参([state] [,payload])：

(1) state 是当前 Vuex 对象中的 state。

(2) payload 是该方法在被调用时传递参数时使用的。

例如编写一种方法，当被执行时，把 state 中管理的 name 值修改成 beixi，代码如下：

```
//store/index.js 部分代码省略
const store = new Vuex.Store({
  state:{
        name:'helloVueX'          //存放的键 - 值对是所要管理的状态
  },
  mutations:{
     edit(state){                  //ES6 语法，等同 edit:funcion(){...}
      state.name = 'beixi'
     }
  }
})
```

在组件中，需要去调用 mutation，例如在 HelloWorld.vue 的任意方法中调用，代码如下：

```
//HelloWorld.vue     部分代码省略
<button @click="edit">获取修改后的数据</button>
export default {
   methods: {
        edit(){
        this.$store.commit('edit')
        }
     }
}
```

Mutation 传值：在实际生产过程中，需要在提交某个 mutation 时携带一些参数供方法使用。

单个值提交时，代码如下：

```
this.$store.commit('edit',18)
```

当需要多参提交时，推荐把它们放在一个对象中提交，代码如下：

```
this.$store.commit('edit',{age:18,sex:'男'})
```

在 HelloWorld.vue 页面方法中接收挂载的参数，代码如下：

```
edit(state,payload){
    state.name = 'beixi'
  console.log(payload) //18 或{age:18,sex:'男'}
}
```

(1) 增删 state 中的成员：为了配合 Vue 的响应式数据，在 Mutations 的方法中，应当使用 Vue 提供的方法进行操作。如果使用 delete 或者 xx.xx = xx 的形式去删除或增加，则 Vue 不能对数据进行实时响应。

Vue.set 为某个对象成员设置值，若不存在，则新增加。例如向 state 对象中添加一个 age 成员，代码如下：

```
Vue.set(state,"age",18)
```

Vue.delete 删除成员，将刚刚添加的 age 成员删除，代码如下：

```
Vue.delete(state,'age')
```

(2) Getters：相当于 Vue 中的 computed 计算属性，getters 的返回值会根据它的依赖被缓存起来，并且只有当它的依赖值发生了改变时才会被重新计算，这里可以通过定义 Vuex 的 Getters 获取，Getters 可以用于监听 state 中的值的变化，返回计算后的结果。

Getters 中的方法有两个默认参数：state 为当前 Vuex 对象中的状态对象；getters 为当前 getters 对象，用于使用 getters 下的其他 getter，代码如下：

```
//store/index.js 部分代码省略
const store = new Vuex.Store({
    //...
  getters:{
    nameInfo(state){
      return "姓名:" + state.name
    },
    fullInfo(state,getters){
```

```
      return getters.nameInfo + '年龄:' + state.age
    }
  }
})
```

在 HelloWorld.vue 组件中调用，代码如下：

```
<div id = "hello">
  <h3>从 Getters 获取计算后的值: {{this.$store.getters.fullInfo}}</h3>
</div>
```

（3）Actions：由于直接在 mutation 方法中进行异步操作将会引起数据失效，所以提供了 Actions 来专门进行异步操作，最终提交 mutation 方法。

Actions 中的方法有两个默认参数：context 为上下文（相当于箭头函数中的 this）对象；payload 为挂载参数。

例如在两秒后执行 mutations 中的 edit 方法，由于 setTimeout 是异步操作，所以需要使用 actions，代码如下：

```
//store/index.js 部分代码省略
const store = new Vuex.Store({
//...
  actions:{
    aEdit(context,payload){
      setTimeout(() =>{
        context.commit('edit',payload)
      },2000)
    }
  }
})
```

在 HelloWorld.vue 组件中调用，代码如下：

```
//HelloWorld.vue 部分代码省略
<button @click = "aEdit">异步获取数据</button>
export default {
  methods: {
   aEdit(){
      this.$store.dispatch('aEdit',{age:18})
    }
  }
}
```

对上述代码进行改进，由于是异步操作，所以可以将异步操作封装为一个 Promise 对象，代码如下：

```
aEdit(context,payload){
    return new Promise((resolve,reject) =>{
        setTimeout(() =>{
            context.commit('edit',payload)
            resolve()
        },2000)
    })
}
```

17.4.3 模块组

当项目庞大且状态非常多时，可以采用模块化管理模式。Vuex 允许将 store 分割成模块(module)。每个模块拥有自己的 state、mutations、actions、getters 甚至是嵌套子模块——从上至下进行同样方式的分割。

1. 大致的结构

模块组大致的结构如下：

```
//模块 A
Aconst moduleA = {
  state: { ... },
  mutations: { ... },
  actions: { ... },
  getters: { ... }}
//模块 B
Bconst moduleB = {
  state: { ... },
  mutations: { ... },
  actions: { ... }}
//组装
const store = new Vuex.Store({
  modules: {
    a: moduleA,
    b: moduleB
  }})
//取值
store.state.a        //-> moduleA 的状态
store.state.b        //-> moduleB 的状态
```

2. 详细示例

首先在 store/index.js 文件中新建结果模块，代码如下：

```
import Vue from 'vue'
import Vuex from 'vuex'
```

```
Vue.use(Vuex)
const moduleA = {
  state: {
    ceshi: "这里是 moduleA"
  },
  mutations: {}
};
const moduleB = {
  state: {
    ceshi2: "这里是 moduleB",
  }
};
export default new Vuex.Store({
  modules: {
    a: moduleA,   //访问该模块就是 this.$store.state.a
    b: moduleB
  }
})
```

在 router/index.js 文件中配置路由，代码如下：

```
//router/index.js     部分代码省略
import data from '@/components/data'
export default new Router({
    routes: [{
    path: '/data',
    name: 'data',
    component: data
  }]
})
```

然后在 data.vue 组件中进行调用，代码如下：

```
<!-- 如果引入的模块是 A,想要获取 moduleA 中的 ceshi 的值,则可以这样获取
-->
<template>
    <div>
      {{ceshi}}
    </div>
</template>
<script>
    export default {
      name: 'App',
```

```
        computed: {
          ceshi() {
            return this. $store.state.a.ceshi
          }
        }
      }
  </script>
```

12min

第18章 企业级项目：部门管理系统

从经典的JSP+Servlet+JavaBean的MVC时代，到SSM(Spring+SpringMVC+Mybatis)和SSH(Spring+Struts+Hibernate)的Java框架时代，再到前端框架(KnockoutJS、AngularJS、VueJS、ReactJS)为主的MVVM时代，然后是Node.js引领的全栈时代，技术和架构一直都在进步。创新之路不会止步，无论是前后端分离模式还是其他模式，都是为了更方便地解决问题，但它们都只是一个“中转站”。前端项目与后端项目是两个项目，放在两个不同的服务器，需要独立部署两个不同的工程，两个不同的代码库，以及不同的开发人员。前端只需关注页面的样式与动态数据的解析及渲染，而后端主要专注于具体业务逻辑。本章将通过一个前后端分离项目带领大家掌握目前流行的Vue+Spring Boot前后端开发环境及项目的开发。

部门管理系统是前后端于一体，可用作企业内部的管理系统，也可在其基础上进行二次开发，让读者更快更容易上手项目。

18.1 技术分析

前后端分离的核心思想是前端HTML页面通过Ajax调用后端的RESTful API并使用JSON数据进行交互。本项目采用前后端开发，后端使用Sprin Boot+JPA，前端使用Vue+element-ui来构建SPA。前后端分离并非仅仅前后端开发的分工，而是在开发期进行代码存放分离、开发职责分离，前后端能够独立进行开发测试。在运行期进行应用部署分离，前后端之间通过HTTP请求进行通信。前后端分离的开发模式与传统模式相比，能为我们提升开发效率、增强代码可维护性，让我们有规划地打造一个前后端并重的精益开发团队，更好地应对越来越复杂多变的Web应用开发需求。

16min

18.2 项目构建

18.2.1 前端项目搭建

前端项目基于Node.js环境使用Vue-CLI脚手架快速创建Vue项目，如创建一个名为

myProject 的前端项目，在 7.1 节已详细介绍，大家可以参考，这里不再赘述，在命令行终端中执行如图 18-1 所示命令即可。

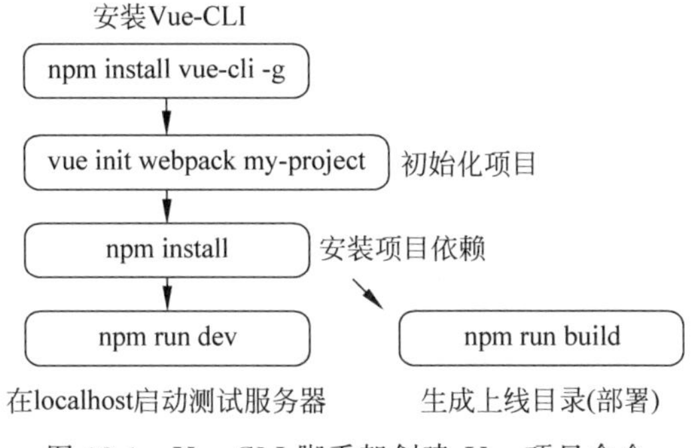

图 18-1 Vue-CLI 脚手架创建 Vue 项目命令

安装并启动成功后在浏览器地址栏输入 http://localhost:8080，显示的页面如图 18-2 所示。

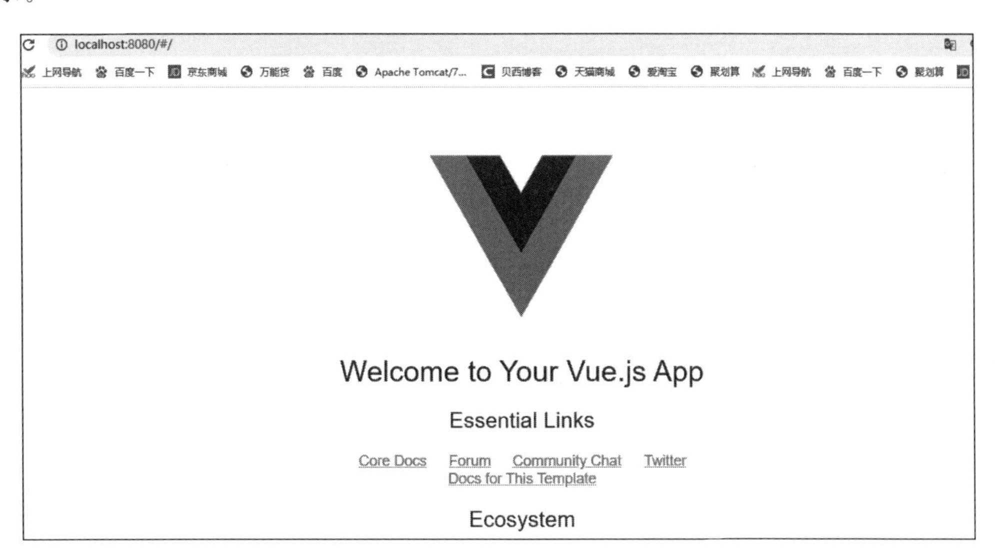

图 18-2 前端项目启动成功页面

18.2.2 后端项目搭建

使用 Spring Initializer 快速创建 Spring Boot 模板项目，如项目名为 myProject，如图 18-3 所示。

当然在实际开发中，项目所需的依赖不止这些，可根据需求在 Dependencies 选择自己所需的依赖或者手动添加。

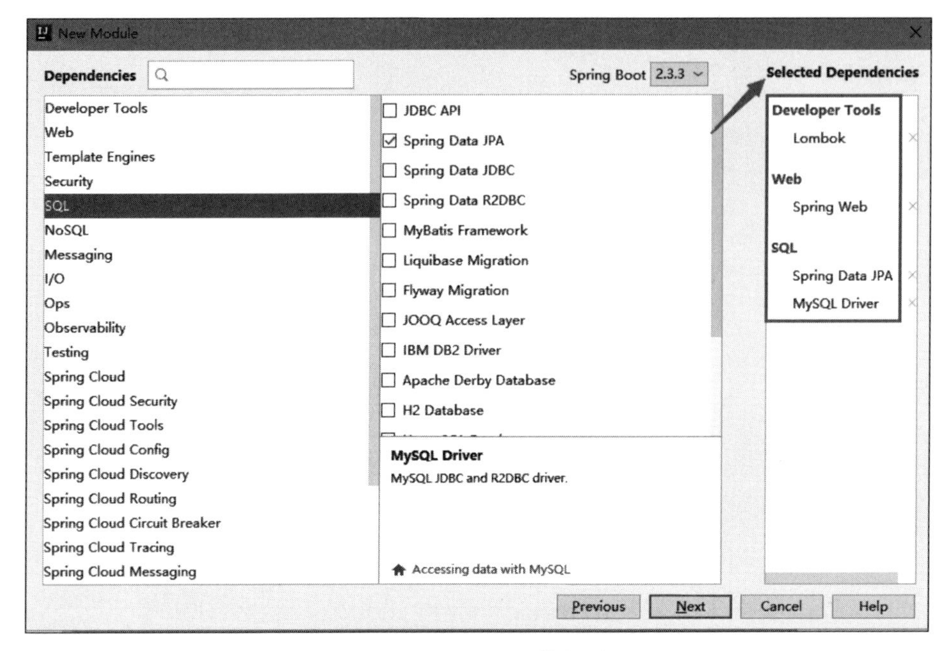

图 18-3 Spring Boot 模板项目

18.2.3 数据库设计

数据库采用轻量的关系型数据库 MySQL，本项目主要以带领大家体验目前流行的前后端开发环境及项目的开发为主，所以表结构比较简单，如图 18-4 所示。

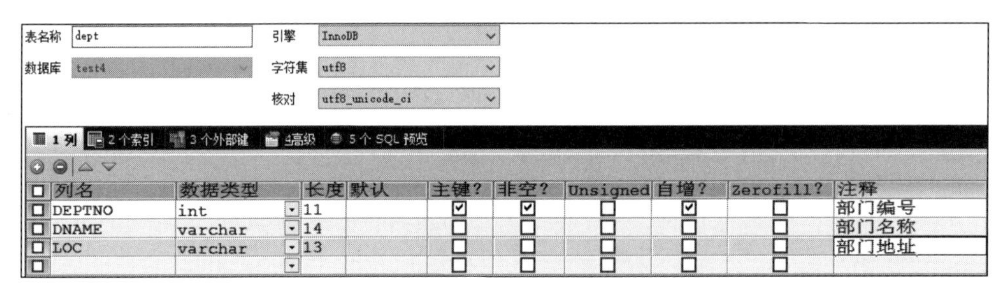

表名称 dept　引擎 InnoDB
数据库 test4　字符集 utf8
核对 utf8_unicode_ci

1 列　2 个索引　3 个外部键　4 高级　5 个 SQL 预览

列名	数据类型	长度	默认	主键?	非空?	Unsigned	自增?	Zerofill?	注释
DEPTNO	int	11		☑	☑	☐	☑	☐	部门编号
DNAME	varchar	14		☐	☐	☐	☐	☐	部门名称
LOC	varchar	13		☐	☐	☐	☐	☐	部门地址
				☐	☐	☐	☐	☐	

图 18-4 dept 表结构

至此，我们的工作就基本准备完毕了。

18.3 查询数据

18.3.1 后端实现

16min

1. 配置文件

在 application.yml 文件中配置数据库连接、JPA 及端口等信息，代码如下：

```
spring:
  datasource:
    #key: 后必须加空格,否则执行报错
url:
JDBC:mysql://localhost:3306/test4?serverTimezone = CTT&useUnicode = true&characterEncoding
 = utf - 8&allowMultiQueries = true
    username: root
    password: root
    driver - class - name: com.mysql.cj.JDBC.Driver
    jpa:
      show - sql: true
      properties:
        hibernate:
          formate_sql: true
server:
  port: 8081   #需要修改端口,否则和前端项目端口冲突
```

2. 实体类

配置完成后建立和表结构相对应的实体类 Dept,代码如下：

```
@Entity
@Data
public class Dept {
    @Id
    @GeneratedValue(strategy = GenerationType.IDENTITY)
    private Integer deptno;
    private String dname;
    private String loc;
}
```

3. dao 层

创建 DeptRepository 接口,并继承 JpaRepository 类,该类中封装了基本的增、删、改、查、分页、排序等方法,大家可参考 15.3.2 节,代码如下：

```
public interface DeptRepository extends JpaRepository<Dept, Integer> {
}
```

4. controller 层

这里为了简化操作省略 service 层,在 DeptController 类中创建查询方法,代码如下：

```
@RestController
@RequestMapping("/dept")
public class DeptController {
```

```
    @Autowired
    private DeptRepository deptRepository;
    @GetMapping("/findAll")
    public List<Dept> findAll(){
        return deptRepository.findAll();
    }
}
```

5. 测试

启动项目，使用 Postman 工具进行测试，如图 18-5 所示。

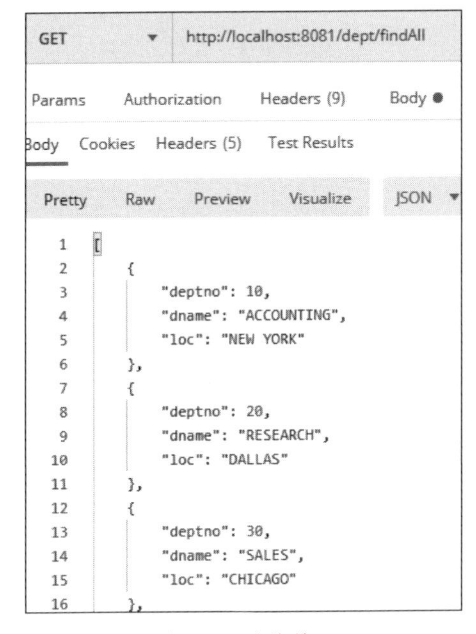

图 18-5 查询接口

12min

18.3.2 前端实现

1. 创建 Dept 页面

首先在 components 目录下创建部门静态数据模板 Dept.vue 页面，代码如下：

```
<template>
    <div>
        <table>
            <tr>
                <td>编号</td>
                <td>部门名称</td>
                <td>地址</td>
```

```
            </tr>
        <!-- 遍历数据 -->
            <tr v-for="item in depts">
                <td>{{item.deptno}}</td>
                <td>{{item.dname}}</td>
                <td>{{item.loc}}</td>
        </tr>
    </table>
</div>
</template>
<script>
    export default {
        name: "Dept",
        data:function(){
          return {
              depts:[
                  {
                      deptno:1,
                      dname:'研发部',
                      loc:'北京'
                  },{
                      deptno:2,
                      dname:'人事部',
                      loc:'北京'
                  },{
                      deptno:3,
                      dname:'行政部',
                      loc:'北京'
                  }
              ]
          }
        }
    }
</script>
```

2. 修改路由

修改 router/index.js 文件的路由配置信息，代码如下：

```
import Vue from 'vue'
import Router from 'vue-router'
import HelloWorld from '@/components/HelloWorld'
import Dept from '../components/Dept.vue'
Vue.use(Router)
export default new Router({
  routes: [
    {
      path: '/', /* 首次直接访问部门页面 */
```

```
        name: 'Dept',
        component: Dept
      }
    ]
  })
```

另外，由于 main.js 是入口 JS 文件，在 main.js 文件中导入了 App 组件，App 组件中默认有 Vue 的 Logo，将 Logo 删除，只保留路由占位符即可，代码如下：

```
<template>
    <div id="app">
        <router-view/>
    </div>
</template>
<!--- 部分代码省略 -->
```

3. 测试

执行 npm run dev 命令，启动前端项目，启动成功后在浏览器地址栏输入 http://localhost:8080/即可访问静态数据，如图 18-6 所示。

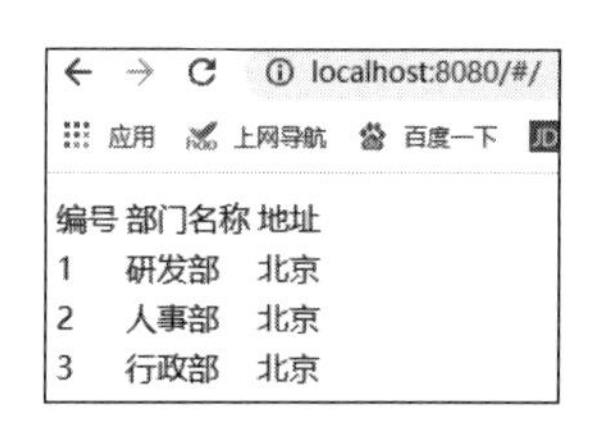

图 18-6 部门静态数据

4. 引入 Axios

首先安装 Axios 的依赖，命令如下：

```
npm install --save axios
```

依赖添加成功后，在 main.js 文件中引用并赋值 Axios，代码如下：

```
import axios from 'axios';                    //添加这句引用
Vue.prototype.$http = axios;                  //添加这句赋值
```

接着在 Dept 页面使用 Axios 去请求后端的实时数据，代码如下：

```
<!-- 部分代码省略 -->
<script>
    export default {
        name: "Dept",
        data:function(){
          return {
              depts:[]
          }
        },
        created:function(){
```

```
            this. $http.get('http://localhost:8081/dept/findAll').then(resp=>{
                this.depts=resp.data; /*将后端数据赋值给 depts 数组*/
            })
        }
    }
</script>
```

在前后端项目均启动的情况下，访问 http://localhost:8080/，会发现请求不到数据，控制台输出如图 18-7 所示的错误。

```
Access to XMLHttpRequest at 'http://localhost:8081/dept/findAl  :8080/#/:1
l' from origin 'http://localhost:8080' has been blocked by CORS policy: No
'Access-Control-Allow-Origin' header is present on the requested resource.
▶GET http://localhost:8081/dept/findAll net::ERR_FAILED    xhr.js?ec6c:184
▶Uncaught (in promise) Error: Network Error          createError.js?16d0:16
    at createError (createError.js?16d0:16)
    at XMLHttpRequest.handleError (xhr.js?ec6c:91)
```

图 18-7 错误信息

这个错误表明权限不足，因为前端项目和后端项目是在不同的端口下启动的，所以需要配置跨域请求。跨域处理常用的两种方法：一种是在前端使用代理的方式，可参考 17.3.3 节；另一种是在后端使用 Cors 跨域配置。

这里采用后端 Cors 跨域配置，在后端项目中添加 CrosConfig 类，代码如下：

```
@Configuration
public class CrosConfig implements WebMvcConfigurer {
    @Override
    public void addCorsMappings(CorsRegistry registry) {
        registry.addMapping("/**")
                .allowedOrigins("*")
                .allowedMethods("GET","HEAD","POST","PUT","DELETE","OPTIONS")
                .allowCredentials(true)
                .maxAge(3600)
                .allowedHeaders("*");
    }
}
```

这样就可以成功地访问后后端的实时数据了。

18.4 加载菜单

18.4.1 引入 element-ui

23min

数据成功访问后，我们引入 element-ui 组件对数据进行渲染，首先引入其依赖：

```
npm install element - ui - S
```

依赖添加成功后，接着在 main. js 文件中引入 element-ui，代码如下：

```
import ElementUI from 'element - ui'
import 'element - ui/lib/theme - chalk/index.css'
Vue.use(ElementUI)
```

引入之后，在项目中就可以直接使用其相关组件了，官网网址为 https://element.eleme.io/#/zh-CN/component/installation。

12min

18.4.2 加载菜单

1. 菜单模板

菜单是用户成功访问后首页显示的项目的所有业务，为了提高开发效率可以直接引入 element-ui 中的组件模板，如图 18-8 所示。

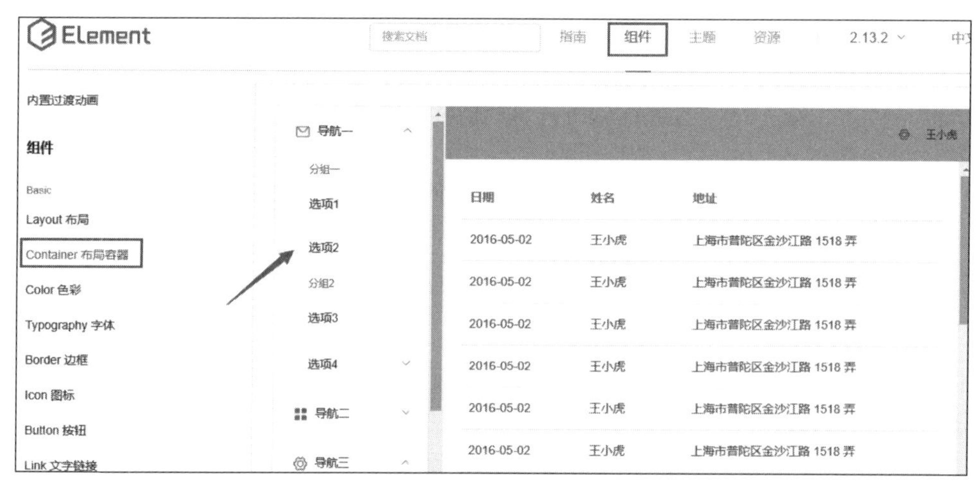

图 18-8 Container 布局容器模板

2. 创建首页

在 components 目录下新建 index. vue 文件作为项目的首页，将图 18-8 中的菜单模板代码全部复制到 index. vue 页面中。

菜单模板代码解释：

(1) el-container 构建页面框架。

(2) el-aside 构建左侧菜单。

(3) el-menu 左侧菜单内容，常用属性如下。

- :default-openeds="['1', '3']" 默认展开的菜单；

- :default-active="'1-1'"默认选中的菜单。

(4) el-submenu 可展开的菜单,常用属性如下。

- index="1" 菜单的下标,文本类型,不能是数值类型。

(5) template：对应 el-submenu 的菜单名。

(6) i 标签 class="el-icon-message" 用于设置菜单图标。

接着修改路由配置,使用户能够直接访问首页,代码如下：

```
//部分代码省略
import Index from '../components/Index.vue'
export default new Router({
  routes: [
    {
      path: '/',
      name: 'Index',
      component: Index  /* 首页 */
    }
  ]
})
```

这样就可以成功地访问和图 18-8 一样的效果页面。本项目不需要这么多的菜单项,所以需要根据需求精简 Index 页面代码,代码如下：

```
<template>
  <div>
    <el-container style="height: 500px; border: 1px solid #eee">
      <el-aside width="200px" style="background-color: rgb(238, 241, 246)">
        <el-menu :default-openeds="['1', '3']">
          <el-submenu index="1">
            <template slot="title"><i class="el-icon-message"></i>导航一</template>
            <el-menu-item-group>
              <el-menu-item index="1-1">选项 1</el-menu-item>
              <el-menu-item index="1-2">选项 2</el-menu-item>
            </el-menu-item-group>
          </el-submenu>
        </el-menu>
      </el-aside>
      <el-container>
        <el-main>
          <el-table :data="tableData">
            <el-table-column prop="date" label="日期" width="140">
            </el-table-column>
            <el-table-column prop="name" label="姓名" width="120">
            </el-table-column>
            <el-table-column prop="address" label="地址">
            </el-table-column>
```

```
            </el-table>
          </el-main>
        </el-container>
      </el-container>
    </div>
</template>
<!-- ... -->
```

首页简化后页面的显示效果如图 18-9 所示。

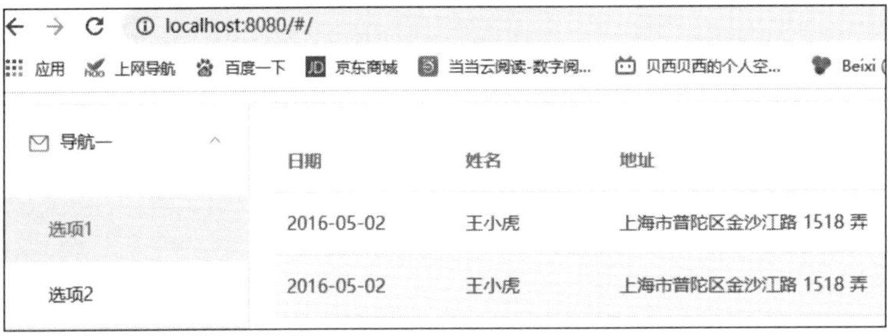

图 18-9 首页

3. 添加子页面

当单击选项 1、选项 2 菜单时能够动态地加载子页面数据，所以在 components 目录下新建 PageOne. vue（页面一）和 PageTwo. vue（页面二），代码如下：

```
<!-- PageOne.vue -->
<template>
    <div>页面一</div></template>
<script>
    export default {
        name: "PageOne"
    }
</script>
<!-- PageTwo.vue -->
<template>
    <div>页面二</div>
</template>
<script>
    export default {
        name: "PageTwo"
    }
</script>
```

接下来在路由中配置首页的两个子页面，代码如下：

```
//部分代码省略
import PageOne from '../components/PageOne.vue'
import PageTwo from '../components/PageTwo.vue'
export default new Router({
  routes: [
    {
      path: '/',
      name: 'Index',
      component: Index,        /* 首页 */
      children:[               /* 子菜单 */
        {
          path: '/PageOne',
          name: '页面一',
          component: PageOne
        },{
          path: '/PageTwo',
          name: '页面二',
          component: PageTwo
        }
      ]
    }
  ]
})
```

配置完成后修改 Index 页面，使子页面内容能够被占位符接收，代码如下：

```
<!-- ... -->
<el-container>
  <el-main>
      <!-- 路由占位符,用来接收子菜单内容 -->
      <router-view></router-view>
    </el-main>
  </el-container>
</el-container>
```

分别在浏览器中访问 http://localhost:8080/#/PageOne 和 http://localhost:8080/#/PageTwo 会在页面中输出其对应的内容，如图 18-10 所示。

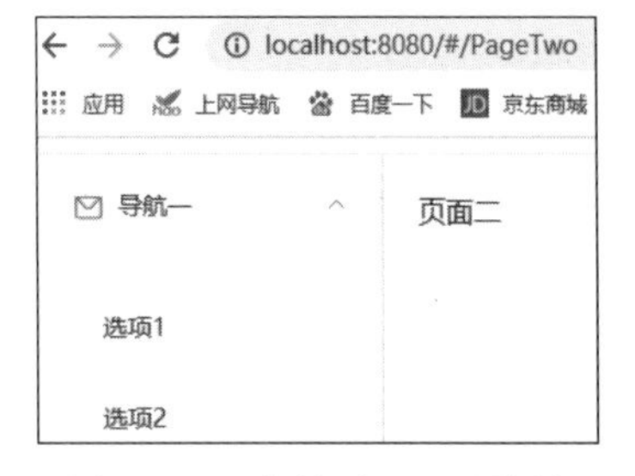

图 18-10　菜单页面显示效果

4. 动态获取路由菜单

将静态菜单替换为路由中的菜单项，并实现菜单和路由动态绑定，修改 index 页面代码，修改后的代码如下：

```
<!-- 部分代码省略 -->
<el-aside width="200px" style="background-color: rgb(238, 241, 246)">
  <!-- 动态加载路由菜单,并实现菜单和路由动态绑定,必须在<el-menu>标签中添加 router 属
  性 -->
  <el-menu router :default-openeds="['0']">
    <!-- $router.options.routes 获取路由菜单 -->
    <el-submenu v-for="(item,index) in
            $router.options.routes" :index="index+''">
      <template slot="title"><i
            class="el-icon-message"></i>{{item.name}}</template>
      <!-- item2 是二级子菜单,在 Vue 中跳转页面和 index 有关,item2.path 就可以实现
      菜单和路由动态绑定了
            :class="$route.path==item2.path?'is-active':''"是在单击菜单时高亮显示
      -->
      <el-menu-item v-for="(item2,index2) in
              item.children" :index="item2.path"
      :class="$route.path==item2.path?'is-active':''">{{item2.name}}
     </el-menu-item>
    </el-submenu>
  </el-menu>
</el-aside>
```

接着希望用户首次访问时就显示页面一中的内容,所以在路由中配置重定向,代码如下:

```
//部分代码省略
path: '/',
name: 'Index',
component: Index,
redirect:'/PageOne', /* 首次访问时先展示页面一中的内容 */
```

至此动态加载路由菜单就成功了。

30min

18.5 带分页数据查询

18.5.1 后端接口实现

将 DeptController 类中的查询接口修改为带分页接口,代码如下:

```
@RestController
@RequestMapping("/dept")
public class DeptController {
```

```
    @Autowired
    private DeptRepository deptRepository;
    /* PageRequest 是 Spring Data JPA 封装的分页工具类。page 是当前页,size 是每页显示的条
数 */
    @GetMapping("/findAll/{page}/{size}")
    public Page<Dept> findAll(@PathVariable("page") Integer page,
         @PathVariable("size") Integer size){
        PageRequest request = PageRequest.of(page, size);
        return deptRepository.findAll(request);
    }
}
```

重启后端项目,在 Postman 中进行测试,结果如图 18-11 所示。

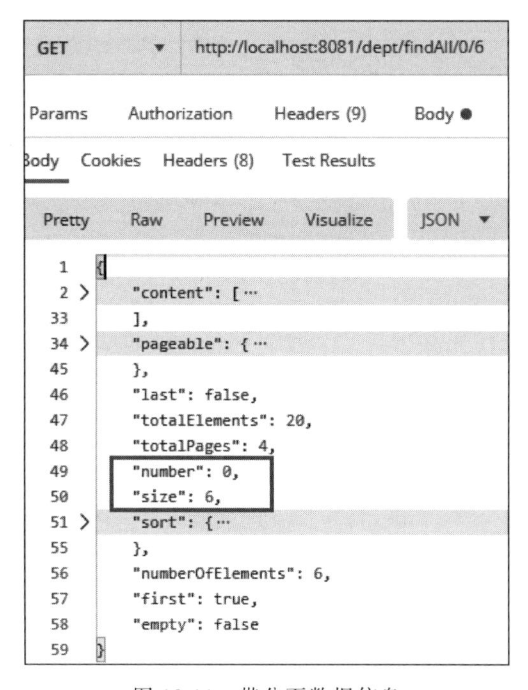

图 18-11 带分页数据信息

18.5.2 前端实现

1. 创建静态数据模板

首先使用 Element 组件的 Table 表格来构建静态表格数据模板,如图 18-12 所示,复制模板代码覆盖 PageOne 页面,并精简代码与数据库字段相对应。同时,引入分页模板代码如图 18-13 所示,当然大家也可以根据自己的喜好来选择组件。

图 18-12　表格模板

图 18-13　分页模板

PageOne.vue 组件的代码如下：

```
<template>
  <div>
    <el-table :data="tableData" border style="width: 100%">
      <el-table-column fixed prop="deptno" label="编号"
              width="150"></el-table-column>
      <el-table-column prop="dname" label="部门名称"
              width="120"></el-table-column>
      <el-table-column prop="loc" label="地址"
              width="120"></el-table-column>
      <el-table-column label="操作" width="100">
        <template slot-scope="scope">
          <el-button @click="edit(scope.row)" type="text" size="small">修改
          </el-button>
          <el-button @click="delete1(scope.row)" type="text" size="small">
          删除</el-button>
        </template>
      </el-table-column>
```

```
    </el-table>
    <!-- 分页,总页数 = 总条数/每页显示的条数 -->
    <el-pagination
      background
      layout = "prev, pager, next"
      :total = "1000">
  </el-pagination>
  </div>
  </template>
  <script>
    export default {
      data() {
        return {
          tableData: [{
            deptno: '001',
            dname: '王小虎 1',
            loc: '上海',
          }, {
            deptno: '002',
            dname: '王小虎 2',
            loc: '上海',
          }, {
            deptno: '003',
            dname: '王小虎 3',
            loc: '上海',
          }]
        }
      }
    }
  </script>
```

2. 动态获取后台数据

在 PageOne 页面使用 Axios 请求后台数据接口,代码如下:

```
<!-- 部分代码省略 -->
<!-- 分页,总页数 = 总条数/每页显示的条数,@current - change = "page"单击当前页事件,
currentPage 是当前页 -->
<el-pagination
        background
        layout = "prev, pager, next"
        :page-size = "pageSize"
        :total = "total"
        @current-change = "page">
```

```
</el-pagination>
<script>
  export default {
    methods:{
      page:function(currentPage) {
        this.$http.get("http://localhost:8081/dept/findAll/" + (currentPage
                - 1) + "/6").then(resp => {
          console.log(resp); /* 在控制台查看分页信息 */
          this.tableData = resp.data.content;
          this.pageSize = resp.data.size;
          this.total = resp.data.totalElements;
        })
      }
    },
    data() {
      return {
        pageSize:'',
        total:'',
        tableData: [{
          deptno: '001',
          dname: '王小虎 1',
          loc: '上海',
        }, {
          deptno: '002',
          dname: '王小虎 2',
          loc: '上海',
        }, {
          deptno: '003',
          dname: '王小虎 3',
          loc: '上海',
        }]
      }
    },
    created:function(){  /* 此方法和上面分页单击事件内容一样,它的作用是防止首次请求页
                            面时无数据 */
        this.$http.get("http://localhost:8081/dept/findAll/0/6").then(resp =>{
        console.log(resp);
        this.tableData = resp.data.content;
        this.pageSize = resp.data.size;
        this.total = resp.data.totalElements;
      })
    }
  }
</script>
```

3. 测试

经过上面两步后，页面的显示效果如图 18-14 所示。

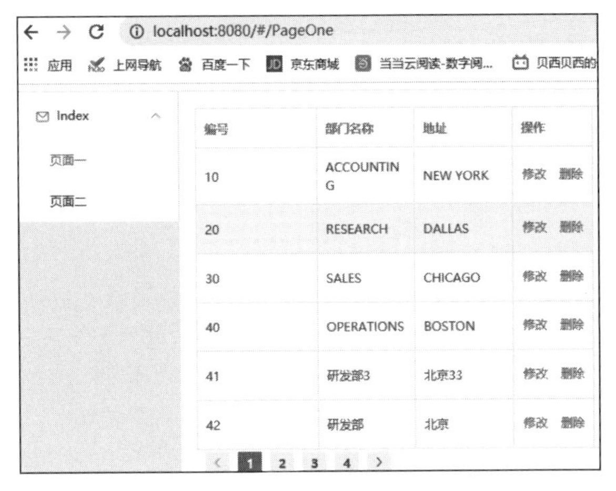

图 18-14　数据展示

18.6　部门员工的录入

18.6.1　后端接口实现

在 DeptController 类中插入添加接口，代码如下：

```
//部分代码省略
@PostMapping("/save")
public String save(@RequestBody Dept dept){
    Dept result = deptRepository.save(dept);
    if(result!= null){
        return "success";
    }else{
        return "error";
    }
}
```

18.6.2　前端实现

1. 修改菜单名称

在路由中修改菜单名称，并将组件 PageOne.vue 改名为 DeptManager.vue，将组件 PageTwo.vue 改名为 AddDept.vue，代码如下：

```
//部分代码省略
export default new Router({
  routes: [
    {
      path: '/',
      name: '部门管理',
      component: Index,                    /* 首页 */
      redirect:'/DeptManager',             /* 首次访问时先展示页面一中的内容 */
      children:[                           /* 子菜单 */
        {
          path: '/DeptManager',
          name: '部门查询',
          component: DeptManager
        },{
          path: '/AddDept',
          name: '添加部门',
          component: AddDept
        }
      ]
    }
  ]
})
```

2. 修改 AddDept 页面

添加页面的布局使用 Element 组件中的 Form 表单实现，如图 18-15 所示。

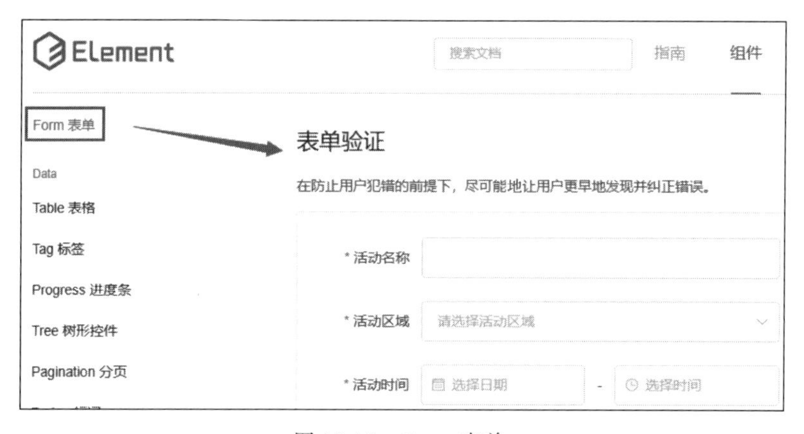

图 18-15 Form 表单

页面布局成功后精简 AddDept 页面代码，并使用 Axios 将页面添加数据提交到后端项目添加接口，代码如下：

```
<template>
  <el-form :model="ruleForm" :rules="rules" ref="ruleForm" label-width="100px"
  class="demo-ruleForm">
```

```
    <el-form-item label="部门名称" prop="dname">
      <el-input v-model="ruleForm.dname"></el-input>
    </el-form-item>
    <el-form-item label="地址" prop="loc">
      <el-input v-model="ruleForm.loc"></el-input>
    </el-form-item>
    <el-form-item>
      <el-button type="primary" @click="submitForm('ruleForm')">立即创建</el-button>
      <el-button @click="resetForm('ruleForm')">重置</el-button>
    </el-form-item>
  </el-form>
</template>
<script>
  export default {
    data:function() {
      return {
        ruleForm: {
          dname: '',
          loc: '',
        },
        rules: {
          dname: [
            { required: true, message: '请输入部门名称', trigger: 'blur' },
            { min: 3, max: 5, message: '长度为 3~5 个字符', trigger: 'blur' }
          ],
          loc: [
            { required: true, message: '请输入部门地址', trigger: 'blur' },
            { min: 3, max: 5, message: '长度为 3~5 个字符', trigger: 'blur' }
          ]
        }
      };
    },
    methods: {
      submitForm(formName) {
        this.$refs[formName].validate((valid) => {
          if (valid) {
      this.$http.post("http://localhost:8081/dept/save",this.ruleForm)
      .then(resp =>{
              if(resp.data == 'success'){
                this.$alert('添加成功!', '消息', {
                  confirmButtonText: '确定',
                  callback: action => {/* 添加完成后跳转到 DeptManager 页面 */
                    this.$router.push('/DeptManager');
                  }
                });
              }
            })
          } else {
```

```
            return false;
          }
        });
      },
      resetForm(formName) {
        this.$refs[formName].resetFields();
      }
    }
  }
</script>
```

经过上面的配置后，部门员工的录入功能就实现了。

18min

18.7 部门数据编辑

18.7.1 后端接口实现

修改一般是分两步：一先根据修改 ID 查询数据，二将数据修改后保存，所以在 DeptController 类中插入单条查询接口及修改接口，代码如下：

```
@GetMapping("/findById/{deptno}")
public Dept findById(@PathVariable("deptno") Integer deptno){
    return deptRepository.findById(deptno).get();
}
@PutMapping("/update")
public String update(@RequestBody Dept dept){
    Dept result = deptRepository.save(dept);
    if(result!= null){
        return "success";
    }else{
        return "error";
    }
}
```

大家可自行在 Postman 中测试。

18.7.2 前端实现

1. 建立修改页面

在 components 目录下新建 DeptUpdate.vue 组件，并在路由中配置，代码如下：

```
import DeptUpdate from '../components/DeptUpdate.vue'
//部分代码省略
```

```
children:[ /* 子菜单 */
  {
    path: '/DeptManager',
    name: '部门查询',
    component: DeptManager
  },{
    path: '/AddDept',
    name: '添加部门',
    component: AddDept
  },{
    path: '/update',
    component: DeptUpdate
  }
]
```

2. 绑定事件

在DeptManager页面给修改绑定事件，并将行ID传递给DeptUpdate页面，代码如下：

```
//部分代码省略
edit(row) {
  this.$router.push({/* 单击修改,跳转到修改页面并传递行 ID */
   path:'/update',
   query:{
     deptno:row.deptno
   }
  });
}
```

3. 修改页面

修改页面可以借鉴添加页面的布局，在修改页面中首先通过Vue的生命周期created()方法在模板渲染之前将后端数据获取过来，然后渲染成视图。接着将修改的数据传递于后端进行保存，代码如下：

```
<template>
  <el-form :model="ruleForm" :rules="rules" ref="ruleForm"
           label-width="100px" class="demo-ruleForm">
    <el-form-item label="编号" prop="deptno">
      <el-input v-model="ruleForm.deptno" readonly></el-input>
    </el-form-item>
    <el-form-item label="部门名称" prop="dname">
      <el-input v-model="ruleForm.dname"></el-input>
    </el-form-item>
    <el-form-item label="地址" prop="loc">
      <el-input v-model="ruleForm.loc"></el-input>
      </el-form-item>
    <el-form-item>
```

```
        <el-button type="primary" @click="submitForm('ruleForm')">修改
        </el-button>
        <el-button @click="resetForm('ruleForm')">重置</el-button>
      </el-form-item>
  </el-form>
  </template>
  <script>
    export default {
      data:function() {
        return {
          ruleForm: {
            deptno:'',
            dname: '',
            loc: '',
          },
          rules: {
            dname: [
              { required: true, message: '请输入部门名称', trigger: 'blur' },
              { min: 3, max: 5, message: '长度为 3~5 个字符', trigger: 'blur' }
            ],
            loc: [
              { required: true, message: '请输入部门地址', trigger: 'blur' },
              { min: 3, max: 5, message: '长度为 3~5 个字符', trigger: 'blur' }
            ]
          }
        };
      },
      methods: {
        submitForm(formName) {
          this.$refs[formName].validate((valid) => {
            if (valid) {
        this.$http.put("http://localhost:8081/dept/update",this.ruleForm)
        .then(resp =>{
                  if(resp.data == 'success'){
                  /* 修改成功后跳转至 DeptManager 页面 */
                    this.$alert('修改成功!', '消息', {
                      confirmButtonText: '确定',
                      callback: action => {
                        this.$router.push('/DeptManager');
                      }
                    });
                  }
              })
            } else {
              return false;
            }
          });
        },
        resetForm(formName) {
          this.$refs[formName].resetFields();
        }
      },
```

```
    created(){
      /* this.$route.query.deptno 接收添加页面传来的 ID,根据 ID 值调用后端 findById
      接口查询数据 */
      this.$http.get("http://localhost:8081/dept/findById/" +
                    this.$route.query.deptno).then(resp =>{
        this.ruleForm = resp.data;
      })
    }
  }
</script>
```

经过以上几步配置后，部门数据的修改功能就实现了。

18.8　部门数据删除

11min

18.8.1　后端接口实现

对于直接删除一般比较简单，只需在 DeptController 类中插入删除接口，代码如下：

```
@DeleteMapping("/delete/{deptno}")
public void delete(@PathVariable("deptno") Integer deptno){
    deptRepository.deleteById(deptno);
}
```

18.8.2　前端实现

在 DeptManager 页面的删除单击事件中使用 Axios 调用后端删除接口即可，代码如下：

```
delete1(row){
this.$http.delete("http://localhost:8081/dept/delete/" + row.deptno)
.then(resp =>{
    this.$alert('删除成功!', '消息', {
      confirmButtonText: '确定',
      callback: action => {
        window.location.reload();              /* 删除完成后刷新页面 */
      }
    });
  })
}
```

至此，小型部门管理系统就完成了，相信大家对前后端分离会有直观的感受。后端负责实现 API 及业务逻辑，前端可以独立完成与用户交互的整个过程，两者都可以同时开工，不互相依赖，开发效率更高，而且分工比较均衡。

图书推荐

书　　名	作　　者
HarmonyOS 应用开发实战(JavaScript 版)	徐礼文
鸿蒙操作系统开发入门经典	徐礼文
鸿蒙应用程序开发	董昱
鸿蒙操作系统应用开发实践	陈美汝、郑森文、武延军、吴敬征
HarmonyOS 移动应用开发	刘安战、余雨萍、李勇军等
HarmonyOS App 开发从 0 到 1	张诏添、李凯杰
HarmonyOS 从入门到精通 40 例	戈帅
JavaScript 基础语法详解	张旭乾
华为方舟编译器之美——基于开源代码的架构分析与实现	史宁宁
Android Runtime 源码解析	史宁宁
鲲鹏架构入门与实战	张磊
鲲鹏开发套件应用快速入门	张磊
华为 HCIA 路由与交换技术实战	江礼教
深度探索 Go 语言——对象模型与 runtime 的原理、特性及应用	封幼林
深度探索 Flutter——企业应用开发实战	赵龙
Flutter 组件精讲与实战	赵龙
Flutter 组件详解与实战	[加]王浩然(Bradley Wang)
Flutter 跨平台移动开发实战	董运成
Dart 语言实战——基于 Flutter 框架的程序开发(第 2 版)	亢少军
Dart 语言实战——基于 Angular 框架的 Web 开发	刘仕文
IntelliJ IDEA 软件开发与应用	乔国辉
Vue+Spring Boot 前后端分离开发实战	贾志杰
Vue.js 企业开发实战	千锋教育高教产品研发部
Python 从入门到全栈开发	钱超
Python 全栈开发——基础入门	夏正东
Python 全栈开发——高阶编程	夏正东
Python 游戏编程项目开发实战	李志远
Python 人工智能——原理、实践及应用	杨博雄主编； 于营、肖衡、潘玉霞、高华玲、梁志勇副主编
Python 深度学习	王志立
Python 预测分析与机器学习	王沁晨
Python 异步编程实战——基于 AIO 的全栈开发技术	陈少佳
Python 数据分析实战——从 Excel 轻松入门 Pandas	曾贤志
Python 数据分析从 0 到 1	邓立文、俞心宇、牛瑶
Python Web 数据分析可视化——基于 Django 框架的开发实战	韩伟、赵盼
Python 玩转数学问题——轻松学习 NumPy、SciPy 和 Matplotlib	张骞
Pandas 通关实战	黄福星
深入浅出 Power Query M 语言	黄福星

图书推荐

书　　名	作　　者
FFmpeg 入门详解——音视频原理及应用	梅会东
云原生开发实践	高尚衡
虚拟化 KVM 极速入门	陈涛
虚拟化 KVM 进阶实践	陈涛
边缘计算	方娟、陆帅冰
物联网——嵌入式开发实战	连志安
动手学推荐系统——基于 PyTorch 的算法实现(微课视频版)	於方仁
人工智能算法——原理、技巧及应用	韩龙、张娜、汝洪芳
跟我一起学机器学习	王成、黄晓辉
TensorFlow 计算机视觉原理与实战	欧阳鹏程、任浩然
分布式机器学习实战	陈敬雷
计算机视觉——基于 OpenCV 与 TensorFlow 的深度学习方法	余海林、翟中华
深度学习——理论、方法与 PyTorch 实践	翟中华、孟翔宇
深度学习原理与 PyTorch 实战	张伟振
AR Foundation 增强现实开发实战(ARCore 版)	汪祥春
ARKit 原生开发入门精粹——RealityKit + Swift + SwiftUI	汪祥春
HoloLens 2 开发入门精要——基于 Unity 和 MRTK	汪祥春
Altium Designer 20 PCB 设计实战(视频微课版)	白军杰
Cadence 高速 PCB 设计——基于手机高阶板的案例分析与实现	李卫国、张彬、林超文
Octave 程序设计	于红博
ANSYS 19.0 实例详解	李大勇、周宝
AutoCAD 2022 快速入门、进阶与精通	邵为龙
SolidWorks 2020 快速入门与深入实战	邵为龙
SolidWorks 2021 快速入门与深入实战	邵为龙
UG NX 1926 快速入门与深入实战	邵为龙
西门子 S7-200 SMART PLC 编程及应用(视频微课版)	徐宁、赵丽君
三菱 FX3U PLC 编程及应用(视频微课版)	吴文灵
全栈 UI 自动化测试实战	胡胜强、单镜石、李睿
pytest 框架与自动化测试应用	房荔枝、梁丽丽
软件测试与面试通识	于晶、张丹
智慧教育技术与应用	[澳]朱佳(Jia Zhu)
敏捷测试从零开始	陈霁、王富、武夏
智慧建造——物联网在建筑设计与管理中的实践	[美]周晨光(Timothy Chou)著；段晨东、柯吉译
深入理解微电子电路设计——电子元器件原理及应用(原书第 5 版)	[美]理查德·C. 耶格(Richard C. Jaeger)、[美]特拉维斯·N. 布莱洛克(Travis N. Blalock)著；宋廷强译
深入理解微电子电路设计——数字电子技术及应用(原书第 5 版)	[美]理查德·C. 耶格(Richard C. Jaeger)、[美]特拉维斯·N. 布莱洛克(Travis N. Blalock)著；宋廷强译
深入理解微电子电路设计——模拟电子技术及应用(原书第 5 版)	[美]理查德·C. 耶格(Richard C. Jaeger)、[美]特拉维斯·N. 布莱洛克(Travis N. Blalock)著；宋廷强译